U0800417

普通高等学校“十二五”规划教育

工 程 力 学

主 编 周 涛 杨洪澜 孟凡弘
副主编 韩 刚 陈 舒

中国铁道出版社
CHINA RAILWAY PUBLISHING HOUSE

内 容 简 介

本书力求做到基本概念、基本理论论述严谨，内容精炼。用有限的学时使学生既掌握最基本的经典内容，又能了解工程力学在工程中的应用。本书共13章，内容包括理论力学中的静力学部分，以及材料力学中的四大基本变形、应力状态和强度理论、组合变形、压杆稳定、交变应力。

本教材适合作为普通高等院校化工、材料、环境等非机械类专业和其他少学时专业教材或教学参加书。

图书在版编目（CIP）数据

工程力学/周涛，杨洪澜，孟凡弘主编．—北京：中国铁道出版社，2013.11

普通高等学校“十二五”规划教材

ISBN 978-7-113-17230-5

Ⅰ.①工…　Ⅱ.①周…　②杨…　③孟…　Ⅲ.①工程力学—高等学校—教材　Ⅳ.①TB12

中国版本图书馆CIP数据核字（2013）第200785号

书　　名：工程力学
作　　者： 周　涛　杨洪澜　孟凡弘　主编

策　　划： 潘星泉　　**读者热线：** 400-668-0820
责任编辑： 潘星泉
编辑助理： 裴亚楠　耿京霞
封面设计： 付　巍
封面制作： 白　雪
责任印制： 李　佳

出版发行： 中国铁道出版社（100054，北京市西城区右安门西街8号）
网　　址： http://www.51eds.com
印　　刷： 北京鑫正大印刷有限公司
版　　次： 2013年11月第1版　　2013年11月第1次印刷
开　　本： 787 mm×1 092 mm　1/16　**印张：** 16　**字数：** 388千
书　　号： ISBN 978-7-113-17230-5
定　　价： 32.00元

前　言

为了更好地满足普通高等院校轻工、化工、纺织、环境等专业工程力学课程的教学需要，根据国家教委制定的工程力学课程基本要求，在总结多年来教学经验的基础上，编写了这本《工程力学》教材。

本书内容涵盖了“理论力学”中的“静力学”和“材料力学”中的大部分内容，适用于普通高等院校少学时工程力学课程的教学。

在编写中笔者进一步对工程力学课程的教学内容、课程体系加以分析和研究，尽可能地在教材中做到吸收其他教材的优点，并结合轻工、化工、纺织等专业特点，力求做到基本概念、基本理论论述严谨，内容精练。用有限的学时使学生既掌握最基本的经典内容，又了解工程力学在工程中的应用。因此本书与以往同类教材相比，在内容的深度上更适合普通高校的非机械专业学生，在内容安排、例题和习题的选取等方面，工程概念有所加强，引入了涉及广泛领域的大量工程实例，以及与工程有关的例题和习题。符合21世纪的学生的认知特点和教学规律。

本书由周涛、杨洪澜、孟凡弘任主编，由韩刚、陈舒任副主编。具体编写分工如下：周涛编写绪论、第1章~第4章；陈舒编写第5章和第6章；孟凡弘编写第7章和第8章；韩刚编写第9章和第10章；杨洪澜编写第11章~第13章、附录、习题及习题答案；全书由周涛、孟凡弘统稿。

本书在编写过程中，得到齐齐哈尔大学教务处及教材科的支持与帮助。哈尔滨工程大学张治勇副教授详细审阅了本书的初稿，并给予了一些宝贵意见。在本书出版之际，编者谨向他们表示诚挚的谢意。

本书难免存在一些疏漏和不足，敬请批评指正。

编　者

2013年6月

目　录

第2篇　材 料 力 学

绪　论

1. 工程力学的研究内容

工程力学所包含的内容极其广泛，本书是针对轻工、化工类专业而编写的技术基础教材，讲述力学的基础理论和基本知识，为专业设备和机器的工程计算提供必要的理论基础，因此，本书所研究的工程力学只包括“静力学”和“材料力学”两部分内容。

静力学是研究物体的受力与平衡规律的科学。它是进一步研究材料力学的基础。

材料力学是研究工程中各种构件（泛指机器、设备的零部件）的强度、刚度和稳定性等计算原理的科学。

在轻工、化工的工业生产中，存在大量的设备、结构和机器。它们在工作时，要受到各种载荷的作用，如果构件在外载荷的作用下丧失了正常的功能，则称该构件已经失效或破坏。工程构件的失效形式主要有以下三种：

（1）强度失效：指构件在外力作用下发生不可恢复的塑性变形或发生断裂。例如断裂的销钉、发生塑性变形的铆钉、传动轴等。

（2）刚度失效：指构件在外力作用下产生过量的弹性变形。例如齿轮传动轴的变形过大，不仅会缩短齿轮的寿命，而且还会加大传动轴与轴承之间的磨损，从而导致传动机构丧失正常功能。电机轴如果变形过大，会增加功率的损耗，严重时会导致转子和定子相互接触，从而造成事故。

（3）稳定性失效：指在某种外力（例如轴向压力）作用下，构件平衡形式发生突然转变。例如细长压杆的失稳。

2. 工程力学的任务

本门课程的任务就是要保证构件在确定的外力作用下正常工作而不失效，即保证构件具有足够的强度、刚度与稳定性。简单地说，强度就是指构件抵抗载荷而不损坏的能力；刚度就是指构件抵抗变形的能力；稳定性就是指构件保持原有稳定平衡状态的能力。

为了满足这三方面的要求，需要以下内容：

（1）分析并确定构件所受各种外力的大小和方向。

（2）研究在外力作用下构件的内部受力、变形和失效的规律。

（3）提出保证构件具有足够强度、刚度和稳定性的设计准则和方法。

3. 工程力学的研究对象

根据几何形状和尺寸的不同，工程构件大致可以分为杆、板、壳、块体等。本课程主要以梁、轴、柱等杆类构件作为研究对象，即主要研究某一方向上尺寸远大于其他两个方向上尺寸的构件。而板、壳以及块体的研究属于“板壳理论”和“弹性力学”的范畴。

4. 工程力学的研究方法

研究任何问题都必须遵循科学的研究方法，本门课程也不例外。进行现场观察和实验是认识力学规律重要的实践性环节。通过反复地实践，忽略问题的次要因素，抓住问题的主要因素，就可以将研究的对象抽象为力学模型。例如在研究物体的平衡时，物体的变形是次要因素，忽略这一次要因素就可以用刚体（见§1.1）这一理论模型来代替真实物体。而在研究物体的强度和变形规律时，变形成为主要因素，于是就用变形固体模型来代替真实物体。

学习工程力学时，要深刻理解其中已经被实践证明是正确的基本概念和基本定律，由此导出的解决工程力学问题的定理和公式必须熟练掌握。演算一定数量的习题是非常必要的，把学到的理论知识不断运用到实践中去，是巩固和深入理解所学知识的重要途径。

第 1 篇

静 力 学

静力学研究物体在力系作用下的平衡规律。所谓力系，是指作用于物体上的一群力。而平衡则是指物体相对于惯性参考系（例如地面）保持静止或做匀速直线运动的状态。

本篇着重研究下列三个问题。

（1）物体的受力分析

分析某物体受力的数目及每个力的作用位置和方向。作用在物体上的力可分为两类：一类是主动力，例如重力、电磁力、流体压力等，这类力通常是已知的；另一类是约束反力，通常为未知力。

（2）力系的简化

如果作用在物体上的一个力系可以用另一个力系来代替而不改变它对物体的作用效果，则称这两个力系为等效力系。如果将作用在物体上的一个比较复杂的力系用一个简单力系来等效地替换，称为力系的简化。

（3）建立各种力系的平衡条件

所谓平衡条件，是指物体处于平衡状态时力系所应满足的条件。工程中常见的力系：按其作用线的位置可以分为平面力系和空间力系；按其作用线的相互关系，又可以分为共线力系、平行力系、汇交力系和任意力系。

满足平衡条件的力系称为平衡力系。根据力系的平衡条件可以求出作用在平衡物体上的未知力。

第1章　静力学基本概念

§1.1　力和刚体的概念

1. 力的概念

力的概念是人们从长期的劳动实践中抽象出来的，它是物体相互的机械作用，这种作用使物体的机械运动状态发生改变。物体间相互的机械作用，不仅可以使物体的机械运动状态发生改变，而且还能引起物体的变形。由此可知，物体受力后产生的效应有两种：一种是机械运动状态的变化，称为力的运动效应或外部效应；另一种是变形，称为力的变形效应或内部效应。

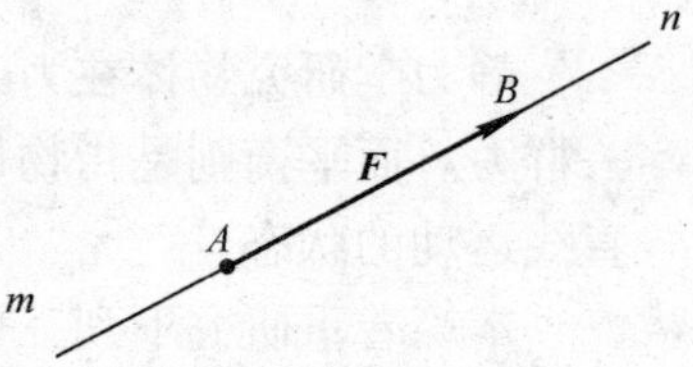

图　1-1

实践表明，力对物体的作用效果应决定于三个要素，即力的大小、方向和作用点。因此，力是一个矢量，能按照矢量的运算规则进行运算。可以用一个矢量来表示力的三个要素，如图1-1所示。这个矢量的长度$\overline{AB}$按一定的比例尺表示力的大小；矢量方向表示力的方向；矢量的起始端点A表示力的作用点，矢量所在的直线mn表示力的作用线。

力矢常用加黑字母$\boldsymbol{F}$来表示，而普通的同一字母F则表示力矢的大小。在国际单位制中，力的单位符号为N，称为牛顿（牛），常用的单位符号还有kN，称为千牛顿（千牛）。

2. 刚体的概念

工程中常用的材料，例如钢、铸铁、混凝土、木材等，在制成机器零件及设备部件后，通常都有足够的抵抗变形的能力。因此，在对他们进行受力分析时，变形是一个次要因素，可以忽略不计。为了简化我们研究的问题，就可以将原物体抽象为一个理想化的力学模型——刚体。所谓刚体，就是指在力的作用下不发生变形的物体（其内部任意两点之间的距离始终保持不变）。

实际上，物体受力后或多或少都要发生变形，纯粹的刚体是不存在的。之所以做这样的抽象，不仅是解决工程实际问题所允许的，也是认识力学规律所必需的。长期的实践证明，引用“刚体”这一概念在许多情况下得到的结果是足够精确的。但是应该指出，采用刚体这一模型时，要注意所研究的问题的性质。随着问题性质的改变，那些原来是次要的因素，在新的情况下可能转变为主要因素，于是必须对计算模型作相应的改变。例如，一根梁如果由三个支座支承，在分析三个支座的支承力时，尽管梁的变形很小，三个支承力却与之有关，这时，梁的变形就成为主要因素，必须以另一模型——变形固体来代替。本篇研究的物体仅限于刚体，所以又称为刚体静力学，它是进一步研究变形体力学的基础。

§1.2　静力学公理

所谓公理，是人们在生活和生产实践中长期积累的经验总结，又经过实践反复检验，为人们所公认的符合客观实际的最普遍、最一般的规律。

公理1　力的平行四边形法则

作用在物体上同一点的两个力，可以合成为一个合力。这个合力的作用点也在该点，其大小和方向，由以这两个力为边构成的平行四边形的对角线所确定，如图1-2（a）所示，即

$$\boldsymbol{F}_R=\boldsymbol{F}_1+\boldsymbol{F}_2$$

该公理也可用一个力的矢量三角形来表示，如图1-2（b）、（c）所示。力三角形的两个边分别为力矢 $\boldsymbol{F}_1$ 和 $\boldsymbol{F}_2$，第三边 $\boldsymbol{F}_R$ 即代表合力矢，且合力的作用点仍在汇交点 O。因此，该公理又称为力的三角形法则。它是复杂力系简化的基础。

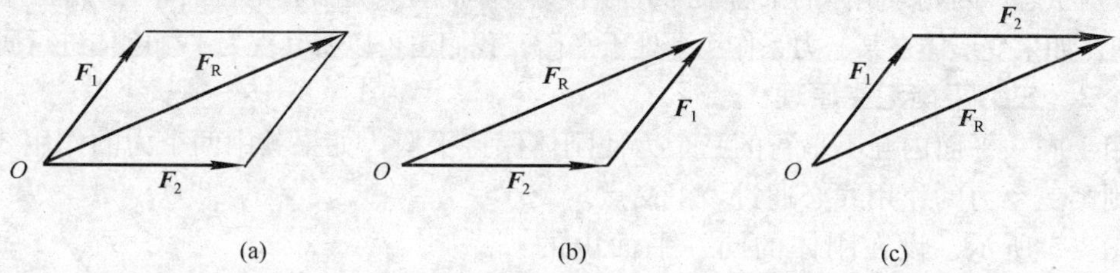

图　1-2

公理2　二力平衡原理

如果作用在刚体上的两个力使其保持平衡，必满足以下条件：大小相等，方向相反，而且作用在同一直线上，如图1-3所示，即

$$\boldsymbol{F}_1=-\boldsymbol{F}_2$$

该公理表明了作用于刚体上的最简单力系平衡时所必须满足的条件。

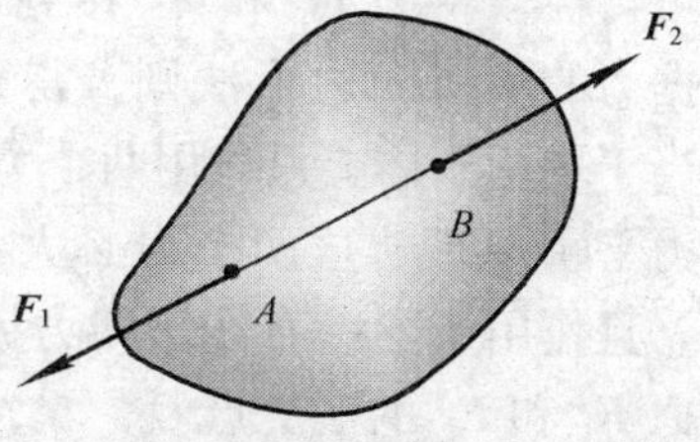

图　1-3

工程中常用到的一类构件具有的特点是它们只受到两个力的作用而保持平衡，通常称这类构件为二力构件，简称二力杆。根据二力平衡原理可以断定，这两个力的方位必定沿着两个作用点的连线。

公理3　加减平衡力系原理

在已知力系上加上或减去任意个平衡力系，并不改变原力系对刚体的作用效果。该公理是研究力系等效变换的重要依据。由此可以得到如下两个推论。

推论1　力的可传性

作用于刚体上某点的力，可以沿着它的作用线移到刚体内任意一点，而不改变其对刚体的作用效果，对此我们可以做如下证明。

设力 $\boldsymbol{F}$ 作用于刚体上的 A 点，如图1-4（a）所示。根据加减平衡力系原理，可在力 $\boldsymbol{F}$ 的作用线上任一点 B 处加上一对平衡力 $\boldsymbol{F}_1$ 和 $\boldsymbol{F}_2$，并且使 $\boldsymbol{F}_1=-\boldsymbol{F}_2=\boldsymbol{F}$，如图1-4（b）所示。由于力 $\boldsymbol{F}_2$ 和 $\boldsymbol{F}$ 也构成一对平衡力，将它们去掉并不改变刚体的运动状态。于是，刚体

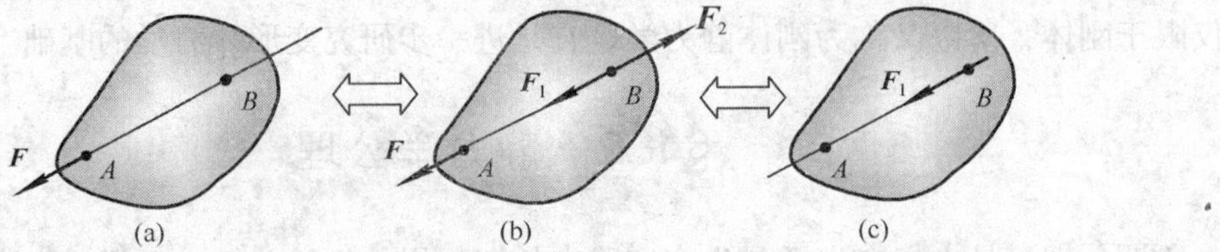

图 1-4

上只剩下力 $\boldsymbol{F}_1$，如图 1-4（c）所示。这就相当于原来的力 $\boldsymbol{F}$ 与力系（$\boldsymbol{F}$、$\boldsymbol{F}_1$、$\boldsymbol{F}_2$）以及力 $\boldsymbol{F}_1$ 等效，即力可自点 A 沿其作用线移至任一点 B。这就是力的可传性。

由此可见，对刚体而言，力的作用点已不是决定力的作用效应的要素，它已被作用线所代替。因此，力的三要素对于刚体而言则变成力的大小、方向和作用线。作用于刚体上的力矢可以沿其作用线移动，这样的矢量称为滑动矢量。

应当注意的是，力的可传性是不适用于变形体的。例如：一根柔性的绳索当受到一对等值、反向、共线的拉力作用时，它可以平衡；而当它受到一对等值、反向、共线的压力作用时，则不能保持平衡状态。因此，刚体的平衡条件，对于变形体而言只是必要的，而非充分的。但在静力学范畴内，如果变形体在某一力系作用下处于平衡，我们也可以将其视为平衡刚体进行研究。

推论 2　三力平衡汇交原理

作用于同一平面内互不平行的三个力使刚体保持平衡，如果其中两个力的作用线汇交于一点，则第三个力的作用线必通过该汇交点。

如图 1-5 所示，设在刚体的同一平面内的 A、B、C 三个点上，分别作用三个互不平行的力 $\boldsymbol{F}_1$、$\boldsymbol{F}_2$、$\boldsymbol{F}_3$，使刚体处于平衡状态。根据力的可传性，将力 $\boldsymbol{F}_1$ 和 $\boldsymbol{F}_2$ 移到汇交点 O，然后根据力的平行四边形法则，得合力 $\boldsymbol{F}_{12}$。此时，相当于平衡刚体上只作用两个力 $\boldsymbol{F}_{12}$ 和 $\boldsymbol{F}_3$，根据二力平衡原理，这两个力必大小相等、方向相反、且作用于同一直线。即力 $\boldsymbol{F}_3$ 的作用线也通过力 $\boldsymbol{F}_1$ 和 $\boldsymbol{F}_2$ 的汇交点 O。

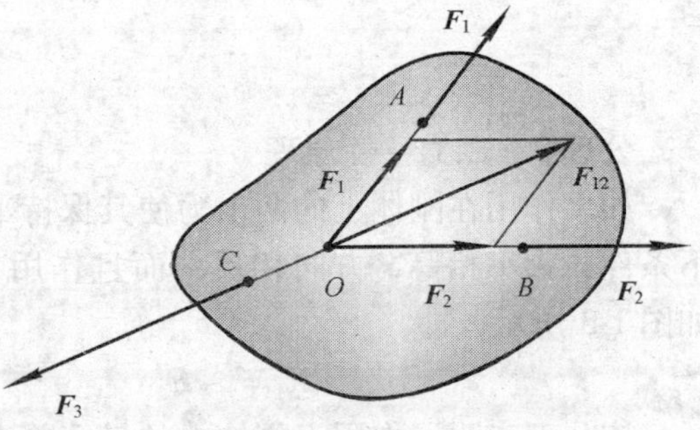

图 1-5

公理 4　作用与反作用定律

作用力和反作用力总是同时存在的，两个力的大小相等、方向相反，沿着同一直线，分别作用于两个相互作用的物体上。

这个公理概括了物体间相互作用的关系，表明作用力和反作用力总是成对出现的。在研究由几个物体构成的系统——物系的受力关系时，常常用到这个定律。但需要强调指出的是，该公理决不能与二力平衡原理相混淆。前者的作用力与反作用力分别作用于两个不同的物体上，而后者则是作用在同一物体上。因此，不能认为作用力与反作用力相互平衡。作用力和反作用力用同一字母表示，但其中之一，在字母的右上方加“′”。

§1.3　约束与约束反力

在力学分析中通常把物体分为两类：一类称为自由体，它们在空间的位移不受任何限制，例如空中飞行的炮弹，飞机等；另一类称为非自由体，它们在空间的位移受到一定的限制，例如，机车受到铁轨的限制，只能沿轨道运动，曲柄轴受到轴承的限制，只能转动，重物由钢索吊住，不能下落等。

由以上分析可以引出一个重要的概念——约束。对非自由体的某些位移起限制作用的周围物体称为约束。前面的例子中，铁轨对于机车，轴承对于曲柄轴，钢索对于重物等，都是约束。由于约束阻碍着物体的位移，也就是它能够起到改变物体运动状态的作用，因此约束对物体的作用实际上就是力，这种力称为约束反力，简称反力。约束反力是通过约束与被约束物体之间的相互接触而产生的，其大小和方向，取决于物体受到的主动力（已知力）的作用情况和约束的类型。约束反力的方向，总是与该约束所能够阻碍的位移方向相反，我们可以通过平衡条件求出未知的约束反力。

实际约束的结构形式各种各样，但可以将它们归纳成几种典型约束。下面介绍几种工程中常见的简单的约束类型及确定约束反力的方法。

1. 柔性约束

这种约束是由绳索、皮带或链条等柔性物体构成的。柔性约束的物理性质决定了约束本身只能承受拉力，所以它给物体的约束反力也只可能是拉力。因此，绳索对物体的约束反力作用在接触点，方向沿着绳索而背离物体。通常用 $\boldsymbol{F}$ 或 $\boldsymbol{F}_T$ 表示这类约束反力。如图 1-6（a）所示为用细绳吊一重物，细绳可限制物体向下运动，因此，重物要受到细绳的拉力 $\boldsymbol{F}_T$ 作用［见图1-6（b）］。

图　1-6

再如，链条或皮带也都只能承受拉力。当它们绕在轮子上时，对轮子的约束反力方向是沿着轮缘的切线方向的，如图 1-7 所示。

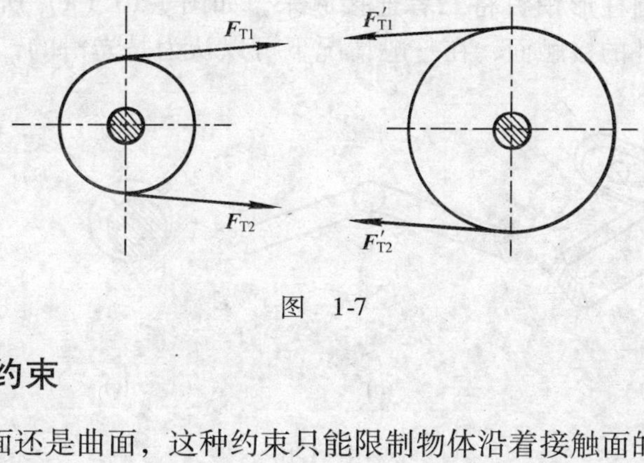

图　1-7

2. 光滑接触面约束

无论接触面是平面还是曲面，这种约束只能限制物体沿着接触面的公法线趋向约束内部的位移，而不能限制物体沿约束表面切线的位移。因此，光滑支承面对物体的约束反力作用在接触点，方向沿着公法线指向受力物体（被约束物体）。显然，当物体受这种光滑面约束且接触位置已知时，约束反力的方向及作用点即可确定。这种约束反力又称为法向反力，通常用 $\boldsymbol{F}_{\mathrm{N}}$ 表示。如图 1-8（a）、（b）所示，轮与轨道接触时，若不计摩擦，则轨道可视为光滑接触面约束，约束反力沿公法线铅直向上［图 1-8（c）］。

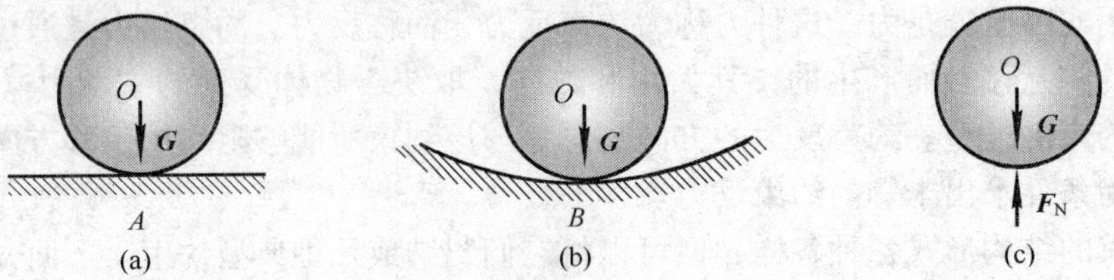

图 1-8

如果是尖点与光滑面接触，由于尖点处的切线是不确定的，所以这时公切线的方位还要根据接触点处的光滑面来判断，而约束反力的方向应垂直于光滑面切线指向受力物体，如图 1-9（a）、（b）、（c）所示。

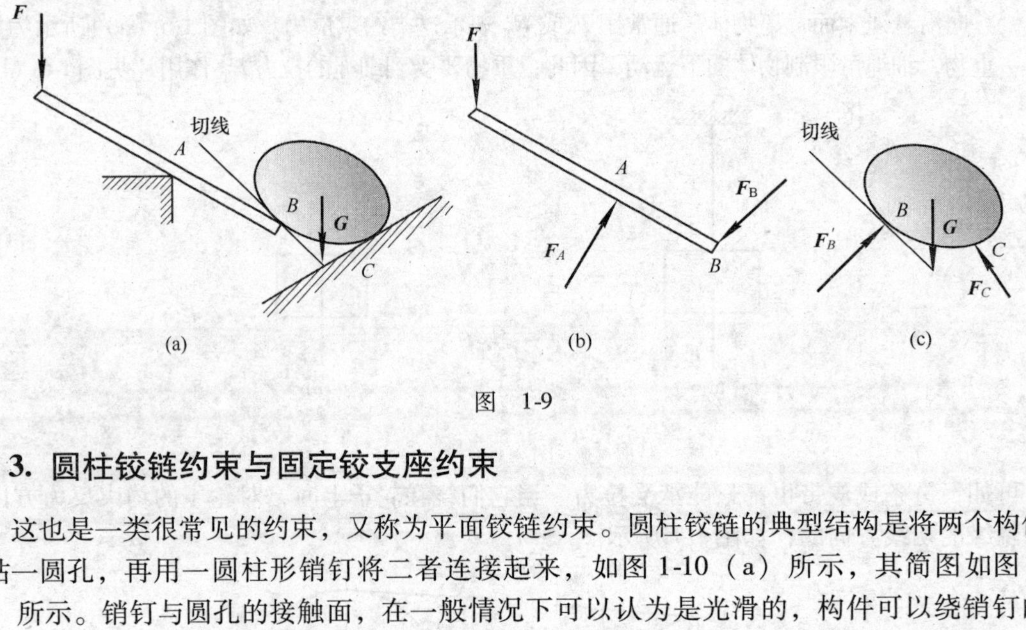

图 1-9

3. 圆柱铰链约束与固定铰支座约束

这也是一类很常见的约束，又称为平面铰链约束。圆柱铰链的典型结构是将两个构件上各钻一圆孔，再用一圆柱形销钉将二者连接起来，如图 1-10（a）所示，其简图如图 1-10（b）所示。销钉与圆孔的接触面，在一般情况下可以认为是光滑的，构件可以绕销钉的轴

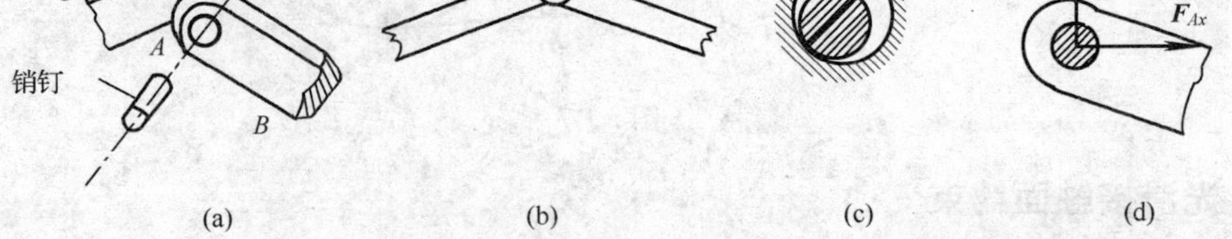

图 1-10

线任意转动。如果铰链连接的两个构件中有一个固定在地面或机架上作为支座［见图1-11（a），其简图为图1-11（b）］，则这种约束称为固定铰链支座约束，简称固定铰支座。

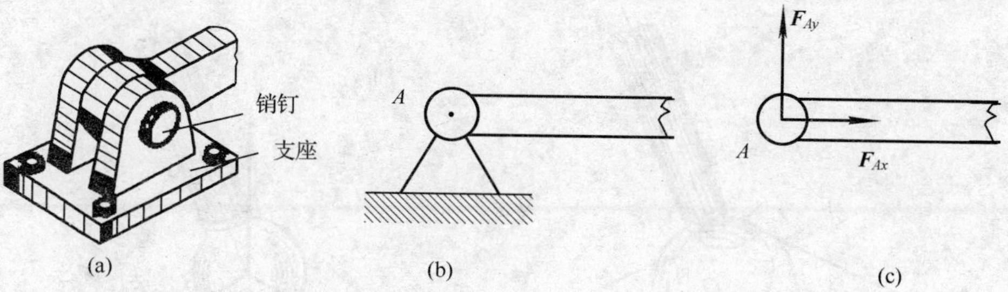

图　1-11

当销钉和构件的圆孔在某点光滑接触时，销钉对构件的约束反力 $\boldsymbol{F}_A$ 作用在接触点，且沿着公法线而指向销钉轴心［见图1-10（c）］。但是，随着构件所受的主动力不同，销钉与构件圆孔的接触点位置也随之不同。所以，当主动力尚未确定时，约束反力的方向预先不能确定。然而，无论约束反力朝向哪里，其作用线必通过销钉与圆孔的中心。这样一个方向不能预先确定的约束反力，通常可以用通过铰链中心的两个正交分力 $\boldsymbol{F}_{Ax}$ 和 $\boldsymbol{F}_{Ay}$ 来表示，如图1-10（d）和图1-11（c）所示。它们的指向暂可任意假设。

4. 辊轴支座约束

工程上为了适应某些结构的变形需要，经常采用辊轴支座约束。例如桥梁、屋架以及大型卧式容器等结构中的支承，如图1-12（a）、（b）所示，其简图如图1-12（c）所示。这种结构是在圆柱铰链支座与光滑支撑面之间安装一些辊轴而构成的，它可以沿着支撑面移动，允许由于温度变化而引起结构跨度的自由伸长或缩短。这表明，该约束只限制物体在垂直于接触面方向的位移，而不限制物体的转动和沿接触面切线方向的位移，因此这种约束又称为移动铰支座约束，简称移动铰支座。显然，辊轴支座的约束性质与光滑接触面约束的性质相同，其约束反力必垂直于辊轴支承面，且作用线通过铰链中心。通常也用 $\boldsymbol{F}_{\mathrm{N}}$ 表示其约束反力，如图1-12（d）所示。

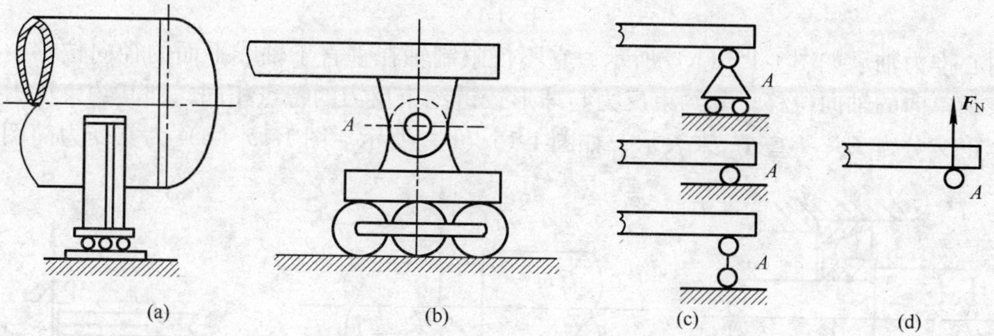

图　1-12

5. 球形铰链约束

这是一种空间约束，简称球铰，如图1-13（a）所示。杆件端部为球形，它被约束在一个固定的光滑球槽中，球和球槽半径近似相等，球心固定不动，杆只能绕此点转动，不能在空间任意方向移动。与圆柱铰链的约束类似，其约束反力应是通过球心但方向不能预先确定的一个空间力，可用三个正交分力 $\boldsymbol{F}_{Ox}$、$\boldsymbol{F}_{Oy}$、$\boldsymbol{F}_{Oz}$ 表示，如图 1-13（b）所示。

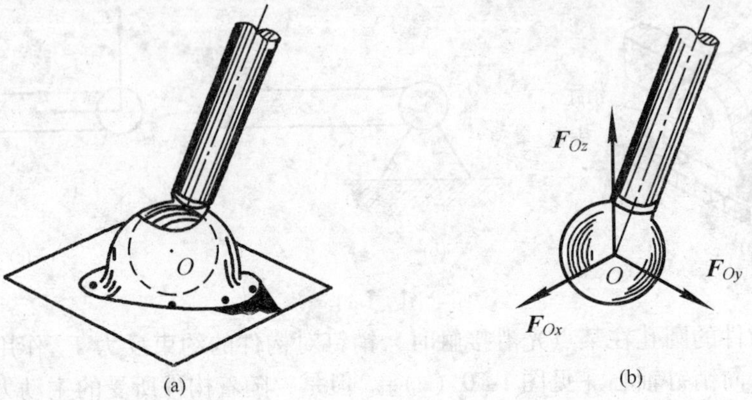

图　1-13

6. 轴承约束

轴承是机器中常见的一种约束，常用的有向心轴承和向心推力轴承。

向心轴承如图 1-14（a）所示，它的性质与圆柱铰链相同，只是被约束物体为轴，轴承限制了轴在垂直于轴线平面内的径向位移。其约束反力与圆柱铰链约束反力的特点相同，故也可以用两个正交分力 $\boldsymbol{F}_x$、$\boldsymbol{F}_y$ 来表示，其简图及约束反力如图 1-14（b）所示。

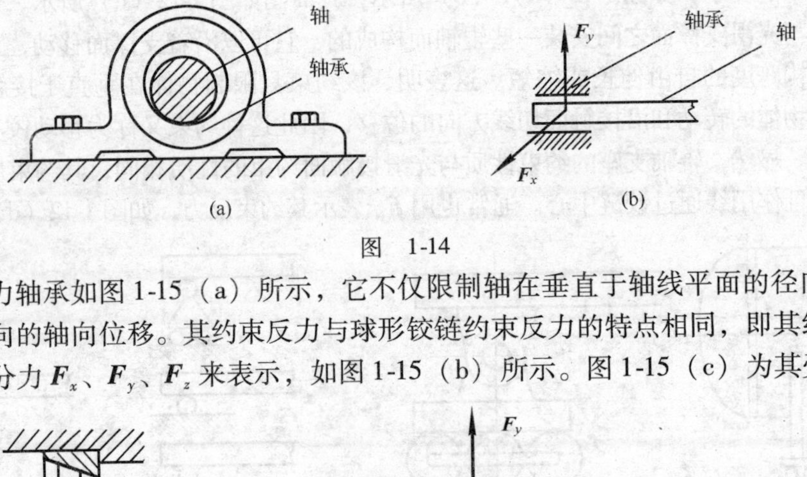

图　1-14

向心推力轴承如图 1-15（a）所示，它不仅限制轴在垂直于轴线平面的径向位移，而且还能限制单向的轴向位移。其约束反力与球形铰链约束反力的特点相同，即其约束反力也是由三个正交分力 $\boldsymbol{F}_x$、$\boldsymbol{F}_y$、$\boldsymbol{F}_z$ 来表示，如图 1-15（b）所示。图 1-15（c）为其受力简图。

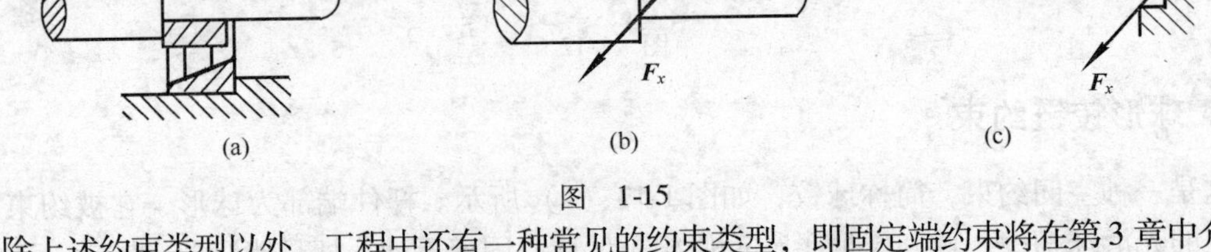

图　1-15

除上述约束类型以外，工程中还有一种常见的约束类型，即固定端约束将在第 3 章中介绍。

需要指出的是，上述约束都是所谓的“理想约束”。工程实际结构中，有些约束与理想约束极为接近，有些则不然。例如某些桁架结构的焊接与铆接处，严格地讲并不是铰链约束，但是更精确的计算结果表明，当联结处刚性不很大时，简化成铰链约束所造成的误差很小，可以略去不计。因此在实际分析中，应根据约束对约束构件运动的限制，作适当的简化，使之成为与之接近的那种理想约束。

§1.4　物体的受力分析和受力图

在工程实际中，为了求出结构或机器中某个构件所受的未知约束反力，需要根据已知力，应用平衡条件来求解。为此，首先要确定出构件受力的数目，每个力的作用位置以及力的作用方向。

为了清晰地表示物体的受力情况，我们把需要研究的物体（称为受力物体）从周围物体（称为施力物体）中分离出来，单独画出它的简图，这个步骤称为选取研究对象或分离体。然后将周围的施力物体对研究对象的作用，用相应的力（包括主动力和约束反力）代替，并全部画出来。这种表示物体受力的简明图形，称为受力图。画物体的受力图是解决静力学问题的一个重要步骤。

确定研究对象，取分离体，分析受力并画受力图，这一过程总称为物体的受力分析。其中关键在于分析研究对象的约束反力。下面举例说明。

例 1-1　所受重力为 $\boldsymbol{P}$ 的碾子在路面上受到一石阶的阻碍，其受到的拉力为 $\boldsymbol{F}$，如图 1-16（a)所示。试画出碾子的受力图。

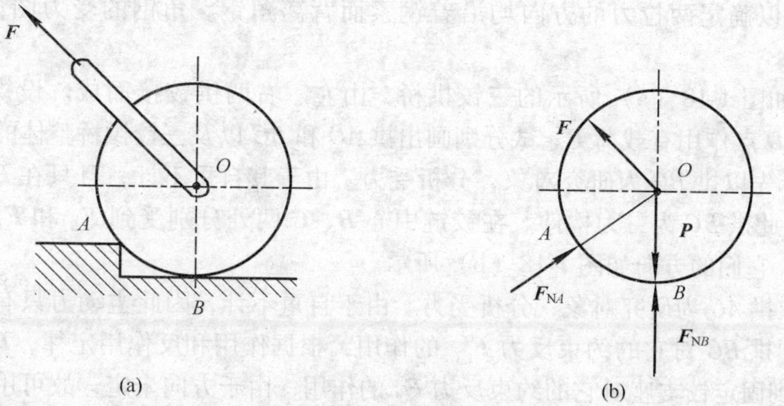

图　1-16

解：(1）取碾子为研究对象（即取出分离体），并单独画出其简图。

(2）画主动力。有碾子自身的重力 $\boldsymbol{P}$ 和杆对碾子中心 O 的拉力 $\boldsymbol{F}$。

(3）画约束反力。碾子在 A 和 B 两处分别受到石阶与地面的约束，如不计摩擦，均为光滑表面接触，因此，其在 A 处受到石阶的法向反力 $\boldsymbol{F}_{NA}$ 的作用，在 B 处受到地面的法向反力 $\boldsymbol{F}_{NB}$ 的作用，它们方向都沿着碾子上接触点的公法线而指向碾子中心 O。

碾子的受力图如图 1-16（b）所示。

例 1-2　一悬挂装置如图 1-17（a）所示，管子搁在等边角钢上，A、B 处用钢索悬挂，管所受重力为 $\boldsymbol{P}$，角钢自重不计。试分析管子和角钢的受力，并画出受力图。

解：(1）先取管子为研究对象，分析受力。首先画出主动力，即管子的重力 $\boldsymbol{P}$，其作用

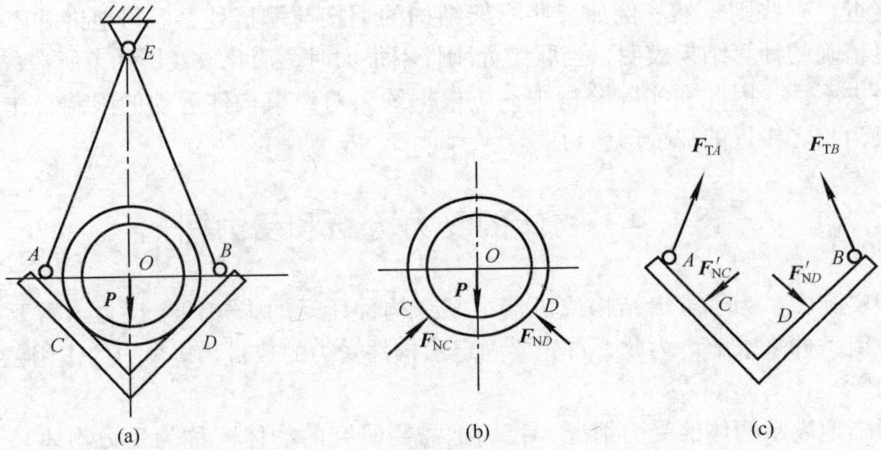

图　1-17

线通过管子中心 O 点；再画约束反力，管子与角钢在 C、D 两点接触，如果不计摩擦，均为光滑表面接触，角钢作用在管子 C、D 两点的约束力为 $\boldsymbol{F}_{NC}$ 和 $\boldsymbol{F}_{ND}$，根据光滑接触面约束的性质，两个力的作用线分别沿各自接触面的法线方向，并通过管子中心 O。管子的受力图如图 1-17（b）所示，显然，此力系满足三力平衡汇交原理。

（2）再取角钢为研究对象，进行受力分析。由于角钢的自重不计，因此它在 C、D 两点受到管子给它的约束反力 $\boldsymbol{F}'_{NC}$ 和 $\boldsymbol{F}'_{ND}$ 的作用，根据作用与反作用定律，有 $\boldsymbol{F}'_{NC}=-\boldsymbol{F}_{NC}$，$\boldsymbol{F}'_{ND}=-\boldsymbol{F}_{ND}$。另外，它还在 A、B 两点受到钢索对它的拉力 $\boldsymbol{F}_{TA}$ 和 $\boldsymbol{F}_{TB}$ 的作用，根据柔性约束的性质，可以确定两拉力的方向均沿着钢索而背离角钢。角钢的受力图如图 1-17（c）所示。

例 1-3　如图 1-18（a）所示的三铰拱桥，由左、右两拱铰接而成。设拱的自重不计，在拱 AC 上的 D 点作用有载荷 $\boldsymbol{P}$。试分别画出拱 AC 和 BC 以及三铰拱桥整体的受力图。

解：（1）先以拱 BC 为研究对象，分析受力。由于其自重不计，且只在 B、C 两处受到铰链约束，因此拱 BC 为二力构件。在铰链中心 B、C 两处分别受到 $\boldsymbol{F}_B$ 和 $\boldsymbol{F}_C$ 两力的作用，且 $\boldsymbol{F}_B=-\boldsymbol{F}_C$，它们的方向如图 1-18（b）所示。

（2）再取拱 AC 为研究对象，分析受力。由于自重不计，因此主动力只有载荷 $\boldsymbol{P}$。其在铰链 C 处受到拱 BC 对它的约束反力 $\boldsymbol{F}'_C$ 的作用，根据作用和反作用定律，$\boldsymbol{F}'_C=-\boldsymbol{F}_C$，拱 AC 在 A 处受到固定铰支座对它的约束反力 $\boldsymbol{F}_A$ 的作用，由于方向未定，故可用两个正交分力 $\boldsymbol{F}_{Ax}$ 和 $\boldsymbol{F}_{Ay}$ 来代替。其受力图如图 1-18（c）所示。

进一步分析可知，由于拱 AC 仅在 A、C、D 三处受到三个力的作用而平衡，因此根据三力平衡汇交原理，可以确定出铰链 A 处约束反力 $\boldsymbol{F}_A$ 的作用线，点 E 为力 $\boldsymbol{P}$ 和 $\boldsymbol{F}'_C$ 作用线的交点，当拱 AC 平衡时，约束反力 $\boldsymbol{F}_A$ 的作用线必通过点 E，如图 1-18（d）所示。至于 $\boldsymbol{F}_A$ 的指向，暂且假定如图，以后可由平衡条件确定。

（3）系统整体受力分析。当选整个系统为研究对象时，可把平衡的整个结构视为刚体。由于铰链 C 处所受的力互为作用力与反作用力，它们成对地作用在整个系统内，称为内力。内力对系统的作用效益相互抵消，因此可以除去，而并不影响整个系统的平衡。故内力在受力图上不必画出，而只需画出系统以外物体对系统的作用力，这种力称为外力。这里，载荷 $\boldsymbol{P}$ 和约束反力 $\boldsymbol{F}_A$、$\boldsymbol{F}_C$ 都是作用于整个系统的外力。整个系统的受力图如图 1-18（e）或图 1－18（f）所示。

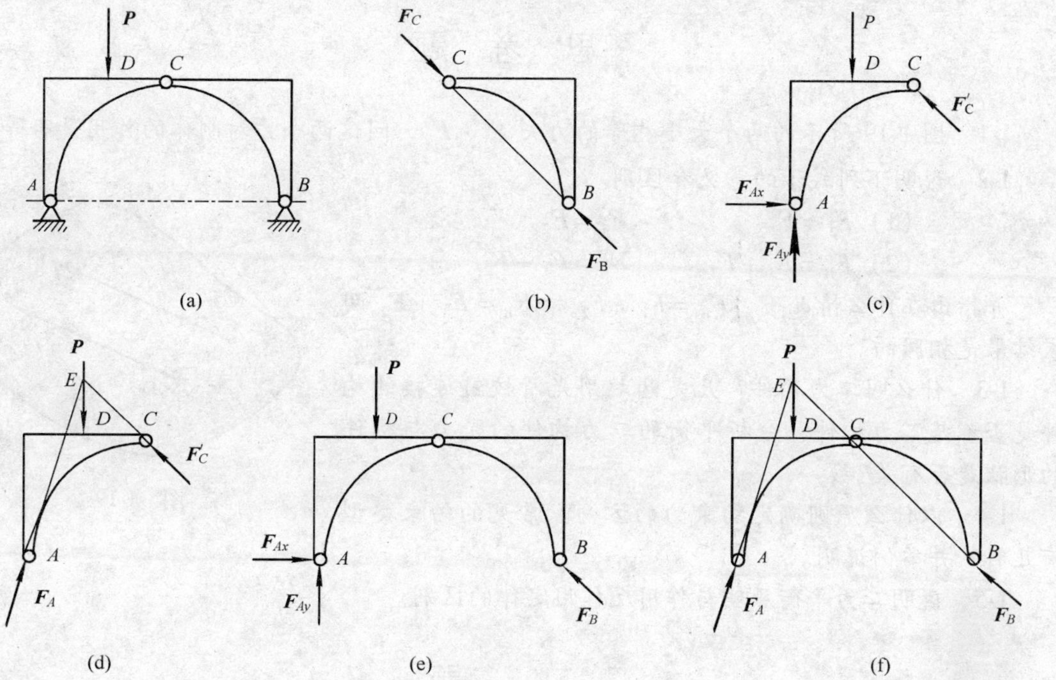

图　1-18

在这里还应指出，内力与外力的区分并不是绝对的。例如，当我们把拱 AC 作为研究对象时，力 $\boldsymbol{F'}_C$ 为外力，可是，当我们把系统整体作为研究对象时，$\boldsymbol{F'}_C$ 就成为内力了。由此可见，内力与外力的区分，是相对某一确定的研究对象而言的，因此要注意二者的辩证关系。

正确地画出物体的受力图，是分析、解决力学问题的基础。下面将画受力图时的注意事项归纳如下。

（1）必须明确研究对象。根据求解需要，可以取单个物体为研究对象，也可以取由若干物体组成的系统为研究对象。在取分离体时，要先解除周围物体的约束。

（2）正确确定研究对象受力的数目。在对研究对象进行受力分析时，不能平白无故地多力，也不能随意丢力、漏力。通常先画出已知的主动力，再画约束反力，凡是研究对象与外界接触的地方，都一定存在约束反力。

（3）画约束反力时要充分考虑约束的性质，绝不能主观臆断。例如，圆柱铰链约束通常可以画一对位于约束平面内的正交约束反力，但如果是二力构件，则应按二力构件的特点画出约束反力。

（4）在分别分析两相邻物体的受力时，应遵循作用、反作用关系。当作用力的方向一经确定或假定，则其反作用力的方向亦随之而定。

（5）在画整个系统的受力图时，由于内力成对出现，组成平衡力系，因此不必画出，只需画出全部外力。

思　考　题

1-1　图 1-19 所示的两个大小相等的力矢 $\boldsymbol{F}_1$、$\boldsymbol{F}_2$，问这两个力对刚体的作用是否等效？

1-2　说明下列式子的意义和区别。

（1）$F_1 = F_2$　　　$\boldsymbol{F}_1 = \boldsymbol{F}_2$

（2）$F_R = F_1 + F_2$　　　$\boldsymbol{F}_R = \boldsymbol{F}_1 + \boldsymbol{F}_2$

并指出在什么情况下，$F_R = F_1 + F_2$ 和 $\boldsymbol{F}_R = \boldsymbol{F}_1 + \boldsymbol{F}_2$ 两式结果是相同的。

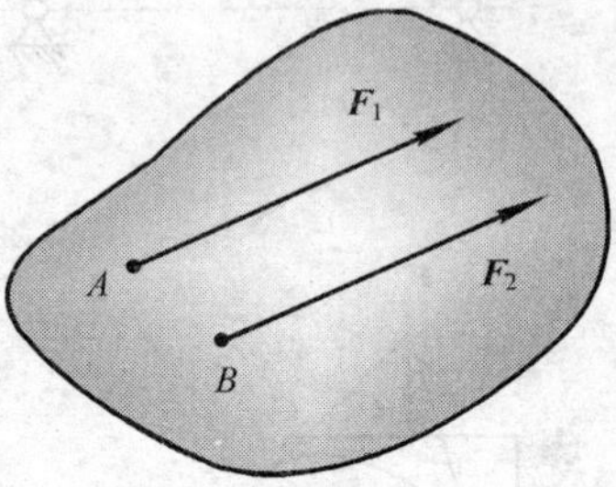

图　1-19

1-3　什么叫二力构件？凡是两端用光滑铰链连接的构件是否都是二力构件？分析平衡的二力构件的受力与构件的形状是否有关？

1-4　以什么原则确定约束力的方向？常见的约束类型有几种？并举例说明。

1-5　说明二力平衡原理与作用反作用定律的区别。

习　　题

1-1　画出图 1-20 所示指定物体的受力图，接触处可看作光滑，没有画出重力的物体都不考虑自重。

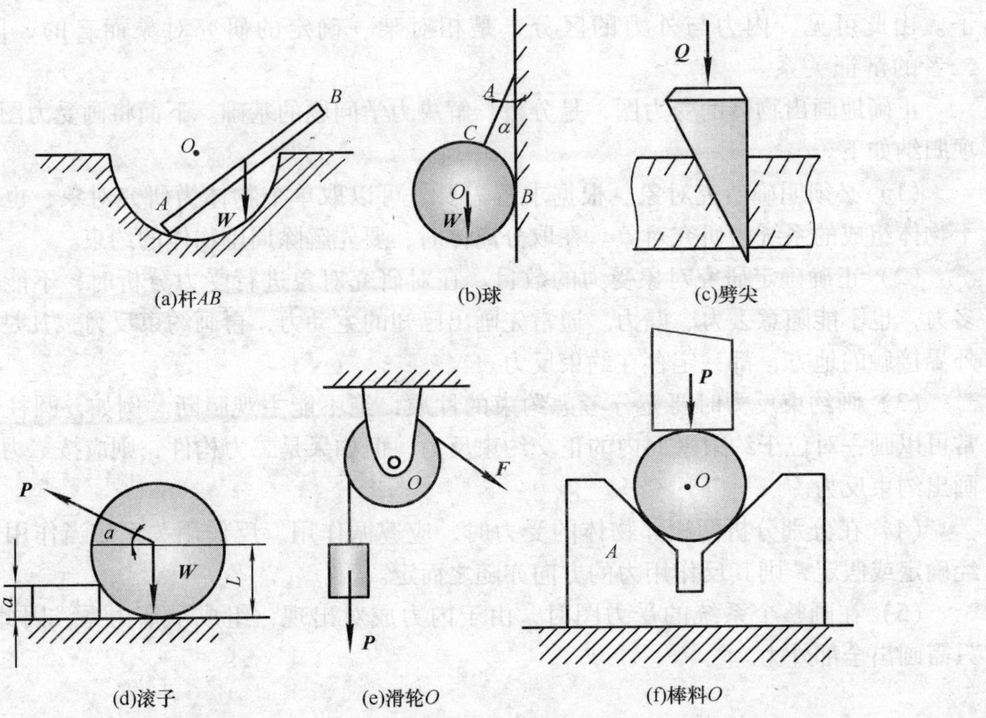

图　1-20

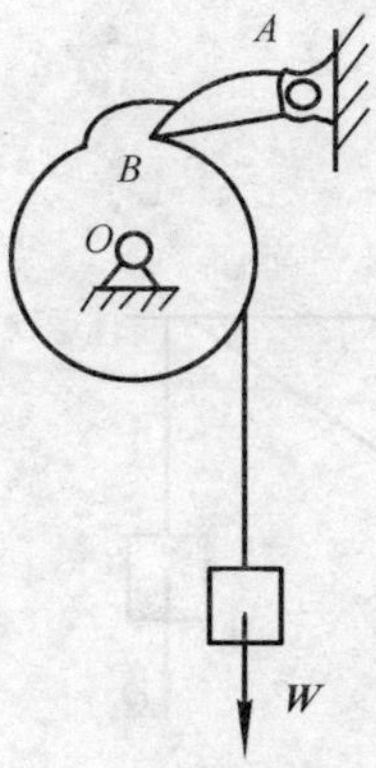

(g)棘爪AB

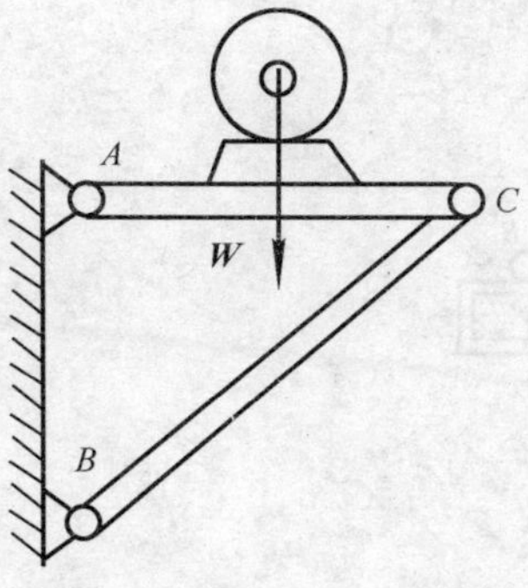

(h)梁AC和杆BC

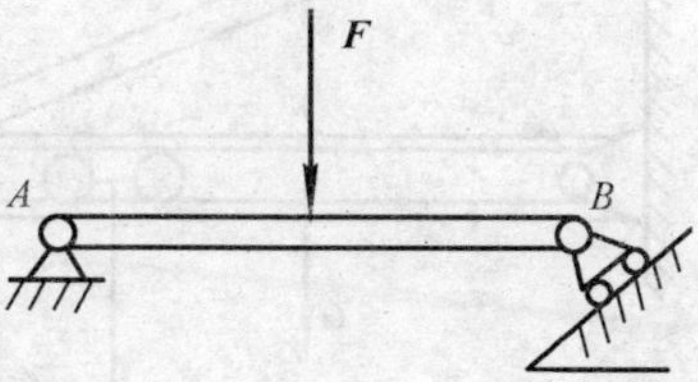

(i)梁AB

图　1-20（续）

1-2　如图 1-21 所示，试画出下列每个标注字符的物体（销钉与支座除外）的受力图及系统整体受力图。假定所有的接触面都是光滑的，其中没有画重力矢 $\boldsymbol{G}$ 的物体不用考虑质量。

1-3　悬臂起重吊车受力平衡如图 1-22 所示，已知起吊重力为 Q，均质横梁 AB 自重为 $\boldsymbol{G}$，A、B、C 处均为光滑铰链，试分别画出拉杆 BC 和横梁 AB 的受力图。

1-4　摇臂起重机受力平衡如图 1-23 所示，已知起吊重力为 $\boldsymbol{Q}$，起重机本身重力为 $\boldsymbol{G}$。试画出此起重机的受力图。

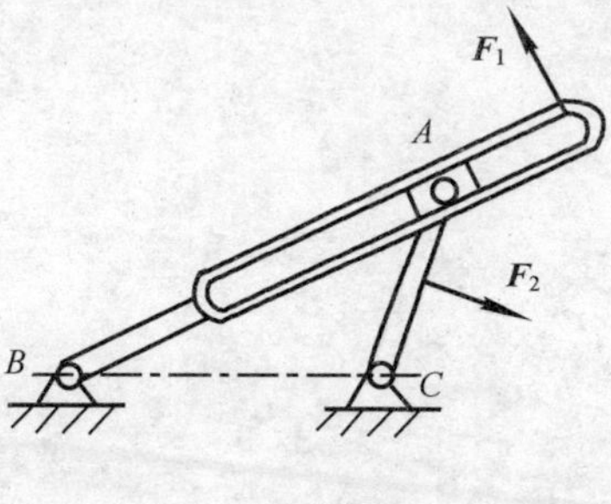

(a)

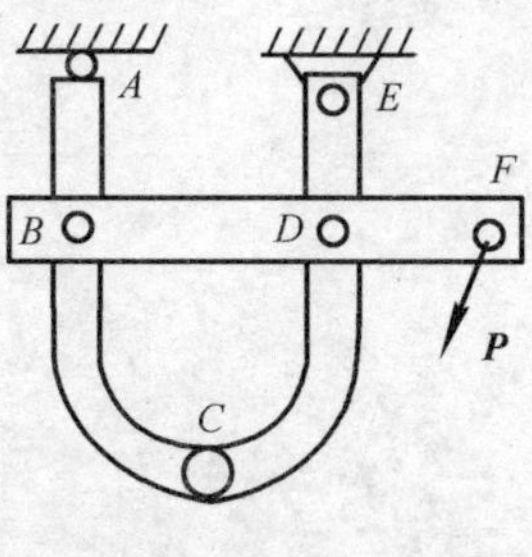

(b)

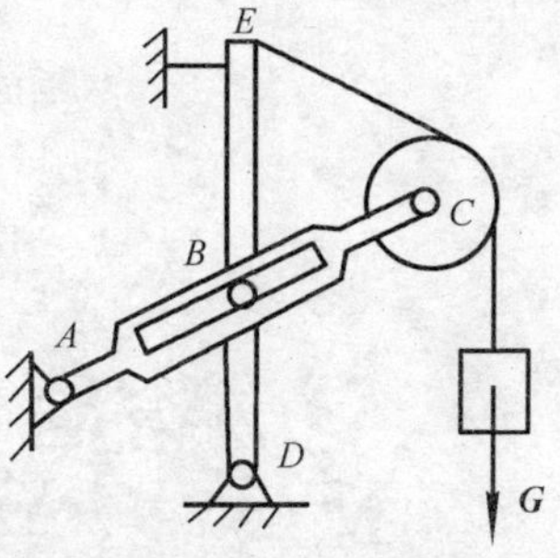

(c)

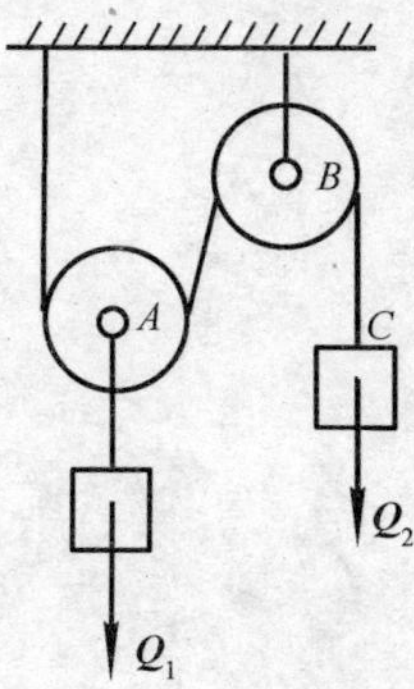

(d)

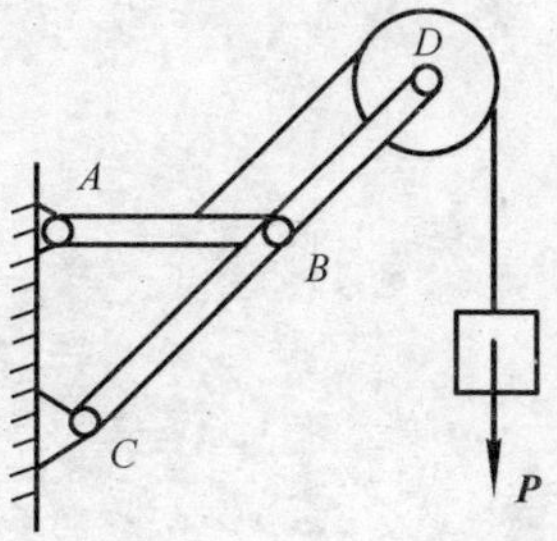

(e)

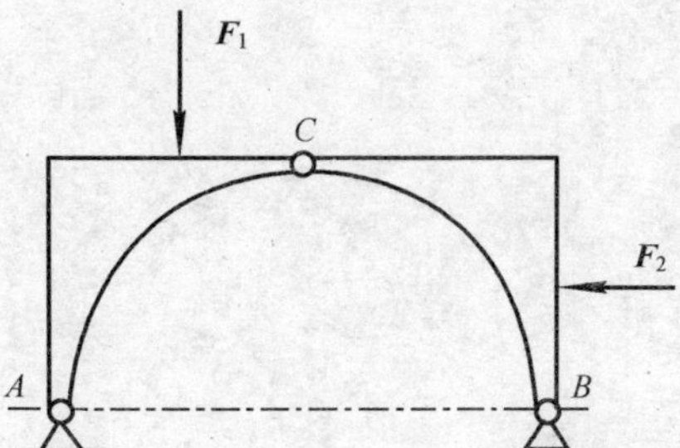

(f)

图　1-21

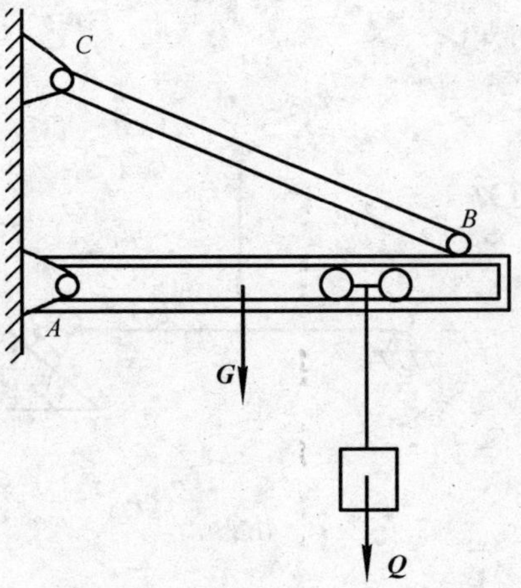

图 1-22

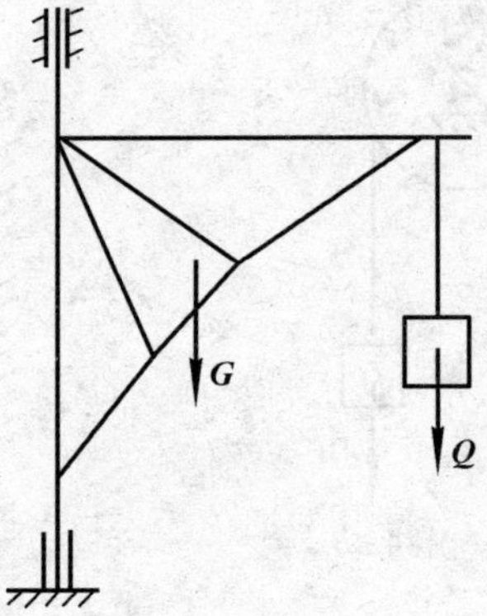

图 1-23

第 2 章　平面简单力系

平面简单力系是研究复杂力系的基础，它包括平面汇交力系和平面力偶系。本章将分别用几何法与解析法来研究平面汇交力系的简化与平衡问题，并介绍平面力偶的基本特性与平面力偶系的简化与平衡问题。

§2.1　平面汇交力系的简化与平衡的几何法

当作用在物体上的各个力的作用线在同一平面内且相交于一点时，则称这些力组成的力系为平面汇交力系。图 2-1 所示的四根角钢铆接在桁架接头上，$\boldsymbol{F}_1$、$\boldsymbol{F}_2$、$\boldsymbol{F}_3$、$\boldsymbol{F}_4$ 四个力相交于 O 点，构成平面汇交力系。

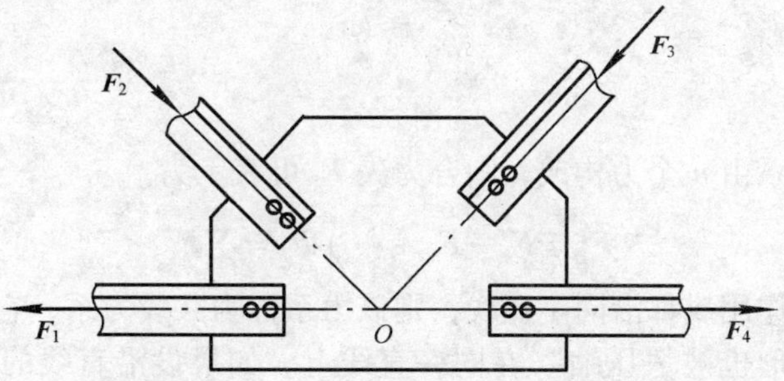

图　2-1

1. 平面汇交力系简化的几何法（力多边形法）

设一刚体受平面汇交力系 $\boldsymbol{F}_1$、$\boldsymbol{F}_2$、$\boldsymbol{F}_3$、$\boldsymbol{F}_4$ 的作用，各力作用线的汇交点为 O，如图 2-2（a）所示。根据刚体内部力的可传性，可将每个力沿各自的作用线移至汇交点 O，再根据力的平行四边形法则，可以将这些力逐次两两合成，最后可求得一个通过汇交点 O 的合力 $\boldsymbol{F}_R$［见图 2-2（b）］。另外一种求 $\boldsymbol{F}_R$ 的较简便的方法是通过作一系列力的三角形，得到一个矢量多边形 $abcde$，如图 2-2（c）所示。显然，$\boldsymbol{F}_{R1}$ 为 $\boldsymbol{F}_1$ 与 $\boldsymbol{F}_2$ 的合力，$\boldsymbol{F}_{R2}$ 为 $\boldsymbol{F}_{R1}$ 与 $\boldsymbol{F}_3$ 的合力，而最终的合力 $\boldsymbol{F}_R$ 是由 $\boldsymbol{F}_{R2}$ 与 $\boldsymbol{F}_4$ 合成的。该矢量多边形 $abcde$ 称为此平面汇交力系的力多边形，矢量 $\overrightarrow{ae}$ 称为此力多边形的封闭边。它即表示此平面汇交力系的合力 $\boldsymbol{F}_R$，而合力的作用线仍应通过原汇交点 O，如图 2-2（d）所示。

值得注意的是，力多边形中各分力的矢量沿着环绕力多边形边界的同一方向首尾相接，在 ae 边形成一缺口，而合力矢则是沿相反方向连接此缺口，故该力多边形 $abcde$ 称为不封闭的力多边形。根据矢量相加的交换律，任意变换各分力矢的连接次序，可得不同形状的力多边形，但其合力矢始终不变，如图 2-2（e）所示。

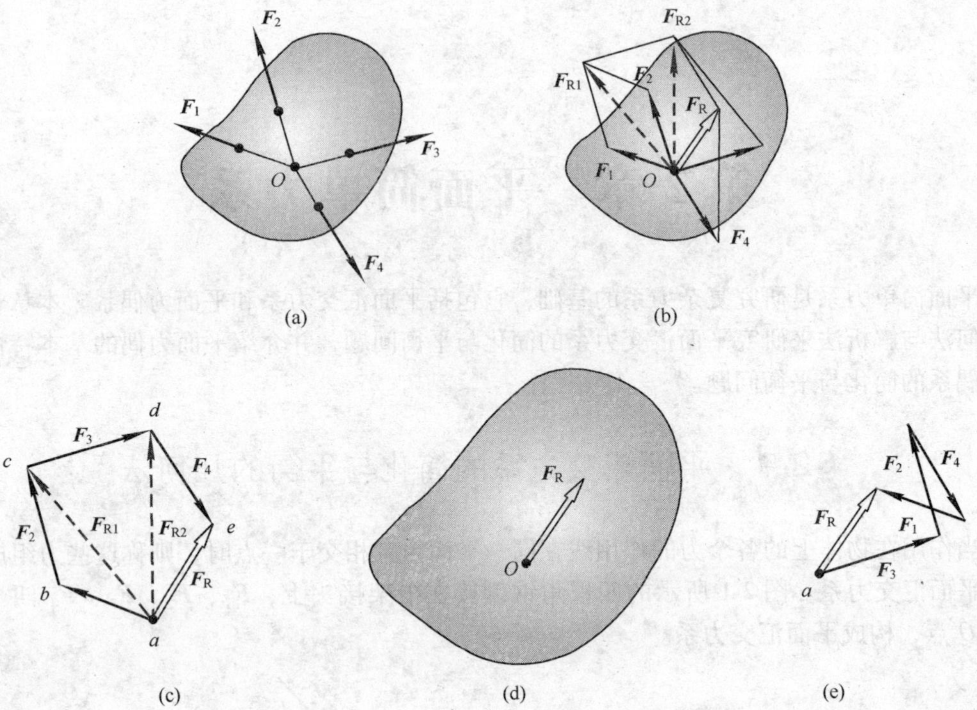

图　2-2

如果平面汇交力系由 n 个力构成，则合力矢 $\boldsymbol{F}_{\mathrm{R}}$ 可表示为

$$\boldsymbol{F}_{\mathrm{R}}=\boldsymbol{F}_1+\boldsymbol{F}_2+\cdots+\boldsymbol{F}_n=\sum_{i=1}^{n}\boldsymbol{F}_i \tag{2-1}$$

若力系中各力的作用线都沿同一直线，则该力系称为共线力系，它属于平面汇交力系的特殊情况，其力多边形也被“压缩”在同一直线上。如果设沿直线的某一指向为正，其反向为负，则力系合力的大小与方向决定于各分力的代数和，即

$$F_{\mathrm{R}}=\sum_{i=1}^{n}F_i \tag{2-2}$$

上述结果表明，平面汇交力系的简化结果是一个合力，其大小与方向等于各分力的矢量和，且合力的作用线通过汇交点。显然，平面汇交力系的合力对刚体的作用与原力系对该刚体的作用等效。

2. 平面汇交力系平衡的几何条件

由于平面汇交力系可用其合力来代替，因此，平面汇交力系平衡的充分必要条件为该力系的合力等于零。用矢量式可表示为

$$\sum_{i=1}^{n}\boldsymbol{F}_i=0 \tag{2-3}$$

在平衡状态下，力多边形中最后一个分力的终点与第一个力的起点重合，此时的力多边形称为封闭的力多边形。于是，可得平面汇交力系平衡的几何充要条件为该力系的力多边形自行封闭。

例 2-1　支架的横梁 AB 与斜杆 DC 彼此以铰链 C 连接，并各以铰链 A、D 连接于铅直墙上。如图 2-3（a）所示。已知 $AC=CB$；杆 DC 与水平线成 45°；载荷 $\boldsymbol{P}=10$ kN，作用于 B

处。设梁和杆的质量忽略不计，求铰链 A 的约束反力和杆 DC 所受的力。

解： 选取横梁 AB 为研究对象。横梁在 B 处受载荷 $\boldsymbol{P}$ 作用。DC 为二力杆，它对横梁 C 处的约束反力 $\boldsymbol{F}_C$ 的作用线必沿两铰链 D、C 中心的连线。铰链 A 的约束反力 $\boldsymbol{F}_A$ 作用线可根据三力平衡汇交原理确定，即通过另两力的交点 E，如图 2-3（b）所示。

根据平面汇交力系平衡的几何条件，这三个力应组成一封闭的力三角形。按照图中力的比例尺，先画出已知力矢 $\overrightarrow{ab}=\boldsymbol{P}$，再过点 a 作直线 da 平行于 AE，过点 b 作直线 bd 平行 CE，这两直线相交于点 d，如图 2-3（c）所示。由力三角形 abd 封闭，可确定 $\boldsymbol{F}_C$ 和 $\boldsymbol{F}_A$ 的指向。

在力三角形中，线段 bd 和 da 长度分别表示力 $\boldsymbol{F}_C$ 和 $\boldsymbol{F}_A$ 的大小，量出它们的长度，按比例换算得

$$F_C=28.3\ \text{kN},\ F_A=22.4\ \text{kN}$$

根据作用力与反作用力的关系，作用于杆 DC 的 C 端的力 $\boldsymbol{F}'_C$ 与 $\boldsymbol{F}_C$ 的大小相等，方向相反。由此可知杆 DC 受压力，如图 2-3（b）所示。另外，以整体为研究对象，封闭的力三角形也可以如图 2-3（d）所示，同样可以求得力 $\boldsymbol{F}_C$ 和 $\boldsymbol{F}_A$，结果相同。

由此例题可以看出，用几何法解题时，各力之间的关系便一目了然。

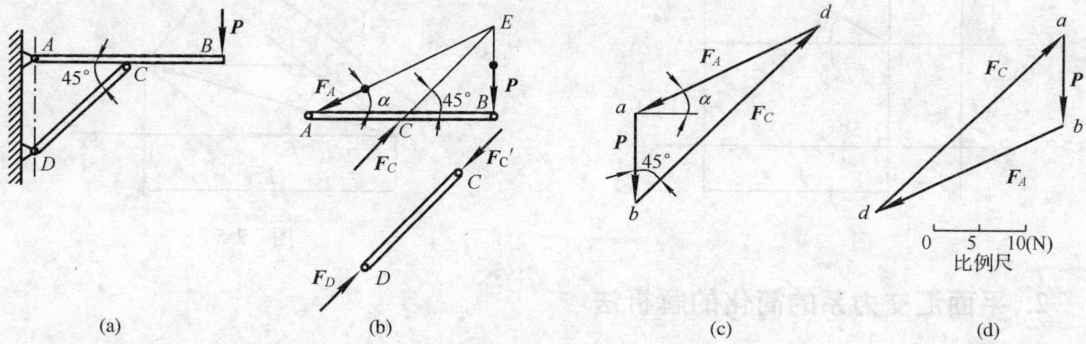

图　2-3

§2.2　平面汇交力系的简化与平衡的解析法

解析法是通过力矢在坐标轴上的投影来分析力系的简化合成及其平衡条件。

1. 力在正交坐标轴系的投影与力的解析表达式

如图 2-4 所示，已知力 $\boldsymbol{F}$ 与平面内正交轴 x、y 的夹角为 α、β，则力 $\boldsymbol{F}$ 在 x、y 轴上的投影分别为

$$\left.\begin{aligned}F_x&=F\cos\alpha\\F_y&=F\cos\beta=F\sin\alpha\end{aligned}\right\}\tag{2-4}$$

即力在某轴上的投影，等于力的模乘以力与投影轴正向间夹角的余弦。力在轴上的投影为代数量，当力与轴间夹角为锐角时，其值为正；当夹角为钝角时，其值为负。

若 $\boldsymbol{i}$、$\boldsymbol{j}$ 分别为 x、y 轴的单位矢量，如图 2-4 所示，力 $\boldsymbol{F}$ 可沿正交轴 Ox、Oy 分解为两个力 $\boldsymbol{F}_x$ 和 $\boldsymbol{F}_y$，且其分力与力的投影之间有下列关系

$$\boldsymbol{F}_x = F_x\boldsymbol{i},\ \boldsymbol{F}_y = F_y\boldsymbol{j}$$

由此，力的解析表达式为

$$\boldsymbol{F} = F_x\boldsymbol{i} + F_y\boldsymbol{j} \tag{2-5}$$

显然，已知力 $\boldsymbol{F}$ 在平面内两个正交轴上的投影 F_x 和 F_y 时，该力矢的大小和方向余弦分别为

$$\left.\begin{aligned} F &= \sqrt{F_x^2 + F_y^2} \\ \cos\alpha &= \frac{F_x}{F},\ \cos\beta = \frac{F_y}{F} \end{aligned}\right\} \tag{2-6}$$

必须注意，力在轴上的投影 F_x 和 F_y 为代数量，而力沿轴的分量 $\boldsymbol{F}_x$ 和 $\boldsymbol{F}_y$ 为矢量，二者不能混淆。例如，当 Ox、Oy 两轴不相垂直时，力沿两轴的分力 $\boldsymbol{F}_x$、$\boldsymbol{F}_y$ 在数值上也不等于力在两轴上的投影 F_x、F_y（见图 2-5）。

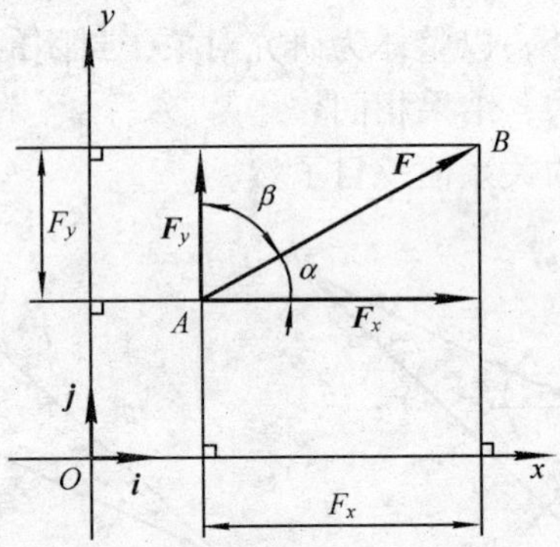

图　2-4

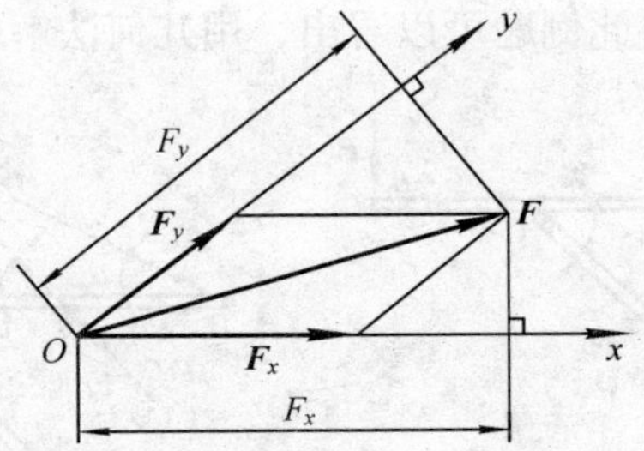

图　2-5

2. 平面汇交力系的简化的解析法

设刚体上作用着由 n 个力组成的平面汇交力系，以汇交点 O 为坐标原点，建立直角坐标系 Oxy，如图 2-6（a）所示。根据式（2-5），此汇交力系的合力 $\boldsymbol{F}_R$ 的解析表达式为

$$\boldsymbol{F}_R = F_{Rx}\boldsymbol{i} + F_{Ry}\boldsymbol{j}$$

式中，F_{Rx}、F_{Ry} 为合力 $\boldsymbol{F}_R$ 在 x、y 轴上的投影［见图 2-6（b）］。

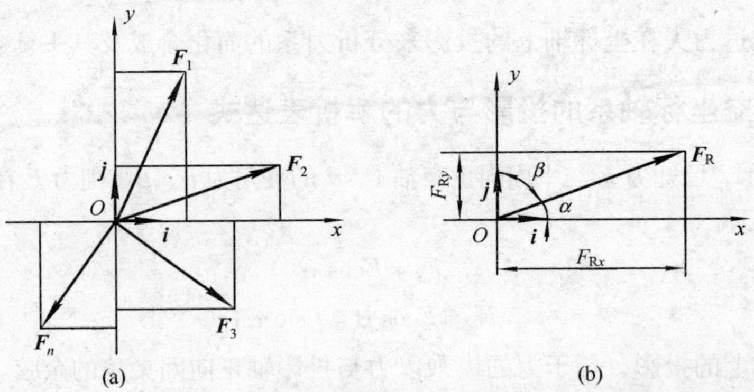

图　2-6

根据和矢量投影定理，合矢量在某一轴上的投影等于各分矢量在同一轴上投影的代数和，将式（2-1）向 x、y 轴投影，可得

$$
\left.\begin{aligned}
F_{Rx} &= F_{1x} + F_{2x} + \cdots + F_{nx} = \sum_{i=1}^{n} F_{ix} \\
F_{Ry} &= F_{1y} + F_{2y} + \cdots + F_{ny} = \sum_{i=1}^{n} F_{iy}
\end{aligned}\right\} \tag{2-7}
$$

其中 F_{1x} 和 F_{1y}，F_{2x} 和 F_{2y}，…，F_{nx} 和 F_{ny} 分别为各分力在 x 轴和 y 轴上的投影。

根据式（2-6）可求得合力矢的大小和方向余弦为

$$
\left.\begin{aligned}
F_R &= \sqrt{F_{Rx}^2 + F_{Ry}^2} = \sqrt{(\sum F_x)^2 + (\sum F_y)^2} \\
\cos\alpha &= \frac{F_{Rx}}{F_R},\ \cos\beta = \frac{F_{Ry}}{F_R}
\end{aligned}\right\} \tag{2-8}
$$

3. 平面汇交力系平衡的解析条件

由 §2.1 知，平面汇交力系平衡的必要与充分条件是该力系的合力等于零。即

$$
F_R = \sqrt{(\sum F_x)^2 + (\sum F_y)^2} = 0
$$

若上式成立，必须同时满足：

$$
\left.\begin{aligned}
\sum F_x = 0 \\
\sum F_y = 0
\end{aligned}\right\} \tag{2-9}
$$

于是，平面汇交力系平衡的必要和充分条件是各力在两个坐标轴上投影的代数和分别为零。式（2-9）称为平面汇交力系的平衡方程。显然，平面汇交力系只有两个独立的平衡方程，最多可以求解两个未知量。

下面举例说明平面汇交力系平衡方程的实际应用。

例 2-2　如图 2-7（a）所示，起吊化工高压反应塔时，为了不损坏栏杆，加水平拉力 $\boldsymbol{Q}$ 使反应塔与栏杆离开。若此时吊索与铅垂线的夹角为 30°，反应塔的重量 $W = 30$ kN，试求此时的水平拉力 $\boldsymbol{Q}$ 和吊索中的拉力 $\boldsymbol{F}_T$ 的大小。

解：（1）选取反应塔为研究对象。

（2）画受力图。除主动力 $\boldsymbol{W}$ 和水平拉力 $\boldsymbol{Q}$ 外，还有吊索对反应塔的约束反力 $\boldsymbol{F}_T$，其作用线沿吊索方向，且为拉力，三力作用线的汇交点 A，如图 2-7（b）所示。

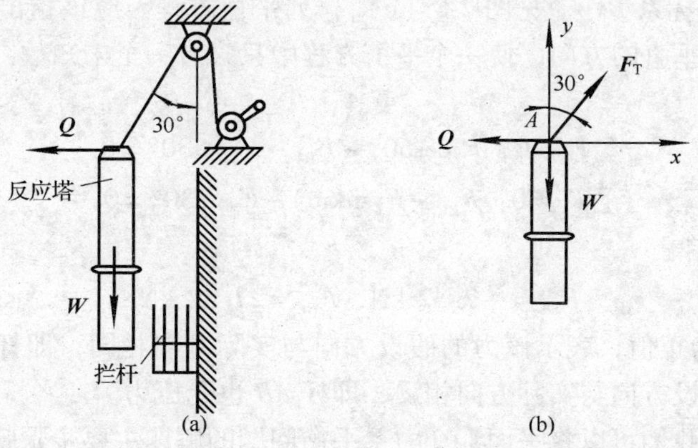

图　2-7

（3）建立直角坐标系 Axy，列平衡方程，即

$$\sum F_x = 0,\quad F_T\sin30° - Q = 0$$

$$\sum F_y = 0,\quad F_T\cos30° - W = 0$$

（4）求解方程，得

$$F_T = 34.6\ \text{kN},\ Q = 17.3\ \text{kN}$$

例 2-3　如图 2-8（a）所示，重物 $P = 20$ kN，用钢丝绳挂在支架的滑轮 B 上，钢丝绳的另一端绕在铰车 D 上。杆 AB 与 BC 铰接，并以铰链 A、C 与墙连接。若忽略两杆与滑轮的自重和摩擦，并不计滑轮的几何尺寸，试求平衡时杆 AB 和 BC 所受的力。

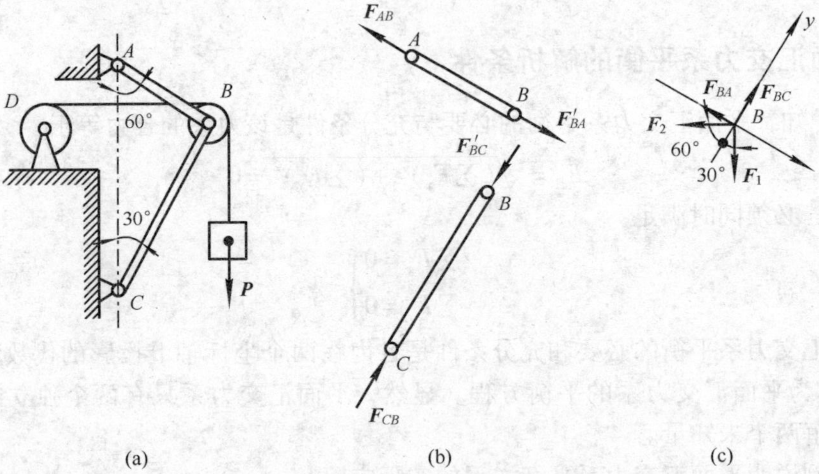

图　2-8

解：（1）选取研究对象。由于 AB 与 BC 两杆都是二力杆，假设杆 AB 受拉力，杆 BC 受压力，如图 2-8（b）所示。为求出这两个未知力，可选取滑轮 B 为研究对象。

（2）画受力图。滑轮受到钢丝绳的拉力 $\boldsymbol{F}_1$ 和 $\boldsymbol{F}_2$ 作用，且 $F_1 = F_2 = P$。此外还受到杆 AB 和 BC 对它的约束反力 $\boldsymbol{F}_{BA}$ 和 $\boldsymbol{F}_{BC}$。由于不计滑轮的几何尺寸，故这四个力可以视为汇交力系，如图 2-8（c）所示。

（3）建立直角坐标系 Bxy［见图 2-8（c）］，列平衡方程。应该指出，坐标轴应尽量取在与未知力作用线相垂直的方向，使一个平衡方程中只含有一个未知数，从而不必解联立方程，简化计算。即

$$\sum F_x = 0,\ F_1\cos60° - F_{BA} - F_2\cos30° = 0$$

$$\sum F_y = 0,\ F_{BC} - F_1\sin60° - F_2\sin30° = 0$$

（4）求解方程，得

$$F_{BA} = -7.32\ \text{kN},\ F_{BC} = 27.32\ \text{kN}$$

所求结果，F_{BC} 为正值，表示该力的假设方向与实际方向相同，即杆 BC 受压力；F_{BA} 为负值，表示该力的假设方向与实际方向相反，即杆 AB 也受压力。

通过以上例题，我们可以将平面汇交力系平衡问题的解题主要步骤归纳如下：

（1）根据问题的性质和要求选取合适的研究对象。

（2）取分离体，画受力图。在画受力图时应综合应用约束的性质、平衡的条件和作用

力与反作用力关系。

（3）用几何法解题时，选择适当的比例尺作出力的封闭多边形。必须注意，作图时，首先从已知的主动力开始，根据矢序规则和封闭的特点，就可以确定未知力的大小和方向。

（4）用解析法解题时，为了便于求解方程，应选取适当的坐标轴，再根据平衡条件确定全部未知力的大小和方向。

§2.3　平面力对点之矩

我国人民很早就懂得运用杠杆原理来称量物体的重量。长期实践使人们认识到杠杆的平衡，除了与杆上各力的大小有关以外，还与各力的位置到杆上的某一定点的距离有关。这样就逐渐产生了“力矩”的概念。

1. 力对点之矩

为进一步说明力对点之矩的概念，以扳手拧紧螺母为例，当我们在扳手上施加一个力 $\boldsymbol{F}$ 来拧螺母（见图2-9）时，扳手绕螺母的轴线转动，即绕螺母的中心 O 转动。实践证明，作用在扳手上的力 $\boldsymbol{F}$ 使扳手绕 O 点的转动效应，不仅与力 $\boldsymbol{F}$ 的大小成正比，而且与点 O 到力作用线的垂直距离 h 成正比。因此，规定力 $\boldsymbol{F}$ 的大小与 h 的乘积作为力 $\boldsymbol{F}$ 使扳手绕点 O 转动的效应的度量，称为力 $\boldsymbol{F}$ 对 O 点之矩，简称力矩，用符号 $M_O(\boldsymbol{F})$ 表示，即

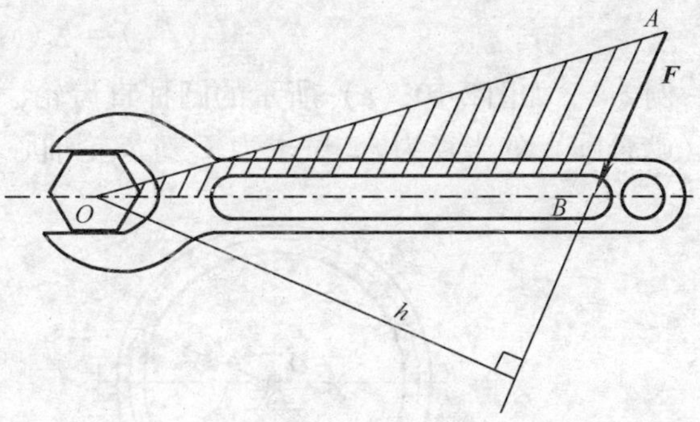

图　2-9

$$M_O(\boldsymbol{F}) = \pm Fh = \pm 2S_{\triangle ABO} \tag{2-10}$$

点 O 称为矩心；点 O 到力作用线的垂直距离 h 称为力臂；$S_{\triangle ABO}$ 为三角形 ABO 的面积。

通常，对平面问题中力对点之矩的规定为平面力对点之矩是一个代数量，其绝对值等于力的大小与力臂的乘积，其正负是这样规定的：若力使物体绕矩心逆时针转动，则力矩为正；反之为负。力矩的常用单位是 N · m 或 kN · m。

显然，当力的作用线通过矩心，即力臂等于零时，它对矩心的力矩等于零。

2. 合力矩定理及力矩的解析表达式

平面汇交力系的合力对平面内任意一点之矩等于所有各分力对于该点之矩的代数和。这就是平面汇交力系的合力矩定理。用公式可表达为

$$M_O(\boldsymbol{F}_{\mathrm{R}}) = M_O(\boldsymbol{F}_1) + M_O(\boldsymbol{F}_2) + \cdots + M_O(\boldsymbol{F}_n) = \sum_{i=1}^{n} M_O(\boldsymbol{F}_i) \tag{2-11}$$

式（2-11）按力系等效的概念是不难理解的，而且该式不仅适用于平面汇交力系，还适用于任何有合力存在的力系。

需要指出的是，由于平面汇交力系平衡时，合力为零。即对于平面汇交力系而言下式自然满足

$$M_O(\boldsymbol{F}_{\mathrm{R}}) = \sum_{i=1}^{n} M_O(\boldsymbol{F}_i) = 0$$

因此，此等式不能作为平面汇交力系平衡的独立方程。

3. 力矩与合力矩的解析表达式

如图2-4所示，设力$\boldsymbol{F}$作用在点$A(x, y)$，则力$\boldsymbol{F}$对坐标原点O之矩可根据式（2-11），通过其分力$\boldsymbol{F}_x$和$\boldsymbol{F}_y$对点O之矩而得到，即

$$M_O(\boldsymbol{F}) = M_O(\boldsymbol{F}_x) + M_O(\boldsymbol{F}_y) = xF\sin\alpha - yF\cos\alpha$$

或

$$M_O(\boldsymbol{F}) = xF_y - yF_x \tag{2-12}$$

式（2-12）为平面内力矩的解析表达式。其中x、y为力$\boldsymbol{F}$作用点A的坐标；F_x、F_y分别为力$\boldsymbol{F}$在x、y轴上的投影。

若将式（2-12）代入式（2-11），即可得到合力$\boldsymbol{F}_{\mathrm{R}}$对坐标原点之矩的解析表达式，即

$$M_O(\boldsymbol{F}_{\mathrm{R}}) = \sum_{i=1}^{n}(x_iF_{iy} - y_iF_{ix}) \tag{2-13}$$

例2-4 如图2-10（a）所示的圆柱直齿轮，受到啮合力$\boldsymbol{F}$的作用。压力角为θ，齿轮节圆（啮合圆）的半径为r，试求力$\boldsymbol{F}$对齿轮轴心O的力矩。

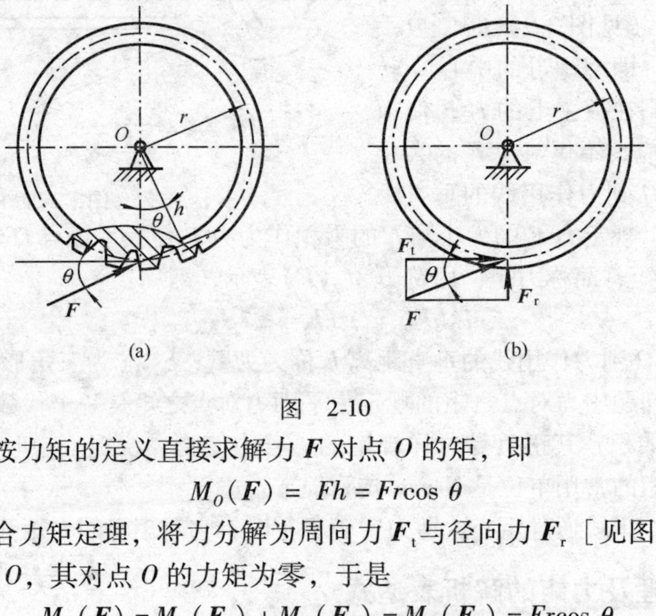

图 2-10

解：方法一，按力矩的定义直接求解力$\boldsymbol{F}$对点O的矩，即

$$M_O(\boldsymbol{F}) = Fh = Fr\cos\theta$$

方法二，根据合力矩定理，将力分解为周向力$\boldsymbol{F}_{\mathrm{t}}$与径向力$\boldsymbol{F}_{\mathrm{r}}$［见图2-10（b）］，显然，径向力$\boldsymbol{F}_{\mathrm{r}}$通过矩心$O$，其对点$O$的力矩为零，于是

$$M_O(\boldsymbol{F}) = M_O(\boldsymbol{F}_{\mathrm{t}}) + M_O(\boldsymbol{F}_{\mathrm{r}}) = M_O(\boldsymbol{F}_{\mathrm{t}}) = Fr\cos\theta$$

可见，两种方法的计算结果相同。

§2.4 平面力偶及其性质

1. 力偶与力偶矩

在工程实际中，我们常常会遇到承受力偶作用的物体。所谓力偶，是指由大小相等、方向相反且不共线的两个平行力组成的力系，通常用$(\boldsymbol{F}, \boldsymbol{F}')$表示。例如，钳工用绞杠丝锥攻制螺纹；司机用双手转动的方向盘等操作，在丝锥、方向盘等物体上均作用了一对力偶，如图2-11所示。

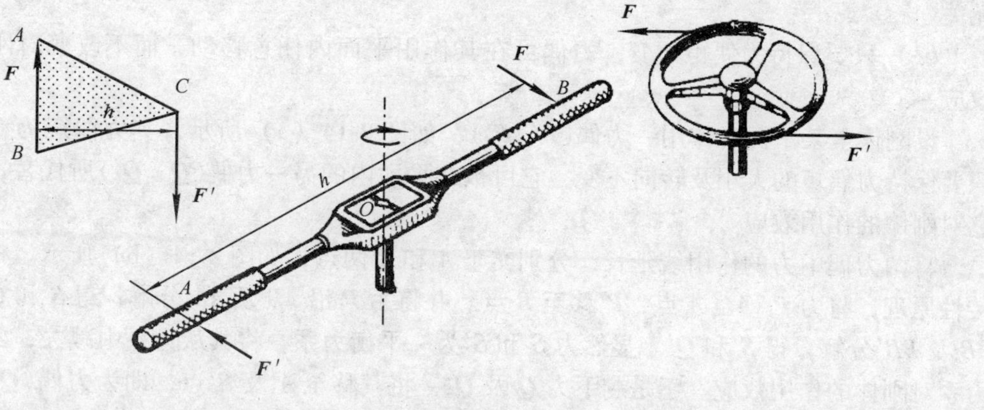

图　2-11

力偶的两个力之间的垂直距离 h 称为力偶臂，力偶所在的平面称为力偶的作用面。等值反向平行力的矢量和显然等于零，因此不会引起物体的移动，但是由于它们不共线，所以不能相互平衡，而使物体产生转动效应。力偶对物体的转动效应，可以用力偶矩来度量，即用力偶的两个力对其作用面内某点的代数和来度量。力偶中任一力的大小与力偶臂的乘积 Fh 或 $F'h$，称为力偶矩，记作 $M_O(\boldsymbol{F}, \boldsymbol{F}')$，简记为 M。同力矩一样，在平面问题中力偶矩为代数量。于是有

$$M = \pm Fh = \pm 2S_{\triangle ABC}$$

其正负是这样规定的：若力偶的转向为逆时针，则力偶矩为正；反之为负。力偶矩的单位与力矩的相同，也是 N · m 或 kN · m。

力偶在平面内的转向不同，其作用效应也不同。因此，平面力偶对物体的作用效应，是由力偶矩的大小和力偶在作用面内的转向两个要素决定的。在物体的受力图中，力偶常用如图 2-12 所示的符号表示。

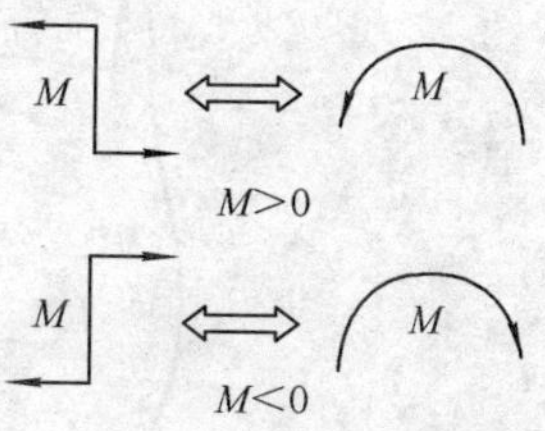

图　2-12

2. 力偶的性质

力偶是两个具有特殊关系的力的结合，虽然力偶中的每个力具有一般力的性质，但力偶作为一种特殊力系，它也具有一些特殊的性质。

(1) 力偶不能简化为一个合力，或用一个力来等效。或者说，力偶不能用一个力来平衡。因此，力偶与力是静力学的两个基本要素。

(2) 力偶对任一点之矩与矩心位置无关，且恒等于力偶矩。因此，力偶对物体的转动效应用力偶矩来度量。

如图 2-13 所示，若有力偶$(\boldsymbol{F}, \boldsymbol{F}')$，其力偶臂为 h，力 $\boldsymbol{F}'$ 的作用线到任意点 O 的距离为 x，则构成力偶的两个力对点 O 之矩为

$$M_O(\boldsymbol{F}) + M_O(\boldsymbol{F}') = Fx - F'(x - h) = Fh = M$$

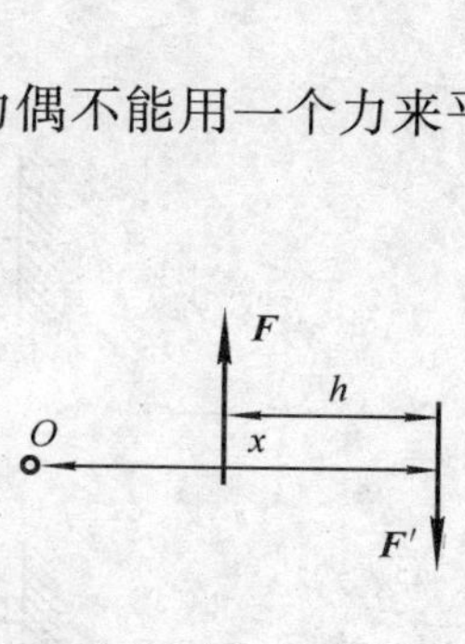

图　2-13

由此可知，力偶的两个力对其作用面内任意一点之矩的代数和恒等于该力偶矩。这还说明，力偶的作用效应决定于力的大小和力偶臂的长短，而与矩心位置

无关。

(3) 只要保持力偶矩不变，力偶可在其作用平面内任意移动，而不改变对刚体的作用效应。

设刚体上某平面内作用一力偶($\boldsymbol{P}$，$\boldsymbol{P}'$)，如图 2-14（a）所示，其力偶矩为 M。现证明只要保持力偶矩的大小及转向不变，它可被在平面内的另一力偶($\boldsymbol{Q}$，$\boldsymbol{Q}'$)所代替，而不改变它对刚体的作用效应。

将两力偶中力的作用线延长，分别交于 A 和 B 两点，如图 2-14（b）所示。根据力的可传性原理，将力 $\boldsymbol{P}$ 移至 A 点，$\boldsymbol{P}'$移至 B 点。并将力 $\boldsymbol{P}$ 沿 AB 及 AA'分解，得 $\boldsymbol{S}$ 和 $\boldsymbol{Q}$；将 $\boldsymbol{P}'$沿 AB 及 BB'分解，得 $\boldsymbol{S}'$和 $\boldsymbol{Q}'$。显然力 $\boldsymbol{S}$ 和 $\boldsymbol{S}'$为一平衡力系，将其从力系中减去，不会改变原力系对刚体的作用效应。于是剩下力 $\boldsymbol{Q}$ 及 $\boldsymbol{Q}'$，将其移至 A'及 B'点，即为力偶($\boldsymbol{Q}$，$\boldsymbol{Q}'$)，此力偶的转向显然与原力偶($\boldsymbol{P}$，$\boldsymbol{P}'$)的转向相同。现考察其力偶矩的大小。设 $Ph = M$，$Qh_1 = M_1$，则 $M = 2S_{\triangle ABC}$，$M_1 = 2S_{\triangle ABD}$。由于 $CD /\!/ AB$，即两三角形同底等高，所以 $S_{\triangle ABC} = S_{\triangle ABD}$，亦即 $M = M_1$。

应该指出，上述结论只适用于刚体，而不适用于变形体。图 2-15（a）所示的 AB 梁，A 端固定，在 B 端作用一力偶，全梁将产生弯曲变形。如果将力偶在平面内移动到 C 处，则 BC 段梁将不发生弯曲变形。显然，两种情形下力偶的变形效应是不相同的。又如图 2-15（b）

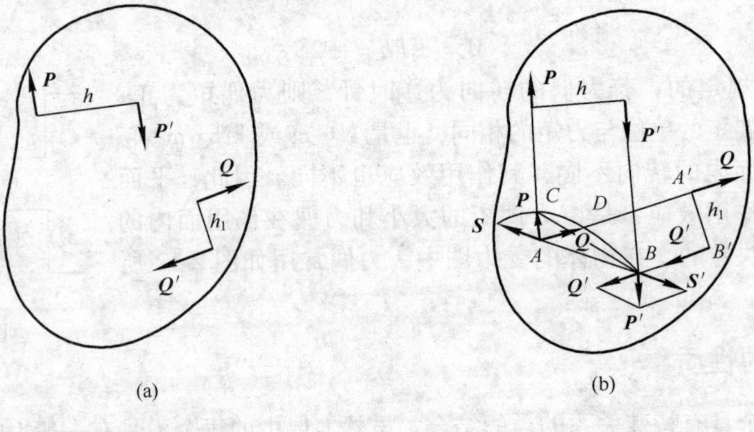

图　2-14

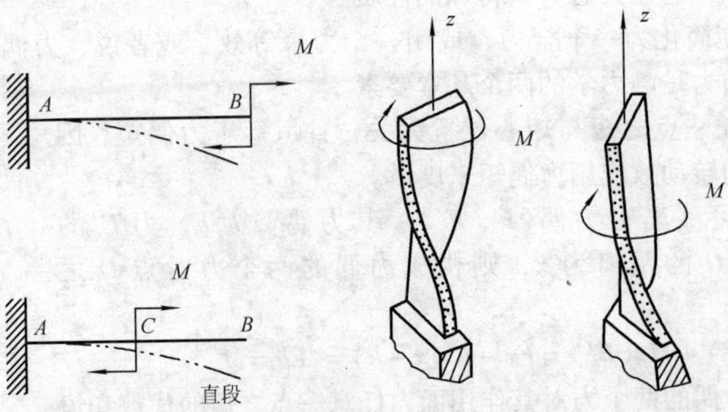

图　2-15

中的弹簧片，若上端受到力偶作用，弹簧片将沿全高度发生扭曲变形；若将力偶平行移至高度一半处的另一平面内，则上半段弹簧片不再发生扭曲变形。显然，两种情形下的变形效应也是不同的。

§2.5 平面力偶系的简化与平衡条件

1. 平面力偶系的简化

作用在刚体上的两个或两个以上的力偶组成力偶系。力偶系简化的结果仍然是一个力偶而不是一个力，这一力偶称为力偶系的合力偶。

先研究两个力偶的简化。设有一由两个力偶构成的平面力偶系($\boldsymbol{F}_1$，$\boldsymbol{F'}_1$)和($\boldsymbol{F}_2$，$\boldsymbol{F'}_2$)，它们的力偶臂分别为 h_1 和 h_2，如图 2-16（a）所示。这两个力偶的力偶矩分别为 M_1 和 M_2，求它们的简化结果。为此，在保持力偶矩不变的情况下，同时改变两个力偶的力的大小和力偶臂的长短，使它们具有相同的臂长 h，并将它们在平面内移转，使力的作用线重合，如图 2-16（b）所示。于是得到与原力偶系等效的两个新力偶（$\boldsymbol{F}_3$，$\boldsymbol{F'}_3$）和($\boldsymbol{F}_4$，$\boldsymbol{F'}_4$)。$\boldsymbol{F}_3$，$\boldsymbol{F}_4$ 的大小为

$$F_3 = \frac{M_1}{h},\ F_4 = \frac{M_2}{h}$$

分别将作用在点 A 和 B 的力合成（假设 $F_3 > F_4$），得

$$F = F_3 - F_4$$
$$F' = F'_3 - F'_4$$

由于 F 与 F' 是相等的，所以构成了与原力偶系等效的合力偶（$\boldsymbol{F}$，$\boldsymbol{F'}$），如图 2-16（c）所示，以 M 表示合力偶的矩，得

$$M = Fh = (F_3 - F_4)\ h = F_3h - F_4h = M_1 - M_2$$

如果是由两个以上的力偶构成的力偶系，可以按上述方法进行简化。就是说，在同一平面内的任意个力偶最终可以简化成一个合力偶，合力偶的矩等于各力偶矩的代数和，即

$$M = \sum_{i=1}^{n} M_{\mathrm{i}}$$

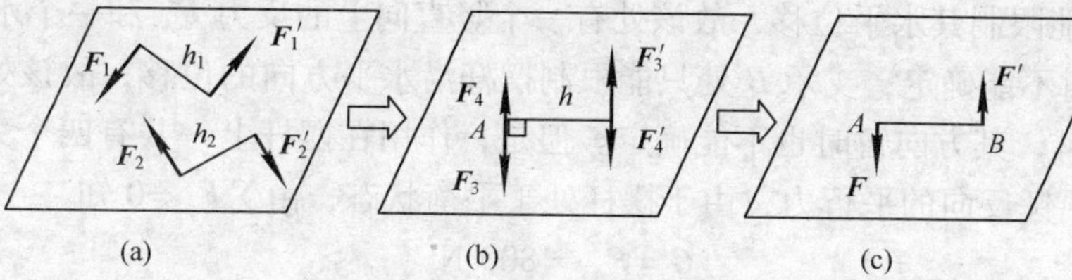

图 2-16

2. 平面力偶系的平衡条件

根据力偶系的简化结果可知，平面力偶系平衡的必要和充分条件是力偶系中各力偶矩的代数和等于零，即

$$\sum_{i=1}^{n} M_{\mathrm{i}} = 0$$

例 2-5 结构横梁 AB 长 l，A 端通过铰链由 AD 杆支撑，B 端为铰支座，组成平面结构。在结构平面内，梁上受到一力偶作用，其力偶矩为 M，如图 2-17（a）所示。不计梁和支杆的自重，求 A 和 B 端的约束反力。

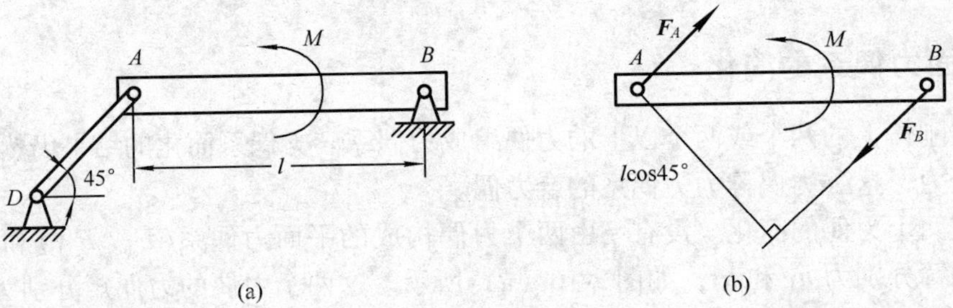

图 2-17

解：以梁 AB 为研究对象。梁所受到的主动力为力偶 M，在 A 和 B 端分别受到约束反力的作用。注意到 AD 是二力杆，因此 A 端的约束力必沿杆 AD 的轴线方向。B 端为铰链，根据约束的性质只知约束反力通过铰的中心，方向暂时不能确定。但考虑到梁的平衡条件后，根据力偶只能与力偶平衡的性质，可以判断 A 与 B 端的约束反力必构成一力偶，因此 B 端的约束力方向必与 A 端的约束力作用线平行、指向相反、大小相等。于是，梁 AB 的受力图如图 2-17（b）所示。根据平面力偶系的平衡条件，$\boldsymbol{F}_A$ 和 $\boldsymbol{F}_B$ 构成一个转向与主动力偶 M 相反的力偶，由此可以定出约束反力 $\boldsymbol{F}_A$ 和 $\boldsymbol{F}_B$ 的指向。其大小由下式确定：

$$\sum M = 0,\ M - F_A l\cos 45^\circ = 0$$

解方程得

$$F_A = F_B = \frac{M}{l\cos 45^\circ} = \frac{\sqrt{2}M}{l}$$

例 2-6 硫酸钠的过滤器如图 2-18（a）所示。旋松顶部的手轮可以将顶盖提起，然后可旋转摆杆，将顶盖移开。摆杆的 A 端置于止推轴承中，在 B 处装有径向轴承，摆杆的尺寸如图所示，单位为 mm。已知顶盖的重量 $G = 800$ N，试求顶盖被提起后摆杆在 A、B 两处收到的约束反力。

解：选取摆杆为研究对象，其简图如图 2-18（b）所示。支承 A 处既能限制摆杆沿铅锤向下的位移，又能限制其水平位移，故该处有一个竖直向上的反力 $\boldsymbol{F}_{Ay}$ 和一个水平反力 $\boldsymbol{F}_{Ax}$，但 $\boldsymbol{F}_{Ax}$ 的方向暂时不能确定；支承 B 处只能限制摆杆沿水平方向的位移，故该处只有一个水平方向的反力 $\boldsymbol{F}_{\mathrm{N}B}$，其方向暂时也不能确定。但是，作用在摆杆上一共有四个力，其中重力 $\boldsymbol{G}$ 和 $\boldsymbol{F}_{Ay}$ 是两个铅锤反向的平行力，由于摆杆处于平衡状态，由 $\sum F_y = 0$ 知

$$G = F_{Ay} = 800\ \mathrm{N}$$

即力 $\boldsymbol{G}$ 和 $\boldsymbol{F}_{Ay}$ 形成了一对逆时针转向的力偶；而 $\boldsymbol{F}_{Ax}$ 与 $\boldsymbol{F}_{\mathrm{N}B}$ 是两个水平的平行力，它们必须形成一对顺时针转向的力偶，与前述的力偶平衡，于是力 $\boldsymbol{F}_{Ax}$ 与 $\boldsymbol{F}_{\mathrm{N}B}$ 的方向便可确定，如图 2-18（c）所示。根据平面力偶系的平衡条件：

$$\sum M = 0,\ 500G - 200F_{Ax} = 0$$

解方程得

$$F_{Ax} = F_{\mathrm{N}B} = 2\ 000\ \mathrm{N} = 2\ \mathrm{kN}$$

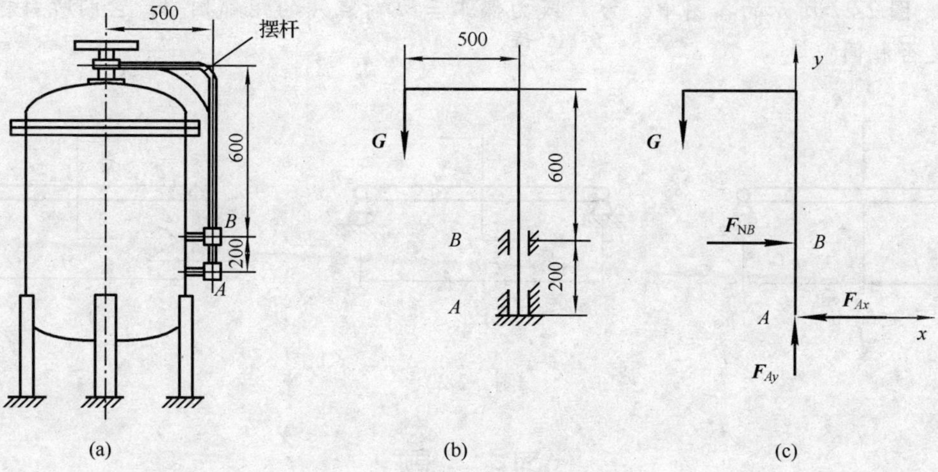

图　2-18

思　考　题

2-1　图2-19所示的两个力三角形中，$\boldsymbol{F}_1$、$\boldsymbol{F}_2$、$\boldsymbol{F}_3$ 三个力的关系是否相同？

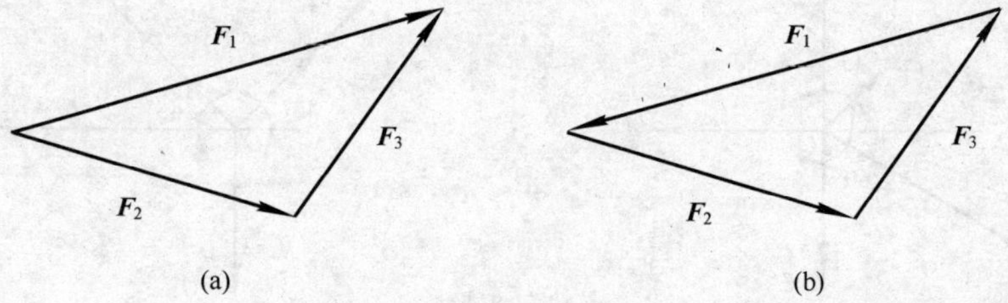

图　2-19

2-2　用解析法求平面汇交力系的合力时，若取不同的直角坐标轴，所得的合力是否相同？

2-3　力偶中的两个力，作用与反作用的两个力，二力平衡条件中的两个力，三者之间有何区别？

2-4　由力偶理论可知，力偶不能用单独一个力来平衡，但为什么图2-20中的轮 O 却能平衡呢？

2-5　四个力作用在同一刚体的四点，设 $\boldsymbol{F}_1$ 与 $\boldsymbol{F}_3$、$\boldsymbol{F}_2$ 与 $\boldsymbol{F}_4$ 大小相等，方向相反，且作用线互相平行，由该四个力所作的力多边形封闭，如图2-21所示。试问物体是否平衡？为什么？

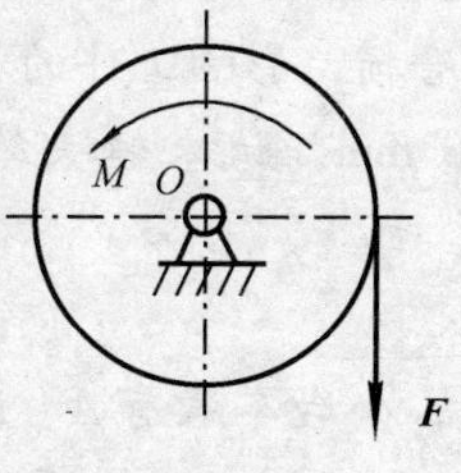

图　2-20

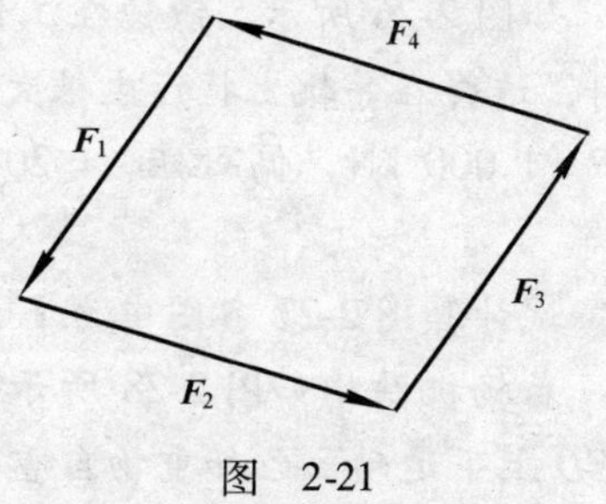

图　2-21

2-6　图 2-22 所示的各图中，力 $\boldsymbol{F}$ 或力偶 $M = Fl$ 对点 A 的矩都相等，它们所引起的支座约束力是否相同？

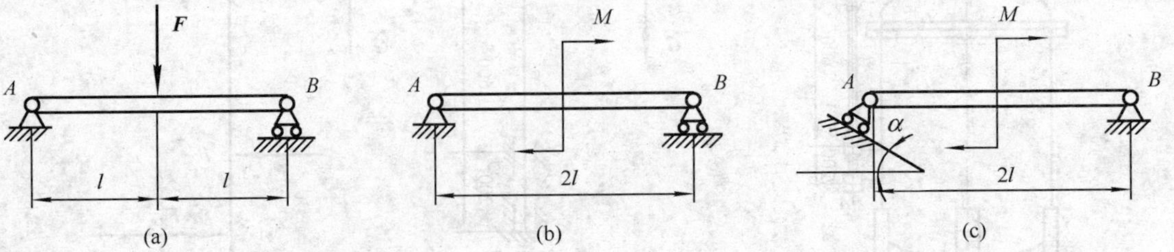

图　2-22

习　题

2-1　试用解析法求图示平面汇交力系的合力。

已知：图 2-23（a）中，$F_1 = 100$ N，$F_2 = 700$ N，$F_3 = 500$N；图 2-23（b）中，$F_1 = 400$ N，$F_2 = 250$ N，$F_3 = 500$ N，$F_4 = 200$ N。

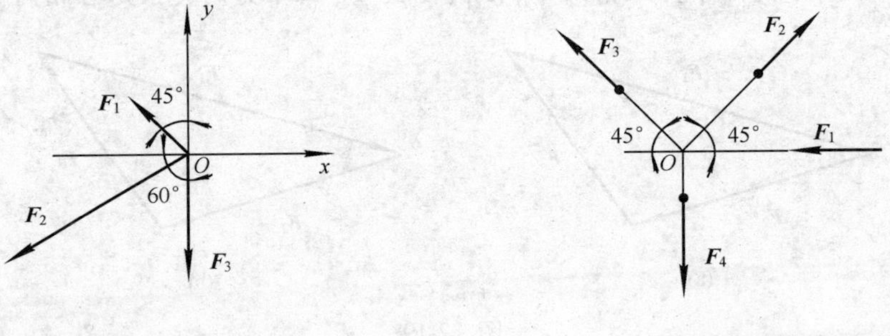

图　2-23

2-2　如图 2-24 所示，均质杆 AB 重为 $\boldsymbol{W}$，长为 l，在 A 点用铰链支承，A、C 两点在同一铅垂线上，且 $AB = AC$，绳的一端在杆的 B 点，另一端经过滑轮 C 与重物 $\boldsymbol{Q}$ 相连。不计滑轮几何尺寸，试求杆的平衡位置 θ。

2-3　铰接四连杆机构 O_2ABO_1，在图 2-25 所示位置平衡，已知 $O_2A = 400$ mm，$BO_1 = 600$ mm，作用在 O_2A 上的力偶矩 $M_1 = 1$ N · m，试求力偶矩 M_2 的大小，及 AB 杆所受力 $\boldsymbol{F}$，各杆质量不计。

2-4　如图 2-26 所示，锻锤在工作时，如果锤头所受工件的作用力有偏心，就会使锤头发生偏斜，这样在导轨上将产生很大的压力，会加速导轨的磨损，影响工件的精度，如已知打击力 $P = 1\ 000$ kN，偏心矩 $e = 20$ mm，锤头高度 $h = 200$ mm，试求锤头给两侧导轨的压力。

2-5　试计算图 2-27 各图中力 $\boldsymbol{F}$ 对点 O 之矩。

2-6　卷扬机结构如图 2-28 所示，重物放在小台车 C 上，小台车装有 A、B 轮，可沿垂直导轨 ED 上下运动，已知重物自重 $Q = 2\ 000$ N，试求导轨加给 A、B 两轮的约束力。

2-7　如图2-29所示，剪切钢筋的机构，由杠杆 AB 和杠杆 DEO 用连杆 CD 连接而成，图上长度尺寸单位是毫米，如在 A 处作用一大小为10 kN的水平力 $\boldsymbol{F}$，试求 E 处的臂力 $\boldsymbol{Q}$ 的大小。

2-8　如图2-30所示，曲柄 OA 长 $R=230$ mm，当 $\alpha=20°$，$\beta=3.2°$ 时达到最大冲击压力 $P=2\ 088$ kN。因转速较低，故可近似地按静平衡问题计算。如略去摩擦，求在最大冲击压力 $\boldsymbol{P}$ 的作用情况下，导轨给滑块的侧压力和曲柄上所加的转矩 M，并求这时轴承 O 的约束力。

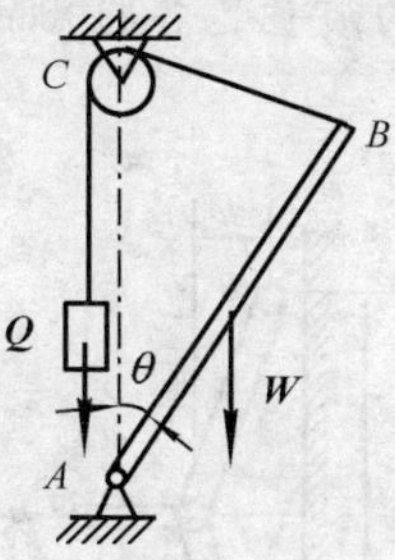

图　2-24

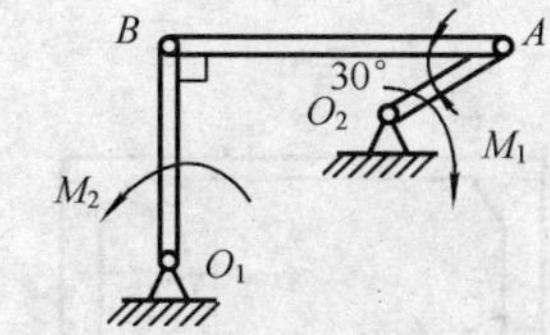

图　2-25

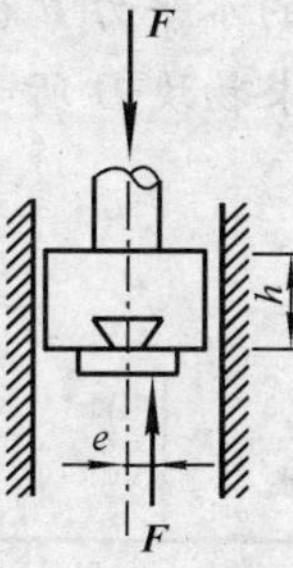

图　2-26

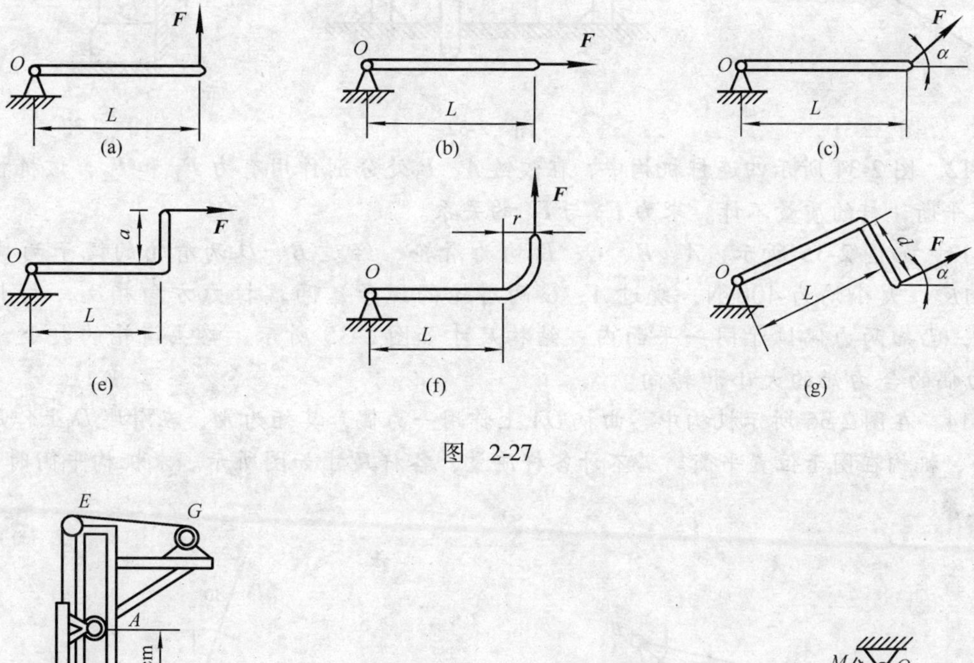

图　2-27

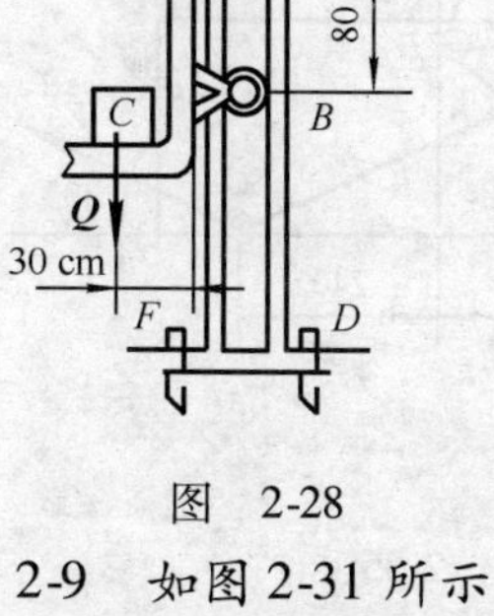

图　2-28

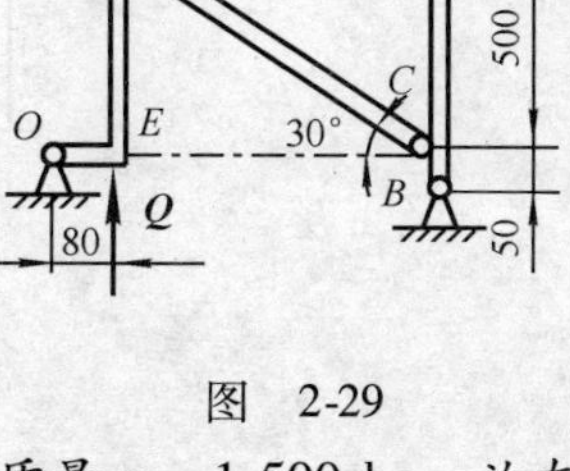

图　2-29

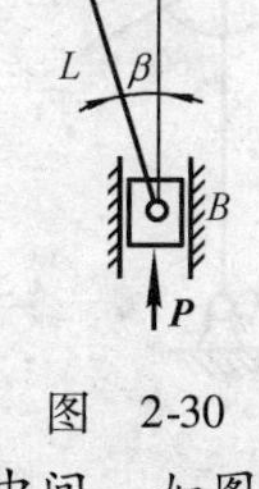

图　2-30

2-9　如图2-31所示，电动机质量 $m=1\ 500$ kg，放在水平梁 AC 的中间，如图所示。已知梁 AC 长为 l，梁的 A 端以铰链固定，C 端用杆 BC 支持，BC 与梁的交角为30°，如忽略梁和杆的质量，求杆 BC 的受力。

2-10　拔桩架如图 2-32 所示，在 D 点用力 $\boldsymbol{F}$ 向下拉，即有较 $\boldsymbol{F}$ 大若干倍的力将桩拔起。若 AB 及 BD 各沿铅直及水平方向，BC 及 DE 各与铅直及水平方向成角 $\alpha = 4°$，$F = 400$ N，试求桩上所受的力。

2-11　压榨机由 AB、AC 杆及 C 块组成，尺寸如图 2-33 所示。B 点固定，且 $AB = AC$，由在 A 处的水平力 $\boldsymbol{F}$ 的作用使 C 块压紧物块 D，如不计压榨机本身的质量，各接触面视为光滑，试求物块 D 所受的压力。

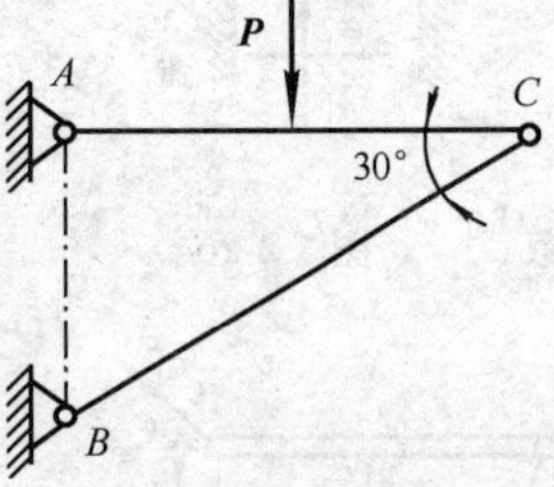

图　2-31

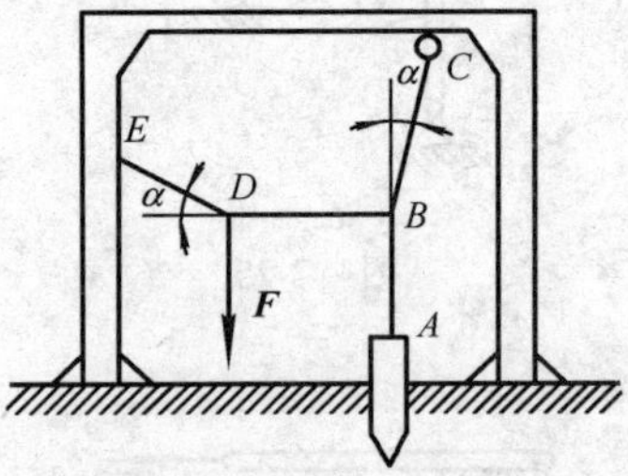

图　2-32

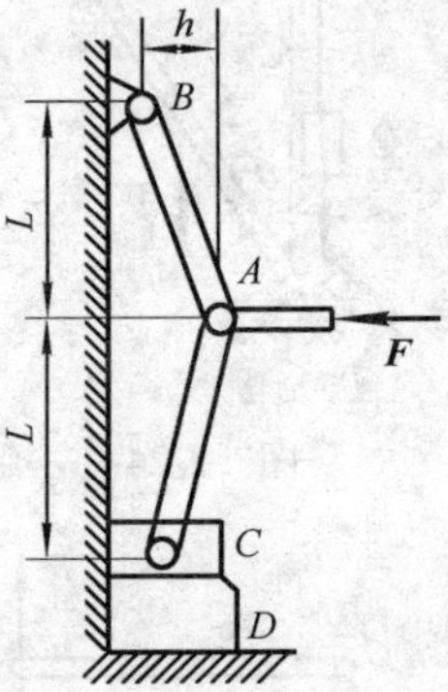

图　2-33

2-12　图 2-34 所示四连杆机构中，在铰链 A、B 处分别作用有力 $\boldsymbol{F}_1$ 和 $\boldsymbol{F}_2$，该机构在图示位置平衡，杆的质量不计。求力 $\boldsymbol{F}_1$ 与 $\boldsymbol{F}_2$ 的关系。

2-13　如图 2-35 所示，A、B、C、D 均为滑轮，经过 B、D 两滑轮的绳子两端拉力方向相反，大小均为 400 N，绕过 A、C 两滑轮的绳子，两端拉力方向相反，大小均为 300 N，已知两力偶位于同一平面内，结构尺寸如图 2-35 所示，略去滑轮的大小，试求该两力偶的合力矩的大小和转向。

2-14　在图 2-36 所示机构中，曲柄 OA 上作用一力偶，其矩为 M，在滑块 D 上作用一水平力 $\boldsymbol{F}$，机构在图示位置平衡。若不计各杆质量，各杆尺寸如图所示。求机构平衡时，F 与 M 的关系。

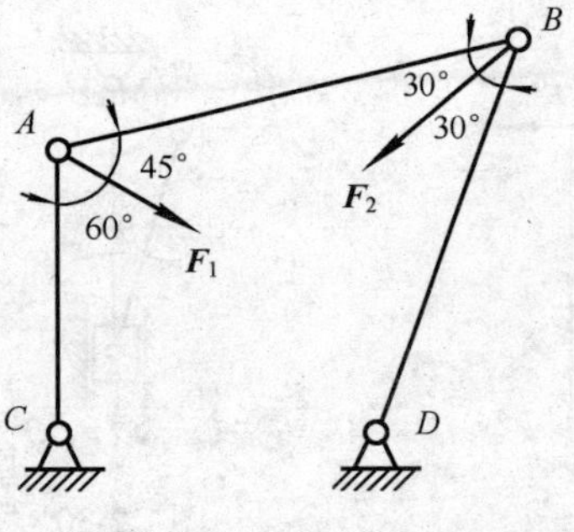

图　2-34

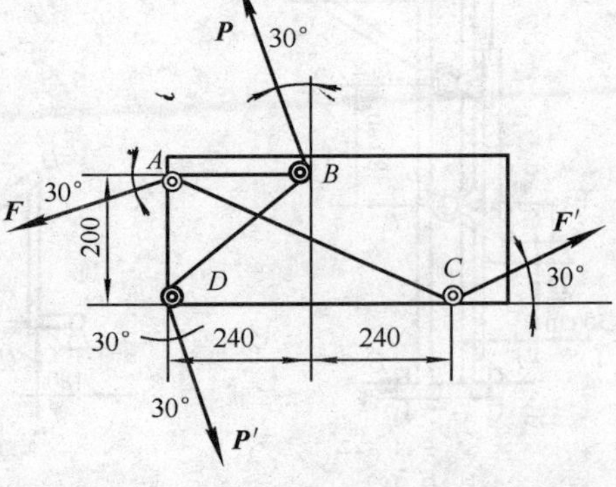

图　2-35

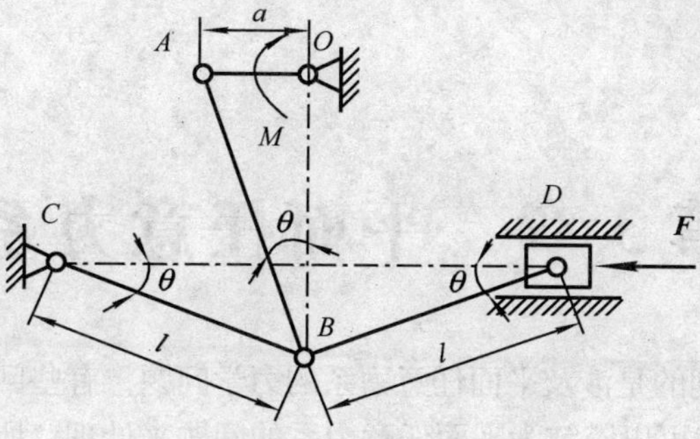

图　2-36

第 3 章　平面任意力系

工程实际中，经常遇到的是涉及平面任意力系的力学问题，有些问题虽然不属于平面任意力系，但经过适当简化，仍然可以归结为平面任意力系的问题来处理。所谓平面任意力系，是指作用于物体的各力的作用线分布在同一平面内，但既不汇交于一点，也不全互相平行的力系。由于它是物体受力最普遍的情形，因此，研究平面任意力系对解决工程实际问题具有重要意义。如图 3-1（a）所示的屋架，它是一个平面结构，除受到自身重力 $\boldsymbol{P}$ 和均匀分布的风荷载 q 作用外，还受到固定铰支座 A 及辊轴支座 B 的约束反力 $\boldsymbol{F}_{Ax}$、$\boldsymbol{F}_{Ay}$ 和 $\boldsymbol{F}_{NB}$ 的作用［见图 3-1（b）］，由于重力、风荷载及约束反力均可以简化到屋架结构的对称平面内，而这些力既不汇交于一点，也不全部互相平行，因此构成平面任意力系。如图 3-2（a）所示的悬臂吊车梁，水平梁 AB 重为 $\boldsymbol{P}$，梁上的小车连同所吊的重物重为 $\boldsymbol{Q}$。梁 AB 的分离体受力图如图 3-2（b）所示，可以看到主动力 $\boldsymbol{P}$、$\boldsymbol{Q}$ 与二力杆 AC 的约束反力 $\boldsymbol{F}_A$ 以及铰链 B 的约束反力 $\boldsymbol{F}_{Bx}$、$\boldsymbol{F}_{By}$ 的作用线均位于同一平面内，但它们既不汇交于一点又不全部互相平行，因此，这些力也构成平面任意力系。

本章将在前面两章内容的基础上，着重研究平面任意力系的简化与平衡问题。

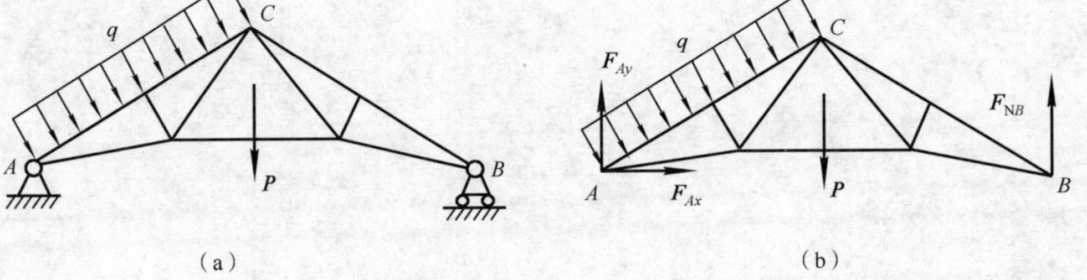

图　3-1

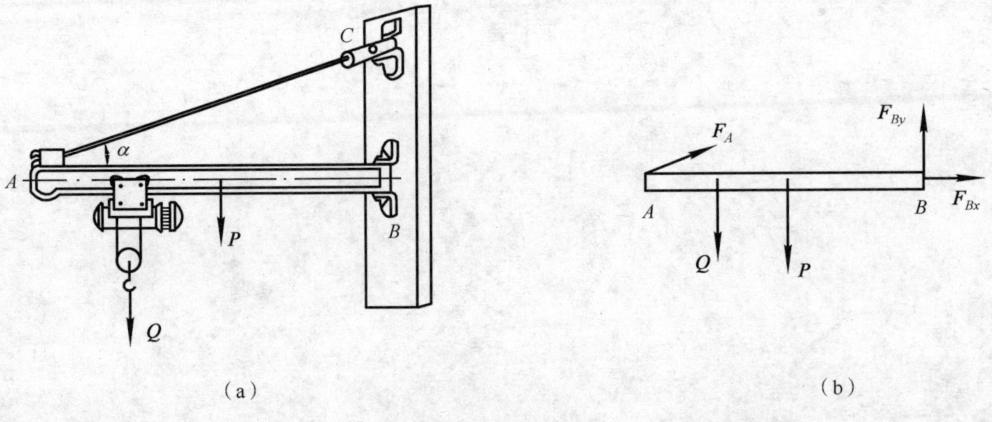

图　3-2

§3.1　平面任意力系向作用面内任一点的简化

力系向一点简化是一种较为简便并具有普遍性的力系简化方法。在 §1. 2 节中我们曾指出，作用在刚体上的力可以沿其作用线移动至任意点，而不改变力对刚体的作用效应。但是，如果力离开其作用线而平行移至任意点，则会改变它对刚体的作用效应，这就要用到力的平移定理，它是力系简化方法的理论基础。

1. 力的平移定理

作用在刚体上的力可以向任意点平移，但必须同时附加一个力偶，这个附加力偶的力偶矩等于原作用力对新的作用点的矩。这就是力的平移定理，我们可以对其作如下证明。

如图 3-3（a）所示，设有一力 $\boldsymbol{F}_A$ 用在刚体上的 A 点，现在要将其平行移至刚体上的另一点 B。为此，在 B 点加两个互相平衡的力 $\boldsymbol{F}_B$、$\boldsymbol{F}'_B$，并且使 $\boldsymbol{F}_B=\boldsymbol{F}_A=-\boldsymbol{F}'_B$，如图 3-3（b）所示。显然，增加一个平衡力系并不改变原力系对刚体的作用效应，即 $\boldsymbol{F}_A$、$\boldsymbol{F}_B$、$\boldsymbol{F}'_B$ 对刚体的作用与原力 $\boldsymbol{F}_A$ 对刚体的作用等效。而，这三个力又可以看作是一个作用在 B 点的力 $\boldsymbol{F}_B$ 和一个力偶（$\boldsymbol{F}_A$，$\boldsymbol{F}'_B$）。因此，可以认为把作用于 A 点的力 $\boldsymbol{F}_A$ 平行移至另一点 B，同时要附加一个相应的力偶（$\boldsymbol{F}_A$，$\boldsymbol{F}'_B$），这个力偶称为附加力偶［见图 3-3（c）］。其力偶矩为

$$\boldsymbol{M}=M_B(\boldsymbol{F}_A)=\boldsymbol{F}_A h$$

其中，h 为附加力偶的力臂，同时，它也是力 $\boldsymbol{F}_A$ 对点 B 的矩的力臂。

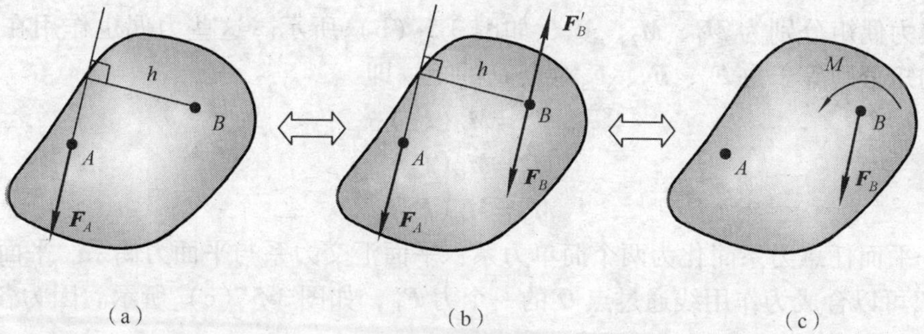

图　3-3

反过来，根据力的平移定理，也可以将平面内的一个力和一个力偶用作用在平面内另一点的一个力来等效代替。

力向一点平移的结果揭示了力对刚体作用的两种运动效应。例如，作用在静止的自由刚体某点上的一个力向质量中心平移后，力使物体平动，附加力偶则使物体绕质量中心作相对转动。再例如，钳工在使用丝锥攻螺纹时，必须用两手同时握住扳手，而且用力也要相等，才能攻出合格的螺纹。如果只用一只手扳动扳手［见图 3-4（a）］，作用在扳手一端 B 的力 $\boldsymbol{F}$ 与作用在中心点 O 的一个力 $\boldsymbol{F}'$ 和一个矩为 $M=h/2$ 的顺时针转向力偶等效［见图 3-4（b）］。这个力偶使丝锥转动，而这个力却会使攻螺纹不正，甚至折断丝锥。

应用上述结论读者可以解释一些常见的力学现象。例如，打乒乓球时，球拍分别击打球的什么部位，才能打出旋转球和不旋转球？扔飞盘的时候，给飞盘怎样一个抛出力，才能使飞盘飞得平稳？

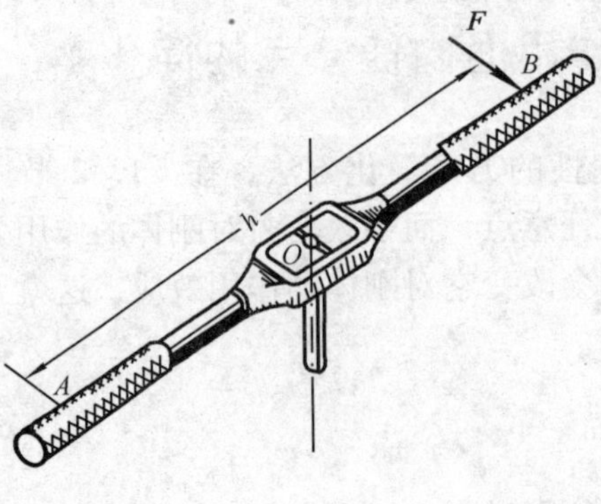

图　3-4

2. 平面任意力系向作用面内一点简化（主矢和主矩）

应用力的平移定理，可以将平面任意力系的各个力平移到作用面内任意一点 O，从而将原力系化为一个平面汇交力系和一个力偶系。这种做法，称为平面力系向作用面内一点的简化，点 O 称为简化中心。

为具体阐明平面力系向作用面内一点的简化，不妨设刚体上作用一由 $\boldsymbol{F}_1$、$\boldsymbol{F}_2$、$\boldsymbol{F}_3$ 三个力构成的平面任意力系，如图 3-5（a）所示。在该力系的作用面内任选一点 O 作为简化中心，将各力分别平移到点 O，可以得到三个作用于点 O 的力 $\boldsymbol{F}'_1$、$\boldsymbol{F}'_2$、$\boldsymbol{F}'_3$ 和对应的三个附加力偶，设其力偶矩分别为 M_1、M_2、M_3，如图 3-5（b）所示。这些力偶也作用在同一平面内，它们的矩分别等于力 $\boldsymbol{F}_1$、$\boldsymbol{F}_2$、$\boldsymbol{F}_3$ 对点 O 的矩，即

$$M_1 = M_O(\boldsymbol{F}_1)$$
$$M_2 = M_O(\boldsymbol{F}_2)$$
$$M_3 = M_O(\boldsymbol{F}_3)$$

于是，平面任意力系简化为两个简单力系：平面汇交力系与平面力偶系。平面汇交力系 $\boldsymbol{F}'_1$、$\boldsymbol{F}'_2$、$\boldsymbol{F}'_3$ 可以合成为作用线通过点 O 的一个力 $\boldsymbol{F}'_{\mathrm{R}}$，如图 3-5（c）所示。因为各力矢 $\boldsymbol{F}'_1$、$\boldsymbol{F}'_2$、$\boldsymbol{F}'_3$ 分别与原力矢 $\boldsymbol{F}_1$、$\boldsymbol{F}_2$、$\boldsymbol{F}_3$ 相等，所以

$$\boldsymbol{F}'_{\mathrm{R}} = \boldsymbol{F}'_1 + \boldsymbol{F}'_2 + \boldsymbol{F}'_3 = \boldsymbol{F}_1 + \boldsymbol{F}_2 + \boldsymbol{F}_3$$

即力矢 $\boldsymbol{F}'_{\mathrm{R}}$ 等于原力系各力的矢量和。

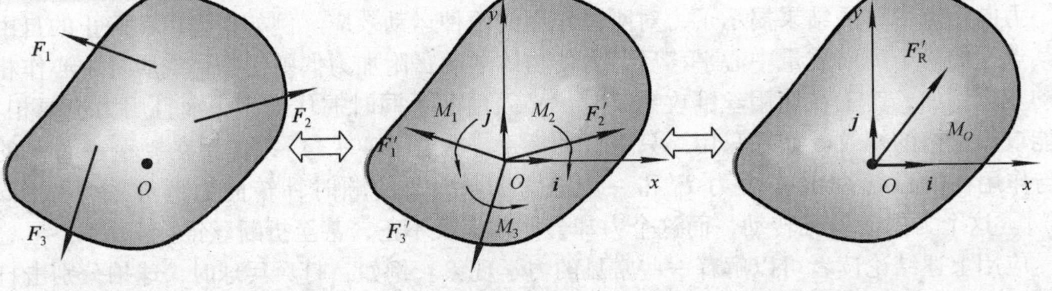

图　3-5

矩为 M_1、M_2、M_3 的平面力偶系可以合成为一个力偶，该力偶的矩 M_O 等于各附加力偶矩的代数和。由于附加力偶矩等于力对简化中心 O 的矩，所以

$$M_O = M_1 + M_2 + M_3 = M_O(\boldsymbol{F}_1) + M_O(\boldsymbol{F}_2) + M_O(\boldsymbol{F}_3)$$

即力偶矩 M_O 等于原力系各力对点 O 的矩的代数和。

对于由 n 个力构成的平面任意力系，不难推广为

$$\boldsymbol{F}'_{\mathrm{R}} = \sum_{i=1}^{n} \boldsymbol{F}_i \tag{3-1}$$

$$M_{\mathrm{O}} = \sum_{i=1}^{n} M_{\mathrm{O}}(\boldsymbol{F}_{\mathrm{i}}) \tag{3-2}$$

其中，$\boldsymbol{F}'_{\mathrm{R}}$ 称为原力系 $\boldsymbol{F}_1$、$\boldsymbol{F}_2 \cdots \boldsymbol{F}_n$ 的主矢；M_O 称为原力系 $\boldsymbol{F}_1$、$\boldsymbol{F}_2 \cdots \boldsymbol{F}_n$ 对简化中心 O 的主矩。

可见，在一般情况下，平面任意力系向作用面内任意一点简化，可以得到一个作用线通过简化中心 O 的力和一个力偶，这个力等于该力系的主矢，这个力偶的矩等于该力系对点 O 的主矩。不难看出，力系的主矢 $\boldsymbol{F}'_{\mathrm{R}}$ 完全决定于力系中各力的大小和方向，因此它与简化中心的位置无关，而力系对简化中心 O 的主矩 M_O 则与简化中心的位置有关。这是因为，随着简化中心位置的改变，各力对简化中心的矩也因力臂及转向的改变均发生相应改变，亦即主矩也随之变化。符号 M_O 的下标就是指明简化中心的位置。

取坐标系 xOy 如图 3-5(c) 所示，$\boldsymbol{i}$ $\boldsymbol{j}$ 分别为沿 x、y 轴的单位矢量，则力系主矢的解析表达式为

$$\boldsymbol{F}'_R = \boldsymbol{F}'_{Rx} + \boldsymbol{F}'_{Ry} = \sum F_x \boldsymbol{i} + \sum F_y \boldsymbol{j} \tag{3-3}$$

确定主矢的大小和方向与确定平面汇交力系的大小和方向相同，即

$$F'_{\mathrm{R}} = \sqrt{F'^2_{\mathrm{R}x} + F'^2_{\mathrm{R}y}} = \sqrt{(\sum F_x)^2 + (\sum F_y)^2}$$

$$\cos(\boldsymbol{F}'_{\mathrm{R}}, \boldsymbol{i}) = \frac{\sum F_x}{F'_{\mathrm{R}}} \tag{3-4}$$

$$\cos(\boldsymbol{F}'_{\mathrm{R}}, \boldsymbol{j}) = \frac{\sum F_y}{F'_{\mathrm{R}}}$$

力系对点的主矩的解析表达式为

$$M_O = \sum_{i=1}^{n} M_{\mathrm{O}}(\boldsymbol{F}_i) = \sum_{i=1}^{n} (x_i F_{iy} - y_i F_{ix}) \tag{3-5}$$

其中，x_i、y_i 为力 $\boldsymbol{F}_i$ 作用点的坐标。

下面利用力系向一点简化的方法，分析另一种工程结构中常见约束类型——固定端约束的约束反力。如图 3-6（a）中支柱对悬臂梁的约束、图 3-6（b）中车床卡盘对工件的约束等均属于固定端约束。这类约束的结构形式虽然各式各样，但其约束力却有共同特点，它们的简图均可表示为图 3-6（c）的形式。固定端约束对物体的嵌入部分作用了一群约束力，在平面问题中，这些力为一分布比较复杂的平面任意力系，如图 3-7（a）所示。但不管它们如何分布，应用平面任意力系的简化理论，这群力可向固定端 A 点简化得到一个力和一个力偶，如图 3-7（b）所示。通常，这个力的大小和方向是未知的，故可用两个正交分力来表示。因此，在平面力系情况下，固定端处的约束反力可以简化为三个分量，即两个约束反力 $\boldsymbol{F}_{Ax}$、$\boldsymbol{F}_{Ay}$ 和一个矩为的约束力偶 M_A，如图 3-7（c）所示。

与铰链约束相比较，固定端约束不仅限制了构件在任意方向的位移，还限制了构件在平

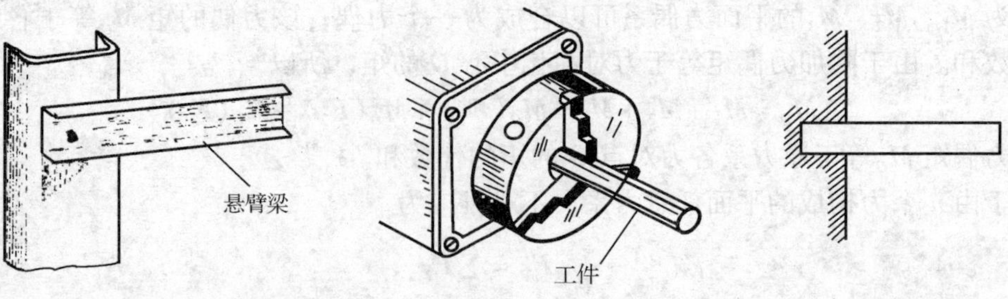

（a）　（b）　（c）

图　3-6

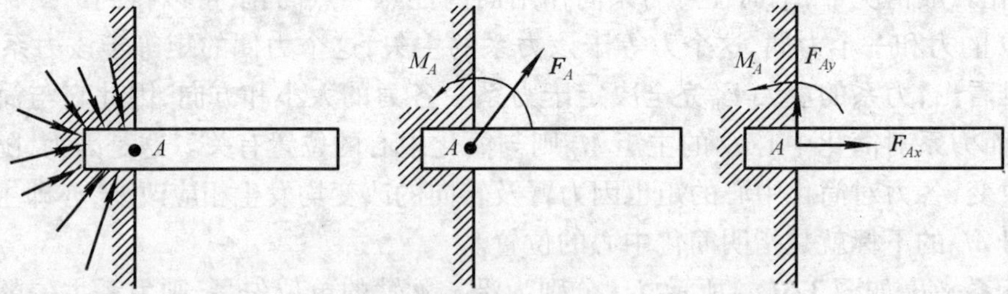

（a）　（b）　（c）

图　3-7

面内的转动。因此它比铰链约束的约束反力多了一个约束力偶。

3. 平面任意力系的简化结果分析

平面任意力系向作用面内一点的简化结果，可能有四种情况。

（1）$F'_R \neq 0$，$M_O \neq 0$，这还不是力系简化的最终结果。为进一步简化，可将主矩 M_O 用力偶 (F_R, F''_R) 表示，并使 $F_R = -F''_R = F'_R$，其力偶臂即为

$$h = \frac{M_O}{F_R} \tag{3-6}$$

如图3-8（a）、（b）所示。再减掉力 F'_R 与 F''_R 构成的平衡力系，便将作用于点 O 的力 F'_R 和矩为 M_O 的力偶进一步简化为一个作用在点 O' 的力 F_R，如图3-8（c）所示。

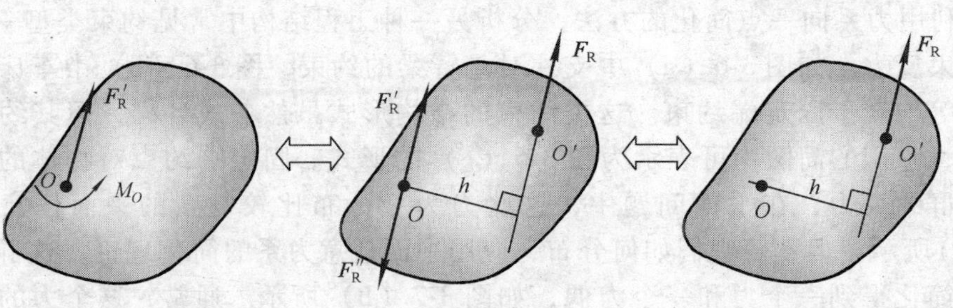

（a）　（b）　（c）

图　3-8

力 F_R 与原力系对刚体的作用等效，就是原力系的合力，其大小和方向与主矢相同。力 F_R 的作用线到点 O 的距离，可按式（3-6）计算得到。力 F_R 的作用线具体在点 O 的哪一侧，

可根据“合力对点 O 之矩与主矩具有相同的转向”这一原则来确定。

根据上述简化关系，由图3-8不难得到，合力 $\boldsymbol{F}_R$ 对点 O 的矩为

$$M_O(\boldsymbol{F}_R)=F_Rh=M_O$$

由式（3-2）有

$$M_O=\sum M_O(\boldsymbol{F}_i)$$

所以有

$$M_O(\boldsymbol{F}_R)=\sum M_O(\boldsymbol{F}_i) \tag{3-7}$$

这就是平面任意力系的合力矩定理。即平面任意力系的合力对作用面内任意一点的矩等于力系中各力对同一点的矩的代数和。由于简化中心 O 是任意选取的，因此，式（3-7）具有普遍意义。

（2）$\boldsymbol{F}'_R\neq0$，$M_O=0$，这表明原力系简化为一个合力，而合力的作用线恰好通过简化中心 O。

（3）$\boldsymbol{F}'_R=0$，$M_O\neq0$，这表明原力系简化为一个合力偶。因力偶具有对平面内任意一点的矩与矩心位置无关的性质，所以当原力系简化为一个力偶时，其主矩也与简化中心的位置无关。

（4）$\boldsymbol{F}'_R=0$，$M_O=0$，这表明原力系是一个平衡力系，我们将在下一节进行详细讨论。

§3.2　平面任意力系的平衡条件与平衡方程

平面任意力系的平衡问题是静力学中最重要的内容，由平面任意力系向任意一点简化的结果可知，如果力系主矢与主矩都等于零，即 $F'_R=0$，$M_O=0$，则原力系必平衡，这是平面任意力系平衡的充分条件。如果平面任意力系平衡，则其向作用面内任意一点简化所得的合力与合力偶必须同时为零，亦即力系的主矢和主矩分别等于零。因此，$F'_R=0$，$M_O=0$ 又是平面任意力系平衡的必要条件。

由此可以得到，平面任意力系平衡的必要和充分条件是力系的主矢与对任一点的主矩同时等于零。即

$$F'_R=0,\ M_O=0 \tag{3-8}$$

将式（3-2）与（3-3）代入式（3-8），可以得到平面任意力系的解析表达式，即

$$\left.\begin{aligned}\sum F_{xi}&=0\\ \sum F_{yi}&=0\\ \sum M_O(\boldsymbol{F}_i)&=0\end{aligned}\right\} \tag{3-9}$$

这表明，平面任意力系平衡的解析条件是力系中所有力在 x、y 两个坐标轴上的投影的代数和以及各力对任意一点力之矩的代数和分别等于零。对于受平面任意力系作用的单个刚体，只能列出三个相互独立的平衡方程，因此，也只能求出三个未知量，式（3-9）称为平面任意力系一般形式的平衡方程。为便于书写，其中的下标 i 可略去。

平面任意力系的平衡方程还有二矩式和三矩式两种形式。二矩式是指三个平衡方程中有两个力矩方程和一个投影方程，即

$$\sum M_A(\boldsymbol{F})=0 \tag{3-10a}$$

$$\sum M_B(\boldsymbol{F})=0 \tag{3-10b}$$

$$\sum F_x = 0 \tag{3-10c}$$

其中，A、B 两点的连线不能与 x 轴垂直。满足上述条件，对于平面任意力系的平衡也是充分必要的。这是因为如果力系满足式（3-10a），则表示该力系向点 A 简化的主矩为零，于是该力系就不可能简化为一个力偶，而只可能是作用线通过点 A 的一个力或者平衡；同理，如果力系再满足式（3-10b），则可以断定，该力系的简化结果只可能是作用线通过 A、B 两点的一个力或者平衡，如图 3-9 所示；如果力系同时满足式（3-10c），则表示力系若有合力，则此合力必与 x 轴垂直；那么，最后加上 A、B 两点的连线不能与 x 轴垂直的限制条件，就完全排除了力系简化为一个合力的可能性，因此该力系只能平衡。

三矩式是指三个平衡方程都是力矩方程，即

$$\left.\begin{aligned} \sum M_A(\boldsymbol{F}) = 0 \\ \sum M_B(\boldsymbol{F}) = 0 \\ \sum M_C(\boldsymbol{F}) = 0 \end{aligned}\right\} \tag{3-11}$$

其限制条件是 A、B、C 三点在作用面内不能共线。读者可以参考二矩式方法自行证明。

在研究平面任意力系的平衡问题时，上述三组方程式（3-9）、式（3-10a、b、c）和式(3-11)，究竟选用哪一组，要根据具体条件来确定。另外，平面任意力系还包括几种特殊情形。

（1）平面汇交力系，由于它不可能简化为一个力偶，若取各力的汇交点为简化中心，则式(3-9)中的第三个方程自然满足，而前两个力的投影方程即为平面汇交力系的平衡方程。因此，平面汇交力系只有两个独立的平衡方程。

（2）平面力偶系，由于它不可能简化为一个力，则式（3-9）中的前两个方程自然满足，而第三个方程即为平面力偶系的平衡方程。因此，平面力偶系只有一个独立平衡方程。

前面两种情况在上一章中已经讨论过，还有一种特殊情形是平面平行力系，即力系中各力的作用线互相平行，若选 x 轴与各力垂直，如图 3-10 所示，则不论力系是否平衡，各力在 x 轴上的投影恒等于零，即 $\sum F_x \equiv 0$。于是，平行力系的独立平衡方程个数也只有两个，即

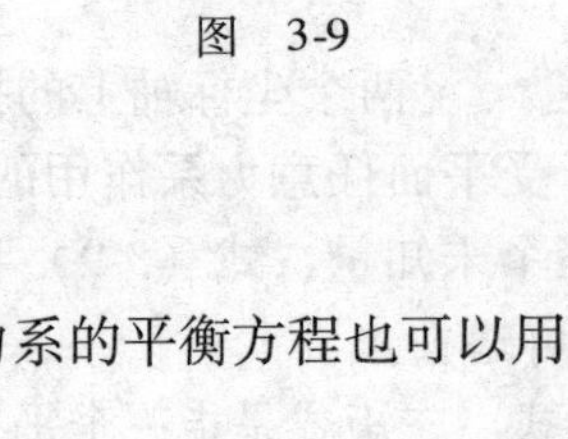

图 3-9

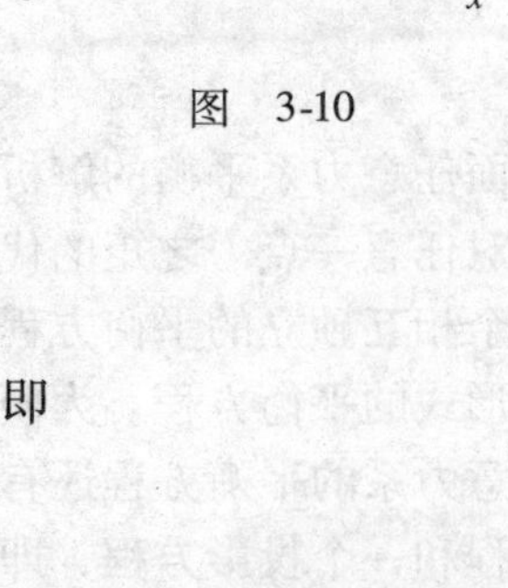

图 3-10

$$\sum F_y = 0$$
$$\sum M_O(\boldsymbol{F}) = 0$$

平面平行力系的平衡方程也可以用两个力矩方程来表示，即

$$\sum M_A(\boldsymbol{F}) = 0$$
$$\sum M_B(\boldsymbol{F}) = 0$$

例 3-1 化工厂反应塔的简图如图 3-11（a）所示，其高为 h，自重为 $\boldsymbol{W}$，受到均匀分布在塔体上的水平方向风荷载 q 作用，底部用螺栓与地基紧固。求反应塔底部的约束反力。

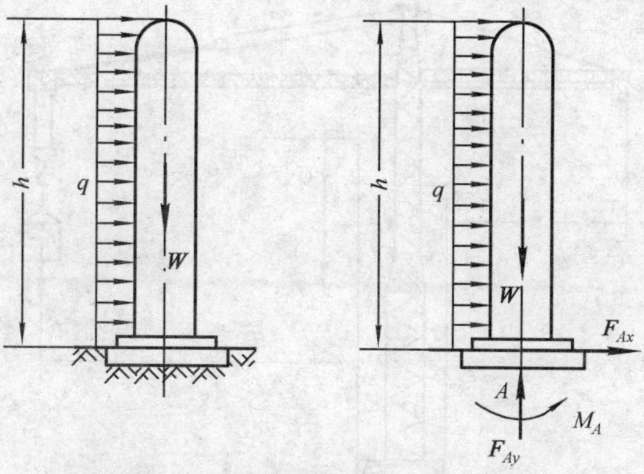

（a）　（b）

图　3-11

解： 以反应塔的塔体为研究对象，其底部为固定端约束。塔体上受到的主动力有自重 $\boldsymbol{W}$ 和沿塔体均匀分布的风荷载 q，均匀分布的风荷载可视为一组平行力系，将其简化为一作用在距离固定端 A 点 $h/2$ 处，大小为 qh 的水平向右的集中力（提示：其作用线位置可利用合力矩定理确定）；固定端 A 处的约束反力为 $\boldsymbol{F}_{Ax}$、$\boldsymbol{F}_{Ay}$ 及约束力偶 M_A。塔体的受力图如图 3-11（b）所示。

列平面任意力系的平衡方程：

$$\sum F_x = 0, \quad qh + F_{Ax} = 0$$

$$\sum F_y = 0, \quad F_{Ay} - W = 0$$

$$\sum M_A(F) = 0, \quad M_A - qh \cdot h/2 = 0$$

解方程，得

$$\begin{cases} F_{Ax} = -qh \\ F_{Ay} = W \\ M_A = qh^2/2 \end{cases}$$

例 3-2　塔式起重机简图如图 3-12 所示。已知机架自重 $W = 500$ kN，重心 C 至右轨 B 的距离 $e = 1.5$ m；起吊重力 $P = 250$ kN，其作用线至右轨 B 的最远距离 $l = 10$ m；两轨间距 $b = 3$ m。为使起重机在空载和满载时都不致翻倒，试确定平衡配重的自重 Q（其重心至左轨 A 的距离 $a = 6$ m）。

解： 以塔式起重机为研究对象。其受到的主动力为 $\boldsymbol{W}$、$\boldsymbol{P}$、$\boldsymbol{Q}$，方向均铅直向下，约束反力 $\boldsymbol{F}_{NA}$ 和 $\boldsymbol{F}_{NB}$ 方向均铅直向上。这五个力构成一平面平行力系，为了保证起重机不翻倒，平衡配重 $\boldsymbol{Q}$ 须在一定的范围内满足平衡条件。

当起重机满载时，如果平衡配重过轻，起重机可能绕 B 点向右翻倒。在即将翻倒的瞬间，起重机的左轮与轨道 A 脱离接触，即 $F_{NA} = 0$，这种情形称为临界状态。此时满足临界状态平衡条件的平衡配重为所必须的最小值。于是

$$\sum M_B(\boldsymbol{F}) = 0, \quad Q_{\min}(a + b) - We - Pl = 0$$

解得

$$Q_{\min} = 361 \text{ kN}$$

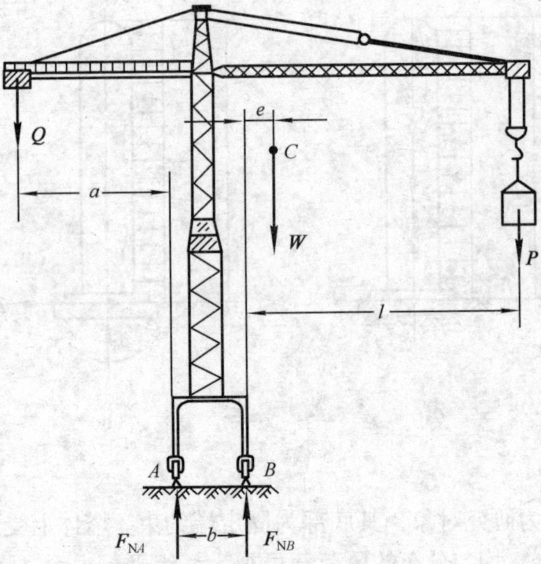

图 3-12

当起重机空载时，$P=0$，如果平衡配重过重，起重机可能绕 A 点向左翻倒。在临界状态下，$F_{NB}=0$。此时满足临界状态平衡条件的平衡配重为所允许的最大值。于是

$$\sum M_A(\boldsymbol{F})=0,\ aQ_{\max}-W(e+b)=0$$

解得

$$Q_{\max}=375\ \text{kN}$$

综上所述，为保证起重机在空载和满载时都不翻倒，平衡配重的重量应满足

$$361\ \text{kN}\leqslant Q\leqslant 375\ \text{kN}$$

例 3-3 如图 3-13（a）所示，自重为 $\boldsymbol{P}$，长为 $2l$ 的水平梁 AB 上作用一矩为 M 的力偶和载荷集度为 q 的均布载荷。已知 $P=ql$，$M=ql^2$，求支座 A、B 两处的约束反力。

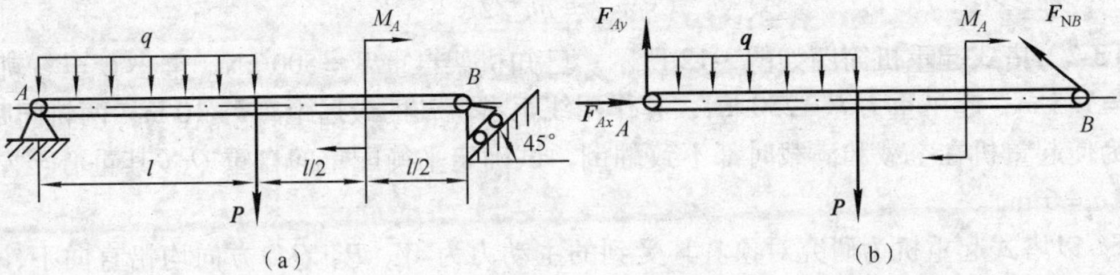

图 3-13

解： 以梁 AB 为研究对象。其所受的主动力为自重 $\boldsymbol{P}$、均布载荷 q 和力偶 M；其所受的约束反力为固定铰支座 A 处的 $\boldsymbol{F}_{Ax}$ 和 $\boldsymbol{F}_{Ay}$，以及辊轴支座 B 处的 $\boldsymbol{F}_{BN}$，其方向垂直于倾斜支承面。梁 AB 的受力图如图 3-13（b）所示。

列平衡方程：

$$\sum F_x = 0, \quad F_{Ax} - F_{NB}\cos45° = 0$$

$$\sum F_y = 0, \quad F_{Ay} + F_{NB}\sin45° - ql - P = 0$$

$$\sum M_A(\boldsymbol{F}) = 0, \quad 2lF_{NB}\sin45° - M - Pl - ql \cdot l/2 = 0$$

求解以上方程组，得

$$\begin{cases} F_{Ax} = 5ql/4 \\ F_{Ay} = 3ql/4 \\ F_{NB} = 5\sqrt{2}ql/4 \end{cases}$$

本例中，建立力矩平衡方程时，对力偶 M 应用了力偶对任意点之矩恒等于力偶矩，而与矩心的位置无关这一性质。若以另一力矩方程 $\sum M_B(\boldsymbol{F}) = 0$ 取代方程 $\sum F_y = 0$，可以不用联立求解方程组而直接求得 $\boldsymbol{F}_{Ay}$。而且这样也可以避免联立求解方程组所产生的连带错误。因此，在计算某些问题时，采用二矩式或三矩式方程组往往比列投影方程简便。读者可以自己体会用二矩式求解本例的好处。

§3.3　物系的平衡·静定与静不定问题

所谓物系，是指由两个或两个以上的物体通过适当的约束方式连接起来所构成的系统。这样的系统在工程中很常见，如图 3-1 所示的屋架、图 3-2 所示的吊车梁，以及图 1－18 所示三铰拱桥等结构。当物系平衡时，组成该系统的每一个物体也都处于平衡状态，因此对于每一个受平面任意力系作用的物体，均可写出三个独立的平衡方程。若物系由 n 个物体组成，则独立的平衡方程个数为 $3n$。如果系统中的物体受平面汇交力系、平面力偶系或平面平行力系作用，则系统的平衡方程数目将相应减少。当系统中的未知量个数不超过独立平衡方程的个数时，所有的未知量都能由平衡方程求出，这类问题称为静定问题。显然，前面我们所讲解的内容都是静定问题。当系统中未知量个数多于独立平衡方程的个数时，所有的未知量则不能由平衡方程全部求出，这类问题称为静不定问题或超静定问题。工程实际中，有时为了提高结构的刚度和坚固性，常常增加对结构的约束，而使其成为静不定结构。对静不定问题，除了列出静力学平衡方程以外，还必须考虑物体因受力而产生的变形，加列某些补充方程后，才能求解出所有未知量。这种问题我们会在后面的材料力学部分进行研究。

例如，平面汇交力系与平面平行力系都有两个独立的平衡方程，图 3-14（a）、（b）所示吊重物的结构均为平面汇交力系，图 3-14（a）中杆 1、2 的两个未知约束反力均可由平衡方程求出，故为静定问题；而图 3-14（b）中杆 1、2、3 的三个未知约束反力则不能全部由平衡方程求出，故为静不定问题。图 3-14（c）、（d）所示的结构均为平面平行力系：图 3-14（c）中杆 1、2 的两个未知约束反力均可由平衡方程求出，故为静定问题；而图 3-14（d）中杆 1、2、3 的三个未知约束反力则不能全部由平衡方程求出，故为静不定问题。

再如图 3-15（a）、（b）所示的平面任意力系均有三个独立的平衡方程。图 3-15（a）中梁固定端 A 处的三个未知约束反力（一对正交的约束力和一个约束力偶）均可由平衡方程求出，故为静定问题；而图 3-15（b）中除了 A 处的三个未知约束反力，还有辊轴支座 B 处的一个未知约束反力，它们不能全部由平衡方程求出，故为静不定问题。

如果将图 3-15（b）所示结构的一根梁 AB，换成由铰链 C 连接的两根梁 AC 和 CB［见

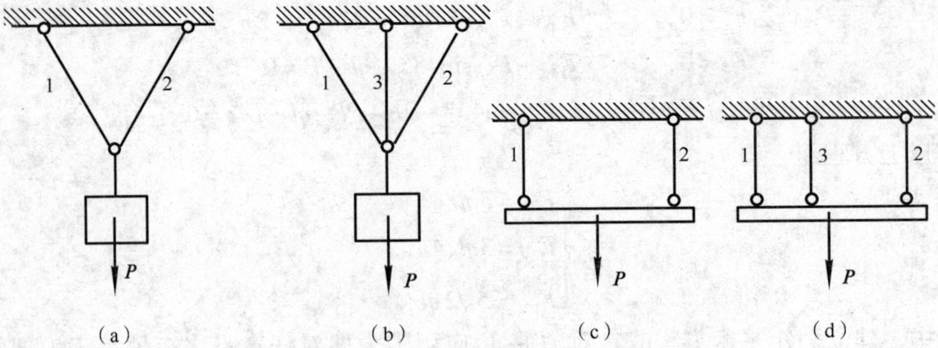

（a）　（b）　（c）　（d）

图　3-14

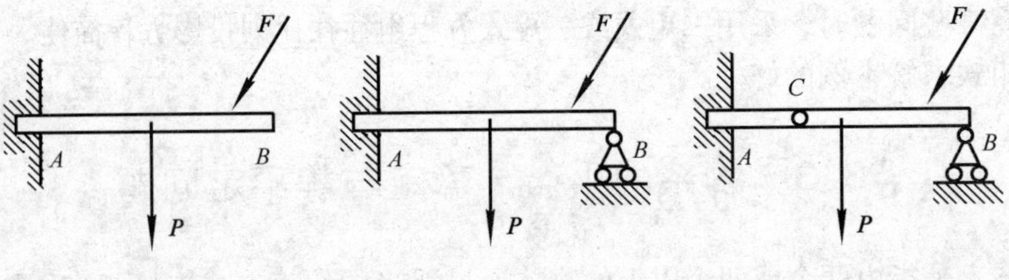

（a）　（b）　（c）

图　3-15

图 3-15（c）]，则独立平衡方程的个数共有六个，未知约束反力的个数也由于增加了一个圆柱铰链约束而由四个变成六个。因此，图 3-15（c）所示的结构是静定的。若再将 B 处的辊轴支座改为固定铰支座，则系统未知约束反力变为七个，又成了静不定问题。

在静定物系的受力分析过程中，必须严格根据约束的性质确定约束反力的方向，使作用在平衡系统整体上的力系与作用在每个物体上的力系都满足平衡条件。求解静定物系的平衡问题时：可以分别选取每个构件为研究对象，列出全部的平衡方程求解；也可以先取整个系统为研究对象，列出平衡方程（这样的方程由于不包含系统内力），未知量较少，再从系统中选取某些物体作为研究对象，列出另外的平衡方程，来求出所有的未知量。在选取研究对象和列平衡方程时，应尽量避免求解联立方程，即应尽量使每个方程中只包含一个未知量。

例 3-4　图 3-16（a）所示的连续梁由杆 AB 和杆 BC 在 B 处用铰链连接而成，其中 A 处为固定端约束，C 处为辊轴支座。已知 $M=10\ \text{kN}\cdot\text{m}$，$q=2\ \text{kN/m}$，$a=1\ \text{m}$。求支座 A、C 处的约束反力。

分析：该系统由杆 AB 和杆 BC 两个构件组成，共有六个未知约束反力，每个构件可以列出三个独立的平衡方程，因此这是一个静定结构。

如果先以整体为研究对象，铰链 B 处的约束反力 $\boldsymbol{F}_{Bx}$、$\boldsymbol{F}_{By}$ 和 $\boldsymbol{F}'_{Bx}$、$\boldsymbol{F}'_{By}$ 均为内力，而 A 处的 $\boldsymbol{F}_{Ax}$、$\boldsymbol{F}_{Ay}$、M_A 与 C 处的 $\boldsymbol{F}_C$ 四个约束反力为未知的外力［见图 3-16（b）］，独立的平衡方程只有三个，需列出补充方程联立求解；若先以杆 AB 为研究对象，则有五个未知约束反力［见图 3-16（c）］，也需列出补充方程联立求解。而如果先以杆 BC 为研究对象，则只有三个未知约束反力［见图 3-16（d）］，它们可由平面任意力系的三个独立平衡方程求出。求出 $\boldsymbol{F}_C$ 后，再以整体为研究对象，此时 $\boldsymbol{F}_C$ 成为已知力，再列三个独立平衡方程，便可求出固定端 A 处的约束反力。

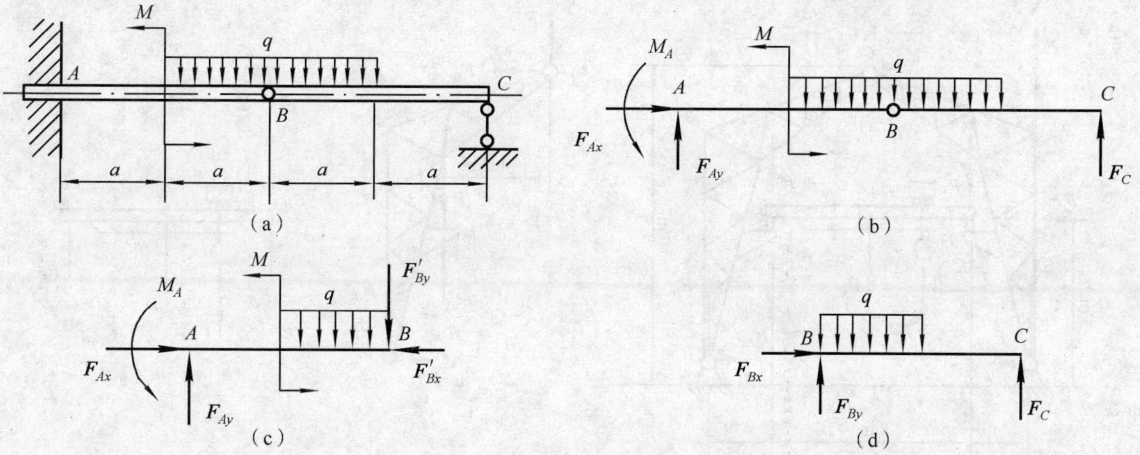

图　3-16

解：(1) 先以杆 BC 为研究对象，受力如图3-16 (d) 所示。列平衡方程：

$$\sum M_B(\boldsymbol{F})=0,\ 2aF_C-qa\cdot\frac{a}{2}=0$$

解得

$$F_C=0.5\ \text{kN}$$

(2) 再以整体为研究对象，受力如图3-16 (b) 所示。列平衡方程：

$$\sum F_x=0,\qquad F_{Ax}=0$$
$$\sum F_y=0,\qquad F_{Ay}+F_C-2qa=0$$
$$\sum M_A(\boldsymbol{F})=0,\quad M_A+M-2qa\cdot 2a+4aF_C=0$$

解得

$$F_{Ax}=0,\ F_{Ay}=3.5\ \text{kN},\ M_A=-4\ \text{kN}\cdot\text{m}$$

其中 M_A 为负值，表示约束力偶的实际转向与受力图中假设方向相反，即约束力偶实际转向为顺时针。

例3-5　图3-17 (a) 所示的钢结构拱架，由两个相同的钢架 AC 和 BC 铰接。吊车梁 DE 支承在钢架上。已知两钢架各重 $P=60$ kN，其作用线分别通过 D、E 两点；吊车梁重 $P_1=20$ kN，其作用线通过点 C；$P_2=10$ kN，$F=10$ kN。求固定铰支座 A 和 B 的约束反力。

解：(1) 取整体为研究对象。拱架在主动力 $\boldsymbol{P}$、$\boldsymbol{P}_1$、$\boldsymbol{P}_2$、$\boldsymbol{F}$ 与固定铰支座 A 和 B 两处的约束反力 $\boldsymbol{F}_{Ax}$、$\boldsymbol{F}_{Ay}$、$\boldsymbol{F}_{Bx}$、$\boldsymbol{F}_{By}$ 共同作用下而平衡，受力如图3-17 (a) 所示。列平衡方程得

$$\sum F_x=0,\qquad F+F_{Ax}-F_{Bx}=0$$
$$\sum F_y=0,\qquad F_{Ay}+F_{By}-2P-P_1-P_2=0$$
$$\sum M_A(\boldsymbol{F})=0,\quad 12F_{By}-5F-2P-10P-6P_1-4P_2=0$$

以上方程包含四个未知量，需列补充方程。

(2) 取右钢架为研究对象，其受力如图3-17 (b) 所示。图中又多出了支承 E 处的反力 $\boldsymbol{F}_E$ 和铰链 C 的一对未知反力 $\boldsymbol{F}_{Cx}$、$\boldsymbol{F}_{Cy}$，由于它们不是所求的，为避开过多的未知量，可对点 C 列力矩方程，即

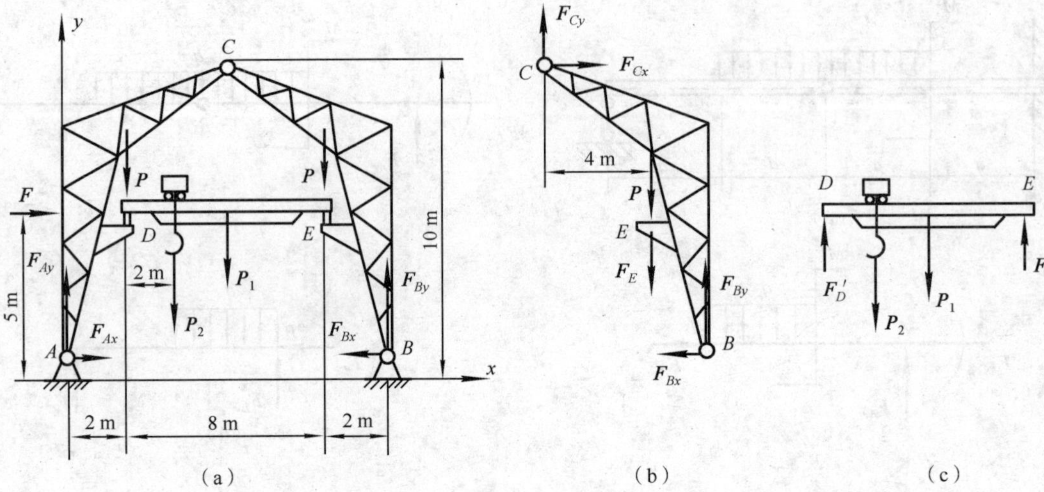

图　3-17

$$\sum M_C(\boldsymbol{F})=0,6F_{By}-10F_{Bx}-4(P+F_E)=0$$

对多出的一个未知量 $\boldsymbol{F}_E$，还要考虑吊车梁的平衡，再列一个方程。

(3) 取吊车梁为研究对象，其受力如图3-17（c）所示。于是，对点 D 列力矩方程，得

$$\sum M_D(\boldsymbol{F})=0,8F'_E-4P_1-2P_2=0$$

以上五个方程共含有五个未知量，是可解的。联立以上方程解得

$$F'_E=12.5\ \text{kN}$$

$$F_{Ax}=7.5\ \text{kN},\ F_{Ay}=72.5\ \text{kN},\ F_{Bx}=17.5\ \text{kN},\ F_{By}=77.5\ \text{kN}$$

§3.4　静定平面桁架的内力计算

桁架是一种由若干等截面的直杆彼此在两端焊接或铆接而成的结构，其在连接处可以近似地简化为铰链约束。工程中，电视塔、大型的场馆建筑、桥梁、起重机等结构物常用到桁架结构(见图3-18)。之所以在工程中得到广泛的应用，是由于它具有节约材料、重量轻、受力后几何形状不易改变的优点。桁架中的杆件主要承受拉力或压力，因此可以充分发挥材料的作用。

桁架中杆件的铰链连接处称为节点。为简化计算，可以认为其所受的载荷都作用在节点上，而且在桁架的平面内；各杆件的重量忽略不计，或者平均分配在杆件两端的节点上。因此，可将桁架中的每根杆件都视为二力杆。这样简化所得的结果已足够满足工程实际的需要。

在本门课程中，我们只研究静定结构的平面桁架。计算桁架杆件内力的方法有两种——节点法和截面法。节点法是分别以桁架的各个节点为研究对象，每个节点都受到一个平面汇交力系的作用，这样由已知力求出所需的未知杆件内力的方法。这种方法适合求解桁架中全部杆件的内力，如果只需求解桁架内某些杆件的内力，则可以适当选取一个截面假想地将桁架截开，取出其中一部分作为研究对象，并将另外一部分被截开的杆件对所取部分的作用力用杆件内力代替，这样列平衡方程求解杆件内力的方法，称为截面法。当然，在计算桁架中某些杆件的内力时，这两种方法也可以综合应用。下面我们通过例题来具体说明这两种方法

图　3-18

的应用。

例 3-6　一桥梁桁架如图 3-19（a）所示，作用在节点 G 上的载荷 $P=1\ 200$ N，作用在节点 E 上的载荷 $Q=400$ N，$a=4$ m，$b=3$ m。试求杆 1、2、3、4、5 的内力。

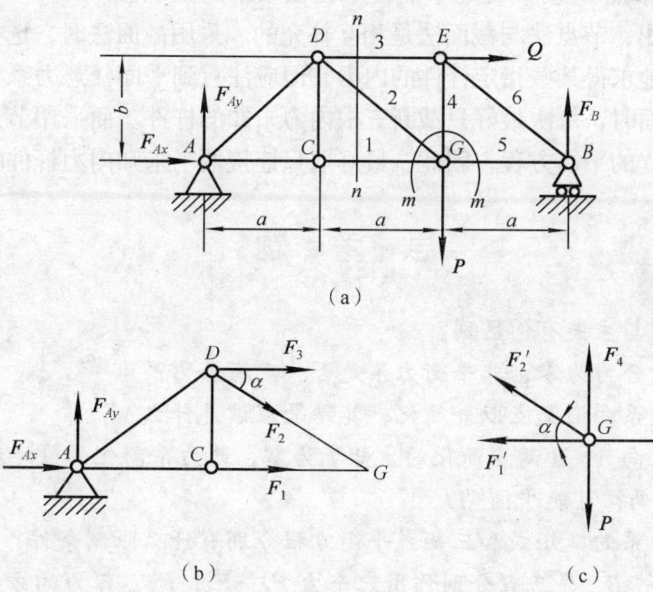

图　3-19

解：(1) 先以桁架整体为研究对象，求支座 A、B 的约束反力。其受力如图 3-19 (a) 所示。列平面任意力系的平衡方程：

$$\sum F_x = 0, \qquad F_{Ax} + Q = 0$$

$$\sum F_y = 0, \qquad F_{Ay} + F_B - P = 0$$

$$\sum M_A(\boldsymbol{F}) = 0, \quad 3aF_{\mathrm{B}} - 2aP - Qb = 0$$

解得

$$F_{Ax} = -400\ \mathrm{N},\ F_{Ay} = 300\ \mathrm{N},\ F_B = 900\ \mathrm{N}$$

(2) 用截面法求解杆 1、2、3 的内力。作截面 $n-n$ 将杆 1、2、3 截开，取左边部分桁架为研究对象，假设各杆均受拉力，其受力如图 3-19 (b) 所示。列二矩式平衡方程：

$$\sum F_y = 0, \qquad F_{\mathrm{A}y} - F_2 \sin\alpha = 0 \quad (\sin\alpha = 3/5)$$

$$\sum M_D(\boldsymbol{F}) = 0, \quad (F_1 + F_{Ax})b - aF_{Ay} = 0$$

$$\sum M_G(\boldsymbol{F}) = 0, \quad -bF_3 - 2aF_{Ay} = 0$$

解得

$$F_1 = 800\ \mathrm{N},\ F_2 = 500\ \mathrm{N},\ F_3 = -800\ \mathrm{N}$$

其中负号表示杆 3 内力的实际方向与所设方向相反，即其实际承受压力。

(3) 用节点法求杆 4、5 的内力，考虑节点 G 的受力，如图 3-19 (c) 所示。列平面汇交力系的平衡方程：

$$\sum F_x = 0, \quad F_5 - F_1' - F_2' \cos\alpha = 0$$

$$\sum F_y = 0, \quad F_4 + F_2' \sin\alpha - P = 0$$

解得

$$F_4 = 900\ \mathrm{N},\ F_5 = 1\,200\ \mathrm{N}$$

最后，不妨考察节点 D 或 E 处的平衡，来校核结果的正确性。

通过该例可以看出，节点法与截面法是相互补充的。采用截面法时，选择适当的矩心列力矩方程，常可以较快地求得某些指定杆件的内力。但应注意到平面任意力系只有三个独立的平衡方程，因此，作截面时，每次最好只截断三根内力未知的杆件。而采用节点法时，由于平面汇交力系只有两个独立的平衡方程，因此，最好取只连接两个未知内力杆件的节点进行分析。

思　考　题

3-1　力系的合力与主矢有何区别？

3-2　力系平衡时合力为零，非平衡力系是否一定有合力？

3-3　平面汇交力系向汇交点以外简化，其结果应该是什么？

3-4　某平面力系向 A、B 两点简化的主矩皆为零，此力系简化的最终结果可能是一个力吗？可能是一个力偶吗？可能平衡吗？

3-5　平面任意力系的二矩式和三矩式平衡方程分别有什么限制条件？

3-6　在刚体上 A、B、C 三点分别作用三个力 F_1、F_2、F_3，各力的方向如图 3-20 所示，大小恰好与 ΔABC 的边长成比例。问该力系是否平衡？

3-7　如图 3-21 所示三铰拱，在构件 BC 上作用一力偶 M 或一力 $\boldsymbol{F}$，当求铰链 A、B、C

处的约束力时，能否将它们分别移至构件 AC 上？为什么？

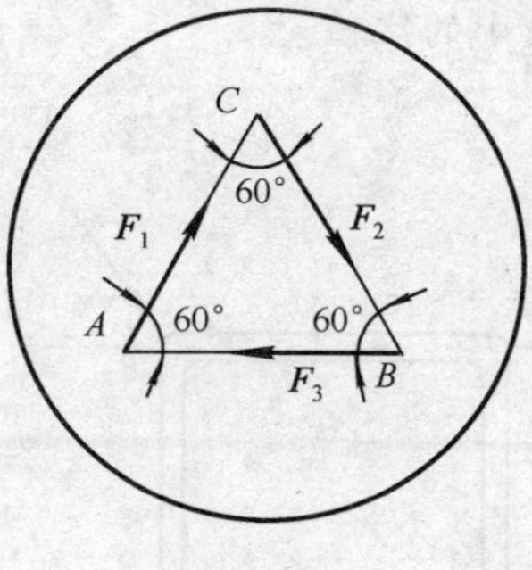

图　3-20

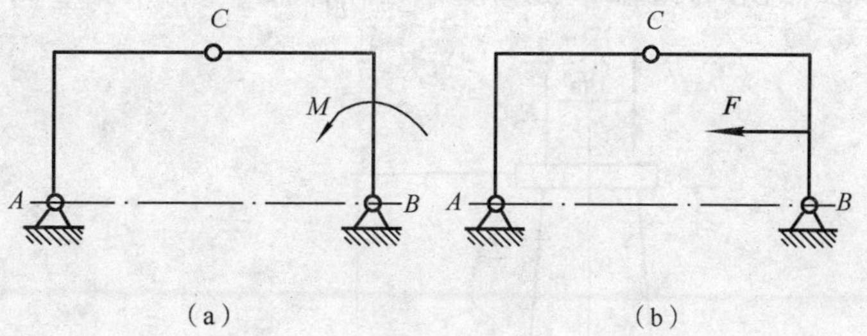

图　3-21

3-8　试判断图 3-22 中，哪些结构是静定的？哪些结构是超静定的？

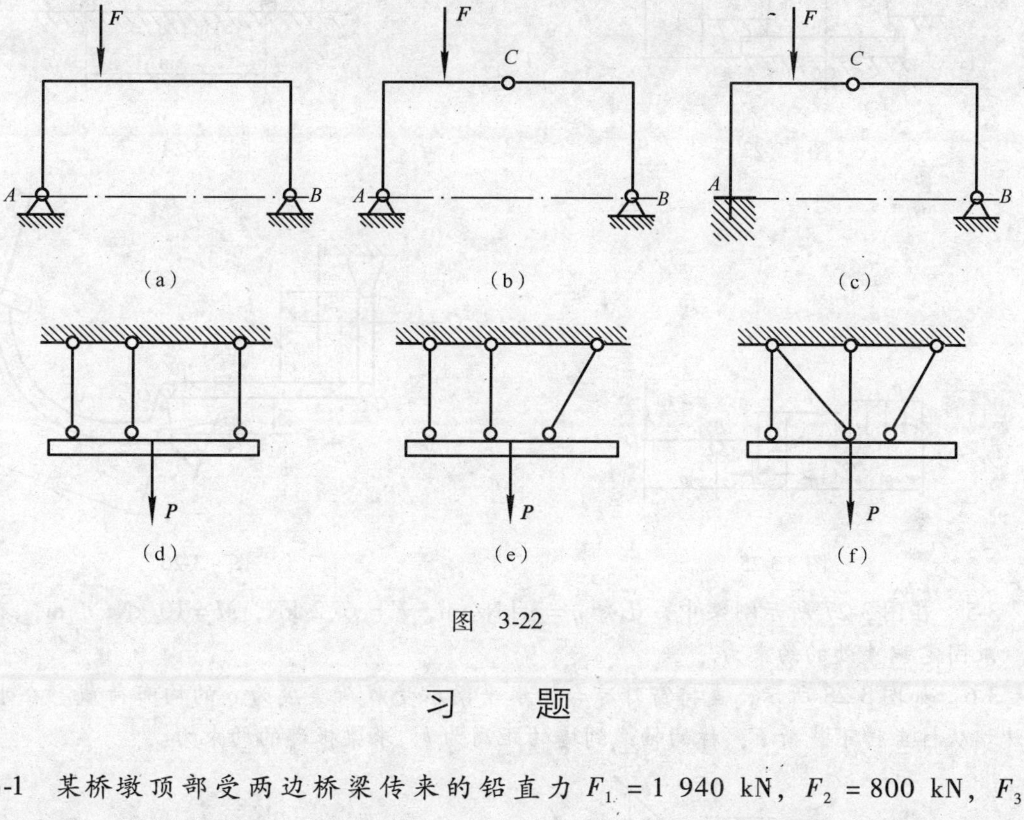

图　3-22

习　题

3-1　某桥墩顶部受两边桥梁传来的铅直力 $F_1 = 1\ 940$ kN，$F_2 = 800$ kN，$F_3 =$ 193 kN作用，桥墩自重 $P = 5\ 280$ kN，风力的合力 $F = 140$ kN。各力作用线位置如图 3-23所示。求将这些力向基底截面中心 O 的简化结果，如果能简化为一合力，试求出合力作用线的位置。

3-2　如图 3-24 所示的刚架，在其 A、B 两点分别作用两力 $\boldsymbol{F}_1$ 和 $\boldsymbol{F}_2$，已知 $F_1 = F_2 =$ 10 kN。欲用过 C 点的一个力代替 $\boldsymbol{F}_1$ 与 $\boldsymbol{F}_2$，求这个力的大小、方向及 BC 间的距离。

3-3　如图 3-25 所示，在水平的外伸梁上作用有力偶($\boldsymbol{F}$, $\boldsymbol{F}$)在左边外伸臂上作用有均布载荷 q，在右边外伸臂的端点作用有铅垂载荷 $\boldsymbol{F}_1$，已知 $F = 10$ kN，$F_1 = 20$ kN，$q =$ 20 kN/ m，$a = 0.8$ m，求支座 A、B 处的约束力。

3-4 拖拉机制动器的操作机构如图 3-26 所示，作用在踏板 A 上的力 $\boldsymbol{P}$ 通过弯杠杆 AOB 和拉杆 BC 传给摇臂 CD。若不计各杆的质量，求力 $\boldsymbol{Q}$ 与力 $\boldsymbol{P}$ 大小的比值。

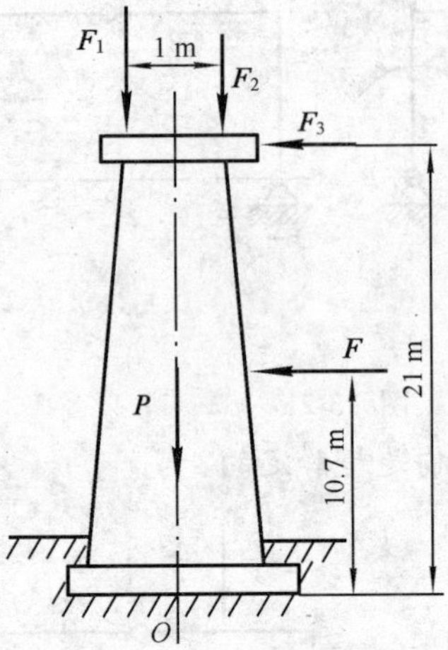

图 3-23

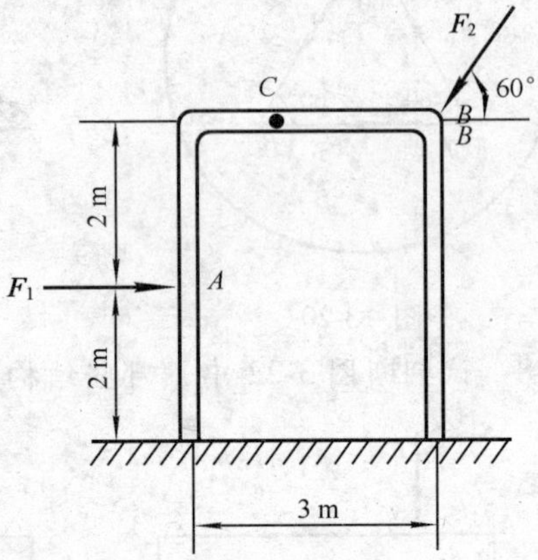

图 3-24

图 3-25

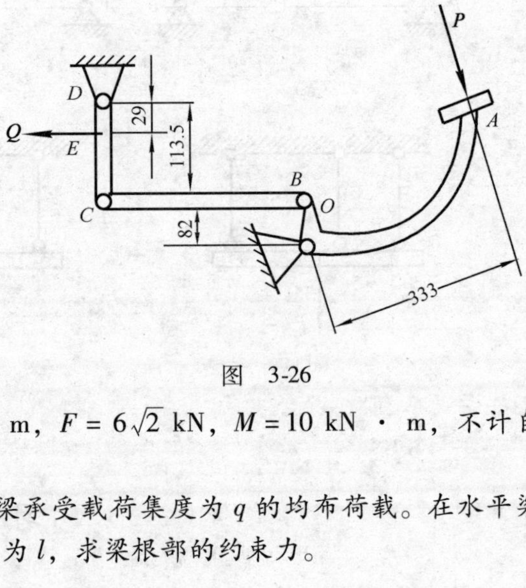

图 3-26

3-5 在图 3-27 所示刚架中，已知 $q=3$ kN/ m，$F=6\sqrt{2}$ kN，$M=10$ kN · m，不计自重。求固定端 A 处的约束力。

3-6 如图 3-28 所示，支持窗外凉台的水平梁承受载荷集度为 q 的均布荷载。在水平梁的外端从柱上传下载荷 $\boldsymbol{F}$，柱的轴线到墙的距离为 l，求梁根部的约束力。

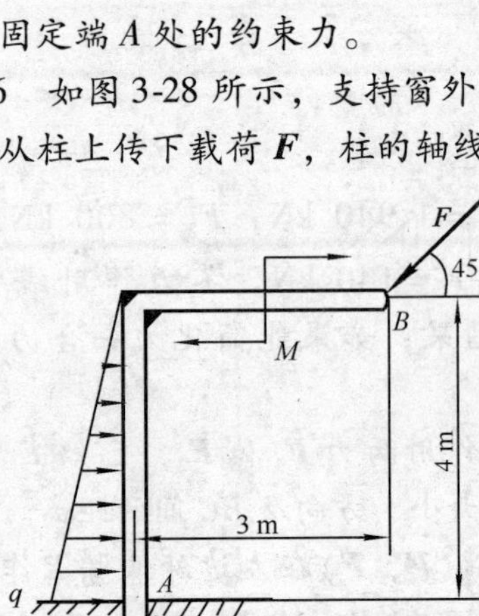

图 3-27

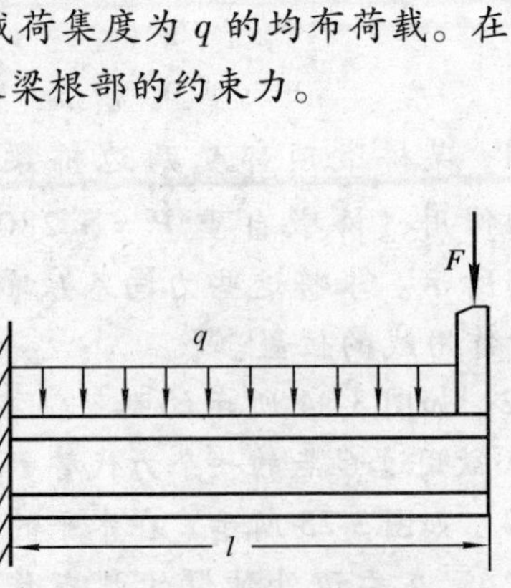

图 3-28

3-7　在图3-29（a）、（b）、（c）、（d）所示各连续梁中，已知q、M、a和α，不计梁自重，求各连续梁在A、B、C三处的约束力。

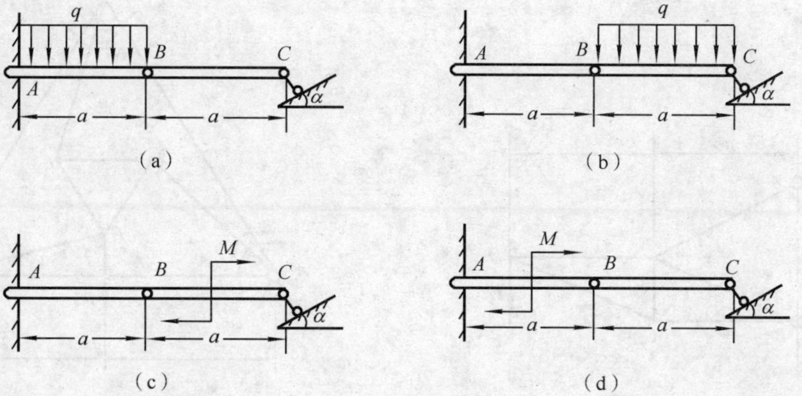

图　3-29

3-8　如图3-30所示三铰拱由两半拱和三个铰链A、B、C构成，如图所示。已知每半拱重$Q=300$ kN，$L=32$ m，$h=10$ m，求支座A、B处的约束力。

3-9　由AC和CD构成的组合梁通过铰链C连接，它的支承和受力如图3-31所示，已知均布载荷集度$q=10$ kN/ m，力偶矩$M=40$ kN · m，不计梁重，试求支座A、B、D的约束力和铰链C处所受的力。

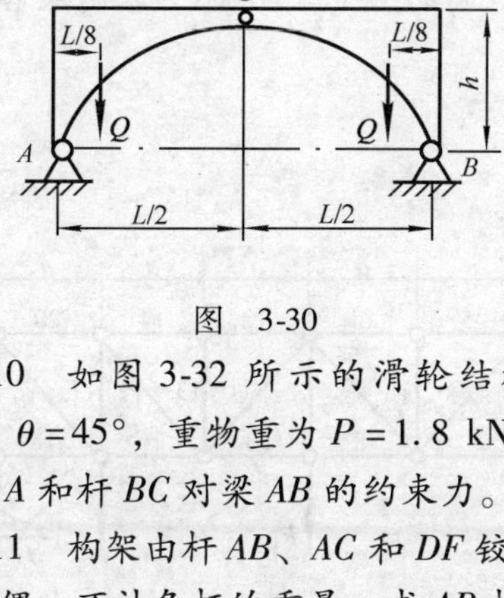

图　3-30

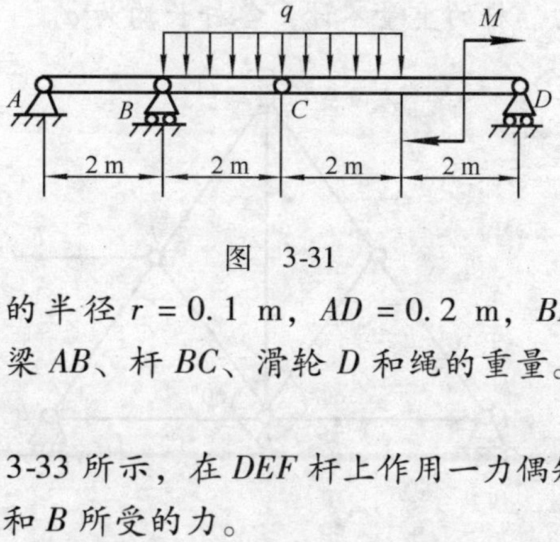

图　3-31

3-10　如图3-32所示的滑轮结构，已知滑轮的半径$r=0.1$ m，$AD=0.2$ m，$BD=0.4$ m，$\theta=45°$，重物重为$P=1.8$ kN，且不计水平梁AB、杆BC、滑轮D和绳的重量。试求铰链A和杆BC对梁AB的约束力。

3-11　构架由杆AB、AC和DF铰接而成，如图3-33所示，在DEF杆上作用一力偶矩为M的力偶。不计各杆的重量，求AB杆上铰链A、D和B所受的力。

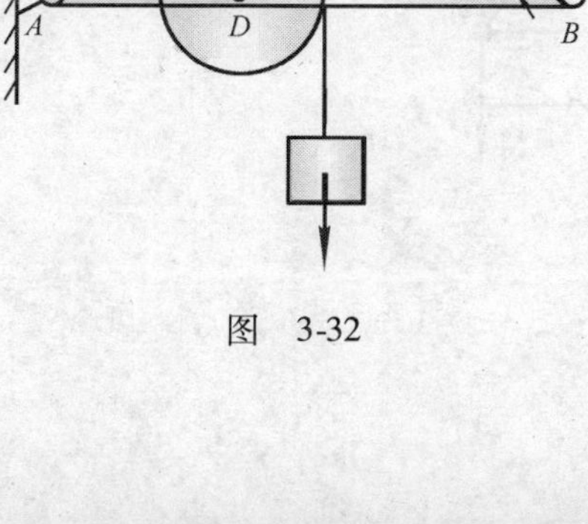

图　3-32

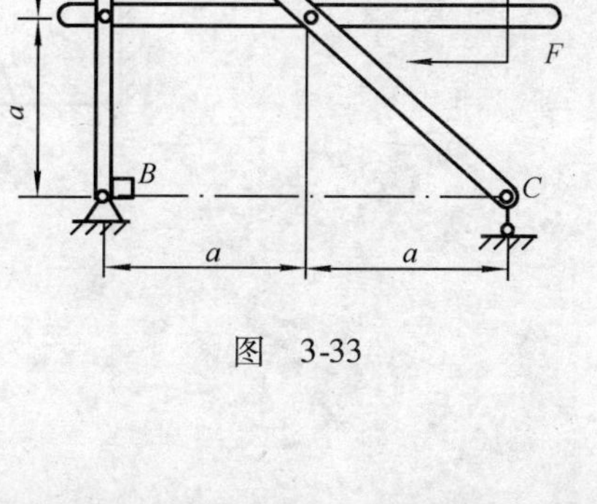

图　3-33

3-12　平面桁架结构如图 3-34 所示，在节点 D 上作用一荷载 $\boldsymbol{F}$，求各杆内力。

3-13　复合桁架的支座及载荷如图 3-35 所示，求 AB 杆的内力。

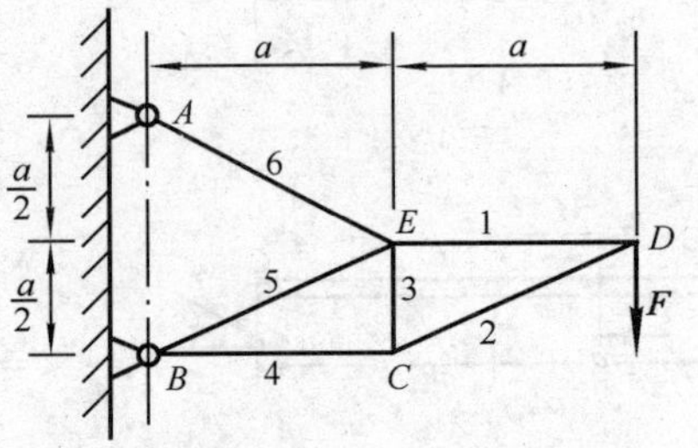

图　3-34

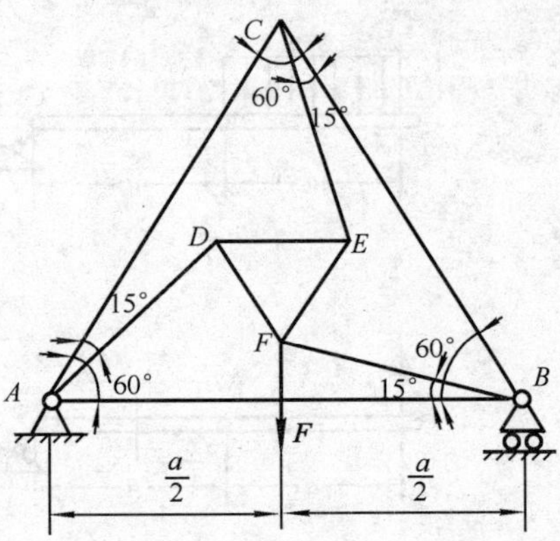

图　3-35

3-14　平面桁架的支座和载荷如图 3-36 所示。$\triangle ABC$ 为等边三角形，E、F 为两腰中点，又 $AD=DB$。求杆 CD 的内力 $\boldsymbol{F}$。

3-15　桁架受力如图 3-37 所示，已知 $F_1=10\ \text{kN}$，$F_2=F_3=20\ \text{kN}$，试求桁架 6、7、8 杆的内力。

3-16　桁架如图 3-38 所示，在 B 点作用一垂直于地面的力 $F=10\ \text{kN}$，求桁架各杆所受的力。杆的重量不计，各杆长均为 a。

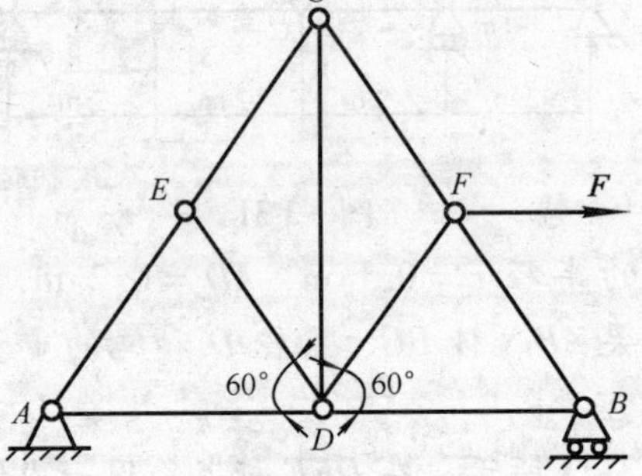

图　3-36

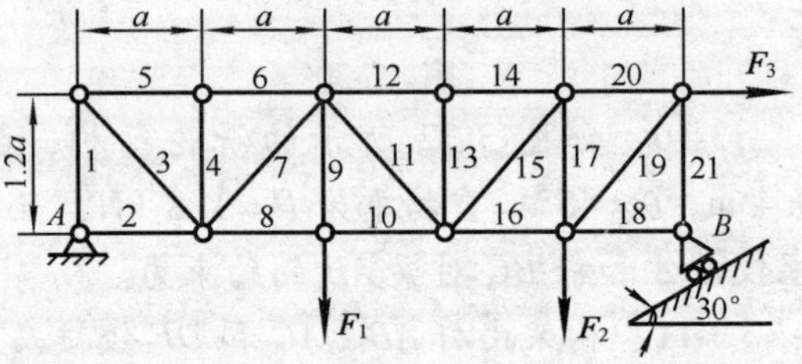

图　3-37

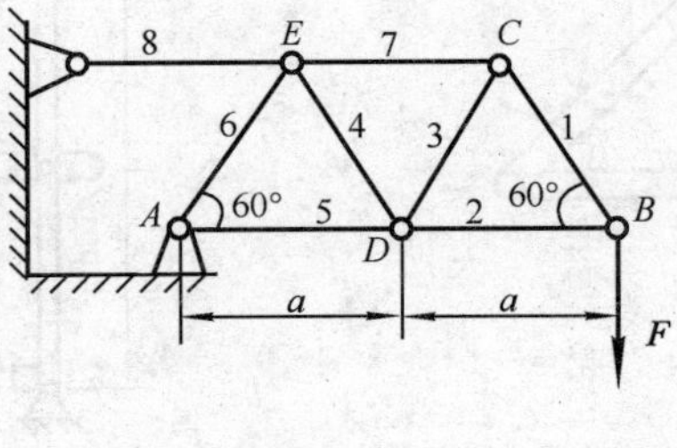

图　3-38

第 4 章　空 间 力 系

工程中常见物体所受的各力的作用线通常是空间分布的。各力的作用线不在同一平面内的力系，称为空间力系。与平面力系相似，如果空间力系中各力的作用线汇交于一点，则称为空间汇交力系；如果各力的作用线互相平行，则称为空间平行力系；如果各力的作用线即不完全汇交于一点，又不完全平行，则称为空间任意力系；如果空间力系中只含有若干作用面不同的力偶，则称为空间力偶系。

本章将主要研究空间力系的平衡问题。

§4.1　空间力在直角坐标轴上的投影及其沿直角坐标轴的分解

求空间力在直角坐标轴上的投影有两种方法，即直接投影法和二次投影法。如图 4-1 所示，力 $\boldsymbol{F}$ 与空间直角坐标系 $Oxyz$ 三个坐标轴的夹角分别为 α、β、γ，则力 $\boldsymbol{F}$ 在三个轴上的投影等于 $\boldsymbol{F}$ 的大小分别与三个夹角余弦的乘积，即

$$\left.\begin{aligned} F_x &= F\cos\alpha \\ F_y &= F\cos\beta \\ F_z &= F\cos\gamma \end{aligned}\right\} \tag{4-1}$$

这种将力直接投影到三个坐标轴上的方法称为直接投影法或一次投影法。

当力 $\boldsymbol{F}$ 与 Ox、Oy 两轴间的夹角不易确定，而已知其与坐标平面 Oxy 的夹角 φ 时，可以先把力投影到坐标平面 Oxy 上，得到 $\boldsymbol{F}$ 在 Oxy 面上的分力 $\boldsymbol{F}_{xy}$，然后再把力 $\boldsymbol{F}_{xy}$ 分别投影到 x、y 两轴上，这种力的投影方法称为二次投影法。如图 4-2 所示，若还已知夹角 θ，则力在三个坐标轴上的投影分别为

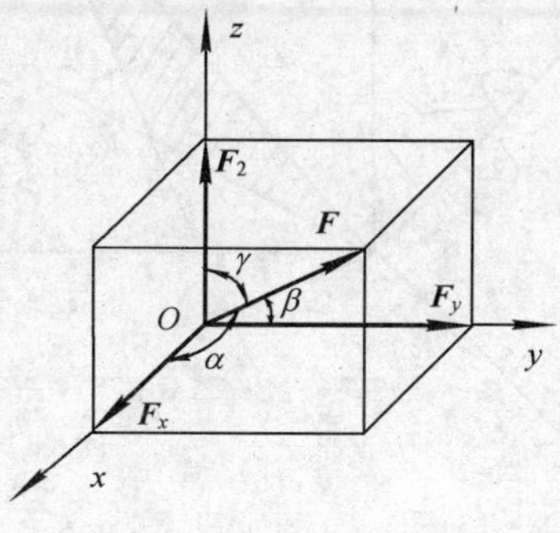

图　4-1

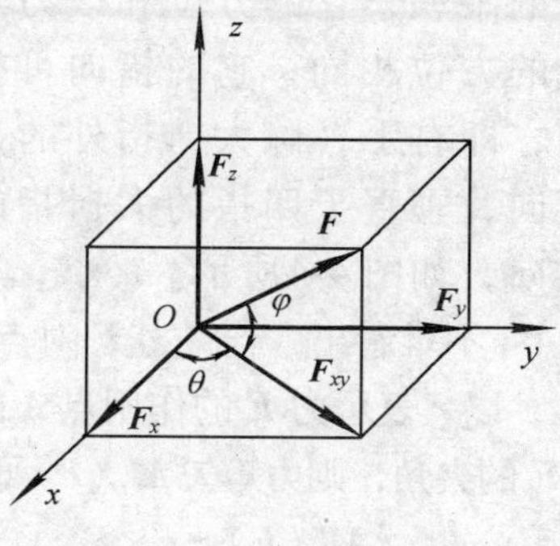

图　4-2

$$\left.\begin{aligned} F_x &= F\cos\varphi\cos\theta \\ F_y &= F\cos\varphi\sin\theta \\ F_z &= F\sin\varphi \end{aligned}\right\} \tag{4-2}$$

如果力 $\boldsymbol{F}$ 沿坐标轴 x、y、z 的分力为 $\boldsymbol{F}_x$、$\boldsymbol{F}_y$、$\boldsymbol{F}_z$，并设坐标轴 x、y、z 的单位矢量分别为 $\boldsymbol{i}$、$\boldsymbol{j}$、$\boldsymbol{k}$，如图 4-3 所示，则

$$\boldsymbol{F}=\boldsymbol{F}_x+\boldsymbol{F}_y+\boldsymbol{F}_z=F_x\boldsymbol{i}+F_y\boldsymbol{j}+F_z\boldsymbol{k} \tag{4-3}$$

由此，可以得到力在坐标轴上的投影与力沿坐标轴的正交分矢量之间的关系，即

$$\boldsymbol{F}_x=F_x\boldsymbol{i},\ \boldsymbol{F}_y=F_y\boldsymbol{j},\ \boldsymbol{F}_z=F_z\boldsymbol{k} \tag{4-4}$$

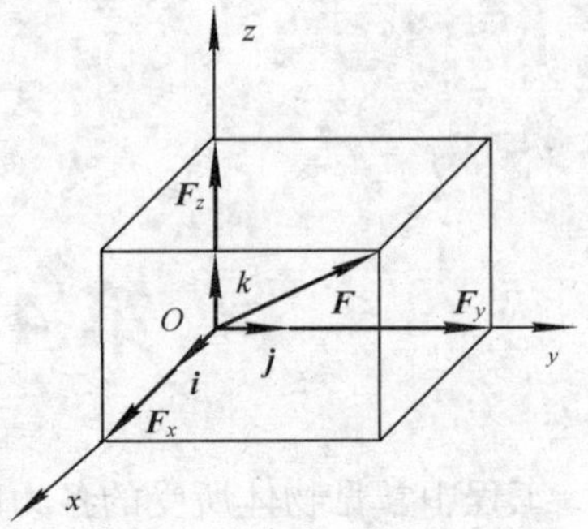

图 4-3

如果已知力 $\boldsymbol{F}$ 在直角坐标系 $Oxyz$ 的三个投影，则力 $\boldsymbol{F}$ 的大小和方向余弦为

$$\left.\begin{aligned}F&=\sqrt{F_x^2+F_y^2+F_z^2}\\ \cos\alpha&=\frac{F_x}{F}\\ \cos\beta&=\frac{F_y}{F}\\ \cos\gamma&=\frac{F_z}{F}\end{aligned}\right\} \tag{4-5}$$

§4.2 空间力对点之矩与力对轴之矩

1. 力对点之矩

对于平面力系，用代数量表示力对点之矩足以概括它的全部要素。但是对空间力系，不仅要考虑力矩的大小和转向，还要考虑力与矩心所构成的平面的方位。方位不同，即使力矩大小一样，作用效果也将完全不同。因此，空间力对点之矩的要素除了包括力矩的大小和转向以外，还包括力的作用线与矩心所构成的平面的方位。这三个要素可以用一个矢量——力矩矢来描述：它的模等于力的大小与力臂的乘积；它的方位和该力与矩心组成平面的法线的方位相同；它的指向可按右手螺旋法则来确定，即右手（除大拇指外的）四指并拢沿力矩的旋向，垂直于四指的大拇指的指向就是力矩矢的方向，如图 4-4 所示。

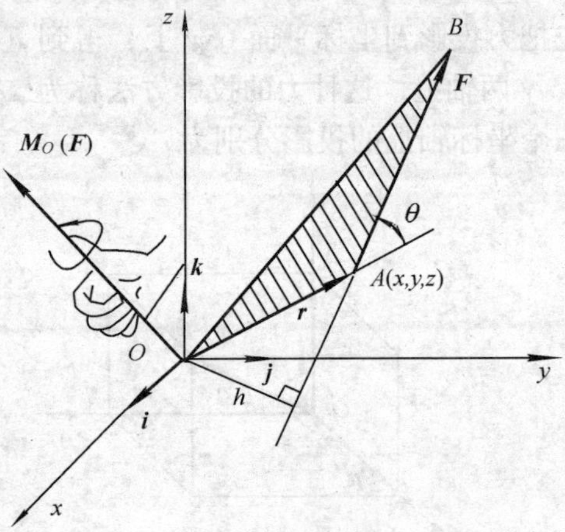

图 4-4

由图 4-4 不难看出，若将力 $\boldsymbol{F}$ 对点 O 的力矩矢记为 $\boldsymbol{M}_O(\boldsymbol{F})$，以 $\boldsymbol{r}$ 表示力 $\boldsymbol{F}$ 的作用点 A 的矢径，θ 为矢径 $\boldsymbol{r}$ 与力 $\boldsymbol{F}$ 的夹角，则力矩矢 $\boldsymbol{M}_O(\boldsymbol{F})$ 可表示为

$$\boldsymbol{M}_O(\boldsymbol{F})=\boldsymbol{r}\times\boldsymbol{F} \tag{4-6}$$

即力对点之矩矢等于矩心到该力作用点的矢径与该力的矢量积。力矩矢 $\boldsymbol{M}_O(\boldsymbol{F})$ 的大小为

$$|\boldsymbol{M}_O(\boldsymbol{F})|=Fh=Fr\sin\theta=2S_{\triangle ABO}$$

式中，$S_{\triangle ABO}$为△ABO的面积，即力矩矢$\boldsymbol{M}_O(\boldsymbol{F})$的大小在数值上等于△$ABO$面积的两倍。

2. 力对轴之矩

工程中常遇到刚体绕定轴转动的情形，为了度量力对绕定轴转动刚体的转动效应，必须了解力对轴之矩的概念。实践证明，力对刚体的转动效应，不仅决定于力的大小和方向，而且还与力作用线的位置有关。例如，推门时，如果力的作用线与门的转轴共面（垂直或相交），则无论该力有多大，都不能使门绕z轴发生转动［见图4-5（a）］；当力垂直于门板或有垂直于门板的分力且不通过门轴时，就能使门绕z轴转动［见图4-5（b）］。为了度量力对刚体绕定轴的转动效应，便产生了力对轴之矩的概念。在图4-5（a）中，力$\boldsymbol{F}_1$、$\boldsymbol{F}_2$对z轴的矩为零；在图4-5（b）中，力$\boldsymbol{F}$的分力$\boldsymbol{F}_z$对z轴的矩为零，因此，只有分力$\boldsymbol{F}_{xy}$对轴有矩。若用符号$\boldsymbol{M}_z(\boldsymbol{F})$表示力$\boldsymbol{F}$对$z$轴之矩，点$O$为平面$Oxy$与$z$轴的交点，$h$为点$O$到力$\boldsymbol{F}_{xy}$作用线的垂直距离。于是，力$\boldsymbol{F}$对$z$轴之矩为

$$|\boldsymbol{M}_z(\boldsymbol{F})| = |\boldsymbol{M}_O(\boldsymbol{F}_{xy})| = \pm F_{xy}h = \pm 2S_{\triangle ABO} \tag{4-7}$$

即力对轴之矩是一个代数量，其绝对值等于该力在垂直于该轴的平面上的投影对这个平面与该轴的交点的矩的大小。其正负规定如下：朝着z轴负向看去，若力的这个投影使物体绕该轴逆时针转动，则力矩为正，反之为负。用右手螺旋法则同样也可以确定其正负。力对轴之矩的单位也是N·m或kN·m。

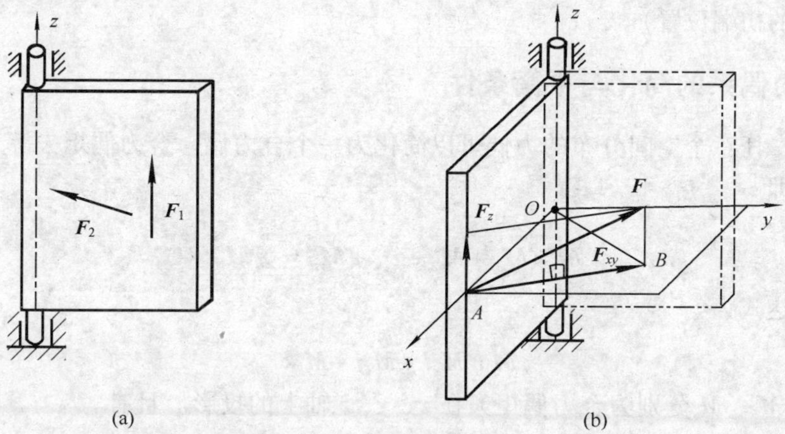

图　4-5

一般情况下，力对轴之矩可用解析式来表达。如图4-3所示，力$\boldsymbol{F}$在三个坐标轴上的投影分别为$\boldsymbol{F}_x$、$\boldsymbol{F}_y$、$\boldsymbol{F}_z$，力作用点A的坐标为x、y、z，根据合力矩定理，得

$$M_z(\boldsymbol{F}) = M_O(\boldsymbol{F}_{xy}) = M_O(\boldsymbol{F}_x) + M_O(\boldsymbol{F}_y) = xF_y - yF_x$$

即，力$\boldsymbol{F}$对三个坐标轴的矩分别为

$$\left.\begin{aligned} M_x(\boldsymbol{F}) &= yF_z - zF_y \\ M_y(\boldsymbol{F}) &= zF_x - xF_z \\ M_z(\boldsymbol{F}) &= xF_y - yF_x \end{aligned}\right\} \tag{4-8}$$

式（4-8）为力对轴之矩的解析计算式。

§4.3 空间力偶

1. 力偶矩矢

区别于平面力偶，空间力偶对刚体的作用，除了与力偶矩的大小和力偶的转向有关外，还与其作用面的方位有关。即空间力偶对刚体的作用效果决定于力偶矩的大小、力偶的转向和力偶作用面的方位这三个要素。由此可知，平行移动空间力偶的作用面不会改变力偶对刚体的作用效果。例如，用螺丝刀拧螺钉时，只要保证力偶矩的大小和力偶的转向不变，无论用长螺丝刀还是用短螺丝刀，拧螺钉的效果是一样的。但是，如果两个力偶的作用面不互相平行，即使它们的力偶矩大小相等，这两个力偶对物体的作用效果也是不同的。

因此，空间力偶可以用一个矢量来表示，称为力偶矩矢，记作 $\boldsymbol{M}$。该矢量的长度表示力偶矩的大小，该矢量的方位与力偶作用面的法线方位相同，该矢量的指向与力偶转向的关系服从右手螺旋法则。可见，力偶对刚体的作用完全决定于力偶矩矢。应该指出的是，由于只要不改变力偶的转向，力偶可以在同一平面内任意移转，并且可以平行移动其作用面，而不改变它对刚体的作用效果，所以力偶矩矢属于自由矢量（这种矢量可以任意平移，且不需要确定矢量的初端位置）。

2. 空间力偶系的简化与平衡条件

可以证明，任意个空间分布的力偶可以简化为一个合力偶，合力偶矩矢等于各分力偶矩矢的矢量和，即

$$\boldsymbol{M} = \boldsymbol{M}_1 + \boldsymbol{M}_2 + \cdots + \boldsymbol{M}_n = \sum_{i=1}^{n} \boldsymbol{M}_i \tag{4-9}$$

其解析表达式为

$$\boldsymbol{M} = M_x \boldsymbol{i} + M_y \boldsymbol{j} + M_z \boldsymbol{k} \tag{4-10}$$

其中 M_x、M_y、M_z 分别为合力偶矩矢在 x、y、z 轴上的投影。且有

$$\left.\begin{aligned} M_x &= M_{1x} + M_{2x} + \cdots + M_{nx} = \sum_{i=1}^{n} M_{ix} \\ M_y &= M_{1y} + M_{2y} + \cdots + M_{ny} = \sum_{i=1}^{n} M_{iy} \\ M_z &= M_{1z} + M_{2z} + \cdots + M_{nz} = \sum_{i=1}^{n} M_{iz} \end{aligned}\right\} \tag{4-11}$$

即合力偶矩矢在各坐标轴上的投影等于各分力偶矩矢分别在相应坐标轴上投影的代数和。

力偶矩矢的大小和方向可由下列公式确定，即

$$\left.\begin{aligned} M &= \sqrt{M_x^2 + M_y^2 + M_z^2} \\ \cos(\boldsymbol{M},\ \boldsymbol{i}) &= \frac{M_x}{M} \\ \cos(\boldsymbol{M},\ \boldsymbol{j}) &= \frac{M_y}{M} \\ \cos(\boldsymbol{M},\ \boldsymbol{k}) &= \frac{M_z}{M} \end{aligned}\right\} \tag{4-12}$$

由式（4-12）可知，空间力偶系平衡的充分必要条件是该力偶系的合力偶矩等于零，即

$$M = \sqrt{M_x^2 + M_y^2 + M_z^2} = 0$$

欲使上式成立，必须同时满足

$$\left.\begin{aligned} \sum_{i=1}^{n} M_{ix} = 0 \\ \sum_{i=1}^{n} M_{iy} = 0 \\ \sum_{i=1}^{n} M_{iz} = 0 \end{aligned}\right\} \tag{4-13}$$

上式为空间力偶系的平衡方程。即空间力偶系平衡的充分必要条件为该力偶系中所有的力偶矩矢在三个坐标轴上的投影的代数和分别等于零。

§4.4　空间任意力系向一点的简化与平衡条件

1. 空间任意力系向一点的简化

与平面任意力系的简化方法一样，应用力的平移定理，可依次将作用于刚体上的每个空间力 $\boldsymbol{F}_1$、$\boldsymbol{F}_2$、…、$\boldsymbol{F}_n$ 向简化中心 O 平移，同时产生一个相应的附加力偶 $\boldsymbol{M}_1$、$\boldsymbol{M}_2$、…、$\boldsymbol{M}_n$。图 4-6（b）所示为原空间任意力系被两个空间简单力系，即空间汇交力系与空间力偶系等效代替的过程。

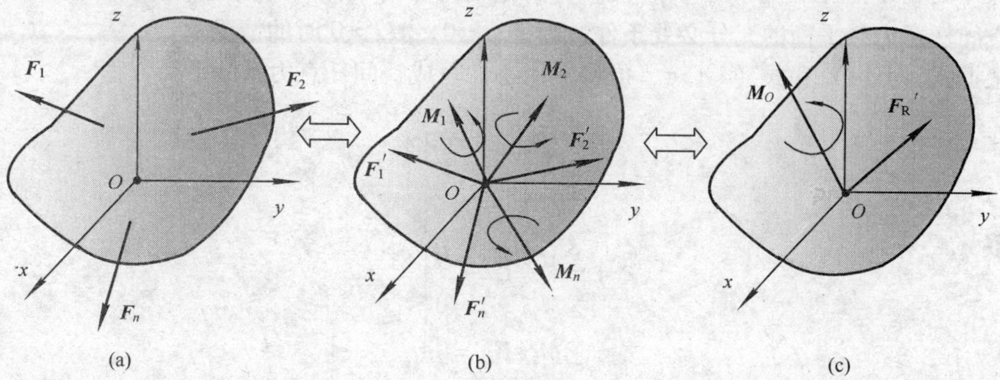

图　4-6

如图 4-6 所示，作用于点 O 的空间汇交力系可以简化为一个作用线仍通过点 O 的合力 $\boldsymbol{F}'_{\mathrm{R}}$，它就是原空间力系的主矢；空间分布的力偶系可以简化成一个合力偶，其力偶

矩矢为 $\boldsymbol{M}_O$，同时，它也等于原力系中各力对点 O 之矩的矢量和，它就是原力系对点 O 的主矩。由此，可以得到与平面任意力系相同的结论：空间任意力系向任意一点简化，可以得到一个作用线通过简化中心的力和一个力偶。这个力的大小和方向等于该力系的主矢，且主矢与简化中心的位置无关；这个力偶的矩矢等于该力系对简化中心的主矩，且主矩与简化中心的位置有关。

于是，可以得到空间任意力系主矢的大小和方向余弦为

$$\left.\begin{aligned}F'_R&=\sqrt{(\sum F_x)^2+(\sum F_y)^2+(\sum F_z)^2}\\\cos(\boldsymbol{F}'_{\mathrm{R}},\boldsymbol{i})&=\frac{\sum F_x}{F'_{\mathrm{R}}}\\\cos(\boldsymbol{F}'_{\mathrm{R}},\boldsymbol{j})&=\frac{\sum F_y}{F'_{\mathrm{R}}}\\\cos(\boldsymbol{F}'_{\mathrm{R}},\boldsymbol{k})&=\frac{\sum F_z}{F'_{\mathrm{R}}}\end{aligned}\right\}\tag{4-14}$$

力系对点 O 的主矩的大小和方向余弦为

$$\left.\begin{aligned}M_O&=\sqrt{[\sum M_x(\boldsymbol{F})]^2+[\sum M_y(\boldsymbol{F})]^2+[\sum M_z(\boldsymbol{F})]^2}\\\cos(\boldsymbol{M}_O,\boldsymbol{i})&=\frac{\sum M_x(\boldsymbol{F})}{M_O}\\\cos(\boldsymbol{M}_O,\boldsymbol{j})&=\frac{\sum M_y(\boldsymbol{F})}{M_O}\\\cos(\boldsymbol{M}_O,\boldsymbol{k})&=\frac{\sum M_z(\boldsymbol{F})}{M_O}\end{aligned}\right\}\tag{4-15}$$

$\sum \boldsymbol{M}_x(\boldsymbol{F})$、$\sum \boldsymbol{M}_y(\boldsymbol{F})$、$\sum \boldsymbol{M}_z(\boldsymbol{F})$ 为力系中各力分别对 x、y、z 轴之矩，亦即主矩 $\boldsymbol{M}_O$ 沿 x、y、z 轴的投影。

2. 空间任意力系的平衡条件

空间任意力系向一点简化可能出现以下四种情况，即 $\boldsymbol{F}'_{\mathrm{R}}\neq0$，$\boldsymbol{M}_O\neq0$；$\boldsymbol{F}'_{\mathrm{R}}\neq0$，$\boldsymbol{M}_O=0$；$\boldsymbol{F}'_{\mathrm{R}}=0$，$\boldsymbol{M}_O\neq0$；$\boldsymbol{F}'_{\mathrm{R}}=0$，$\boldsymbol{M}_O=0$。其简化结果相对平面力系要复杂得多，这里我们只讨论空间任意力系平衡的充分必要条件，即 $\boldsymbol{F}'_{\mathrm{R}}=0$，$\boldsymbol{M}_O=0$ 时的情况。

根据式（4-14）和式（4-15），可将上述条件写成空间任意力系的平衡方程

$$\left.\begin{aligned}\sum F_x&=0\\\sum F_y&=0\\\sum F_z&=0\\\sum M_x(\boldsymbol{F})&=0\\\sum M_y(\boldsymbol{F})&=0\\\sum M_z(\boldsymbol{F})&=0\end{aligned}\right\}\tag{4-16}$$

于是可得，空间任意力系平衡的充分必要条件为空间所有力在三个坐标轴上的投影分别等于零，并且所有力对三个坐标轴的矩的代数和也分别等于零。

可见，在空间任意力系的平衡问题中，对于一个刚体，只能列出六个独立的平衡方程，因此式（4-16）只能求解出六个未知量。在空间汇交力系的情况下，若使坐标轴原点与各力

的汇交点重合，则式（4-16）中的三个力矩方程恒成立，因此，空间汇交力系的平衡方程为

$$\left.\begin{aligned}\sum F_x=0\\ \sum F_y=0\\ \sum F_z=0\end{aligned}\right\}\tag{4-17}$$

在空间平行力系的情况下，若使 z 轴平行于各力，则式（4-16）中沿 x、y 轴的两个力的投影方程与各力对的 z 轴力矩方程恒成立，因此，空间平行力系的投影方程为

$$\left.\begin{aligned}\sum F_z=0\\ \sum M_x(\boldsymbol{F})=0\\ \sum M_y(\boldsymbol{F})=0\end{aligned}\right\}\tag{4-18}$$

例 4-1　图 4-7（a）所示的三脚架在铰链 O 处悬挂一重为 $\boldsymbol{Q}$ 的物体。AO、BO、CO 三杆两端均可视为球铰，其中杆 BO、CO 及边 BC 构成等边三角形，且直于墙面；D 为 BC 中点，铰链 A 在 D 点的正下方，且 $\angle DAO=45°$。求 AO、BO、CO 三杆的约束反力。

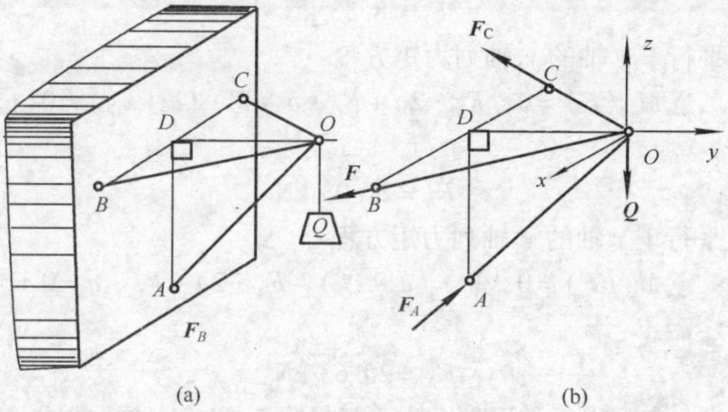

图　4-7

解：　取三脚架为研究对象，除在铰链 O 处受主动力 $\boldsymbol{Q}$ 外，各杆均为二力杆，其中杆 BO、CO 分别受拉力 $\boldsymbol{F}_B$ 和 $\boldsymbol{F}_C$，杆 AO 受压力 $\boldsymbol{F}_A$，这四个力构成空间汇交力系。受力图及坐标系如图 4-7（b）所示。列平衡方程

$$\sum F_x=0,\ F_B\cos60°-F_C\cos60°=0$$

$$\sum F_y=0,\ F_A\cos45°-F_B\sin60°-F_C\sin60°=0$$

$$\sum F_z=0,\ F_A\sin45°-Q=0$$

求解上述方程，得

$$F_A=\sqrt{2}Q,\ F_B=F_C=\sqrt{3}Q/3$$

例 4-2　图 4-8（a）所示的战斗机自重 $W=50$ kN，其重心在 Oxy 平面上的投影为 C'（$x_{C'}$，$y_{C'}$）。已知 $x_{C'}=0.02$ m，$y_{C'}=0.5$ m，$a=2.5$ m，$b=3$ m。求战斗机静止时地面对三个轮子的支反力。

解： 取战斗机为研究对象，进行受力分析。战斗机除受到主动力 $\boldsymbol{W}$ 外，还受到地面对三个轮子的支持力 $\boldsymbol{F}_A$、$\boldsymbol{F}_B$ 和 $\boldsymbol{F}_C$，这几个力构成空间平行力系。其受力如图 4-8（b）所示。

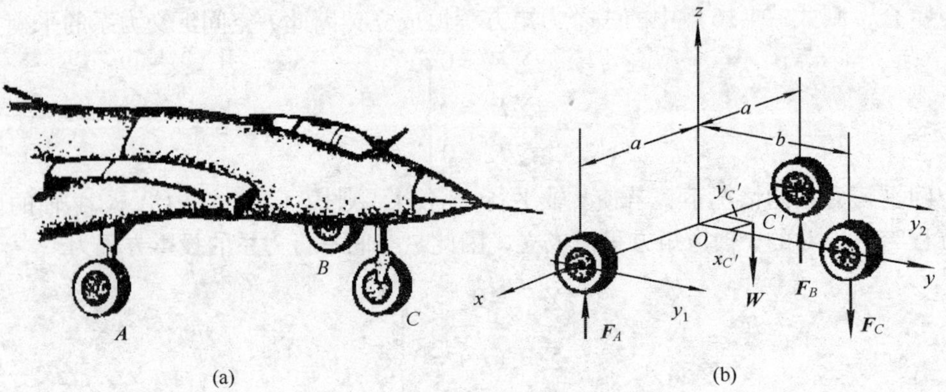

图　4-8

建立空间坐标系 $Oxyz$，列平衡方程

$$\sum M_x(\boldsymbol{F})=0,\ F_C\cdot b-W\cdot y_{C'}=0$$

解得

$$F_C=8.33\ \text{kN}$$

对通过轮 A 且平行于 y 轴的 y_1 轴列力矩方程

$$\sum M_{y_1}(\boldsymbol{F})=0,\ F_B\cdot 2a+F_C\cdot a-W\cdot(a+x_{C'})=0$$

解得

$$F_B=21.03\ \text{kN}$$

对通过轮 B 且平行于 y 轴的 y_2 轴列力矩方程

$$\sum M_{y_2}(\boldsymbol{F})=0,\ W\cdot(a-x_{C'})-F_A\cdot 2a-F_C\cdot a=0$$

解得

$$F_A=20.63\ \text{kN}$$

由此例可以看出，空间力系的平衡方程不只局限于式（4-16）或式（4-18）的形式。为方便求解方程，每个方程中最好只包含一个未知量。因此，在选取力矩轴时应尽量与其余未知力平行或相交；在选取投影轴时应尽量与其他未知力垂直。

例 4-3　如图 4-9 所示的曲柄轴，轴端有一皮带轮。已知皮带的拉力 $F_2=2F_1$，曲柄上作用一 $F=2$ kN 的铅锤力；皮带轮的直径 $D=400$ mm，曲柄长 $R=300$ mm，皮带 1 和皮带 2 与铅锤线间的夹角分别为 α 和 β，且 $\alpha=30°$，$\beta=60°$，其他尺寸如图 4-9 所示。求皮带拉力和轴承反力。

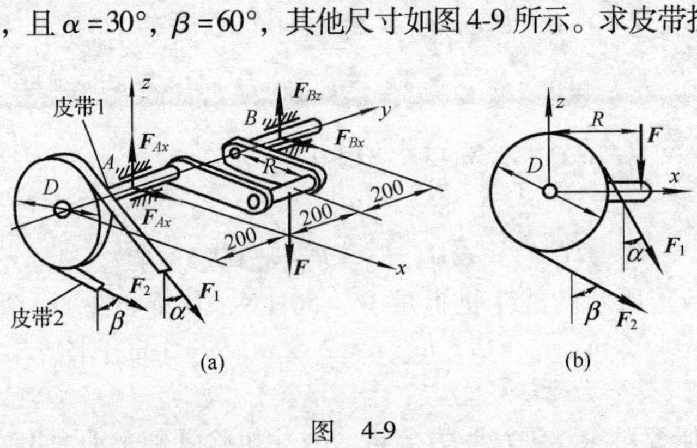

图　4-9

解： 取整个轴为研究对象。除受到已知的主动力 $\boldsymbol{F}$ 的作用外，还受到皮带拉力 $\boldsymbol{F}_1$、$\boldsymbol{F}_2$

及轴承 A、B 处的反力 F_{Ax}、F_{Ay} 和 F_{Bx}、F_{By}，这六个力均为所求的未知力。选如图 4-9（a）所示的坐标系，列平衡方程

$$\sum F_x=0,\quad F_1\sin\alpha+F_2\sin\beta+F_{Ax}+F_{Bx}=0$$
$$\sum F_z=0,\quad F_{Az}+F_{Bz}-F-F_1\cos\alpha-F_2\cos\beta=0$$
$$\sum M_x(\boldsymbol{F})=0,\quad 200(F_1\cos\alpha+F_2\cos\beta)-200F+400F_{Bz}=0$$
$$\sum M_y(\boldsymbol{F})=0,\quad FR-\frac{D}{2}(F_2-F_1)=0$$
$$\sum M_z(\boldsymbol{F})=0,\quad 200(F_1\sin\alpha+F_2\sin\beta)-400F_{Bx}=0$$

显然，y 轴方向没有力，故空间任意力系平衡方程中 $\sum F_y\equiv0$，因此还需找一个补充方程。由题设知

$$F_2=2F_1$$

其即为补充方程，联立以上方程，解得

$$F_1=3\text{ kN},\ F_2=6\text{ kN},\ F_{Ax}=-10.04\text{ kN}$$
$$F_{Az}=9.40\text{ kN},\ F_{Bx}=3.35\text{ kN},\ F_{Bz}=-1.80\text{ kN}$$

§4.5　空间平行力系的中心与重心

工程中，经常可以遇到空间平行力系。实际上，如果将物体看成是由许多个质点组成的，则各质点的重力构成一个空间汇交力系，但由于物体的尺寸远远小于地球，因此可以认为物体的重力是一个空间平行力系。物体的重量就是这个平行力系合力的大小，而这个合力的作用点就是物体的重心。

物体的重心是一个很重要的概念。在设计转动机械的构件时，如离心机的转鼓，应使其转轴通过转鼓重心，否则机器在高速运转时存在的偏心将会引起强烈的振动，从而产生很大的噪声并直接影响设备的使用寿命。但事实上，很难真正做到使转轴通过转鼓的重心，只能将偏心距控制在设备允许的范围内。

为确定重心的位置，首先介绍平行力系中心的概念。

1. 平行力系中心

设有两个同向平行力 $\boldsymbol{F}_1$ 和 $\boldsymbol{F}_2$ 分别作用于刚体的两点 A 和 B，设其合力 $\boldsymbol{F}_R$ 的作用线通过两点连线上的点 C，显然合力 $\boldsymbol{F}_R$ 与两力 $\boldsymbol{F}_1$、$\boldsymbol{F}_2$ 平行且指向相同，如图 4-10 所示。对点 C 使用合力矩定理，有

$$\frac{F_1}{BC}=\frac{F_2}{AC}=\frac{F_R}{AB}$$

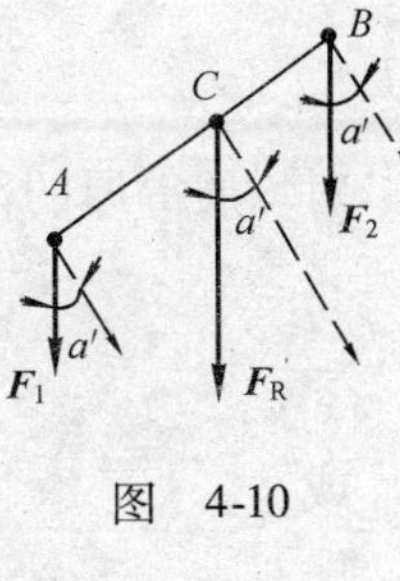

图　4-10

即合力作用线内分 AB 两点连线于 C 点，使两内分线段与两力的大小成反比。

如果将两力的作用线保持平行并绕其各自作用点转过同一角度 α，则合力 $\boldsymbol{F}_R$ 仍与两力平行，而且仍通过点 C 并绕 C 点转过相同的角度 α。这说明两平行力的合力作用线必然通过一个确定的点，这个点就是两平行合力的作用点。

对两个反向平行力，上述结论仍然成立。对于任意多个具有固定作用点的空间平行力系，也可以依照上述的分析方法，将各力依次合成。由于每两个平行力的合力都有一个确定

的作用点，因而整个平行力系的合力也同样有一个确定的作用点，这个合力的作用点，称为平行力系中心。由此可知，平行力系中心具有如下特性：

平行力系中心的位置仅与该力系中各平行力的大小和作用点的位置有关，而与各平行力的方向无关。

若一空间平行力系的各力 $\boldsymbol{F}_1$、$\boldsymbol{F}_2$、…、$\boldsymbol{F}_n$ 均平行于空间直角坐标系 $Oxyz$ 的 z 轴，各力的作用点为 (x_i, y_i, z_i) $(i=1、2、\cdots、n)$，而平行力系中心 C 点的坐标为 (x_C, y_C, z_C)，如图 4-11 所示。根据合力矩定理及平行力系中心的性质，可以得到平行力系中心位置的解析表达式，即

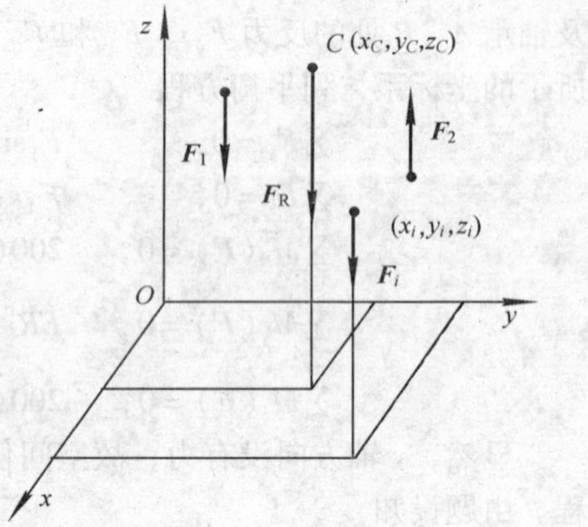

图　4-11

$$x_C = \frac{\sum F_i x_i}{\sum F_i},\quad y_C = \frac{\sum F_i y_i}{\sum F_i},\quad z_C = \frac{\sum F_i z_i}{\sum F_i} \tag{4-19}$$

2. 重心

物体重心的位置可由平行力系中心的坐标公式来确定，而与其在空间的位置无关。若将物体分成若干个微小部分，并设第 i 部分的重为 P_i，重心坐标为 (x_i, y_i, z_i)，则由式（4-19）可得物体的重心为

$$x_C = \frac{\sum P_i x_i}{\sum P_i},\quad y_C = \frac{\sum P_i y_i}{\sum P_i},\quad z_C = \frac{\sum P_i z_i}{\sum P_i} \tag{4-20}$$

如果物体是均质的，由式（4－20）可得

$$x_C = \frac{\sum V_i x_i}{\sum V_i},\quad y_C = \frac{\sum V_i y_i}{\sum V_i},\quad z_C = \frac{\sum V_i z_i}{\sum V_i} \tag{4-21}$$

此即为物体的形心坐标公式。显然，均质物体的重心就是几何中心，即形心。式(4-21)也可写成积分形式，即

$$x_C = \frac{\int_V x dV}{V},\quad y_C = \frac{\int_V y dV}{V},\quad z_C = \frac{\int_V z dV}{V} \tag{4-22}$$

对均质等厚的薄板，则式（4-21）可写成

$$x_C = \frac{\sum A_i x_i}{\sum A_i},\quad y_C = \frac{\sum A_i y_i}{\sum A_i},\quad z_C = \frac{\sum A_i z_i}{\sum A_i} \tag{4-23}$$

或

$$x_C = \frac{\int_A x dA}{A},\quad y_C = \frac{\int_A y dA}{A},\quad z_C = \frac{\int_A z dA}{A} \tag{4-24}$$

求物体的重心还有以下两种方法。

1）利用物体对称性求重心

对于均质的简单几何形状的物体往往具有一定的对称性，如对称面、对称轴或对称中心，此时，重心必在物体的对称面、对称轴或对称中心上。简单形状物体的重心公式，可以

从相关的工程手册中查到。表 4-1 列出了几种常见的物体重心公式，仅供参考。

表 4-1　简单形体重心表

图　形	重心位置	图　形	重心位置
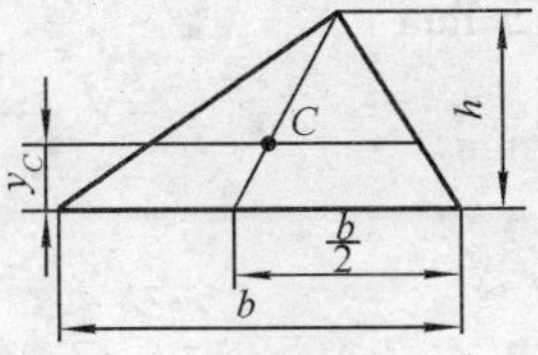 三角形	在中线的交点 $y_C=\frac{1}{3}h$	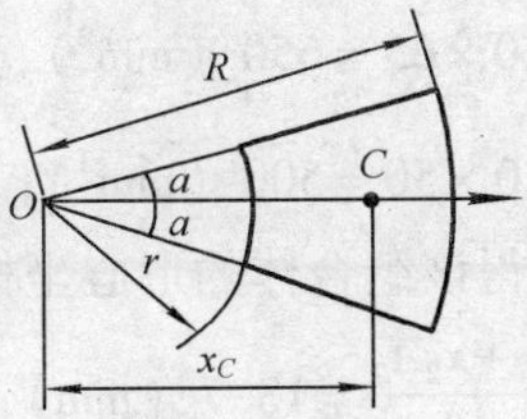 部分圆环	$x_C=\frac{2}{3}\cdot\frac{(R^3-r^3)\sin\alpha}{(R^2-r^2)\alpha}$
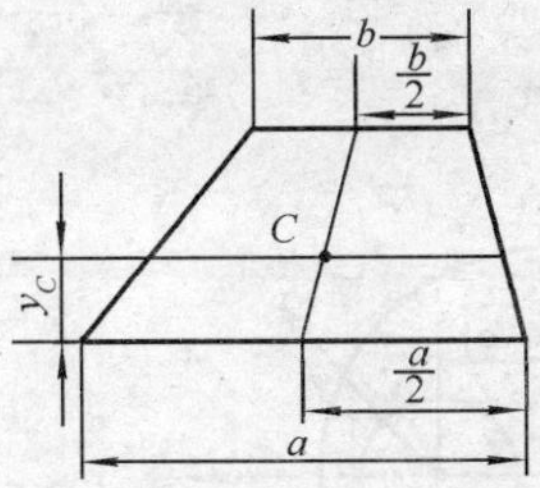 梯　形	$y_C=\frac{h(a+2b)}{3(a+b)}$	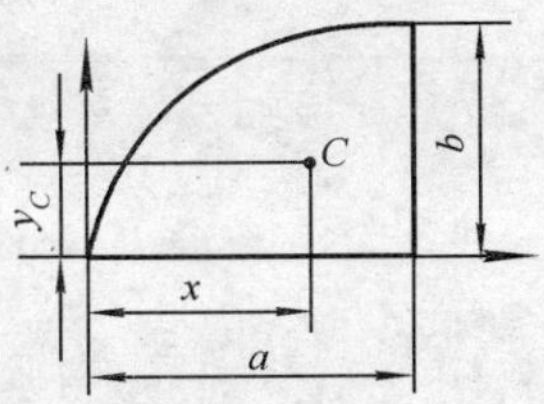 二次抛物线面	$x_C=\frac{5}{8}a$ $y_C=\frac{2}{5}b$
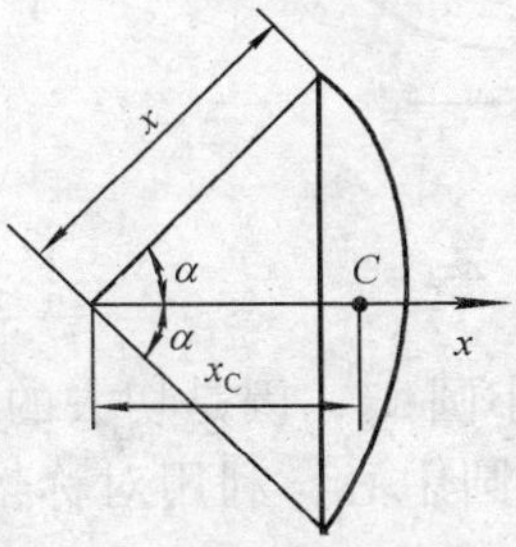 弓　形	$x_C=\frac{2}{3}\cdot\frac{r^3\sin^3\alpha}{A}$ 面积 $A=\frac{r^2(2\alpha-\sin 2\alpha)}{2}$	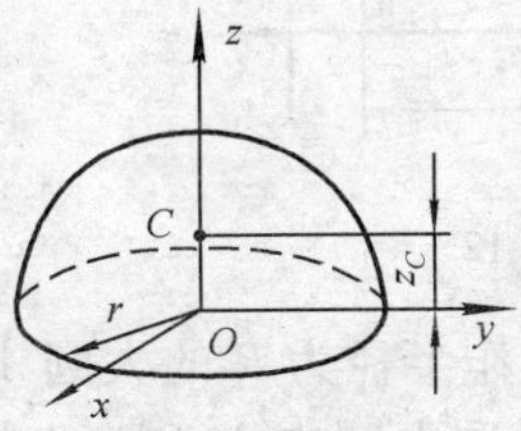 半圆球体	$z_C=\frac{3}{8}r$
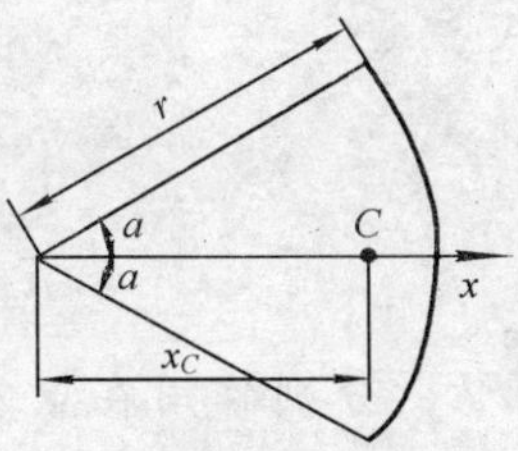 圆　弧	$x_C=\frac{r\sin\alpha}{\alpha}$	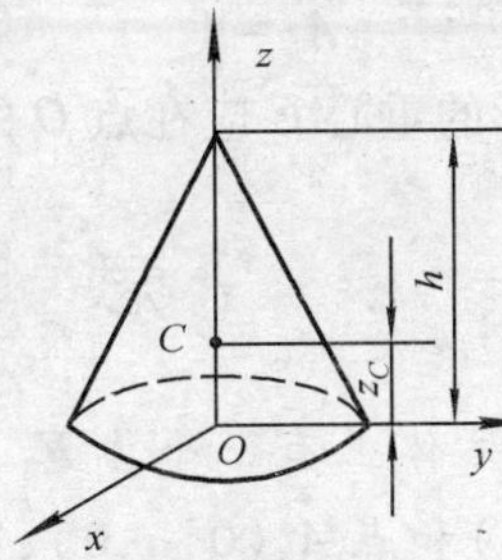 正圆锥体	$z_C=\frac{1}{4}h$

2）用组合法求重心

工程中有很多物体都可视为由若干简单形状的物体组合而成的，即所谓的组合体，可用组合法或负面积法求其重心的位置。若组合体中每一简单形体的重心是已知的，则整个组合体的重心可由式（4-20）求出。

例 4-4 不等边角钢的截面可近似简化为图 4-12 所示的组合图形。已知：$a=75$ mm，$b=50$ mm，$d=10$ mm，试求其形心位置。

解： 将该图形分成Ⅰ、Ⅱ两个矩形。取坐标系如图，于是

$$A_1=10\times65=650\ (\text{mm}^2),\quad x_1=5\text{ mm},\quad y_1=42.5\text{ mm}$$

$$A_2=10\times50=500\ (\text{mm}^2),\quad x_2=25\text{ mm},\quad y_2=5\text{ mm}$$

则按公式（4-23）得该组合体的形心坐标为

$$x_C=\frac{x_1A_1+x_2A_2}{A_1+A_2}=13.7\ (\text{mm}),\quad y_C=\frac{y_1A_1+y_2A_2}{A_1+A_2}=26.2\ (\text{mm})$$

例 4-5 半径为 R 的圆面上有一半径为 r 的圆孔，如图 4-13 所示，两圆的中心距为 a，求图形的重心位置。

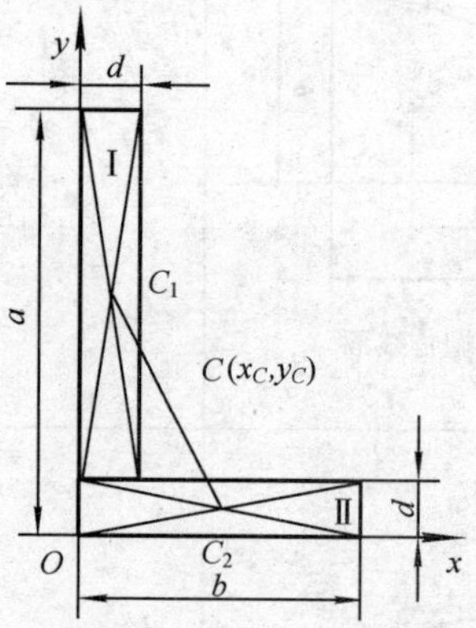

图 4-12

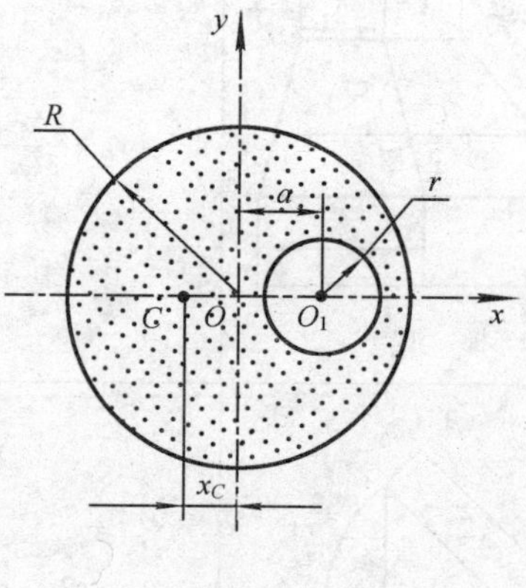

图 4-13

解： 原图形可以看作半径为 R 的大圆 A_1 上切去一半径 r 为的小圆 A_2，因是切去的部分，故面积应为负值。取大圆中心 O 为坐标原点，令 x 轴通过两圆中心，利用对称性，应有 $y_C=0$，则

$$x_C=\frac{x_1A_1-x_2A_2}{A_1-A_2}=\frac{0\cdot\pi R^2-a\pi r^2}{\pi R^2-\pi r^2}=-\frac{ar^2}{R^2-r^2}$$

x_C为负值，说明图形的重心 C 应在点 O 的左边。

思 考 题

4-1 边长为 a 的正方体上有三个力 $\boldsymbol{F}_1=F\boldsymbol{i}$、$\boldsymbol{F}_2=-F\boldsymbol{j}$、$\boldsymbol{F}_3=F\boldsymbol{k}$，分别作用在点 $A_1(a,0,0)$、点 $A_2(a,a,a)$和点 $A_3(0,a,0)$，如图 4-14 所示。试计算此力系向原点 O 简化的结果。

4-2 空间平行力系简化结果能否会出现力螺旋？

4-3 当空间力系中各力的作用线平行于某一固定平面时，该力系最多有几个平衡方程？

4-4 当空间力系中各力的作用线汇交于两个固定点时，该力系最多有几个平衡方程？

4-5　为什么空间任意力系总可以用两个力来平衡?

4-6　当空间力系向两个不同点简化时，下列哪种情况是不可能的?

(1) 主矢相等、主矩不相等。

(2) 主矢不相等、主矩相等。

(3) 主矢、主矩均不相等。

(4) 主矢、主矩均相等。

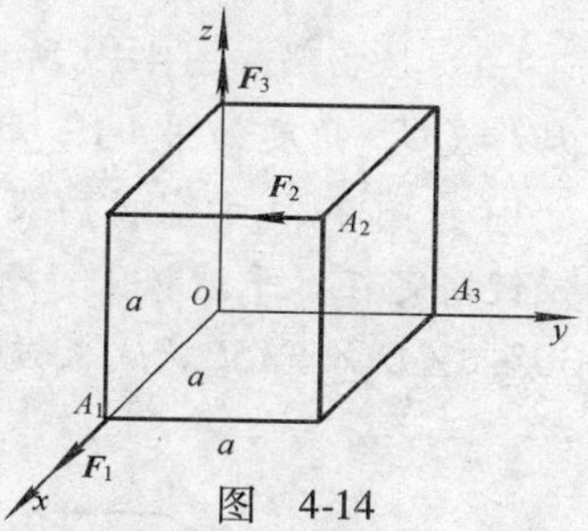

图　4-14

习　题

4-1　如图4-15所示，沿着直角三棱柱的棱边作用五个力。求此力系向 O 点简化的结果，已知 $F_1=F_3=F_4=F_5=F$，$F_2=\sqrt{2}F$，$OA=OC=a$，$OB=2a$。

4-2　空间平行力系由五个力组成，力的大小和作用的位置如图4－16所示，图中坐标格单位为cm，求此平行力系的合力。

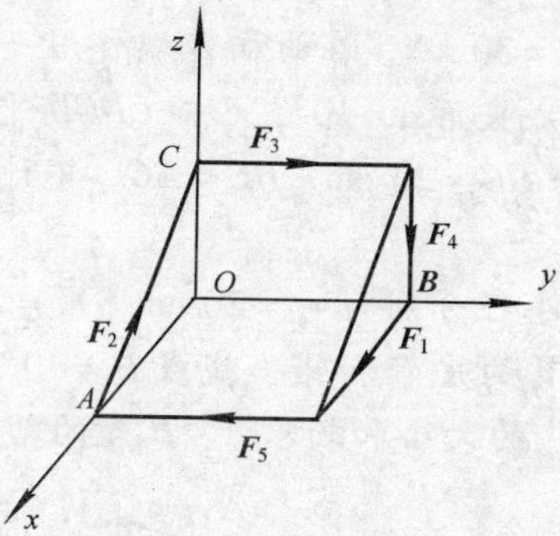

图　4-15

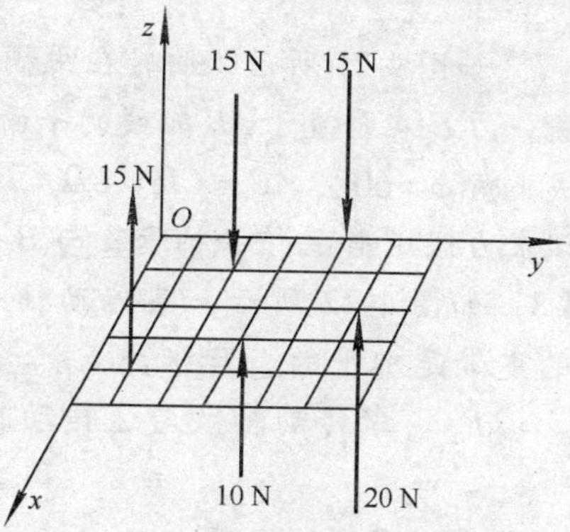

图　4-16

4-3　如图4-17所示，长方体的顶角 A 和 B 处分别有 $\boldsymbol{P}$ 和 $\boldsymbol{Q}$ 作用，$P=500$ N，$Q=700$ N。求两力在 x、y、z 轴上的投影及对 x、y、z 轴之矩。

4-4　图4-18示三轮车连同上面的货物共重 $G=3\ 000$ N，重力作用线通过 C 点，求车子静止时各轮对水平地面的压力。

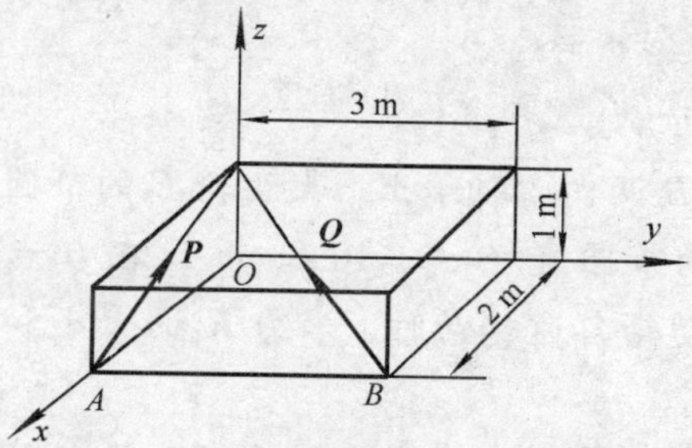

图　4-17

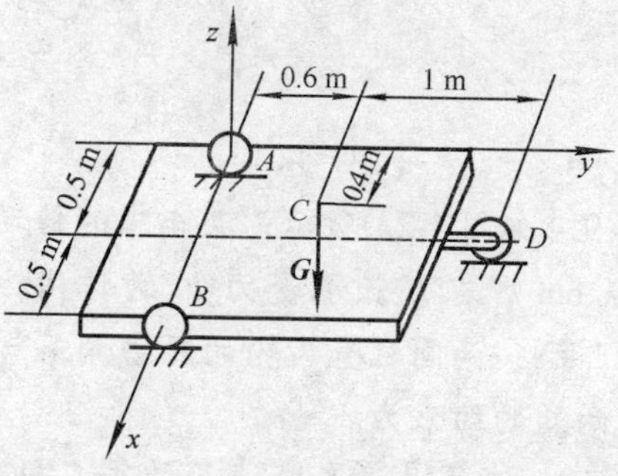

图　4-18

4-5　挂物架如图 4-19 所示，三杆的质量不计，用铰链连结于 O 点，平面 BOC 是水平的，且 $BO=OC$，角度如图 4-19 所示。若在 O 点挂一重物，其重为 $P=1$ kN，求三杆所受的力。

4-6　图 4-20 示空间构架由三根无重直杆组成，在 D 端用球铰链接，A、B 和 C 端则用球铰链固定在水平地板上，如果在 D 端的物自重 $P=10$ kN，$\angle DAB=\angle DBA=45°$，$\angle DOy=30°$，$\angle DCy=15°$。试求铰链 A、B 和 C 三处的约束力。

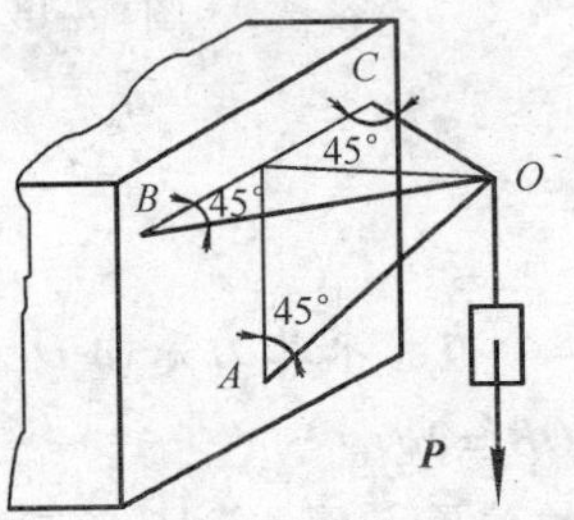

图　4-19

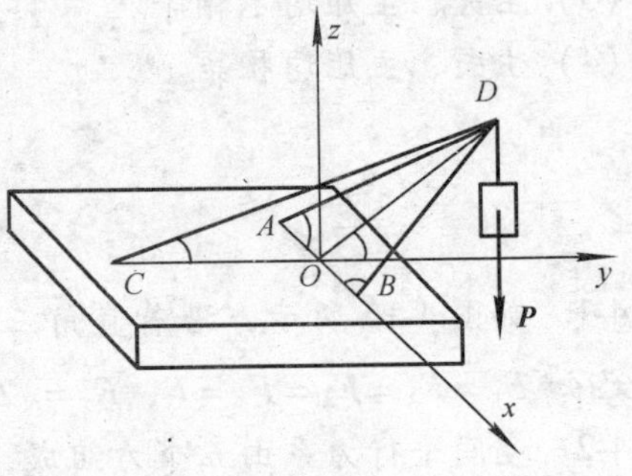

图　4-20

4-7　如图 4-21 所示，曲轴在曲柄 E 处作用一力 $F=30$ kN，在曲柄 B 端作用一力偶 M 而平衡，力 $\boldsymbol{F}$ 在垂直于 AB 轴线的平面之内并和铅垂线成夹角 $\alpha=10°$，已知 $CDGH$ 平面和水平面成夹角 $\varphi=60°$，$AC=CH=GD=DB=40$ cm，$CD=HG=20$ cm，$HE=EG$，不计曲轴自重，试求力偶矩 M 之值和轴承 A 与 B 处的约束力。

4-8　如图 4-22 所示，某传动轴装有皮带轮，其半径分别为 $r_1=20$ cm，$r_2=25$ cm，轮Ⅰ的皮带是水平的，其张力 $F_{T1}=2F_{t1}=5$ kN，轮Ⅱ的皮带和铅垂线成 $\beta=30°$，其张力 $F_{T2}=2F_{t2}$。求传动轴做匀速转动时的张力 $\boldsymbol{F}_{T2}$、$\boldsymbol{F}_{t2}$ 的大小和轴承 A、B 处的约束力。

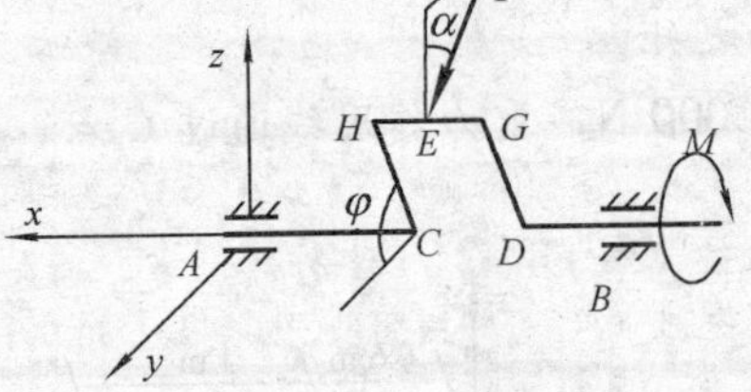

图　4-21

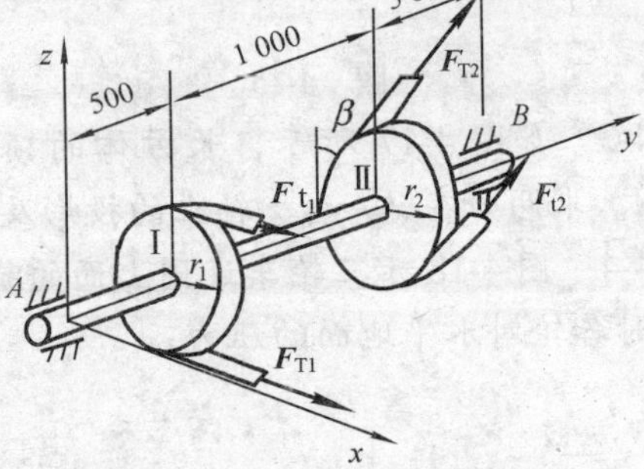

图　4-22

4-9　如图 4-23 所示，某车床的传动轴装在 A、B 两向心轴承上，大齿轮 C 的节圆直径 $d_1=21$ cm，在 E 点承受力 $\boldsymbol{F}_1$ 的作用，小齿轮 D 的节圆直径 $d_2=10.8$ cm，在 H 点受力 $F_2=22$ kN，两圆柱直齿轮的压力角 $\alpha=20°$，当传动轴匀速转动时，求力 $\boldsymbol{F}_1$ 的大小和轴承 A、B 两处的约束力。

4-10　在简易汽车变速箱的第二轴上安装了一个斜齿轮，如图 4-24 所示。已知其螺旋角 β，啮合角 α，节圆直径为 d（$d=2r$），传递的扭矩为 M，试求此斜齿轮所受的圆周力 $\boldsymbol{F}_t$，轴向力 $\boldsymbol{F}_a$，径向力 $\boldsymbol{F}_r$ 与总法向啮合力 $\boldsymbol{F}_n$ 的大小。

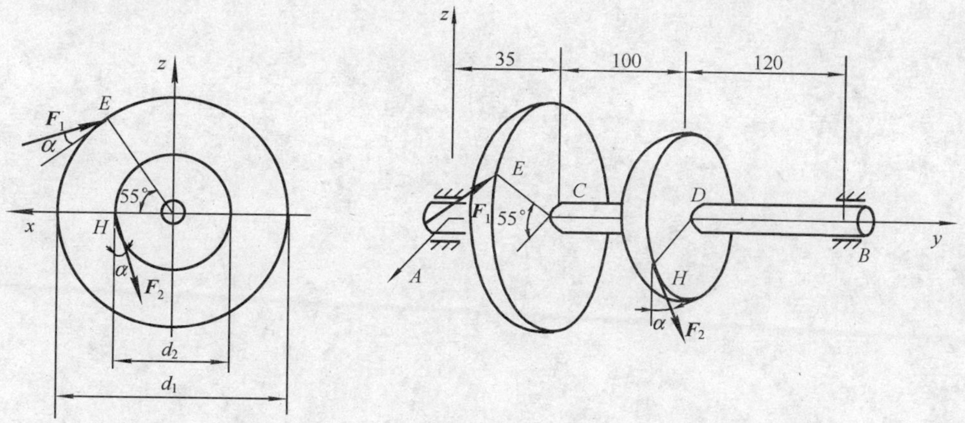

图　4-23

4-11　图 4-25 所示矩形板支撑系统中，在板角处作用一铅直力 $\boldsymbol{F}$，板重不计。试求承杆 1、2、3、4、5、6 的内力。

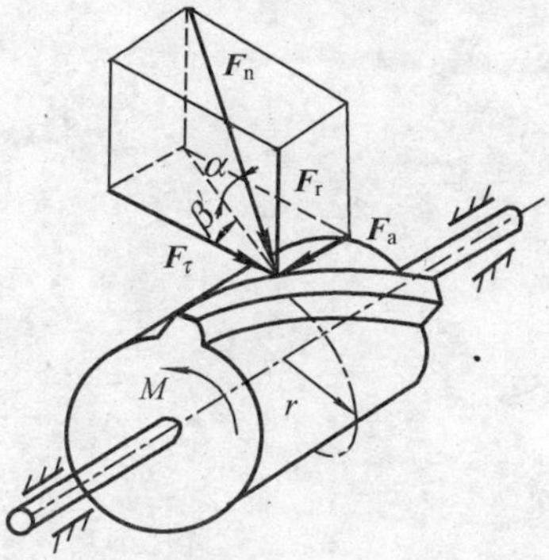

图　4-24

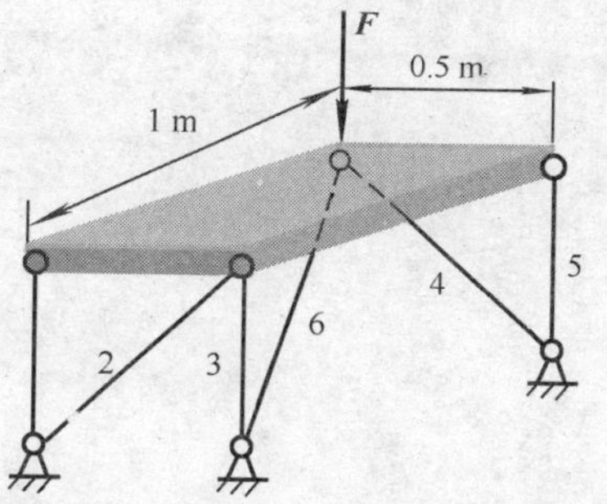

图　4-25

4-12　如图 4-26 所示，均质长方形薄板 $ABCD$ 重 $P = 200$ N，用球铰链 A 和蝶型铰链 B 固定在墙上，并用绳子 CE 维持在水平位置。求绳子的拉力和 A、B 处的约束力。

4-13　工字梁截面尺寸如图 4-27 所示，求此截面的形心位置。

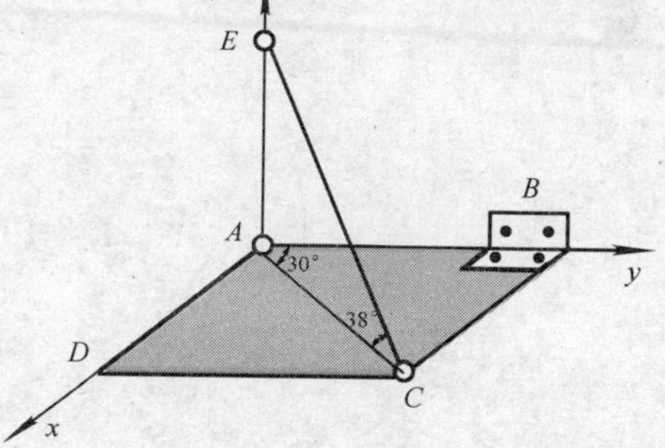

图　4-26

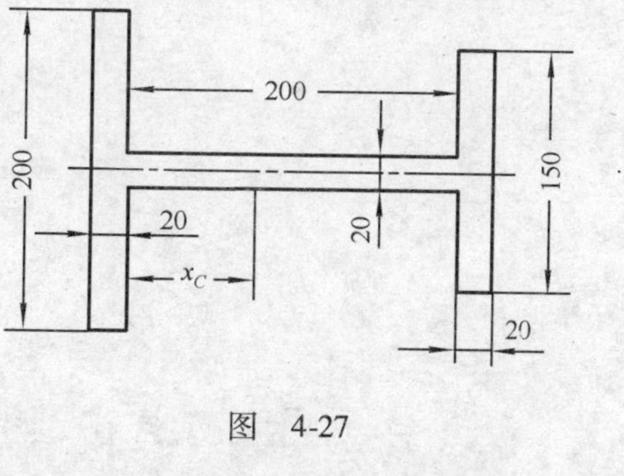

图　4-27

第 2 篇

材料力学

本篇将在静力学的基础上，进一步研究构件的强度、刚度和弹性稳定性问题。

在研究物体的静力学平衡问题时，都是将物体抽象为不可变形的刚体。而在材料力学中，研究构件的强度、刚度和弹性稳定性时，必须研究物体的变形。因此，材料力学研究的是变形固体，简称变形体。但在材料力学中，当考察大多数平衡问题时，为使问题简化，同时又因为实际变形很小，故仍沿用刚体的概念。

在轻工、化工等工业生产中，要使用大量的工程结构、设备和机器。它们都是由各式各样的零件或部件组成的。将这些零、部件的形状作适当简化后，统称为构件。它是用以组成工程结构、设备和机器的元件。按其几何形状可将构件划分为杆、板、壳、块等四类。

在本篇中，力的符号不再用黑体字母表示，而改用不加粗字母表示。

(a) 杆

(b) 板

(c) 壳

(b) 块

第 5 章　材料力学的基本概念

§5.1　材料力学的任务

材料力学研究的主要对象是杆。其几何形状的主要特征是，轴线（横截面形心的连线）的长度远大于横截面（与轴线垂直的截面）的几何尺寸（如宽、高或直径等）。轴线为直线的杆称为直杆。横截面大小和形状不变的直杆称为等直杆。轴线为曲线的杆称为曲杆。

当工程结构、设备或机器工作时，构件将受到载荷的作用。例如，建筑物的梁受自身重力和其他物体重力的作用，车床主轴受齿轮啮合力和切削力的作用等。尽管构件的材料是各式各样的，但一般都为固体。任何固体在载荷作用下，其尺寸和形状发生的变化，称为变形。实验表明，当外力增大到某一限度时，构件将发生断裂破坏。

为保证工程结构、设备或机器的正常工作，要求每个构件都应有足够的承受载荷作用的能力，简称为承载能力。构件的承载能力，通常由以下三个方面来衡量。

(1) 足够的强度。即在构件在正常工作时不会发生断裂破坏。例如，冲床曲轴不可折断，储气罐在规定的压力下不应爆破等。因此，强度是指构件在载荷作用下抵抗破坏的能力。

(2) 足够的刚度。在载荷作用下，构件虽然有足够的强度，但如果变形过大，超过了正常工作允许的限度，仍不能正常工作。例如：机床主轴变形过大时，将影响工件的加工精度；当齿轮轴变形过大，将造成齿轮和轴承的不均匀磨损，引起噪音。因此，刚度是指构件在载荷作用下抵抗变形的能力。

(3) 足够的稳定性。工程上有些受轴向压力作用的细长杆，例如千斤顶的螺杆、液压装置的活塞杆等，在轴向压力作用下，有可能被压弯而丧失工作能力。为了保证其正常工作，要求这类杆件始终保持其原有的直线平衡形式。因此，稳定性是指构件保持其原有平衡形态的能力。

为了保证构件具有足够的强度、刚度和稳定性，在设计构件时必须选用适宜的材料、合理的截面形状和尺寸。若构件材料选用不当，或横截面形状不合理，将造成结构笨重、材料浪费，或者难以满足要求，从而影响工程结构或机器设备的安全工作。因此，在材料力学中将研究构件在外力作用下变形和破坏的规律，在满足强度、刚度和稳定性要求的前提下，兼顾构件截面形状、尺寸确定的合理性和材料选择的经济性，为设计既经济又安全的构件，提供必要的理论基础和计算方法，这就是材料力学这部分内容的基本任务。

在实际的工程问题中，一般说，构件都应有足够的强度，刚度和稳定性，但就具体构件而言，上述三项要求往往有所侧重，或只需满足其中的一两项要求即可。例如，储气罐以满足强度要求为主，车床主轴以满足一定的刚度要求为主，而千斤顶中的螺杆则以稳定性要求为主。此外，对某些特殊构件，还往往有相反的要求。例如，为防止机器超载而造成重大事故，当载荷达到某一极限时，要求安全销立即破坏。又如车辆中的缓冲弹簧，在保证强度要求的同时，还要力求有较大的变形，以发挥其缓冲作用。

构件的强度、刚度和稳定性与材料的力学性能有关。所谓材料的力学性能，是指材料在外力作用下表现出的变形和破坏等方面的性能。通常材料的力学性能要由实验来测定。材料力学中的一些理论方法，大多是在某些假设条件下，经过简化分析得出的，也要通过实验来验证其可靠性。此外，还有一些尚无理论结果的问题，也须借助实验方法来解决。因此，这是一门理论研究与实验分析紧密结合的学科。

§5.2　变形固体及其基本假设

在理论力学中，研究物体受力的平衡与运动时，我们把物体的微小变形作为次要因素，物体可以视为刚体。而材料力学在研究构件的强度、刚度和稳定性时，物体因外力作用而变形是主要因素，因此必须把一切构件都视为可变形的固体，称为变形固体或可变形固体。为简化计算，忽略材料的一些次要性质，对变形固体作下列假设。

(1) 连续性假设：认为构件的整个体积内，不留空隙地充满了物质。实际上，从物质的结构组织来看，组成固体的粒子之间并不连续，而是存在空隙的，但这种空隙与构件的尺寸相比极其微小，可以忽略不计。基于这种连续性假设，当把某些力学量看作固体的点的坐标的函数时，对这些量的坐标增量就可以采用无穷小的极限分析方法。

(2) 均匀性假设：认为在构件的这个体积内，各处的力学性能完全相同。实际上，就工程中使用最多的金属来说，其各个晶粒的力学性能并不完全相同。但由于构件的几何尺寸远远大于组成它的晶粒的尺寸，其包含的晶粒数量极多，而且排列无序，构件的力学性能是各晶粒的力学性能的统计平均值，所以可以认为构件内各部分的力学性能是均匀的。

(3) 各向同性假设：认为固体沿各个方向上的力学性能是完全相同的。具备这种属性的材料称为各向同性材料。工程中常用的金属材料，就其单个晶粒来说，沿不同的方向，其力学性能并不一样。但由于金属构件中包含的晶粒数量极多，而且又杂乱无章地排列着，就使得沿各个方向的力学性能的统计平均值接近相同了。因此，可以将金属材料视为各向同性材料，例如铸钢、铸铜等。还有些材料，它们的力学性能沿不同方向明显不同，称为各向异性材料，例如木材，胶合板及复合材料等。

(4) 小变形假设：即材料力学所研究的问题，仅限于变形大小远远小于构件原尺寸的情况，这类问题称为小变形问题。事实上，物体在外力作用下产生的变形，可以分为大变形和小变形两类问题，而对于小变形问题，在研究构件的平衡与运动时，可以不计其变形，而按照变形前的原几何尺寸进行分析计算。如图 5-1 (a) 所示的三角形支架，在节点 A 受铅锤力 F 作用。杆 AB 和杆 AC 因受力而发生变形，使支架的几何形状和外力的作用位置均发生变化，节点 A 位移至 A'，两杆夹角 θ 变为 θ'。但是，由于节点 A 的位置变化量 δ_1 和 δ_2 都远小于杆的长度，所以在计算各杆受力时，仍按照支架变形前的几何形状和尺寸进行计算。即在对节点 A 进行受力分析与列静力学平衡方程时，角度仍用 θ，而不用 θ'，如图 5-1 (b) 所示。

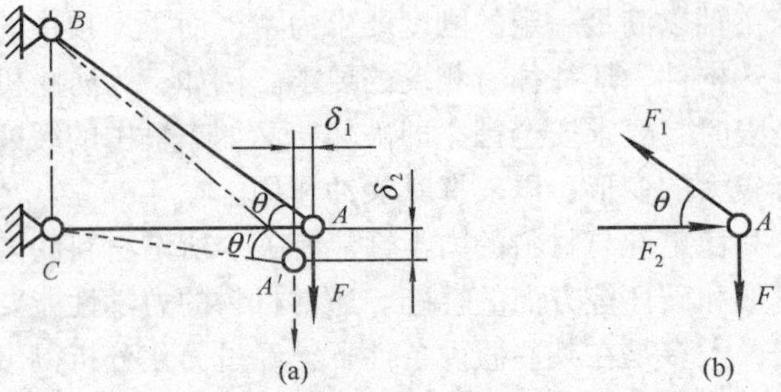

图 5-1

在材料力学中，主要研究材料在弹性范围内（即小变形条件下）的受力性质。今后将经常使用小变形的概念以简化分析与计算。如果构件变形过大，超出小变形条件，则不是材料力学讨论的范畴。

§5.3　外力、内力、截面法、应力与应变

1. 外力

在静力学中，对某一构件进行受力分析时，要把这一构件从周围物体中单独取出，除受到已知的载荷（主动力）外，还受到周围物体对构件的约束力。这些已知载荷与约束力都是来自构件外部的作用力，称为外力。外力按其作用的方式可分为表面力和体积力。表面力即作用于物体表面的力，又分为分布力与集中力。分布力是连续作用于物体表面或杆件的轴线上的力，例如作用于油缸内壁的油压力、作用于船体的水压力及作用于屋梁上的压力等。集中力是作用于一点的力，但如果外力分布面积远小于物体的表面尺寸，或沿杆件轴线分布范围远小于轴线长度，也可以视为集中力，例如火车车轮对钢轨的压力、滚动球轴承对轴的反作用力等。体积力是连续分布于物体内各点的力，例如物体的重力、惯性力等。

按随时间变化的情况，载荷又可分成静载荷和动载荷。如果载荷缓慢地由零增加到某一恒定值，或变动不很明显，即为静载荷。例如，把机器缓慢地置放在基础上时，机器的重量对基础的作用便是静载荷。如果载荷随时间而变化，则为动载荷。按其随时间变化的方式，动载荷又分为交变载荷和冲击载荷。交变载荷是随时间作周期性变化的载荷，例如，当齿轮转动时，作用于每个轮齿上的力都是随时间作周期性变化的。冲击载荷则是物体的运动在极短时间内发生突然变化所引起的载荷，例如急刹车时飞轮的轮轴、锻造时汽锤的锤杆等都受到冲击载荷的作用。

由于材料在静载荷下的问题比在动载荷下的简单、易分析，因此在工程力学中，主要研究静载荷问题。

2. 内力

在讨论构件的强度和刚度等问题时，要判断构件是否安全或确定构件的几何尺寸和选择适当的材料，因此，仅知道构件上的外力是不够的，还必须研究构件的内力。

构件受外力作用而变形，其内部各部分之间因相对位置的改变而引起的作用力就是内

力。实际上，构件即使不受外力作用，其内部各质点之间也存在相互的作用力。而这里所说的内力，是指构件由外力作用而引起的内部相互作用力的变化量，是附加的相互作用力，严格来讲，应称为附加内力。这种内力随外力的增加而增大，到达某一限度时就会引起构件的破坏，因而它与构件的强度是密切相关的。

3. 截面法

为显示出构件在外力作用下某截面上的内力，可假想地用平面把构件分成两部分，来研究其中任意一部分的平衡，这就是所谓的截面法。以两端受轴向拉力 F 作用的直杆为例，欲求其任一横截面上的内力，可用一个截面 $m-m$ 假想地将杆件截开成Ⅰ、Ⅱ两部分，如图5-2（a)所示，取出其中一部分例如Ⅰ作为研究对象。在部分Ⅰ上作用有沿轴线水平向左的外力 F，欲使Ⅰ保持平衡，则部分Ⅱ必然对Ⅰ有力的作用，如图5-2（b）所示。根据作用与反作用定律可知，Ⅰ必然也以大小相等、方向相反的力作用于Ⅱ上，如图5-2（c）所示。按照连续性假设，在横截面上各处都有内力作用，即内力在构件整个截面上连续分布，形成一个分布力系，今后把这个分布内力系向截面内某一点简化得到的主矢和主矩，称为截面上的内力。此例中，图5-2（b）所示的力 F_N 就是分布内力系向 $m-m$ 截面的对称中心简化的结果。列出部分Ⅰ的平衡方程

$$\sum F_x = 0,\ F_N - F = 0$$

解得

$$F_N = F$$

截面法是材料力学中研究构件内力的基本方法。截面法可归纳为以下四个步骤：

（1）截开：欲求某一截面上的内力，就假想地沿该截面把构件分成两部分。

（2）保留：保留任意一部分作为研究对象。

（3）代替：将弃去部分对保留部分的作用，用截面上的内力代替。

（4）平衡：建立保留部分的平衡方程，确定该截面上的内力。

例　如图5-3（a）所示的钻床，工作时，钻头受到的压力为 F，力 F 的作用线到立柱的距离为 a，试确定钻床立柱横截面 $m-m$ 上的内力。

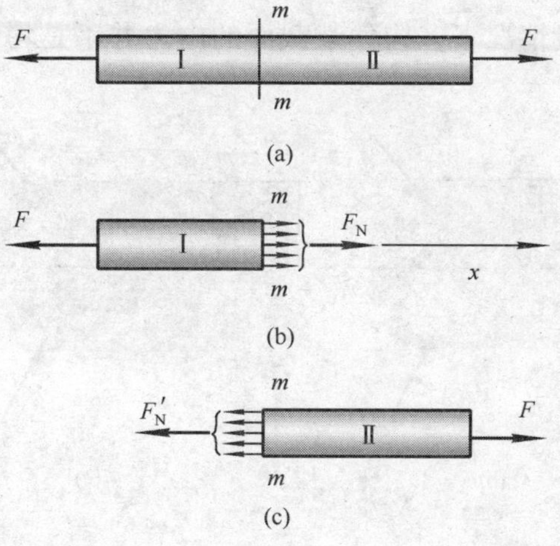

图　5-2

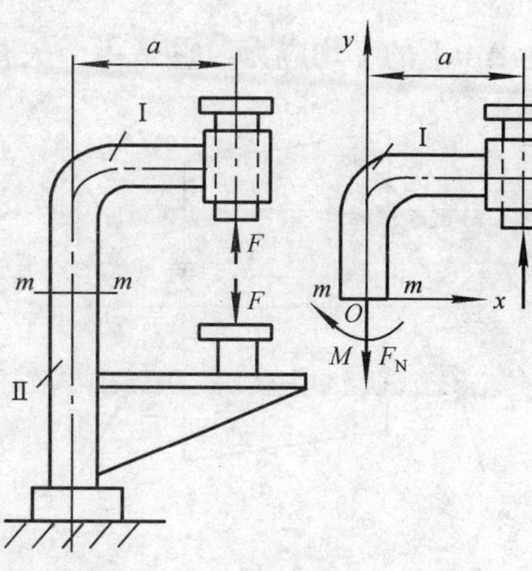

图　5-3

解：（1）沿 $m-m$ 截面假想地将钻床分成两部分。保留 $m-m$ 截面以上部分作为研究对象，并以 $m-m$ 截面的形心 O 为原点，选取坐标系如图 5-3（b）所示。

（2）外力 F 将使 $m-m$ 截面以上部分沿 y 轴方向位移，并绕 O 点转动，$m-m$ 截面以下部分必然以内力 F_N 及 M 作用于截面上，以保持上部的平衡。这里 F_N 为通过 O 点的力，M 为对 O 点的力矩。

（3）由平衡方程

$$\sum F_y = 0\ ,\ F - F_N = 0$$
$$\sum M_O = 0\ ,\ Fa - M = 0$$

解得

$$F_N = F\ ,\ M = Fa$$

必须指出，在采用截面法之前，不允许对外力任意使用力的可传性原理，也不能任意移动力偶。因为它们只适用于刚体，而材料力学研究的是变形固体，当外力移动后，内力及变形也将随之改变。

4. 应力与应变

在确定了杆件内力的大小和方向以后，还不能立即解决杆件的强度问题。根据实践经验，虽然两个构件材料相同、内力也相同，但由于横截面面积不相等，横截面面积小的构件必然先被破坏。这说明构件的强度，不仅与内力的大小有关，还与构件横截面的几何尺寸有关。

例题中的内力 F_N 和 M 是 $m-m$ 截面上分布内力系向 O 点简化的结果，这只能说明 $m-m$ 截面以上部分的内力和外力的平衡关系，但不能说明分布内力系在截面内某一点处的强弱程度。为此，引入内力集度的概念。

设在图 5-4（a）所示受力构件的 $m-m$ 截面上，围绕 C 点取微小面积 ΔA，ΔA 上分布内力的合力为 ΔF［见图 5-4（b）］。ΔF 的大小和方向与 C 点的位置和 ΔA 的大小有关，则在 ΔA 上的内力平均集度为

$$p_m = \frac{\Delta F}{\Delta A}$$

称 p_m 为 ΔA 上的平均应力，它是一个矢量。一般情况下，构件某截面的内力并不是均匀分

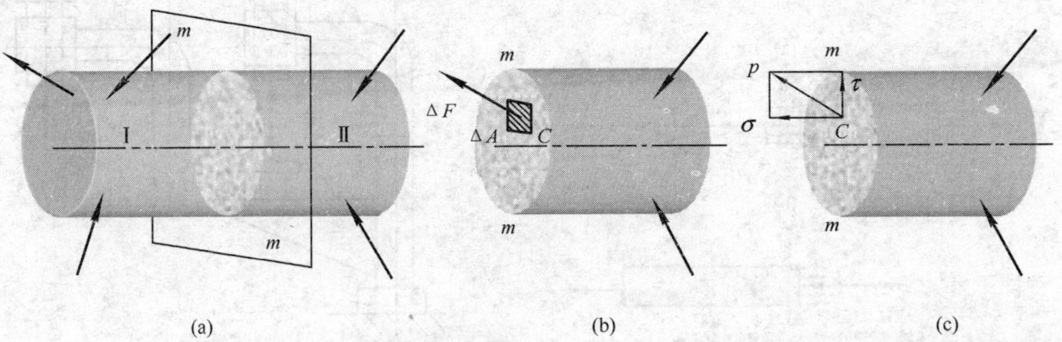

图 5-4

布的，但随着所取微面积的 ΔA 逐渐缩小直至趋于零时，p_m 的大小和方向将趋于某一极限值，该极限值定义为 C 点的全应力，即

$$p = \lim_{\Delta A \to 0} \frac{\Delta F}{\Delta A} = \frac{dF}{dA} \tag{5-1}$$

p 是一个矢量，一般说既不与截面垂直，也不与截面相切。通常可将全应力 p 分解成垂直于截面的分量 σ 与相切于截面的分量 τ，如图 5-4（c）所示。称分量为正应力，称分量 τ 为剪应力。

在国际制单位中，应力的单位是牛/米^2（N/m^2），称为帕斯卡或简称为帕（Pa）。由于这个单位太小，工程中通常使用兆帕（MPa）或吉帕（GPa）。它们的换算关系如下：

$$1\ \text{MPa} = 10^6\ \text{Pa},\ 1\ \text{GPa} = 10^9\ \text{Pa}$$

为了研究构件截面上内力的分布规律，还必须对构件内一点处的变形作深入研究。设想将构件分割成无限个微小正六面体，在外力作用下，这些微小的正六面体的边长必将发生变化。如图 5-5（a）所示，从受力构件的某一点 C 的周围取出的一个微小正六面体，其与 x 轴平行的棱边 ab 的原长为 Δx，变形后 ab 的长度为 $\Delta x + \Delta u$，Δu 称为 ab 的绝对变形，如图 5-5（b）所示。为度量一点处变形程度的强弱，我们引入应变的概念。如果 ab 长度内各点处的变形程度相同，则比值

$$\varepsilon_m = \frac{\Delta u}{\Delta x} \tag{5-2}$$

表示每单位长度的平均身长或缩短，称 ε_m 为平均线应变。如果逐渐缩小 ab 的长度，使 ab 的长度趋于零，则 ε_m 的极限为

$$\varepsilon = \lim_{\Delta x \to 0} \frac{\Delta u}{\Delta x} \tag{5-3}$$

称 ε 为点 C 沿方向的线应变，简称为应变。它是一个无量纲的量。

在变形过程中，微小六面体除棱边长度变化以外，相互垂直 σ 棱边的夹角也会发生变化，如图 5-5（c）所示。变形前、后角度的变化量为 $\left(\frac{\pi}{2} - \angle c'ab'\right)$，当微小六面体的棱长趋于零时，其极限用 γ 表示，称 γ 为剪应变或角应变。它也是一个无量纲的量。

上述微小正六面体各棱的边长趋于无限小时，称为单元体。

综上所述，线应变 ε 和剪应变 γ 是度量构件内一点处变形程度的两个基本物理量，它们分别与正应力 σ 和剪应力 τ 密切相关，是材料力学中最基本、最重要的两个物理量。

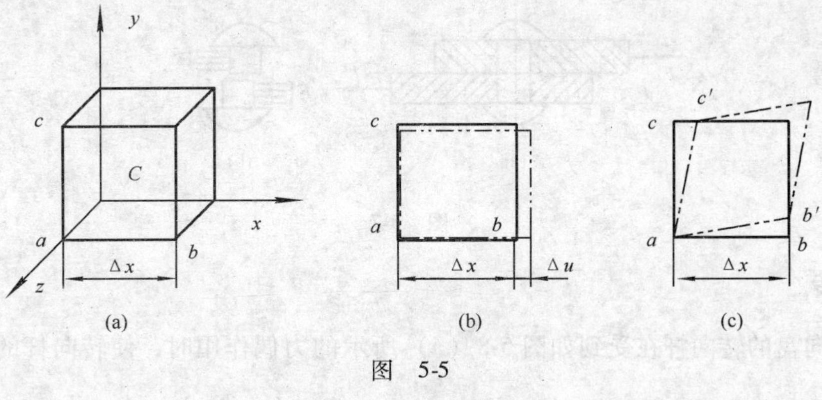

图　5-5

§5.4　杆件变形的基本形式

杆件是工程中最基本的构件，工程中很多常见的构件都可以简化为杆件，如发动机活塞的连杆、传动轴、立柱、丝杠、吊钩等。杆件在不同形式的外力的作用下，其变形的形式也各不相同。就杆件一点周围的一个微分单元体来说，其变形可由线应变 ε 和剪应变 γ 来描述，而杆件的整体变形，就是所有单元体变形的累积。归纳起来，杆件的变形有以下四种基本形式。

1. 轴向拉伸或压缩

图 5-6（a）所示的三角形支架在载荷 F 的作用下，AB 杆受到沿轴线的拉力作用，产生拉伸变形，如图 5-6（b）所示；而 AC 杆受到沿轴线的压力作用，产生压缩变形，如图 5-6（c）所示。这类变形的形式是由大小相等、方向相反、作用线与杆件轴线重合的一对力引起的。桁架中的杆件、液压油缸的活塞杆等的变形，都属于轴向拉伸或压缩变形。

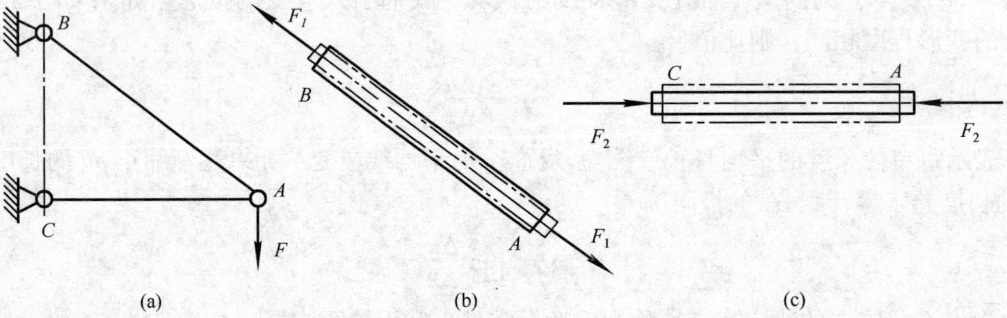

图　5-6

2. 剪切

图 5-7（a）所示的起连接作用的铆钉，在载荷 F 的作用下即受到剪切作用，其上下两部分沿外力的作用方向发生相对错动，便产生剪切变形，如图 5-7（b）所示。这类变形的形式是由大小相等、方向相反、作用线相互平行且距离很近的一对力引起的。工程中常用的连接件，例如销钉、螺栓、键等都产生剪切变形。

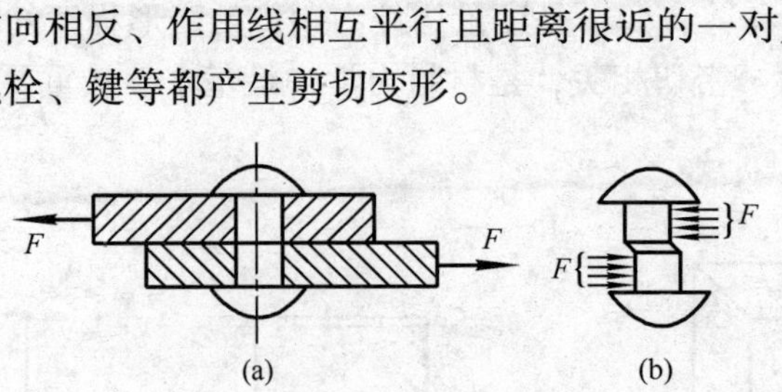

图　5-7

3. 扭转

汽车方向盘的转向杆在受到如图 5-8（a）所示的力偶作用时，使转向杆的任意两个横截面发生绕轴线的相对转动，便产生扭转变形，如图5-8（b）所示。这类变形的形式是由大小相等、方向相反、作用面都垂直于杆轴的两个力偶引起的。搅拌机中的搅拌轴、电动机和水轮机的主轴等，工作时都产生扭转变形。

4. 弯曲

图5-9（a）所示的机车轮轴，在受到如图5-9（b）所示的纵向平面内的一对力偶作用时，其轴线由直线变为曲线，便产生弯曲变形。这类变形的形式是由作用于包含杆轴的纵向平面内的一对大小相等、方向相反的力偶，或垂直于杆件轴线的横向力引起的。弯曲变形是工程中最常见的变形之一，机器中的各种轴、建筑物以及起重机的大梁等的变形，都属于弯曲变形。

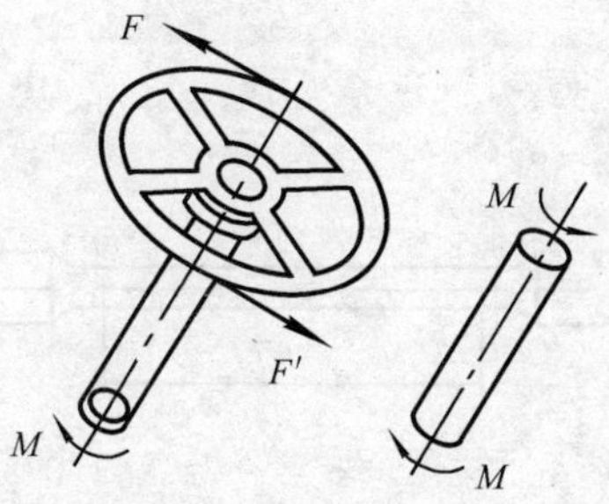

(a)　(b)

图　5-8

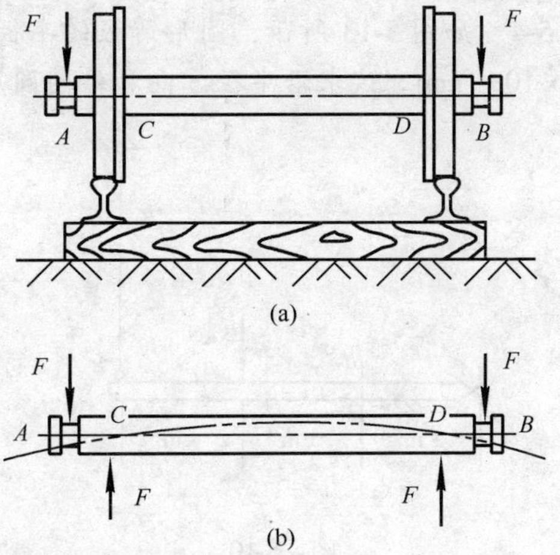

(b)

图　5-9

思　考　题

5-1　简述材料力学的任务，并回答什么是材料的强度、刚度和稳定性。

5-2　在材料力学中，对变形固体做了哪些基本假设？其中均匀性假设与各向同性假设的区别是什么？

5-3　什么是截面法？应用截面法能否求出截面上内力的分布状况？为什么？

5-4　内力与应力有何区别与联系？为什么研究构件的强度必须引入应力的概念？

5-5　弹性变形与塑性变形有何区别？

5-6　试说明何谓正应力？何谓剪应力？

5-7　试说明何谓线应变？何谓剪应变？

5-8　杆件有几种形式的基本变形？它们各有何特点？试举例说明。

5-9　为什么材料力学中，静力等效力系在应用上要受到限制？试举例说明。

习　题

5-1　试求图 5-10 所示结构 $m-m$ 和 $n-n$ 两截面上的内力，并指出 AB 和 BC 两杆件的变形属于哪类基本变形。

5-2　图 5-11 所示拉伸试件上 A、B 两点间的距离 l 称为标距。受拉力作用后，测出两点间的距离增量为 $\Delta l = 4.5\times10^{-2}$ mm。若 l 的原长为 100 mm，试求 A、B 两点间的平均应变 ε_m。

5-3　图 5-12 所示三角形薄板因受外力作用而变形，角点 B 铅垂向上的位移为 0.03 mm，但 AB 边和 BC 边仍保持为直线。试求沿 OB 方向的平均应变，并求 AB 与 BC 两边在 B 点的角度改变。

5-4　如图 5-13 所示，圆形薄板的半径为 R，变形后 R 的增量为 ΔR。若 $R = 80$ mm，$\Delta R = 3\times10^{-3}$ mm。试求沿半径方向和外圆圆周方向的平均应变。

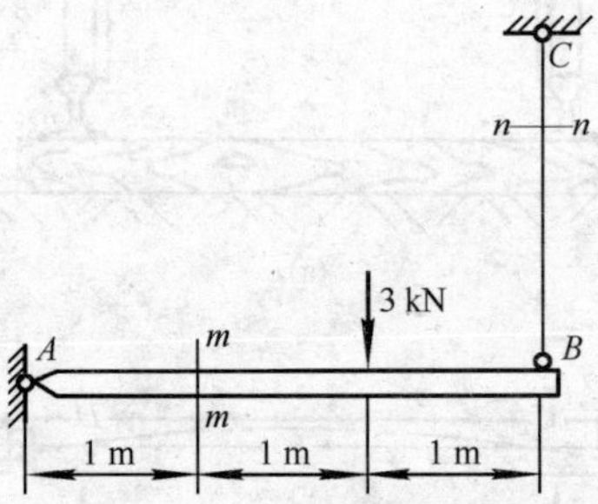

图　5-10

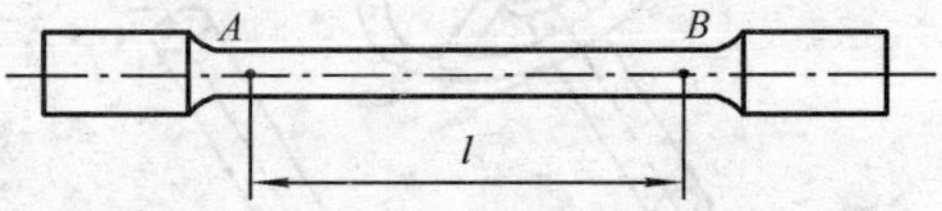

图　5-11

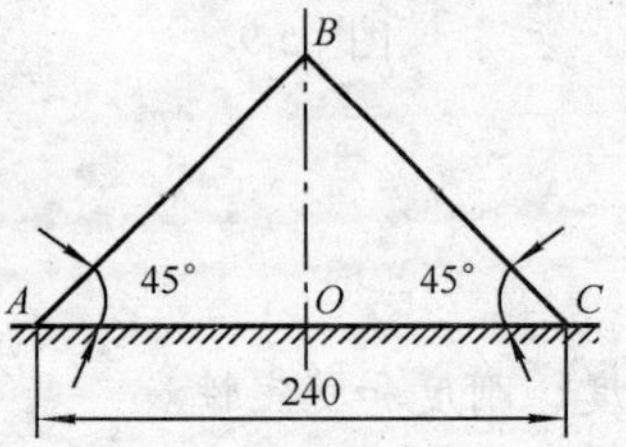

图　5-12

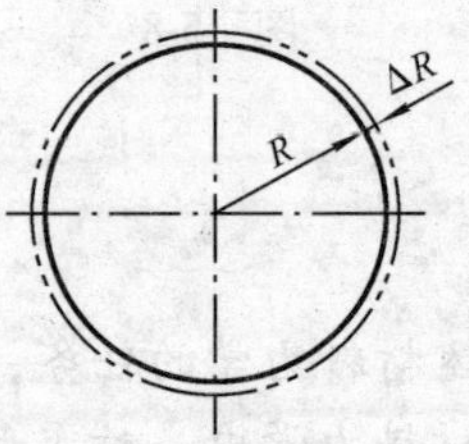

图　5-13

第 6 章　拉伸与压缩

§6.1　轴向拉伸与压缩的概念与实例

在工程实际中，由于外力作用而产生轴向拉伸或压缩的杆件十分常见。如图 6-1 所示的旋臂式吊车中的杆 AB 和杆 AC 就分别受到轴向拉伸与轴向压缩。又如图 6-2 所示的紧固法兰的螺栓是受拉的构件；图 6-3 所示的工作中的内燃机连杆，图 6-4 所示的容器支架的立柱等都是受压缩的构件。至于桁架中的杆件，则不是受轴向拉伸便是受轴向压缩。

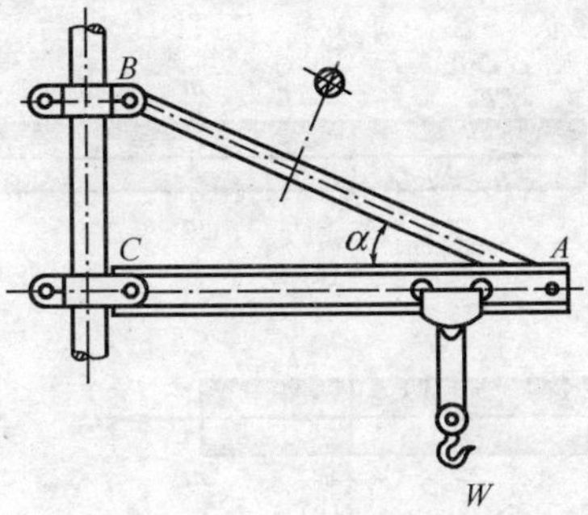

图　6-1

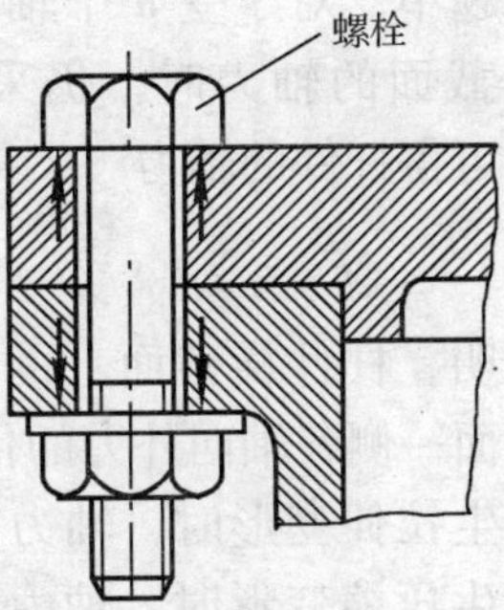

图　6-2

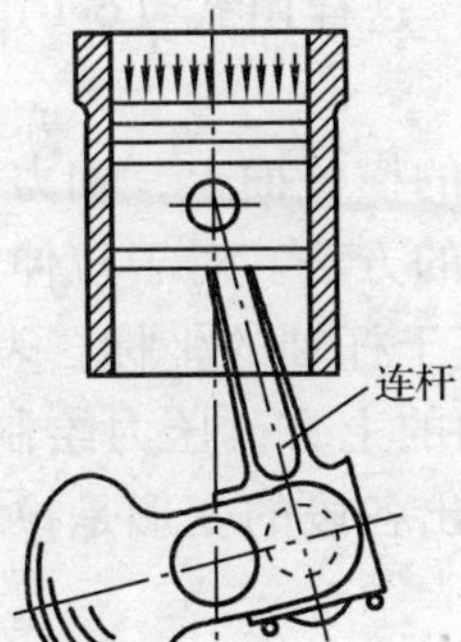

图　6-3

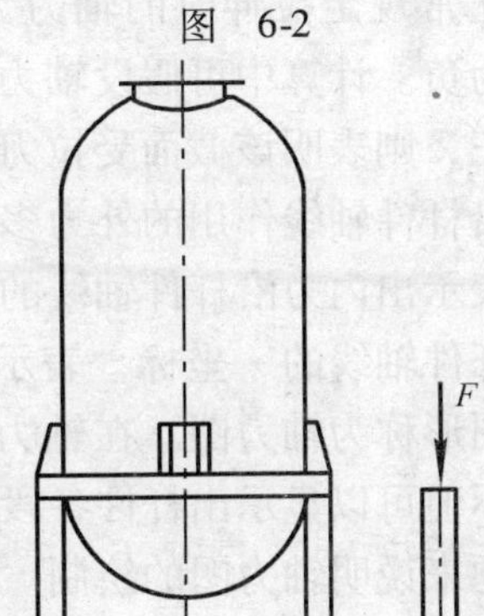

图　6-4

这些受拉或受压的杆件虽外形各有差异，加载方式也并不相同，但它们的共同特点是作用于杆件上外力合力的作用线与杆件轴线重合，杆件变形是沿轴线方向的伸长或缩短。因此，这些杆件的受力图与变形形式都可以简化为图 6-5（a）、（b）所示的情形。

图 6-5

§6.2 轴向拉伸与压缩时杆件横截面上的内力与应力

1. 杆件轴向拉压的内力——轴力

以图 6-6（a）所示的两端受拉的等直杆为例，应用截面法，保留左半部分作为研究对象，求 $m-m$ 截面的内力 F_N［见图 6-6（b）］。根据保留部分的平衡方程

$$\sum F_x=0,\ F_N+F_3-F_1-F_2=0$$

得

$$F_N=F_1+F_2-F_3$$

因外力的作用线与杆件轴线重合，内力 F_N 的作用线也必然与杆件的轴线重合，故称 F_N 为杆件的轴力。

实际问题中，对于受 n 个轴向外力的杆件，求任一截面的轴力时，仍采用截面法。由平衡条件可得杆件的轴力

$$F_N=\sum_{i=1}^{n}F_i \tag{6-1}$$

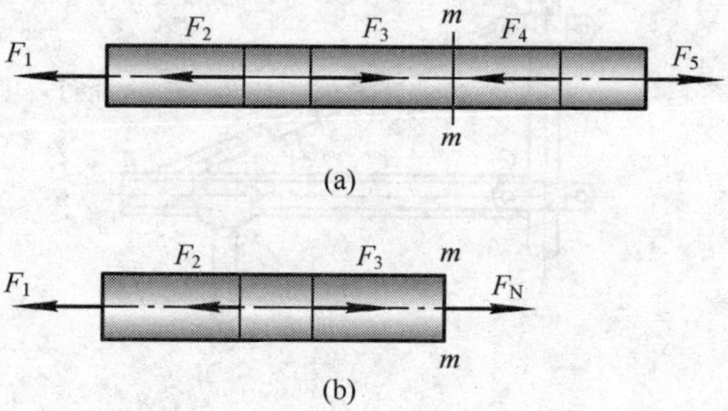

图 6-6

上式说明，杆件横截面上的轴力，在数值上等于截面一侧各轴向外力的代数和。

杆件产生拉伸变形时，轴力的方向背离横截面；产生压缩变形时，轴力的方向指向横截面。通常规定拉伸时的轴力为正，压缩时的轴力为负。计算中可假设轴力 F_N 为拉力，作为代数值，这样由式（6-1）求得的轴力符号若为正，则表明该截面受拉力，反之则受压力。

如果沿杆件轴线作用的外力多于两个，则在杆件各部分的横截面上，轴力也不尽相同。为直观地表示出内力沿杆件轴线的变化规律，通常利用作图的方法。对于拉伸与压缩问题，以平行于杆件轴线的 x 坐标，表示各横截面的位置，以垂直于杆轴的坐标，表示轴力的数值，这种图形称为轴力图。在轴力图中，将拉力绘制在 x 轴的上方，压力绘制在 x 轴的下方，这样不但可以显示出杆件各段轴力的大小，还可以表示出各段的变形是拉伸还是压缩。下面以例题来说明轴力图的绘制。

例 6-1 如图 6-7（a）所示一端固定的阶梯状杆件在端面 A、截面 B 和 C 处分别受到轴向外力的作用。已知 $F_1=100$ kN，$F_2=220$ kN，$F_3=260$ kN，试求出杆件 AB、BC 及 CD 三段的轴力，并绘制出轴力图。

解： 1）求轴力

首先求 AB 段横截面上的轴力。应用截面法，在沿 AB 段内任一横截面 1－1 截开，并以左段为研究对象，设轴力为 F_{N1} 为拉力，受力图如图 6-7（b）所示。列出此段的平衡方程

$$\sum F_x = 0,\ F_1 - F_{N1} = 0$$

得

$$F_{N1} = F_1 = 100\ \text{kN}$$

F_{N1}为正值，说明假设拉力是正确的。

同理，在 BC 段内任取一横截面 2－2，在 CD 段内任取一横截面 3－3，截开各段，仍以左段为研究对象，如图 6-7（c）、（d）所示。列出各段的平衡方程，可得轴力分别为

$$F_{N2} = -120\ \text{kN},\ F_{N3} = 140\ \text{kN}$$

2）绘制轴力图

由各横截面上轴力的数值，在 $x-F_N$ 坐标系中，作出轴力图，如图 6-7（e）所示。

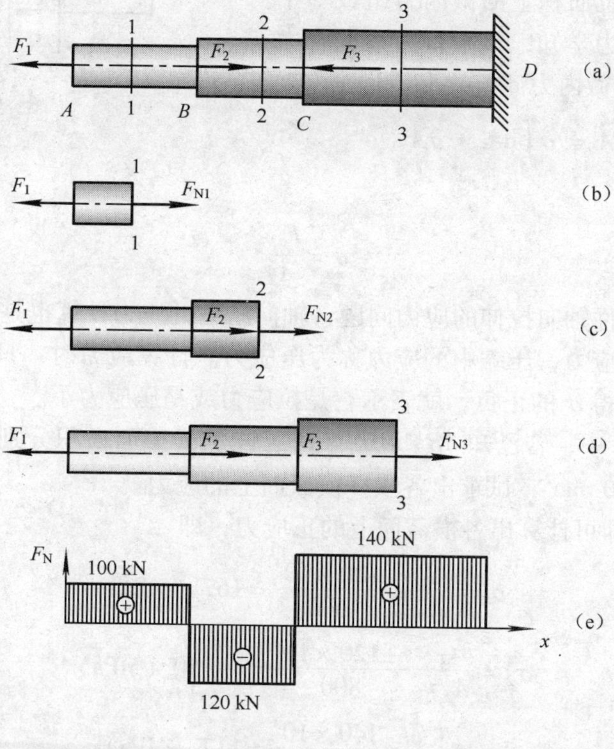

图 6-7

2. 横截面上的应力

由于只根据轴力并不能判断杆件是否具有足够的强度，因此，还必须知道杆件横截面上各点处应力的大小和方向。单凭静力学原理和方法是不能解决这个问题的，为此，可先从研究杆件的变形入手。

取一等直杆，如图 6-8（a）所示，拉伸前在杆的侧面画上垂直于杆轴线的直线 ab 和 cd，拉伸后发现，ab 和 cd 仍为直线，且垂直于杆轴，只是分别平行地移至 $a'b'$ 和 $c'd'$。根据实验现象可以作出如下假设：直杆发生变形前原为平面的横截面，变形后仍保持为平面。该假设称为平面假设。

从几何方面考虑，由平面假设可以推想，直杆发生轴向拉伸变形时，在距外力作用位置稍远处，任意两个相邻截面之间的一段，自表面到杆内，所有原来平行于杆轴的纵向纤维仍

平行于杆轴，且伸长相等，亦即变形相同。

再从物理方面考虑，根据材料的均匀性假设，既然所有纵向纤维的变形都相同，因此可以推断横截面上各点的应力完全相同，亦即横截面上各点处只有正应力 σ，而且是均匀分布的，如图 6-8（b）所示。

最后从静力学方面考虑，根据连续性假设，可以假想把杆件的整个横截面面积 A 分为彼此连续的无限多个微面积 dA，作用于任意微面积上的微内力

$$dF_N = \sigma dA$$

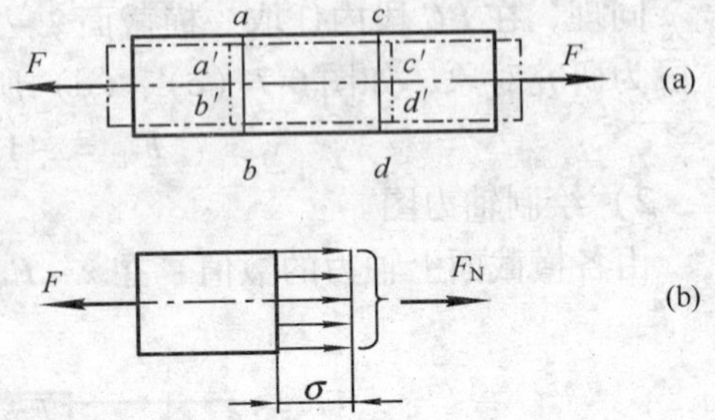

图　6-8

可见，作用于各位面积上的微内力组成一个空间平行力系。由静力学知，该平行力系的合力 F_N 等于上述无限多个微内力 dF_N 之和，即

$$F_N = \int_A \sigma dA = \sigma \int_A dA = \sigma A$$

由此可得

$$\sigma = \frac{F_N}{A} \tag{6-2}$$

以上讨论的是杆件轴向拉伸的应力问题，轴向压缩的应力计算也是同样的。今后我们将拉伸中的应力称为拉应力，压缩中的应力称为压应力。计算应力时，只要将轴力 F_N 的代数值代入式（6-2），所得 σ 的正负，就表示它是拉应力或是压应力了。

例 6-2　在例 6-1 中，若已知 AB、BC、CD 三段的横截面面积分别为 $A_1 = 600\ \text{mm}^2$，$A_2 = 800\ \text{mm}^2$，$A_3 = 1200\ \text{mm}^2$，试求出各段杆横截面上的应力。

解： 由式 6-2，即可计算出各横截面上的正应力，即

AB 段　$$\sigma_1 = \frac{F_{N1}}{A_1} = \frac{100 \times 10^3}{600} = 167\ (\text{MPa})$$

BC 段　$$\sigma_2 = \frac{F_{N2}}{A_2} = \frac{-120 \times 10^3}{800} = -150\ (\text{MPa})$$

CD 段　$$\sigma_3 = \frac{F_{N3}}{A_3} = \frac{140 \times 10^3}{1200} = 117\ (\text{MPa})$$

由此例可以看出，杆件 CD 段的轴力虽然最大，但其横截面上正应力却不一定是最大的。本例中最大的正应力在 AB 段内。

§6.3　材料在拉伸和压缩时的力学性能

在分析杆件拉伸或压缩时的强度和变形时，还要涉及材料的某些力学性能，例如弹性模量、极限应力等，这些数据都必须通过试验来测定。现主要介绍材料在常温、静载荷下的拉伸和压缩试验。通过试验，可以全面了解材料在受力和变形过程中所具有的特性，即材料的力学性能。

1. 低碳钢拉伸时的力学性能

低碳钢是工程上使用很广泛的材料，而且它在拉伸过程中所表现的力学性能最具有代表性，所以有必要对其在拉伸时的力学性能进行详细的讨论。

按照拉伸试验国家标准《金属材料　拉伸试验　第1部分：室温试验法》(GB 228.1—2010)，为便于比较各种材料在拉伸时的力学性能，规定将材料做成标准尺寸的试件，如图6-9所示。试件中段为等截面，试验前在中段标出长为 l 的一段，称为标距。对圆截面试件，标距 l 与直径 d 有两种比例，即

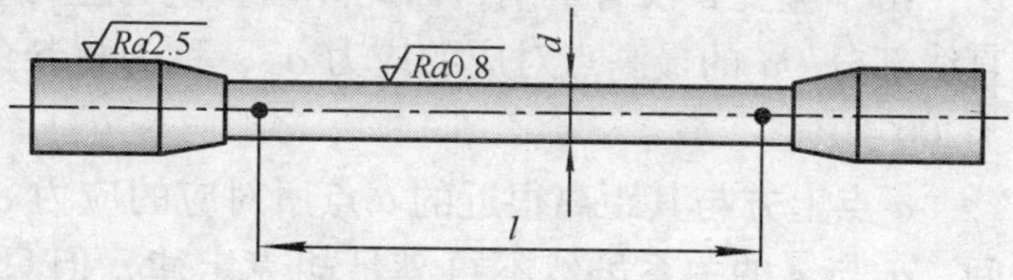

图　6-9

$$l=5d,\ l=10d$$

试验时，将试件装在试验机的夹具中，开动试验机，使试件受到缓慢增加的拉力作用，直至拉断为止。试验过程中，要注意观察各种现象并记录一系列拉力与对应伸长的数值。

由试验数据，可将试验过程中试件的拉力 F 与对应的标距的伸长 Δl 之间的关系，用一条曲线表示出来，该曲线称为拉伸图或 $\Delta l-F$ 曲线。图6-10为低碳钢的拉伸图。

对于同样的材料，这种以纵坐标表示拉力 F，以横坐标表示标距伸长 Δl 的图线，将随着试件尺寸而改变。为消除试件尺寸的影响，以应力 σ 代替拉力 F，以纵向线 ε 应变代替标距伸长 Δl，绘制成应力-应变图或 $\varepsilon-\sigma$ 曲线。其中，应力的数值按式（6-2）计算得到；而应变的数值由试件的伸长 Δl 除以标距的原始长度 l 得到。应该指出的是，由于试验过程中试件的横截面面积及标距长度都在不断改变，这样用试件的原始尺寸算出的 σ 及 ε，不是真正的应力及应变值，只是名义应力及名义应变。

低碳钢拉伸时的 $\varepsilon-\sigma$ 曲线，如图6-11所示，从曲线上可以看出材料的一些特性。低碳钢拉伸试验的整个过程可分为四个阶段，具体如下：

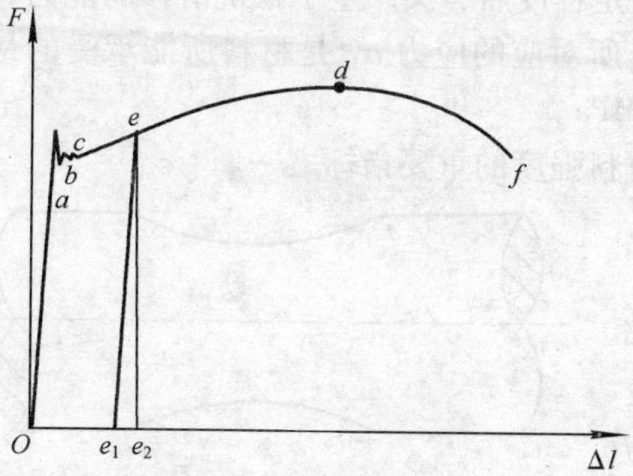

图　6-10

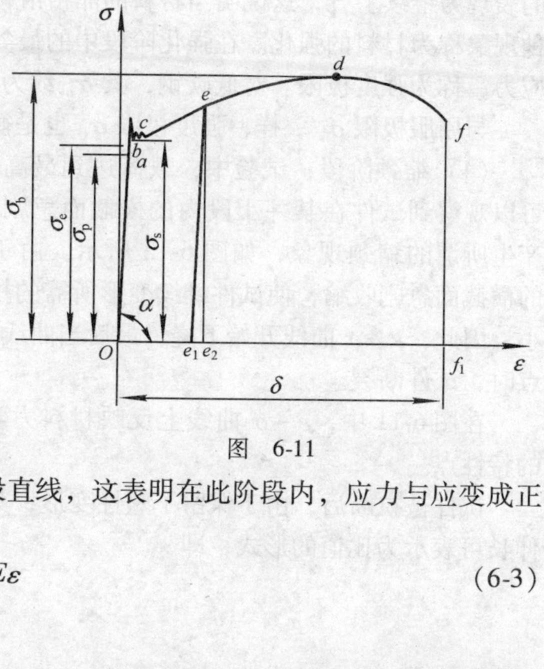

图　6-11

(1) 弹性阶段：在拉伸初始的 Oa 段是一段直线，这表明在此阶段内，应力与应变成正比，即

$$\sigma=E\varepsilon \tag{6-3}$$

这就是拉伸或压缩的胡克定律。式中，E 为与试件材料有关的比例常数，称为弹性模量。显然，直线部分 Oa 的斜率就是材料的弹性模量 E。即

$$\tan\alpha=\frac{\sigma}{\varepsilon}=E$$

由于应变 ε 没有量纲，因此 E 的量纲与应力 σ 的量纲相同，其常用单位是吉帕（GPa）。直线部分 Oa 的最高点对应的应力 σ_p，称为材料的比例极限。对低碳钢，其拉伸时的 σ_p 约为200 MPa。

a 点上方与其距离很近的 b 点所对应的应力 σ_e，称为材料的弹性极限。在 a、b 两点之间，σ 与 ε 的关系虽然不再满足胡克定律，但只要施加的载荷使试件产生的应力不超过 b 点，载荷卸掉后，其变形可以完全恢复原状，这种变形称为弹性变形。弹性极限 σ_e 也因此而得名。当应力超过 b 点以后，若再卸掉载荷，则其弹性变形仍能恢复，但还有一部分变形不能恢复，这种变形称为塑性变形。

需要说明的是，虽然弹性极限与比例极限二者的意义不同，但由于在 $\varepsilon-\sigma$ 曲线上，二者的数值非常接近，因此工程上对弹性极限和比例极限并不严格区分。

（2）屈服阶段：应力超过 b 点后，曲线逐渐变缓，在这一阶段，应变增加十分明显，而应力则是在一个很小的范围内波动，形成锯齿形的折线。这种应力基本保持不变，而应变显著增加的现象，称为屈服或流动。在屈服阶段，对应于波动的最低点 c 的应力值 σ_s，称为材料的屈服极限或流动极限。对低碳钢，其 σ_s 约为 240 MPa。

屈服阶段内，材料几乎失去了抵抗变形的能力。若将试件表面磨光，则当应力达到屈服极限时，其表面就会出现许多与轴线成大约45°倾角的斜纹，成为滑移线。这是由于材料内部晶格发生相对滑移所引起的。

一般认为，晶格间的滑移是产生塑性变形的根本原因。材料的塑性变形将严重影响机器的正常工作，因此屈服极限 σ_s 是衡量材料强度的重要指标之一。

（3）强化阶段：过了屈服阶段，材料又恢复了抵抗变形的能力，继续加载，$\varepsilon-\sigma$ 曲线的表现为继续上升，这说明当材料的晶格滑移到一定程度后，又产生了抵抗滑移的能力，这种现象称为材料的强化。在强化阶段中的最高点 d 所对应的应力 σ_b 是材料所能承受的最大应力，称为强度极限。对低碳钢，其 σ_b 约为 400 MPa。

与屈服极限 σ_s 一样，强度极限 σ_b 也是衡量材料强度的重要指标之一。

（4）缩颈阶段：试验中，载荷达到最高值后，可以观察到试件在某一小段内的横截面急剧收缩，产生所谓的缩颈现象，如图 6-12 所示。由于局部的横截面急剧收缩，使试件继续变形所需的拉力变小。因此，$\varepsilon-\sigma$ 曲线开始下降，最后当曲线达到 f 点时，试件断裂。

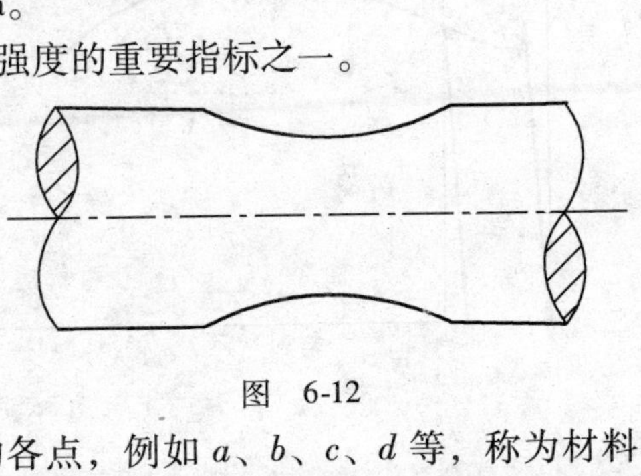

图 6-12

在图 6-11 中，$\varepsilon-\sigma$ 曲线上反映材料力学性能的各点，例如 a、b、c、d 等，称为材料的特性点。

试件被拉断后，由于保留了塑性变形，其长度由原来 l 的变为 l_1。试件被拉断后的单位伸长可表示为比值的形式，即

$$\delta = \frac{l_1 - l}{l} \times 100\% \tag{6-4}$$

δ 称为断后伸长率。试件的塑性变形越大，其断后伸长率 δ 就越大。因此，断后伸长率是衡量材料塑性的一个重要指标。工程上一般将 $\delta > 5\%$ 的材料称为塑性材料，例如碳钢、铜、铝合金等；将 $\delta < 5\%$ 的材料称为脆性材料，例如铸铁、混凝土、陶瓷、玻璃等。低碳钢是典型的塑性材料，其 δ 值为 20% ~30% 。在图 6-11 中，δ 对应于 Of_1

材料的塑性也可以用试件断裂后的横截面面积收缩率（简称截面收缩率）ψ 来衡量，即

$$\psi = \frac{A - A_1}{A} \times 100\% \tag{6-5}$$

式中，A 为试件原始横截面面积；A_1 为拉断后颈缩处的最小横截面面积。低碳钢的 ψ 值约为 60% 。

在拉伸试验中，如果加载到试件的应力超过屈服极限的 e 点，如图 6-11 所示，然后逐渐卸载，则所得的卸载曲线 ee_1 是一条几乎与 Oa 平行的直线。这表明在卸载过程中，应力和应变按直线规律变化。图中的 e_1e_2 表示载荷完全卸除后可恢复的弹性变形，而 Oe_1 表示不可恢复的塑性变形。

如果将试件从 e 点卸载后短期内再次加载，直至断裂，则所得的加载曲线将沿着图 6-11 中的 e_1edf 路线变化。比较 e_1edf 和 $Oabcedf$ 两条曲线可以看出，再次加载时，前者的比例极限得到了提高，但塑性变形与延伸率却都减小了，这种现象称为冷作硬化。工程上广泛地应用这一特性来提高材料的弹性阶段。例如，起重机的钢缆或建筑用的钢筋，常用冷拔工艺来提高其在弹性阶段内所能承受的最大载荷。

2. 其他材料拉伸时的力学性能

图 6-13 所示为锰钢、硬铝、退火球墨铸铁和青铜等几种塑性材料受拉伸时的 $\varepsilon - \sigma$ 曲线。可以看出，这些曲线都没有明显的屈服阶段，而是由直线部分直接过渡到曲线部分。对于没有明显屈服阶段的塑性材料，按照国家标准规定，取对应于试件产生 0.2% 塑性变形时的应力值，作为材料的屈服极限，用 $\sigma_{0.2}$ 表示，如图 6-14 所示。

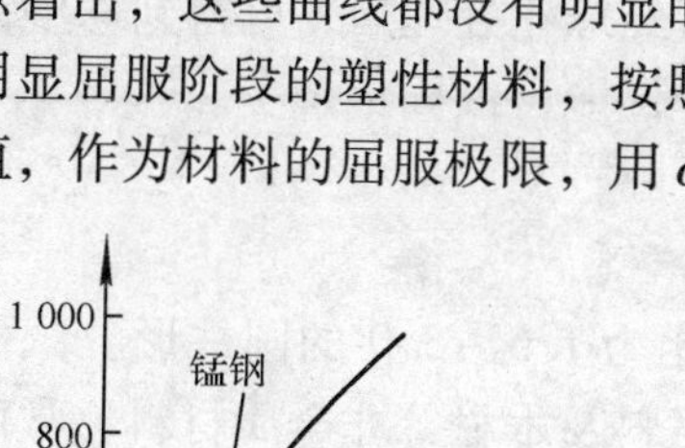

图　6-13

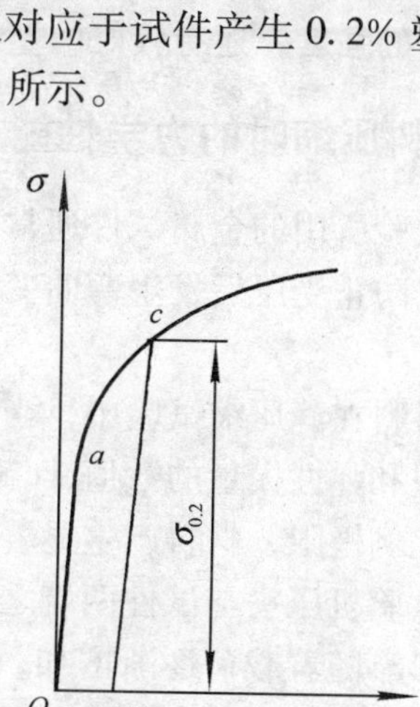

图　6-14

图 6-15 所示为 16Mn 钢和 Q235A 钢受拉伸时的 $\varepsilon-\sigma$ 曲线。可以看出，二者在拉伸时的应力应变关系十分相似，但 16Mn 钢的屈服极限 σ_s 和强度极限 σ_b 要比 Q235A 钢明显高出许多。

对于脆性材料，其在拉伸直至断裂的过程中，变形不显著、断后伸长率又很小，而且没有屈服和缩颈现象，其 $\varepsilon-\sigma$ 曲线也没有明显的直线部分。与塑性材料被拉断所需的载荷相比，脆性材料只需很小的载荷就会被拉断，基于脆性材料的以上特点，通常取割线代替 $\varepsilon-\sigma$ 曲线的开始部分，并以割线的斜率作为其弹性模量。

图 6-16 所示为典型的脆性材料——灰口铸铁的 $\varepsilon-\sigma$ 曲线。铸铁拉断时的最大应力即为其强度极限。由于没有屈服阶段，脆性材料在拉伸时，强度极限 σ_b 是唯一的强度指标。

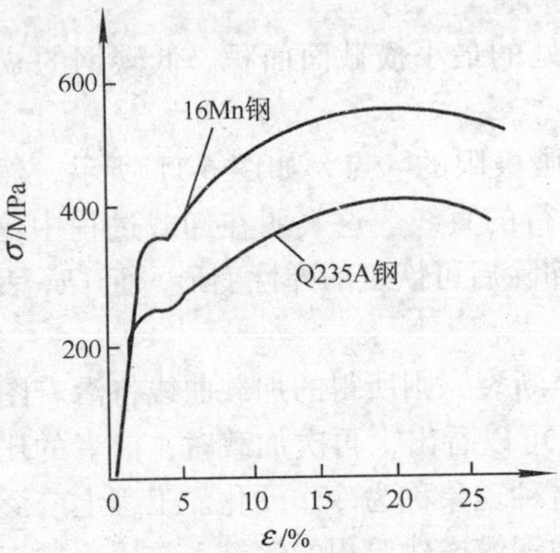

图　6-15

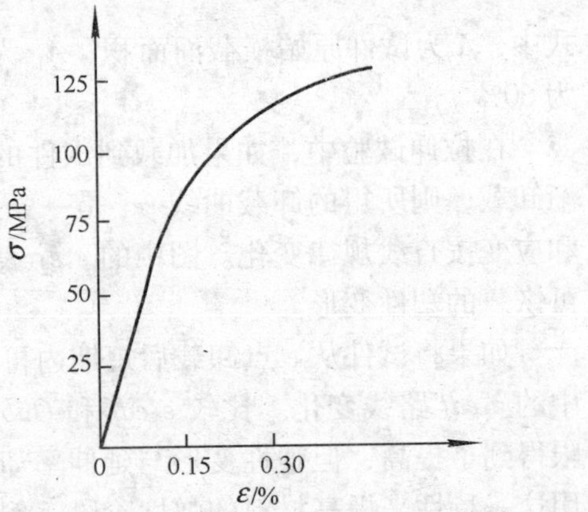

图　6-16

必须指出，通常所说的塑性材料或脆性材料，是根据材料在常温、静拉伸载荷条件下所测得的断后伸长率的数值来区分的。实际上，材料的塑性或脆性并非固定不变。温度、变形速度、应力状态以及热处理等，都会改变材料的强度及断后伸长率。另一方面，对材料成分进行适当处理，可以大大改进其力学性能。例如，铸铁经球化处理后，可得到球墨铸铁，其不但有较高的强度，还有较好的塑性，一些主要的力学性能可以同钢媲美。

3. 材料压缩时的力学性能

压缩试验所用的金属试件通常做成高度与直径的比为 1.5～3.0 的圆柱形。试件高度不能过大，以防止受压后发生弯曲变形。对于混凝土、石料及木材等非金属材料，常用立方体试件。

塑性材料在静压缩试验中，当应力小于比例极限时，它所表现的性质与拉伸时相似，而且比例极限和弹性模量的数值，与受拉伸时基本相同。对于钢材，甚至屈服极限也是如此。应力超过比例极限，材料产生显著的塑性变形。圆柱形试件的高度明显缩短，直径则显著增大。由于试验机压头与试件两端之间的摩擦力，使试件两端的横向变形受到阻碍，因而试件被压成鼓形。随着载荷逐渐增加，试件继续变形，最后压成饼状，如图 6-17 所示。塑性材料在压缩时，不会发生断裂，所以测不出强度极限。在图 6-17 中，实线表示低碳钢材料受压缩时的 $\varepsilon-\sigma$ 曲线，虚线表示受拉伸时的 $\varepsilon-\sigma$ 曲线。

对于铸铁、混凝土、石料等脆性材料，在受压时，也和受拉一样，在很小的变形下就发生破坏。但受压时的强度极限，要比受拉时大若干倍，因此脆性材料通常用作承压构件。图 6-18 所示的是铸铁受压缩时的 $\varepsilon-\sigma$ 曲线。图中虚线表示受拉伸时的 $\varepsilon-\sigma$ 曲线。由此可见，铸铁受压缩时的强度极限是它受拉伸时的 4 ~ 6 倍。其受压时的 $\varepsilon-\sigma$ 曲线，也没有明显的直线部分及屈服阶段，破坏发生在与轴线成 45°角的斜面上。

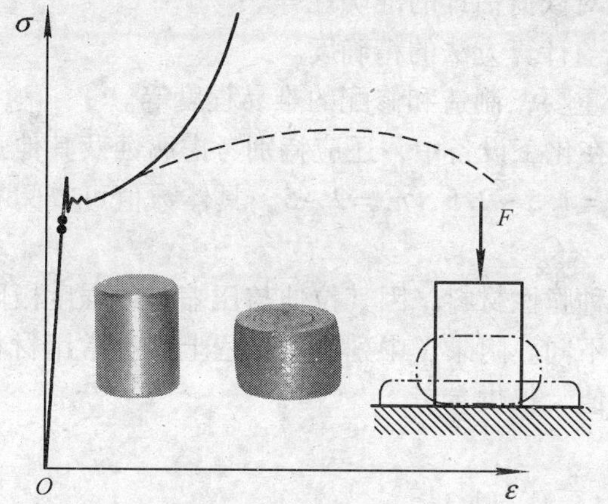

图　6-17

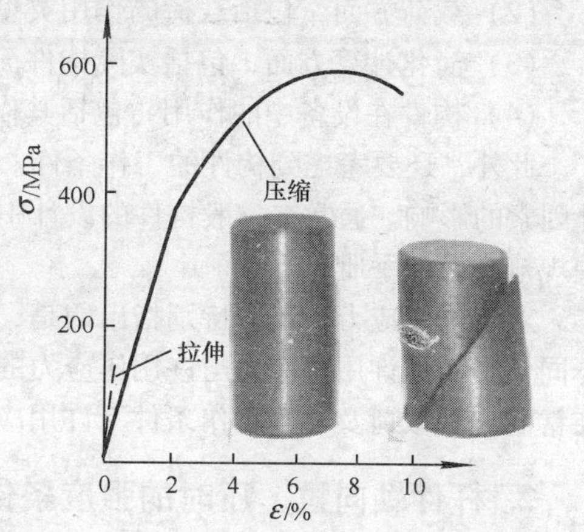

图　6-18

综上所述，衡量材料力学性能的主要指标有比例极限 σ_p（或弹性极限 σ_e），屈服极限 σ_s，强度极限 σ_b，弹性模量 E 和断后伸长率 δ 等。附录Ⅳ中列举了工程上常用的材料在拉伸和压缩时的力学性能，仅供参考。

§6.4　轴向拉伸与压缩杆件的强度条件及其应用

由上一节内容我们知道，用某种材料制成的杆件所能承受的应力是有限度的，超过了这个限度就要破坏。因此，利用式（6-2）求出受拉、压杆件横截面上的正应力后，还不能判断杆件能否安全地工作。由脆性材料制成的构件，在拉力作用下，当变形很小时就会突然断裂；而由塑性材料制成的构件，在拉断之前已经出现塑性变形，由于不能保持原有的形状和尺寸，它已不能正常工作。为保证构件在外力作用下，能够安全可靠地工作，并考虑到必要的强度储备，应使其最大的工作应力不超过某一极限值。

1. 安全系数和许用应力

塑性材料失效时的应力是屈服极限 σ_s，脆性材料断裂时的应力是强度极限 σ_b，它们都是构件失效时的极限应力。在强度计算中，将以大于 1 的系数来除极限应力而得到的结果称为许用应力，并用 $[\sigma]$ 表示。对塑性材料：

$$[\sigma]=\frac{\sigma_s}{n_s} \tag{6-6}$$

对脆性材料：

$$[\sigma]=\frac{\sigma_b}{n_b} \tag{6-7}$$

式中，n_s 与 n_b 均是大于 1 的系数，称为安全系数。

安全系数的确定与诸多因素有关。对某种材料规定一个不变的安全系数，并用它来设计各种不同工作条件下的构件，显然是不合理的。正确地选取安全系数，关系到构件的安全与经济。因此，选取安全系数通常考虑以下几方面因素：

（1）材料方面，包括是塑性的还是脆性的、其均匀程度如何、质地的好坏等。

（2）载荷方面，包括载荷的作用类型，以及对载荷估计的准确性等。

（3）简化计算方面，包括实际构件简化过程与计算方法的精确度。

（4）构件在设备中的作用，包括其作用是否重要，制造和修配的难易程度等。

此外，还要考虑到构件的工作条件。例如，在化工设备中，还应特别考虑腐蚀及其他意外因素的影响。通常在一般构件的设计中，取 $n_s=1.5\sim2.5$，$n_b=2\sim5$。具体数值可查阅有关规范或设计手册。

对于许用应力，还应特别指出的是，对同一种脆性材料，因其拉伸与压缩时的强度极限不同，因而其许用拉应力与许用压应力的数值也不同。附录Ⅳ中列举了工程上几种常用材料在常温、静载荷及一般工作条件下许用应力的数值，仅供参考。

2. 杆件轴向拉、压时的强度条件

为保证轴向拉伸、压缩杆件的正常工作，必须使其最大工作应力不超过材料的许用应力，即

$$\sigma=\frac{F_N}{A}\leqslant[\sigma] \tag{6-8}$$

上式即为杆件在轴向拉伸、压缩时的强度条件。

工程上，根据上述强度条件，可以解决以下三类问题。

(1)强度校核。已知杆件所受的载荷、横截面尺寸(即横截面面积 A)及材料的许用应力 $[\sigma]$，则可用式（6-8）来校核该杆件是否满足强度要求。

（2）截面设计。已知杆件所受的载荷及材料的许用应力 $[\sigma]$，则可按下式计算所需的横截面面积：

$$A\geqslant\frac{F_N}{[\sigma]} \tag{6-9}$$

然后按照杆件的用途和性质，选定横截面形状、设计横截面尺寸。

（3）确定许用载荷。已知杆件的横截面尺寸（即横截面面积 A）及材料的许用应力 $[\sigma]$，则可按下式计算杆件的许用轴力：

$$[F_N]\leqslant A[\sigma] \tag{6-10}$$

然后根据杆件的受力情况，来确定许用载荷。

下面举例说明拉伸与压缩时杆件的强度计算。

例 6-3 图 6-1 所示的旋臂式吊车，可以简化成自身质量不计的三角架，如图 6-19（a）所示。已知其所吊重物 $P=40$ kN，横截面为圆形的钢质斜杆 AB 的直径 $d=30$ mm，长 $l=2\,000$ mm；水平横杆 AC 是一根横截面面积为 1 435 mm^2 的工字钢，$\alpha=23°$，若钢材的许用应力 $[\sigma]=150$ MPa，当重物移到 A 点下方时：

（1）试校核斜杆 AB 及横杆 AC 的强度。

（2）试求此时吊车所允许起吊的最大重力。

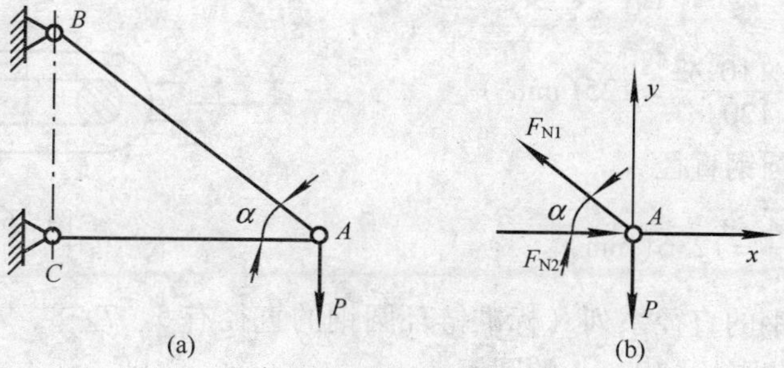

图 6-19

解: (1) 强度校核。先求斜杆 AB 及横杆 AC 的轴力。取节点为研究对象,当重物移到 A 点下方时,斜杆 AB 的轴力(拉力)最大,设其为 F_{N1},横杆 AC 的轴力(压力)设为 F_{N2},受力图如图 6-19(b)所示。根据平面汇交力系的平衡方程:

$$\sum F_x = 0,\ F_{N2} - F_{N1}\cos\alpha = 0 \qquad (例 6\text{-}3a)$$

$$\sum F_y = 0,\ F_{N1}\sin\alpha - P = 0 \qquad (例 6\text{-}3b)$$

解得

$$F_{N1} = 102.4\ \text{kN},\ F_{N2} = 94.2\ \text{kN}$$

再由式(6-8)得斜杆的 AB 应力:

$$\sigma_1 = \frac{F_{N1}}{A_1} = \frac{102.4\times 10^3}{\frac{\pi}{4}\times 30^2} = 144.8(\text{MPa}) < [\sigma]$$

横杆 AC 的应力:

$$\sigma_2 = \frac{F_{N2}}{A_2} = \frac{94.2\times 10^3}{1\ 435} = 65.6(\text{MPa}) < [\sigma]$$

可见,斜杆与横杆均满足强度条件,故该结构是安全的。

(2) 确定允许起吊的最大重力。由式(例 6-3a)、(例 6-3b)可得

$$F_{N1} = P/\sin\alpha,\ F_{N2} = F_{N1}\cos\alpha = P\cot\alpha$$

再由式(6-10),得斜杆 AB 的许用轴力为

$$[F_{N1}] \leqslant A_1[\sigma]$$

由此得吊车允许的起吊重力为

$$[P_1] \leqslant [F_{N1}]\sin\alpha = A_1[\sigma]\sin\alpha = \frac{\pi}{4}\times 30^2\times 150\times 10^{-3}\times\sin 23° = 41.4(\text{kN})$$

同理,横杆 AC 的许用轴力:

$$[F_{N2}] \leqslant A_2[\sigma]$$

所以

$$[P_2] \leqslant [F_{N2}]\tan\alpha = A_2[\sigma]\tan\alpha = 1\ 435\times 150\times 10^{-3}\times\tan 23° = 91.4(\text{kN})$$

综上所述,吊车允许起吊的最大重量应为 $[P_1]$ 与 $[P_2]$ 中的较小值,即取 $[P] = 41.4(\text{kN})$。

例 6-4 起重机钢质链索受到的最大拉力为 $P = 30$ kN,图 6-20 给出了其中一个环节的受力情况,若材料的许用应力为 $[\sigma] = 120$ MPa,试确定制成链环的圆钢的直径。

解: 根据式(6-9),并注意到链环的横截面积有两个圆面积,可得到所需的钢环的横截

面面积，即

$$A \geqslant \frac{F_N}{[\sigma]} = \frac{30 \times 10^3/2}{120} = 125(\text{mm}^2)$$

于是，得链环的圆钢直径

$$d \geqslant \sqrt{\frac{4A}{\pi}} = 12.6(\text{mm})$$

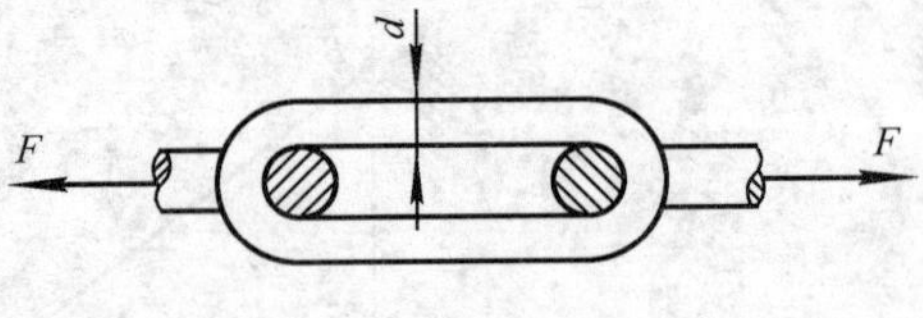

图　6-20

根据标准链环圆钢的直径系列（标准链环圆钢的直径有 5、7、8、9、11、13、16、18、20 等，单位为毫米），取 $d = 13$ mm 的圆钢。

§6.5　轴向拉伸与压缩杆件的变形计算

直杆在轴向载荷的作用下，其长度将沿轴向伸长或缩短。设等直杆的原长为 l，在载荷 F 的作用下变形后的长度为 l_1，如图 6-21 所示。则杆件长度的改变量为

$$\Delta l = l_1 - l \tag{6-11}$$

显然，式（6-11）中的 Δl，在拉伸时为正，在压缩时为负。

为消除杆件原长 l 对杆长改变量 Δl 的影响，将 Δl 处以 l 得杆件轴线方向的线应变

$$\varepsilon = \frac{\Delta l}{l} \tag{6-12}$$

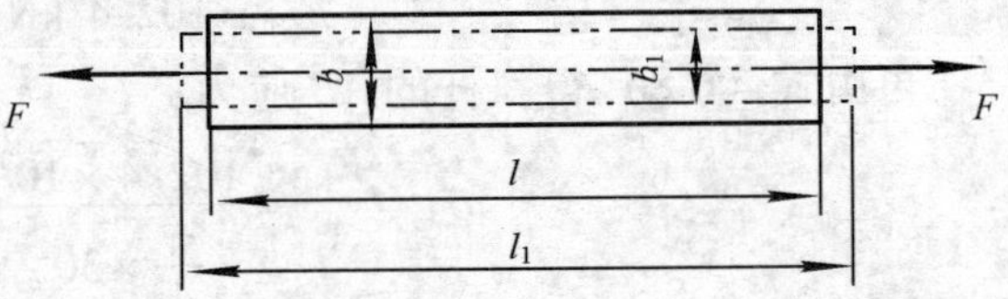

图　6-21

将上式及式（6-2）代入胡克定律，即式（6-3）中，可得

$$\Delta l = \frac{F_N l}{EA} = \frac{Fl}{EA} \tag{6-13}$$

式（6-13）表明，当应力不超过比例极限时，杆件的改变量 Δl 与轴向载荷及杆件的原长 l 成正比，而与杆件的横截面面积 A 成反比。这是胡克定律的另一种表达形式。对长度相同、受力相等的杆件，式中的 EA 越大，变形 Δl 就越小，因此称乘积 EA 为杆件的抗拉（压）刚度。

若杆件变形前的横向尺寸为 b，变形后为 b_1，则横向应变为

$$\varepsilon' = \frac{\Delta b}{b} = \frac{b_1 - b}{b}$$

试验结果表明，在比例极限范围内，横向应变 ε' 与轴向应变 ε 成正比，即

$$\varepsilon' = -\mu\varepsilon \tag{6-14}$$

式中，μ 和弹性模量 E 一样，也是材料所固有的力学性能常数，称为泊松比或横向变形系数，它也是一个无量纲的量。之所以带负号，是因为杆件的轴向变形与横向变形总是相反的，即 ε' 与 ε 的符号恒相反。附录Ⅳ中列出了工程中常用材料的 E 和 μ 的数值。

例 6-5　根据例 6-1 和例 6-2 所求结果和已知条件，求杆件长度的总变形量。已知 $AB = 1$ m，$BC = 0.75$ m，$CD = 1.2$ m，材料的弹性模量 $E = 200$ GPa。

解：由式（6-13）可得各段长度的变形量为

AB 段
$$\Delta l_1=\frac{F_{N1}AB}{EA_1}=\frac{100\times1\ 000}{200\times600}=0.833(\text{mm})$$

BC 段
$$\Delta l_2=\frac{F_{N2}BC}{EA_2}=\frac{-120\times750}{200\times800}=-0.563(\text{mm})$$

CD 段
$$\Delta l_3=\frac{F_{N3}CD}{EA_3}=\frac{140\times1\ 200}{200\times1\ 200}=0.7(\text{mm})$$

故杆件的总变形量为
$$\Delta l=\Delta l_1+\Delta l_2+\Delta l_3=0.97(\text{mm})$$

§6.6　简单拉、压的静不定问题

前面几节研究的杆或杆系问题中，杆件的内力或结构的约束反力，用静力平衡方程就可以求出，这种问题就是所谓的静定问题。

在工程实际中，为了提高结构的强度、刚度或为了满足构造及其他工程技术要求，常常在静定结构中再附加某些约束或杆件。这样，杆件的内力或结构的约束反力等未知力的数目就超过了独立平衡方程的数目，这种问题就是所谓的静不定或超静定问题。这种问题曾在§3.3 中介绍过。由于单靠静力平衡方程无法确定全部的未知力，因此对静不定问题的求解，还需要建立足够数量的补充方程。以图 6-22（a）所示的三杆桁架为例，其显然是一个静不定结构。设 1、2 两杆具有相同的弹性模量 E_1、横截面面积 A_1 和长度 l_1；3 杆的弹性模量为 E_3，横截面面积为 A_3。若 P 和 α 均为已知，那么怎样来求三个杆件的轴力呢？我们可以从静力平衡方程、变形几何方程和物理方程等三个方面的关系入手来求解。

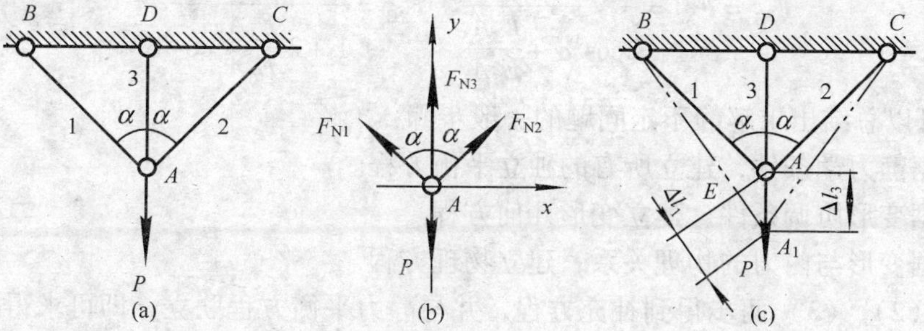

图　6-22

1. 静力学关系

取节点 A 为研究对象，以 F_{N1}、F_{N2}、F_{N3} 分别表示杆 1、2、3 所受的轴力，并假设都是拉力，受力图如 6-22（b）所示。列静力平衡方程，得

$$\sum F_x=0,\ F_{N2}\sin\alpha-F_{N1}\sin\alpha=0 \tag{6-15}$$

$$\sum F_y=0,\ F_{N1}\cos\alpha+F_{N2}\cos\alpha+F_{N3}-P=0 \tag{6-16}$$

可见，两个独立静力平衡方程中包含三个未知力，所以是一次静不定问题，需要建立一个补充方程。

2. 变形的几何关系

在载荷 P 的作用下，整个杆系中各杆的变形必须受约束条件的限制。即三杆变形后，仍由铰链 A 连接在一起，这就是几何变形的协调条件。由于 1、2 两杆的抗拉刚度相同，杆系变形是对称的，故知节点 A 只能垂直下移至 A_1 点，三杆伸长后的情况，如图 6-22（c）中的双点画线所示。位移$\overline{AA_1}$也就是杆 3 的伸长 Δl_3。以点 B 为圆心，以杆 1 的原长 l_1 为半径作圆弧，圆弧以外的线段即为杆 1 的伸长 Δl_1。由于变形很小，故可认为这段弧线是垂直于 A_1B 的直线 AE，并仍认为 $\angle A\ A_1B = \alpha$。于是

$$\Delta l_1 = \Delta l_3 \cos\alpha \tag{6-17}$$

式（6-17）即为由变形协调条件建立的变形几何方程。

3. 变形与内力的物理关系

因为构件的实际工作应力都小于材料的比例极限，故可应用胡克定律，根据式（6-13），并注意到 $l_3 = l_1\cos\alpha$，l_3 为杆 3 的原长，得

$$\Delta l_1 = \frac{F_{N1} l_1}{E_1 A_1},\ \Delta l_3 = \frac{F_{N3} l_1 \cos\alpha}{E_3 A_3} \tag{6-18}$$

式（6-18）即为由变形与内力的物理关系得到的物理方程，将其代入式（6-17），得

$$F_{N1} = F_{N3}\frac{E_1 A_1}{E_3 A_3}\cos^2\alpha \tag{6-19}$$

式（6-19）即为所需的补充方程。联立式（6-15）、式（6-16）及式（6-19），不难解得

$$F_{N1} = F_{N2} = \frac{P\cos^2\alpha}{2\cos^3\alpha + \dfrac{E_3A_3}{E_1A_1}},\ F_{N3} = \frac{P}{1 + 2\dfrac{E_1A_1}{E_3A_3}\cos^3\alpha}$$

由上例可以总结出求解静不定问题的一般步骤：

（1）根据静力学条件，建立所有的独立平衡方程。

（2）根据变形协调条件，建立变形几何方程。

（3）根据变形与内力的物理关系，建立物理方程。

（4）从（2）、（3）两步得到补充方程，并与静力平衡方程联立，即可求得所需结果。

工程实际中，当整个结构或者其中的某一部分发生温度变化时，根据物体热胀冷缩的物理特性，整个结构就会发生变形。在静定结构中，由于各构件都能自由变形，温度变化不会在结构中引起应力。但在静不定结构中，由温度变化所引起的变形受到限制，就会在杆件内产生应力，这种由于温度变化而引起的应力，称为温度应力。还有，在装配构件时，由于构件加工尺寸上的微小误差，对静不定结构，杆件内部同样会引起与温度应力非常相似的应力，这种应力称为装配应力。利用上述求解静不定问题的方法、步骤，温度应力与装配应力也都是可以求解的。下面举例加以说明。

例 6-6　如图 6-23（a）所示的 AB 杆两端均固定。设两约束件的距离即杆长为 l，杆的横截面面积为 A，材料的弹性模量为 E，线膨胀系数为 α。试求当温度升高 Δt 后，杆件内部引起的温度应力。

解： 设想解除 B 端的约束，使 AB 杆可以自由伸缩，当温度升高 Δt 后，杆件将伸长 Δl_t

[见图 6-23（b）]，但因固定端约束的限制，使杆 AB 不能自由伸长，这就相当于在杆的两端施加一对压力 F_A 和 F_B，在这对压力的作用下杆件缩短 Δl，如图 6-23（c）所示。

（1）列静力平衡方程 由 $\sum F_x=0$，得

$$F_A=F_B=F_{\mathrm{N}}$$

（2）变形几何方程 由于两端固定，杆长不能变化，所以有

$$\Delta l_t=\Delta l$$

（3）物理方程 由温度升高引起的杆件伸长为

$$\Delta l_t=\alpha l\Delta t$$

由内力引起的杆件变形为

$$\Delta l=\frac{F_{\mathrm{N}}l}{EA}$$

联立以上各式，可得出

$$F_{\mathrm{N}}=F_A=F_B=\alpha EA\Delta t$$

故温度应力为

$$\sigma=\frac{F_{\mathrm{N}}}{A}=\alpha E\Delta t$$

若杆件是钢质的，其 $\alpha=12.5\times10^{-6}/℃$，E = 200 GPa，当温度升高 $\Delta t=40$ ℃时，杆件内部的应力为

$$\sigma=\alpha E\Delta t=12.5\times10^{-6}\times200\times10^{3}\times40=100(\mathrm{MPa})(压)$$

由此可见，对于构件中的温度应力不能忽视。化工生产中的高温管道，常配有膨胀节[见图 6-24]，使管道有部分自由伸缩的可能，以降低温度应力。铁路钢轨各段之间留有的伸缩缝，也起到降低温度应力的作用。

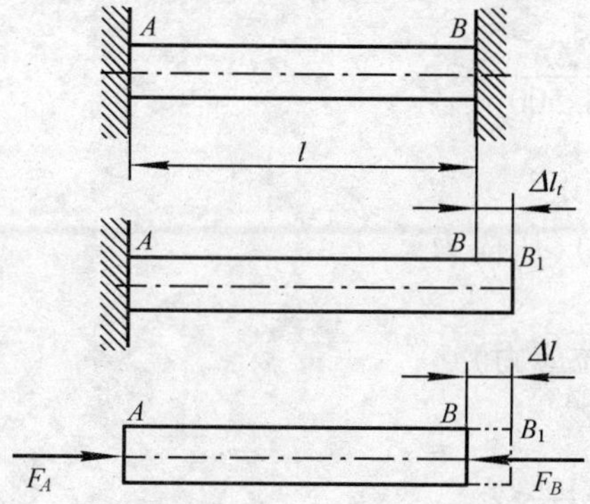

图　6-23

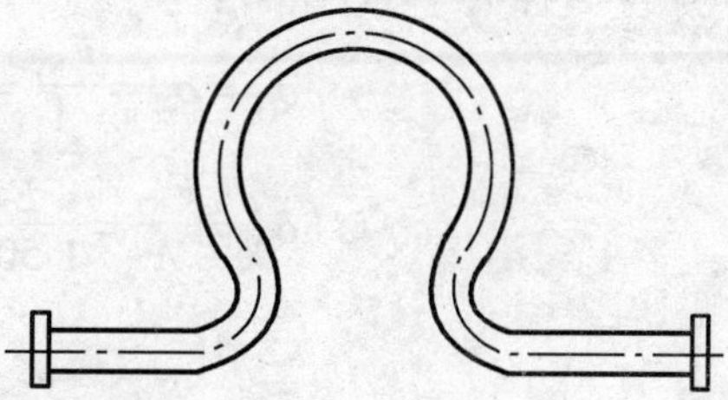

图　6-24

例 6-7　如图 6-25（a）所示的刚性梁 AB，由三根长为 l 的钢制杆吊起。已知三杆的弹性模量均为 $E=210$ GPa，横截面面积均为 A，由于加工误差，杆 3 的实际长度比 l 短了 $\delta=0.001l$，其他几何尺寸如图 6-25（a）所示。忽略梁 AB 的自重，为使梁保持水平，试求三杆的装配应力。

解： 以梁 AB 为研究对象，其受力图如图 6-25（b）所示。其受到三个杆的作用力，而这三个杆对梁的作用力就是三个杆件的轴力，这三个力构成了一个平面平行力系。对于平面平行力系只能列出两个独立的平衡方程。因此，该问题是一次静不定问题。

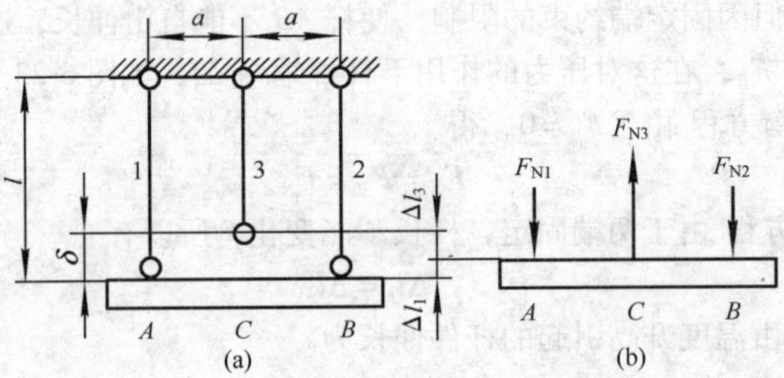

图 6-25

显然，当把整个结构装配在一起时，中间的杆 3 将受到拉伸，设其伸长为 Δl_3，而两侧的杆 1 和杆 2 则受到压缩，由于对称关系，1、2 两杆具有相同的缩短变形，设为 Δl_1。最后在图 6-25（b）所示的位置，三杆的变形相互协调。

（1）列静力平衡方程：

$$\sum M_C(F) = 0, F_{N1}a - F_{N2}a = 0 \quad \text{（例 6-7a）}$$

$$\sum F_y = 0, F_{N3} - F_{N2} - F_{N1} = 0 \quad \text{（例 6-7b）}$$

（2）变形几何方程　显然，Δl_1 与 Δl_3 的绝对值之和应等于 δ，即

$$\Delta l_1 + \Delta l_3 = \delta = 0.001l \quad \text{（例 6-7c）}$$

（3）物理方程　由胡克定律：

$$\Delta l_1 = \frac{F_{N1}l}{EA},\ \Delta l_3 = \frac{F_{N3}l}{EA} \quad \text{（例 6-7d）}$$

将式（例 6-7d）代入式（例 6-7c），得

$$F_{N1} + F_{N3} = 0.001EA \quad \text{（例 6-7e）}$$

联立式（例 6-7a）、（例 6-7b）及（例 6-7e），得

$$F_{N1} = F_{N2} = \frac{EA}{3\,000},\ F_{N3} = \frac{EA}{1\,500}$$

故三杆的装配应力分别为

$$\sigma_1 = \sigma_2 = \frac{F_{N1}}{A} = \frac{E}{3\,000} = 70(\text{MPa})(\text{压应力})$$

$$\sigma_3 = \frac{F_{N3}}{A} = \frac{E}{1\,500} = 140(\text{MPa})(\text{拉应力})$$

§6.7 应力集中的概念

对于等截面直杆受轴向拉伸或压缩时，在距离外力作用点较远的横截面上的正应力是均匀分布的。但工程中由于实际需要，一些构件常常要有开孔、切口、切槽及螺纹等结构，致使在这些部位上的截面尺寸发生急剧变化。研究表明，杆件在截面突变处的小范围内，应力并不是平均分布的，而是急剧地增加，离该区域较远处，应力又迅速降低并趋于均匀，这种现象称为应力集中。

例如，当拉伸图 6-26（a）所示的具有小圆孔的杆件时，在离孔较远的 2－2 截面上，应力是均匀分布的，如图 6-26（b）所示。但在通过小孔的 1－1 截面上，靠近孔边的小范

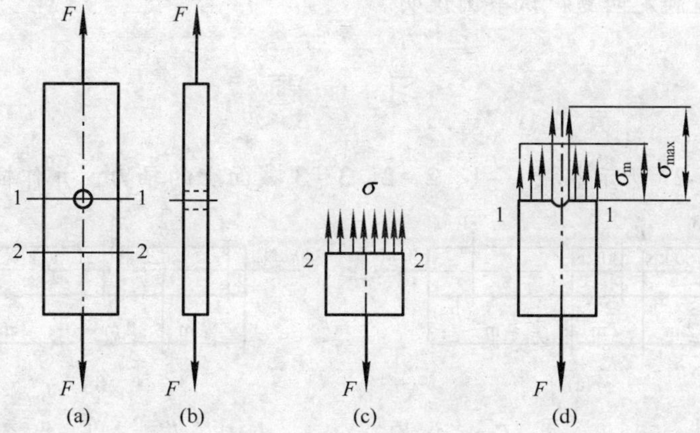

图　6-26

围内，应力就很大，而离孔边稍远处的应力则小得很多，且趋于均匀分布，如图6-26（c）所示。

应力集中的程度，常以最大局部应力 σ_{max} 与被削弱截面上的平均应力 σ_m 之比来衡量，称为理论应力集中系数。常以 α 表示，即

$$\alpha=\frac{\sigma_{max}}{\sigma_m} \tag{6-20}$$

对于各种典型的应力集中现象，例如线槽、钻孔、螺纹等的 α 值，可查阅相关的机械设计手册。

不同的材料对应力集中的敏感程度也是不同的。塑性材料由于有屈服阶段，当局部应力达到最大应力 σ_{max} 时，该处材料将发生塑性变形，而应力却基本上不再增大。当外力继续增加时，处于弹性阶段的其他部分的应力将继续增加，直至整个截面上的应力都达到屈服极限时，构件才丧失承载能力。因此，应力集中对于承受静载荷的塑性材料并没有明显的影响。脆性材料由于没有屈服阶段，当应力集中处的达到时，杆件就会在该处断裂。所以，应力集中对于脆性材料制成的杆件危害比较严重。

还应指出的是，不管是何种材料制成的构件，只要其内部产生的应力按周期性变化，应力集中对其强度的影响都是很大的。这一问题将在第13章讨论。

思　考　题

6-1　什么是平面假设？它的作用如何？

6-2　如何推导直杆受轴向拉伸或压缩时的应力公式？

6-3　胡克定律解决了材料力学中的什么问题？

6-4　低碳钢的 $\Delta l-F$ 曲线和 $\varepsilon-\sigma$ 曲线的意义是什么？

6-5　低碳钢试件在轴向拉伸时分为哪几个阶段？什么是比例极限、弹性极限、屈服极限和强度极限？

6-6　E 和 μ 各代表什么物理意义？

6-7　应力集中发生在什么情况下？

6-8 什么是超静定问题？试举例说明。

习　　题

6-1 试求图 6-27 所示各杆 1 - 1、2 - 2、3 - 3 截面上的轴力，并作轴力图。

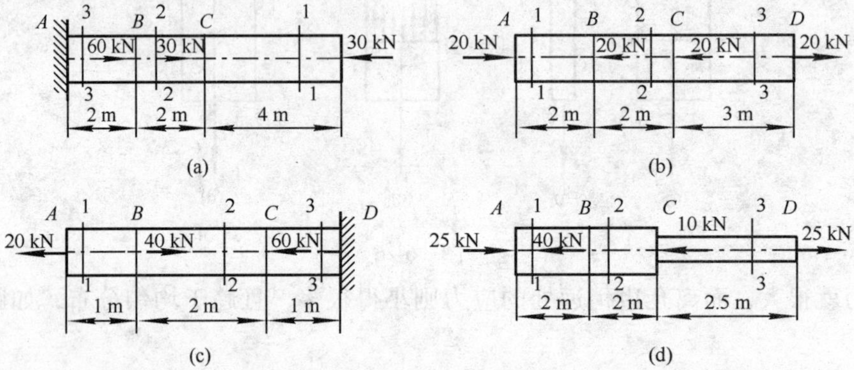

图 6-27

6-2 如图 6-28 所示，已知等截面直杆的面积 $A = 500\ mm^2$，受轴向力作用 $F_1 = 1$ kN，$F_2 = 2$ kN，$F_3 = 2$ kN。试求杆中各段的内力及应力。

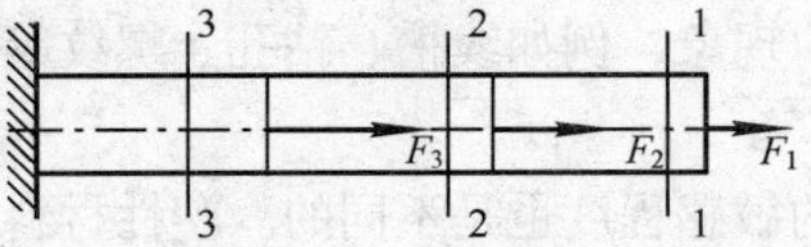

图 6-28

6-3 作用于图 6-29 所示零件上的拉力为 $F = 38$ kN，试问零件内最大拉应力发生于哪个截面上？并求其值。

6-4 一吊环螺钉，如图 6-30 所示，其大径 $d = 48$ mm，小径 $d_1 = 42.6$ mm，吊重 $F = 50$ kN，求其螺钉横截面上的应力。

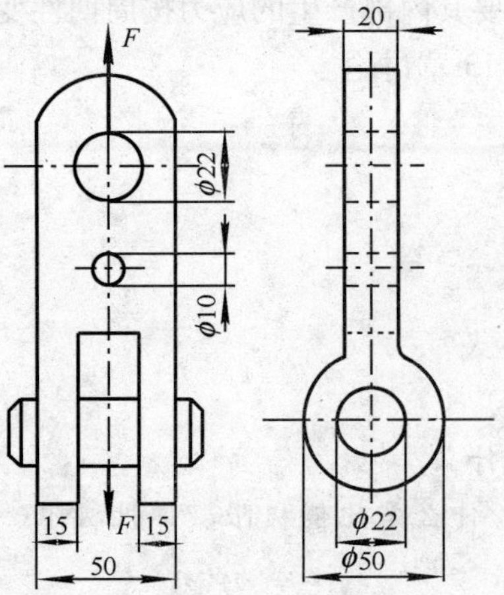

图 6-29

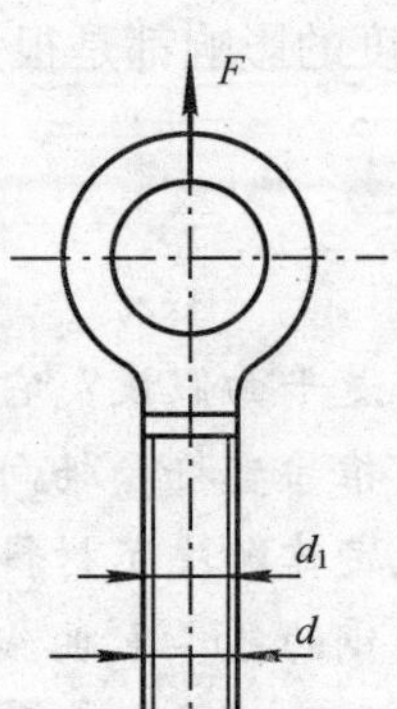

图 6-30

6-5　拉伸试件材料为20号钢，直径 $d=10$ mm，标距 $l=50$ mm。拉伸试验测得拉力增量 $\Delta F=9$ kN 时相应的伸长量 $\Delta l=0.028$ mm，对应于屈服时的拉力 $F_s=32$ kN，试件拉断后标距增长到 $l_1=62$ mm，颈缩断口处的直径 $d_1=6.9$ mm，试计算其 E、σ_s、σ_b、δ、ψ 的数值。

6-6　汽车离合器踏板如图6-31所示。已知踏板受到压力 $Q=400$ N，拉杆1的直径 $D=9$ mm，杠杆臂长 $L=330$ mm，$l=56$ mm，拉杆的许用应力 $[\sigma]=50$ MPa，校核拉杆1的强度。

6-7　如图6-32所示为某镗铣床工作台进给油缸，油压 $p=2$ MPa，油缸内径 $D=75$ mm，活塞杆直径 $d=18$ mm，已知活塞杆材料的许用应力 $[\sigma]=50$ MPa，试校核活塞杆强度（提示：应计入活塞杆对油压力作用面积的影响）。

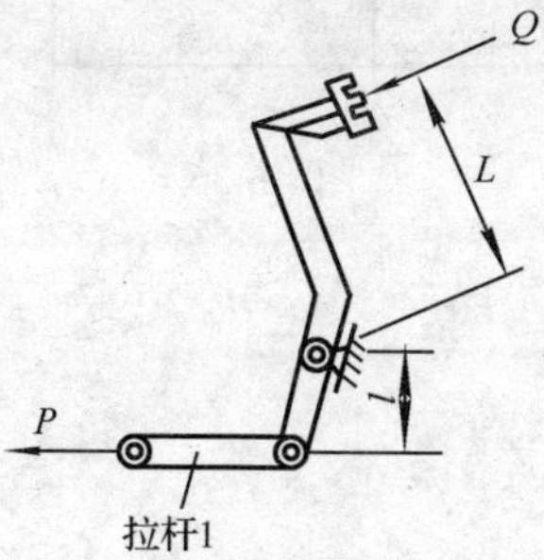

图　6-31

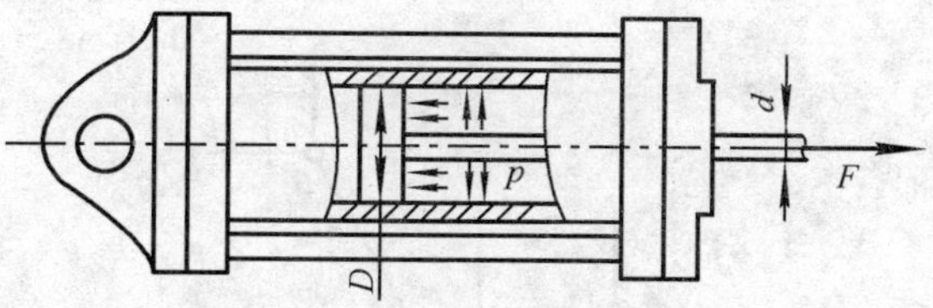

图　6-32

6-8　某悬臂吊车结构如图6-33所示，最大起重量 $G=20$ kN，AB 杆的材料为A3圆钢，$[\sigma]=120$ MPa，试设计 AB 杆直径 d。

6-9　在图6-34所示杆系中，BC 和 BD 两杆的材料相同，且抗拉和抗压许用应力相等，同为 $[\sigma]$。为使杆系使用的材料最省，试求夹角 θ 的值。

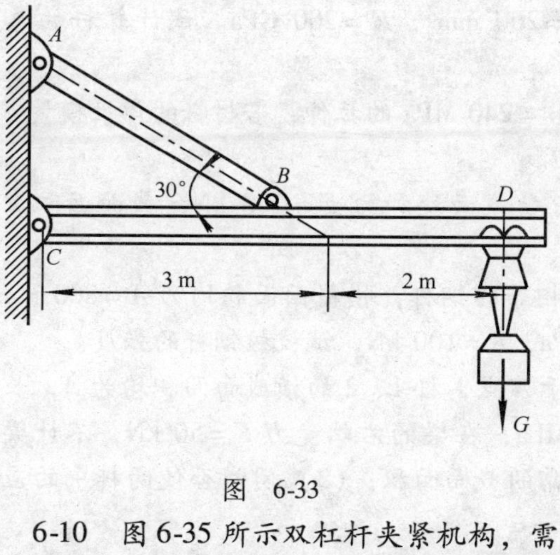

图　6-33

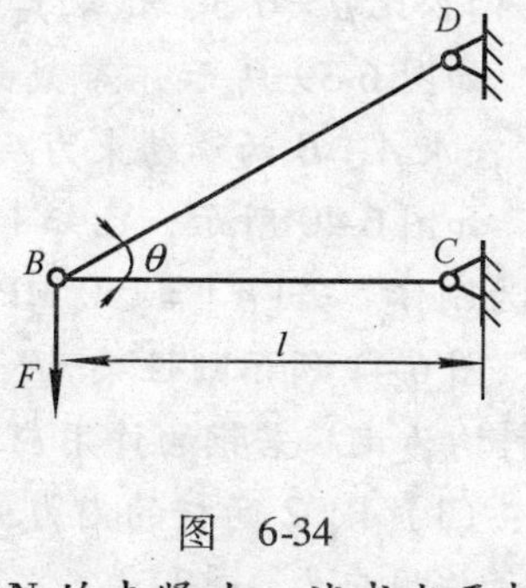

图　6-34

6-10　图6-35所示双杠杆夹紧机构，需产生一对20 kN的夹紧力，试求水平杆 AB 及二斜杆 BC 和 BD 的横截面直径。已知该三杆的材料相同，$[\sigma]=100$ MPa，$\alpha=30°$。

6-11　图6-36所示由两种材料组成的圆杆，直径 $d=40$ mm，杆的总伸长 $\Delta l=0.12$ mm。钢和铜的弹性模量分别为 $E_{钢}=210$ GPa，$E_{铜}=100$ GPa。试求载荷 F 大小及在 F 力作用下杆

内的 σ_{max}。

6-12　如图 6-37 所示的杆系，已知 AC 杆$[\sigma]_1=100$ MPa，BC 杆$[\sigma]_2=160$ MPa，两杆截面积均为 $A=200\ \text{mm}^2$，求许可载荷$[F]$。

6-13　图 6-38 所示卧式拉床的油缸内径 $D=186$ mm，活塞杆直径 $d_1=65$ mm，$[\sigma]_{杆}=130$ MPa。缸盖由六个 M20 的螺栓与钢体连接，M20 螺栓的小径 $d=17.3$ mm，$[\sigma]=110$ MPa。试按活塞杆和螺栓的强度确定最大油压 p。

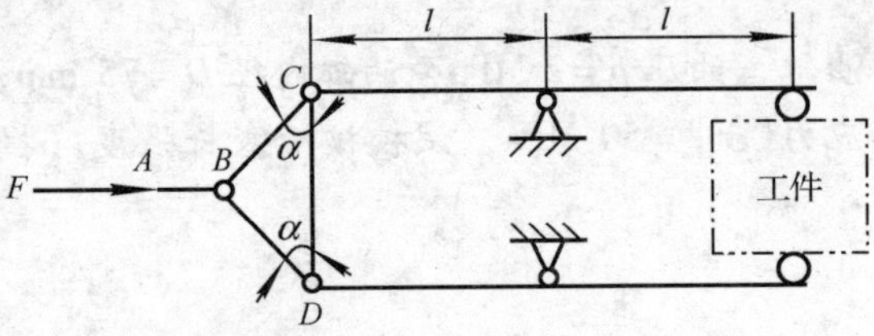

图　6-35

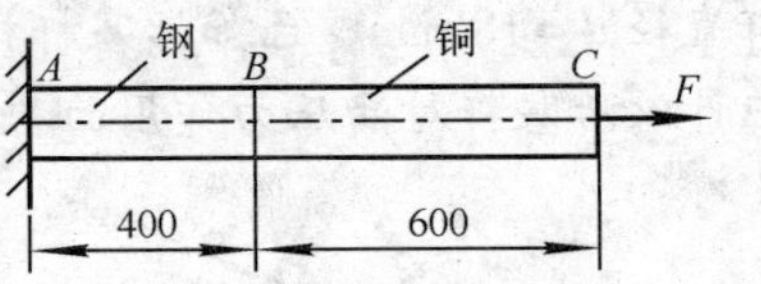

图　6-36

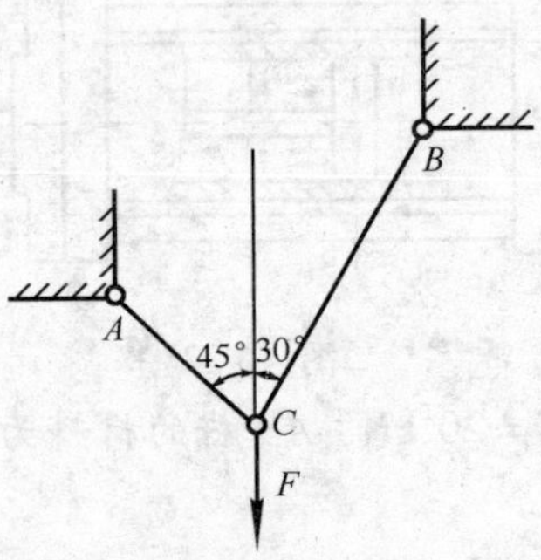

图　6-37

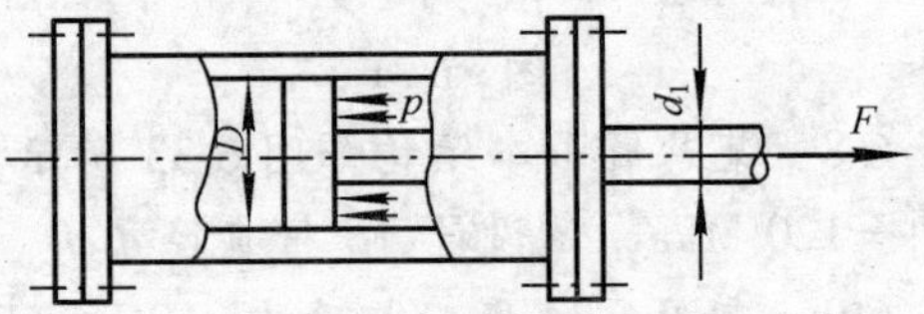

图　6-38

6-14　对于图 6-27（a）、（c），若已知 $A=200\ \text{mm}^2$，$E=200$ GPa。试计算杆的总伸长量。

6-15　直径 $d=25$ mm 的圆杆，受到正应力 $\sigma=240$ MPa 的拉伸，若材料的弹性模量 $E=210$ GPa，泊松比 $\mu=0.3$，试求其直径改变量 Δd。

6-16　如图 6-39 所示，等截面钢杆 AB，在 C 截面处加力 $F=100$ kN，截面面积 $A=2\ 000\ \text{mm}^2$，求 A、B 两端约束力及杆内应力。

6-17　如图 6-40 所示，已知 1、2 杆为长度相等的钢杆，横截面面积均为 $A=800\ \text{mm}^2$，横梁可视为刚体。若$[\sigma]=150$ MPa，$E=210$ GPa，$F=100$ kN，试校核钢杆的强度。

6-18　图 6-41 所示刚性梁 AB，其左端铰支于 A 点，杆 1、2 的横截面面积均为 A，长度为 L，材料均为钢。若钢的许用应力$[\sigma]=100$ MPa，在梁的右端受力 $F=50$ kN，不计梁的自重。求：（1）1、2 两杆的内力；（2）两杆所需的截面面积；（3）问能否使两杆中的应力都同时等于许用应力$[\sigma]$？

6-19　桁架梁由三根杆在 A 点铰接而成，如图 6-42 所示。三杆具有相同的抗拉、压刚度 EA，试求在铅垂载荷 F 作用下各杆的轴力。

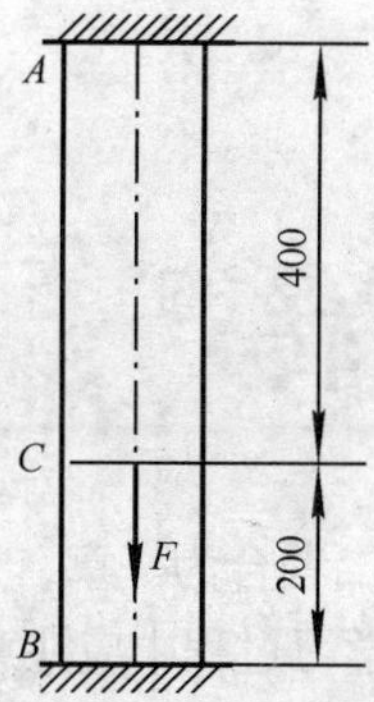

图　6-39

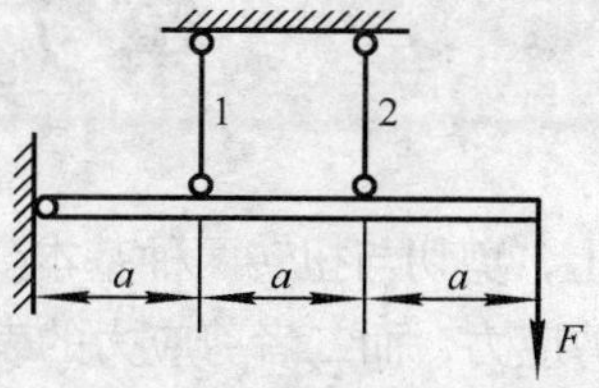

图　6-40

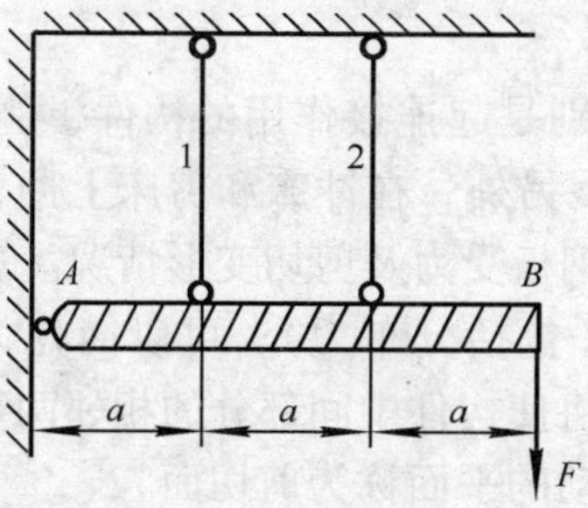

图　6-41

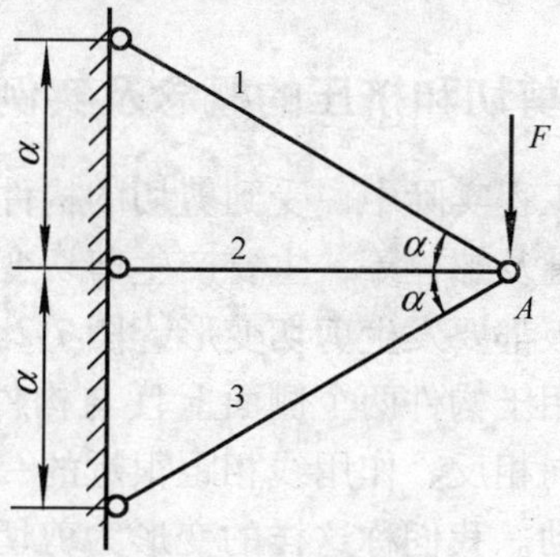

图　6-42

6-20　在图6-43所示简易吊车中，BC为钢杆，AB为木杆。木杆AB的横截面面积$A_1 = 100\ \text{cm}^2$，许用应力$[\sigma]_1 = 7\ \text{MPa}$；钢杆$BC$的横截面面积$A_2 = 6\ \text{cm}^2$，许用拉应力$[\sigma]_2 = 160\ \text{MPa}$。试求许可吊重$P$。

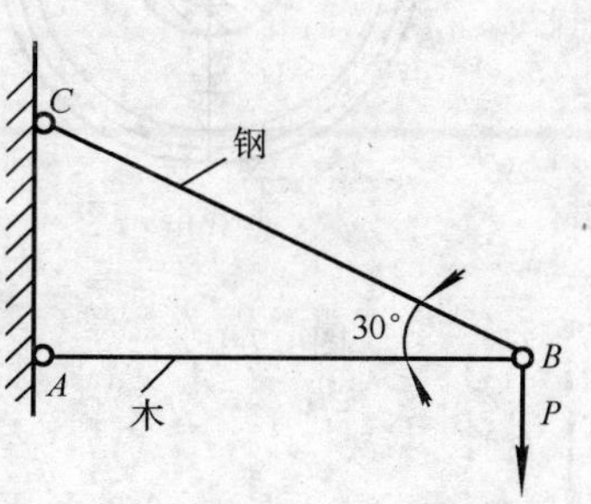

图　6-43

第 7 章　剪切与扭转

事实上，剪切与扭转两种基本变形并无实质联系。之所以把二者合为一章，只是因为两种变形都产生剪应力，而二者剪应力的表达形式却大相径庭，读者在学习过程中应注意加以区别。

§7.1　剪切和挤压的概念与实用计算

1. 剪切和挤压的概念及实例

在工程实际中，受到剪切的构件也是很常见的，特别是起连接作用的构件，例如铆钉、销钉、键及螺栓等，主要产生剪切变形，如图 7-1 所示。另外，在冲床和剪床上冲、剪钢板时，钢板都要发生剪切变形，图 7-2（a）、（b）所示为钢板受力及剪切变形情况。剪切的特点是作用于构件两个侧面上且与构件轴线垂直的外力（包括分布力），可以简化为大小相等、方向相反、作用线相距很近的一对平行力，这对力将使构件中间部分的相邻两截面产生相对错动。我们称这样的变形为剪切变形，产生相对错动的平面称为剪切面。

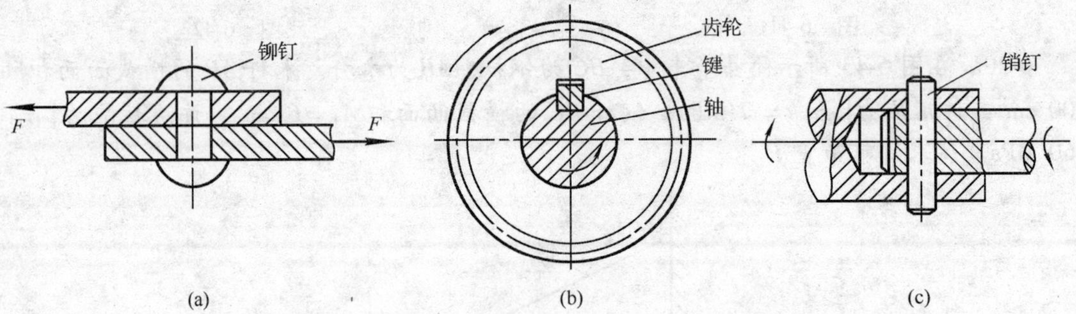

图　7-1

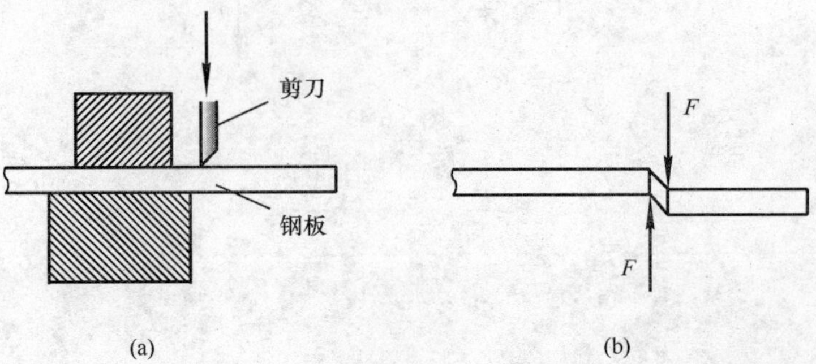

图　7-2

连接件在受到剪切变形的同时，常常还伴随着其他变形，主要为挤压变形。所谓挤压，是指在连接件与被连接件的接触面上发生的相互压紧的现象。由于挤压的作用，在连接件与被连接间的接触面上及邻近的局部区域内将产生很大的压应力，当外部载荷过大时，便在这些区域内产生塑性变形甚至破坏。图 7-3（a）所示为铆钉孔被挤压的变形情况，当然，铆钉也可能被挤压成扁圆柱。

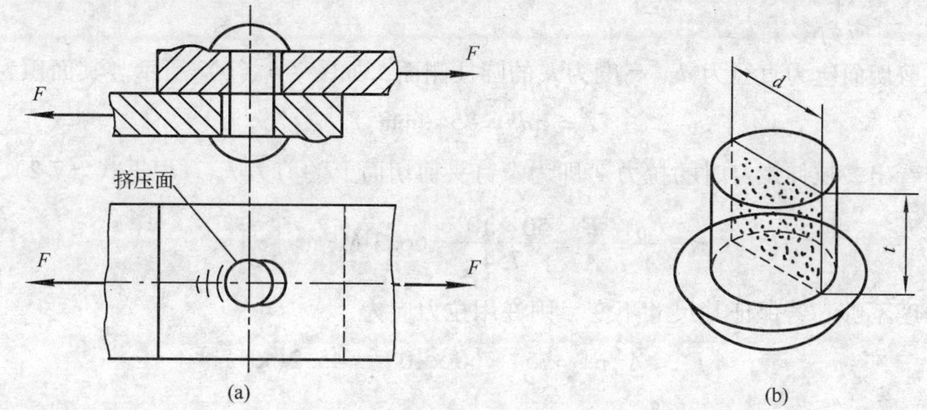

图　7-3

2. 剪切的实用计算

下面以铆钉的剪切为例，来讨论剪切的内力和应力。

在图 7-4（a）中，假想一平面 $m-m$ 沿剪切面将铆钉切成上下两部分，保留上半部分作为研究对象，如图 7-4（b）所示。截面 $m-m$ 上的内力 F_Q 与剪切面相切，称为剪力。由平衡方程 $\sum F_x=0$，不难得到

$$F_Q=F$$

在实用计算中，忽略拉伸与弯曲变形的影响，认为剪切面上主要作用有切应力 τ，并假设剪切面上的切应力是均匀分布的。若剪切面的面积为 A，则切应力 τ 为

$$\tau=\frac{F_Q}{A} \tag{7-1}$$

实际上，切应力在剪切面上并非是均匀分布的。这里由式算得的切应力并不是剪切面上的真实应力，通常称为“名义切应力”，并以此作为工作切应力。

得到了截面上的切应力，便可以得出设计截面或校核已有截面的强度条件，即

$$\tau=\frac{F_Q}{A}\leqslant[\tau] \tag{7-2}$$

式中，$[\tau]$为材料的许用切应力。它可用试验的方法，使试件的受力条件尽可能地接近实际构件的受力情况，以求得试件破坏时的极限载荷，然后用式（7-2）由极限载荷求出相应的名义极限切应力，再除以安全系数 n 来得到。

一般工程规范中规定，许用切应力$[\tau]$可由其拉伸许用应力$[\sigma]$按下列关系确定。对塑性材料，有

$$[\tau]=(0.6\sim0.8)[\sigma]$$

对脆性材料，有

$$[\tau] = (0.8 \sim 1.0)[\sigma]$$

由图7-4还可以看出，对受剪切的构件，剪力或切应力与剪切面相切，而其外载荷与剪切面平行。

例7-1　如图7-5（a）所示的螺钉受拉力 $F=50$ kN。已知其直径 $d=20$ mm，顶头高度 $h=12$ mm，材料的许用切应力 $[\tau]=60$ MPa，试校核螺钉的抗剪强度。若螺钉强度不够，其许用拉力 $[F]$ 应为多大？

解： 剪切面应为直径为 d，高度为 h 的圆柱侧面，如图7-5（b）所示。其面积为

$$A = \pi dh = 754(\text{mm}^2)$$

不难看出，拉伸螺钉时的拉力F即为螺钉头剪切面上的剪力 F_Q。根据式（7-2），得

$$\tau = \frac{F_Q}{A} = \frac{F}{A} = \frac{50\times 10^3}{754} = 66.3\ \text{MPa} > [\tau]$$

即螺钉强度不够。若保证其尺寸不变，则许用拉力应为

$$[F] \leqslant A[\tau] = 754\times 60\times 10^{-3} = 45.2(\text{kN})$$

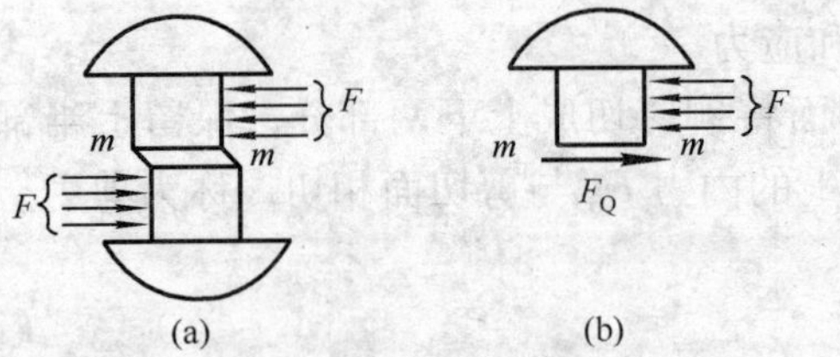

图　7-4

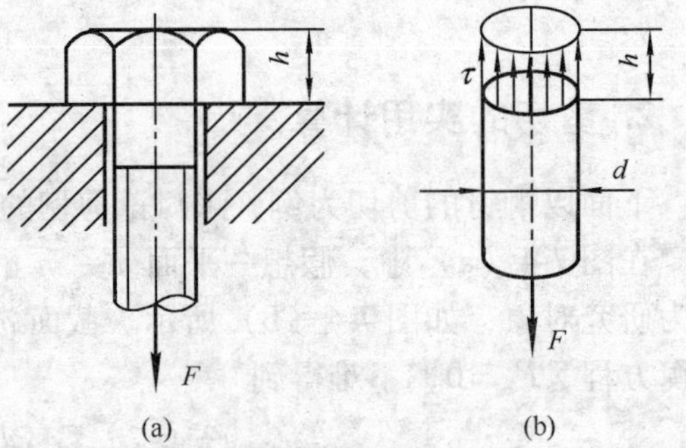

图　7-5

例7-2　齿轮与轴用平键连接，如图7-6（a）所示。已知轴的直径 $d=40$ mm，键的尺寸 $b\times h\times l=12\times 8\times 35$，长度单位为mm，传递的力偶矩 $M=350$ N·m，键材料的许用切应力 $[\tau]=60$ MPa，试校核键的抗剪强度。

解： 假想一平面将平键沿截面 $m-m$ 截开，以其下半部分及轴作为研究对象，如图7-6（b）所示。由于假设截面 $m-m$ 上的切应力均匀分布，且剪切面面积为 $A=bl$，故其上的剪力为

$$F_Q = A\tau = bl\tau$$

对轴心列力矩方程，得

$$\sum M_O(F) = 0,\ M - F_Q\frac{d}{2} = 0$$

故有

$$\tau = \frac{F_Q}{A} = \frac{2M}{bld} = \frac{2\times 350\times 10^3}{12\times 35\times 40} = 41.7(\text{MPa}) < [\tau]$$

因此，平键满足抗剪强度条件。

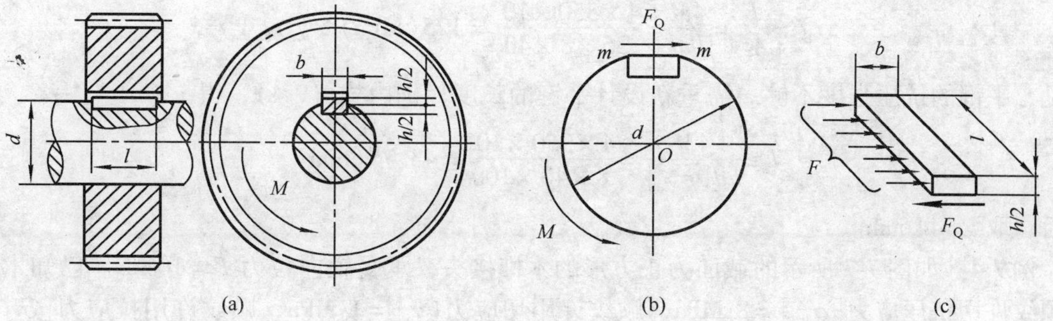

图　7-6

3. 挤压的实用计算

由于在外载荷的作用下，连接件与被连接件必发生挤压现象。因此，也有必要进行挤压的强度计算。一般情况下，挤压面上的应力分布也比较复杂，在实用计算中，同样假设挤压面上的应力是均匀分布的。仍以 F 表示挤压面上传递的力，A_{bs}表示挤压面面积，则挤压应力为

$$\sigma_{bs} = \frac{F}{A_{bs}} \tag{7-3}$$

式（7-3）求得的挤压应力也是名义应力，并以此作为工作挤压应力。相应的抗压强度条件为

$$\sigma_{bs} = \frac{F}{A_{bs}} \leqslant [\sigma_{bs}] \tag{7-4}$$

式中，$[\sigma_{bs}]$为材料的许用挤压应力，其值可从有关规范中查到。对于钢材，许用挤压应力$[\sigma_{bs}]$与拉伸许用应力$[\sigma]$一般可按如下关系确定。即

$$[\sigma_{bs}] = (1.7 \sim 2.0)[\sigma]$$

在实用计算中，挤压面面积 A_{bs}，要由连接件与被连接件接触面的具体情况而定。对于图 7-1（b）所示的连接齿轮与轮轴的键、木榫接头等构件，它们的接触面均为平面，所以挤压面就是接触平面的实际面积。而对于图 7-1（a）、（c）所示的铆钉、销钉及螺栓等构件，其实际接触面为半圆柱面，挤压面面积 A_{bs}通常取挤压面的正投影，即圆孔或圆钉的直径平面面积 td，如图 7-3（b）所示。以该面积除挤压力 F 所得的应力，与接触面上的实际最大应力大致相同。可见，外载荷、挤压力或挤压应力与挤压面垂直。

还应指出，如果两接触构件的材料不同，应以抵抗挤压能力较差的构件为准进行抗压强度计算。

例 7-3　在例 7-2 中，键材料的许用挤压应力$[\sigma_{bs}] = 100$ MPa，试校核平键的抗压强度。若强度不满足，请重新设计平键的长度 l。

解：以截面 $m-m$ 以上部分的平键为研究对象，其受到截面 $m-m$ 上的剪力 F_Q 及左侧面上的挤压力 F 而平衡，如图 7-6（c）所示。挤压面面积 $A_{bs} = lh/2$，由水平方向平衡方程，得

$$F = F_Q = \frac{M}{d/2}$$

根据式（7-4），得

$$\sigma_{bs}=\frac{F}{A_{bs}}=\frac{4M}{lhd}=\frac{4\times350\times10^3}{35\times8\times40}=125(\text{MPa})>[\sigma_{bs}]$$

可见，平键的抗压强度不够。需重新设计平键的长度，仍由式（7-4），得

$$l\geqslant\frac{4M}{hd[\sigma_{bs}]}=\frac{4\times350\times10^3}{8\times40\times100}=43.75(\text{mm})$$

最后，取 $l=44$ mm。

例 7-4　如图 7-7 所示的截面为正方形的木榫接头，承受轴向拉力 $F=10$ kN。已知木材的顺纹许用挤压应力 $[\sigma_{bs}]=8$ MPa，顺纹许用切应力 $[\tau]=1$ MPa，顺纹许用拉应力 $[\sigma]=10$ MPa。试根据抗剪、抗压及抗拉强度要求设计尺寸 a、b 和 l。

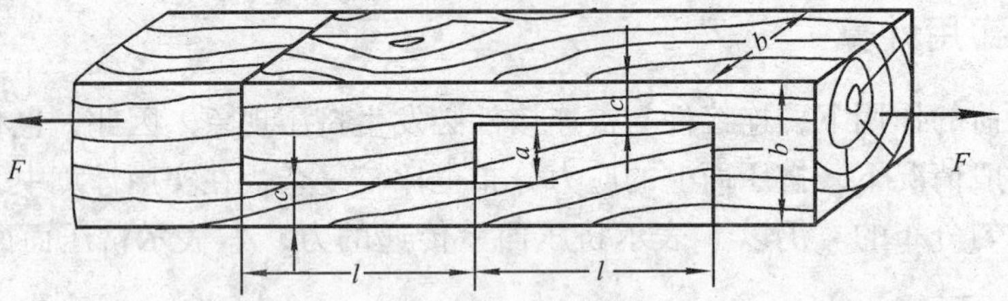

图　7-7

解：（1）由图知，木榫接头的剪切面面积为 $A=bl$，且 $F_Q=F$。由抗剪强度条件，得

$$A=bl\geqslant\frac{F_Q}{[\tau]}=\frac{10\times10^3}{1}=10^4\ (\text{mm}^2)\qquad(例\ 7\text{-}4a)$$

（2）木榫接头的挤压面面积为 $A_{bs}=ab$，由抗压强度条件，得

$$A_{bs}=ab\geqslant\frac{F}{[\sigma_{bs}]}=\frac{10\times10^3}{8}=1\ 250\ (\text{mm}^2)\qquad(例\ 7\text{-}4b)$$

（3）从图 7-7 中可以看出，接头最小的拉伸面积为 $A_{min}=bc=\frac{1}{2}b(b-a)$，且 $F_N=F$，由抗拉强度条件，得

$$A_{min}=\frac{1}{2}b(b-a)\geqslant\frac{F_N}{[\sigma]}=\frac{10\times10^3}{10}=10^3\ (\text{mm}^2)\qquad(例\ 7\text{-}4c)$$

联立式（例 7-4a）、式（例 7-4b）、式（例 7-4c），可解得

$$a\geqslant22\text{ mm},\ b\geqslant57\text{ mm},\ c\geqslant175\text{ mm}$$

§7.2　扭转的概念与实例

现在来研究杆件的另外一种基本变形——扭转。受扭转变形的杆件称为轴。工程实际中，有很多杆件的变形是扭转变形，如图 7-8 所示攻螺纹时的丝锥和连接汽车方向盘的转向轴，以及其他一些轴类零件，例如电动机、搅拌机的主轴、机床的传动轴等。扭转变形是由大小相等、方向相反、作用面与杆件轴线垂直的两个力偶引起的，表现为杆件的任意两个横截面都绕其轴线发生相对转动。

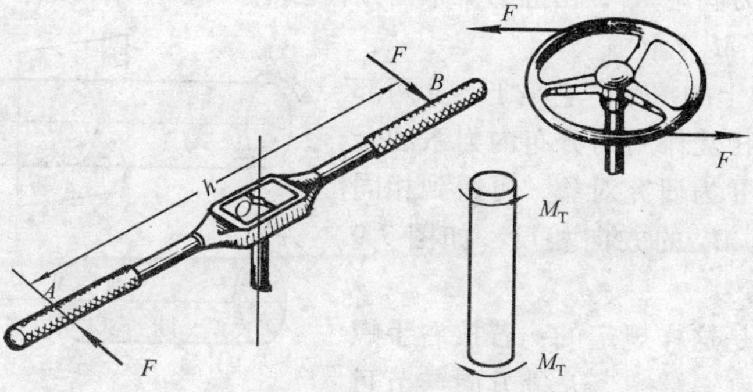

图　7-8

事实上，大部分轴类零件除扭转变形外还有弯曲等其他形式的变形，属于组合变形。关于组合变形我们将在后面的章节进行具体讨论。本章只对工程中最常见的，而且也是扭转形式最简单的圆形截面等直杆的扭转问题进行研究。

§7.3　外力偶矩、扭矩与扭矩图

在研究扭转的应力与变形之前，先来讨论作用于轴上的外力偶矩及横截面上的内力。

一般情况下，作用于轴上的外力偶矩不是直接给出的，通常是给出轴所传递的功率和轴的转速，或给出作用于轴上的载荷。对于后者，可以将外载荷向轴线简化来得到作用于轴上的外力偶矩；而对于前者，由功率的定义可知，力偶矩在单位时间内所做的功，就是功率 P，其值可由外力偶矩 M 与轴转动的角速度 ω（单位时间内所转过的角度）的乘积得到，即

$$P = M\omega \tag{7-5}$$

令 n 为轴的转速，单位为 r/min，力偶矩 M 的单位为 N·m，功率 P 的单位为 kW，则由式（7-5）及 $\omega = 2\pi \times \frac{n}{60} = \frac{n\pi}{30}$，可得

$$M = 9\,549\frac{P}{n} \approx 9.55\frac{P}{n}\ (\text{kN}\cdot\text{m}) \tag{7-6a}$$

如果功率 P 的单位用马力（Ps），根据单位换算关系：

$$1\ \text{Ps} = 735.5\ \text{W}$$

则式（7-6a）又可表达为

$$M = 7\,024\frac{P}{n} \approx 7.02\frac{P}{n}\ (\text{kN}\cdot\text{m}) \tag{7-6b}$$

式（7-6b）给出了功率、转速与外力偶矩三者之间的关系。它们在工程上经常用到，应用时要注意式中各个符号的含义及单位。

当作用在圆轴上的所有外力偶矩都求出以后，就可以用截面法确定出横截面上的内力。以图 7-9（a）所示的传动轴为例，在圆轴的两个端截面内作用一对大小相等，方向相反的外力偶矩。假想一平面 $m-m$ 将圆轴分成两部分，并保留部分 I 作为研究对象，如图 7-9（b）所示。由于整个圆轴是平衡的，所以部分 I 也处于平衡状态，这就要求截面 $m-m$ 上

的内力系合成一个力偶矩 M_T，由静力学平衡方程 $\sum M_x=0$，不难得到

$$M_T = M$$

M_T 称为截面 $m-m$ 上的扭矩。它是Ⅰ、Ⅱ两部分在截面 $m-m$ 上相互作用的分布内力系的合力偶矩。若取部分Ⅱ为研究对象，可得到相同的结果，只是扭矩 M_T 的方向相反，如图 7-9（c）所示。

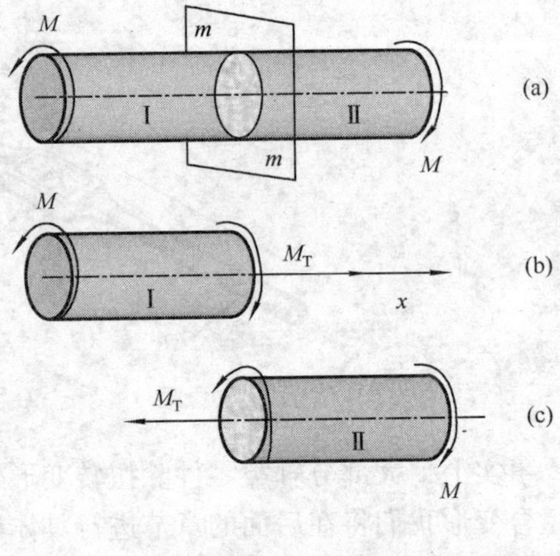

图 7-9

扭矩的正、负是这样规定的：若按右手螺旋法则把 M_T 表示为矢量，当矢量方向与节目外法线方向相同时，则 M_T 为正；反之 M_T 为负。根据这一规则，图 7-9（b）、（c）中截面 $m-m$ 上的扭矩都是正的。通常圆轴横截面上的未知扭矩都设为正。

与杆件的轴向拉、压问题相类似，当圆轴上受到多于两个以上的外力偶矩作用时，其各段截面上的扭矩一般也是不相等的。圆轴各横截面上扭矩沿轴线的变化规律，同样可以用图线来表示，这种图线称为扭矩图。其中，以横轴表示横截面的位置，纵轴表示相应截面上的扭矩。关于扭矩的计算和扭矩图的画法，以如下例题来说明。

例 7-5 如图 7-10（a）所示的传动轴，主动轮 A 的输入功率 $P_A=36$ kW，从动轮 B、C、D 输出功率分别为 $P_B=P_C=11$ kW，$P_D=14$ kW，轴的转速为 $n=300$ r/min。试作传动轴的扭矩图。

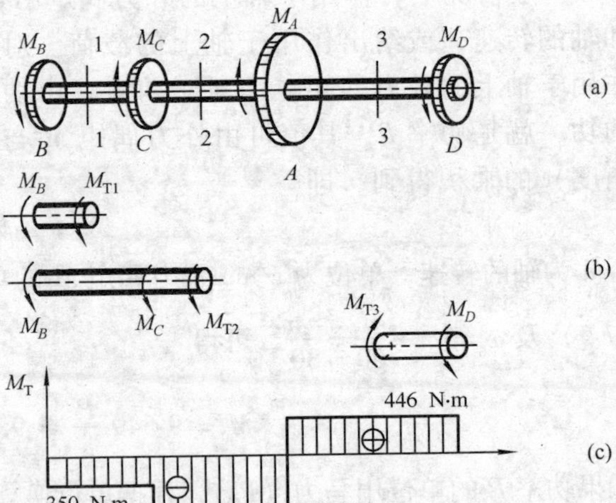

图 7-10

解：（1）首先计算外力偶矩，由式 7-6（a）得

$$M_A=9\ 549\frac{P_A}{n}=9\ 549\times\frac{36}{300}=1\ 146(\text{N}\cdot\text{m})$$

$$M_B=M_C=9\ 549\frac{P_B}{n}=9\ 549\times\frac{11}{300}=350(\text{N}\cdot\text{m})$$

$$M_D=9\ 549\frac{P_D}{n}=9\ 549\times\frac{14}{300}=446(\text{N}\cdot\text{m})$$

（2）再用截面法计算各段轴内的扭矩。四个外力偶矩 M_B、M_C、M_A、M_D 将传动轴分为 BC、CA 和 AD 三段，先 BC 段内的扭矩。假想一平面将 BC 段沿横截面 1－1 切开，保留左半部分作为研究对象，并假设 1－1 截面上的扭矩 M_{T1} 为正，如图 7-10（b）所示。列力偶矩的平衡方程

$$\sum M_x=0,\ M_{T1}+M_B=0$$

得
$$M_{T1}=-M_B=-350\ \text{N}\cdot\text{m}$$

结果为负值，说明该截面上的扭矩转向与假设转向相反。

同理，可算得 CA 和 AD 两段内的扭矩，它们分别为

$$M_{T2}=-(M_B+M_C)=-700(\text{N}\cdot\text{m}),\ M_{T3}=M_D=446\ \text{N}\cdot\text{m}$$

根据以上求得的各段内的扭矩，就可作出整个传动轴的扭矩图，如图7-10（c）所示。从扭矩图中可以看出，最大扭矩在 CA 段内，其值为700 N·m。

例7-6　如图7-11（a）所示的等截面圆轴左端固定，在 A、B 两截面上分别作用有矩为 $M_A=5\ \text{kN}\cdot\text{m}$，$M_B=3\ \text{kN}\cdot\text{m}$ 的外力偶。试作出该轴的扭矩图。

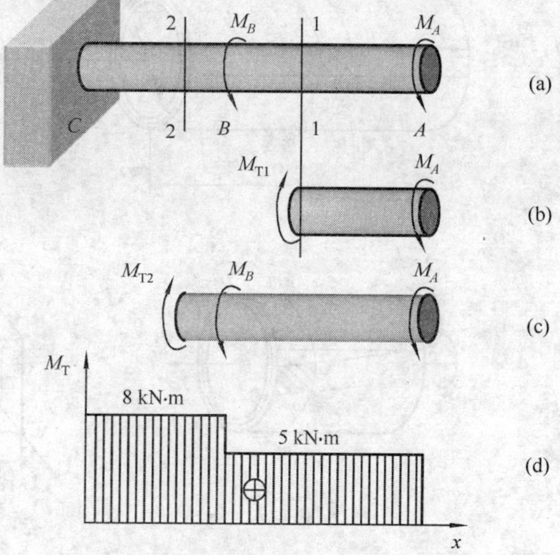

图　7-11

解： 由于轴上作用有两个主动力偶 M_A、M_B 和固定端 C 处的一个约束力偶，这三个力偶将整个轴分为 AB 和 BC 两段。首先假想一平面1－1沿 AB 段内任一横截面切开，保留右段作为研究对象，并假设1－1截面上的扭矩为 M_{T1}，如图7-11（b）所示。列力偶矩的平衡方程

$$\sum M_x=0,\ M_{T1}-M_A=0$$

得
$$M_{T1}=M_A=5\ \text{kN}\cdot\text{m}$$

同理，再假想一平面2－2沿 BC 段内任一横截面切开，仍保留右段作为研究对象，并假设2－2截面上的扭矩为 M_{T2}，如图7-11（c）所示。列力偶矩的平衡方程，可得

$$M_{T2}=M_A+M_B=8(\text{kN}\cdot\text{m})$$

根据求得的 AB 和 BC 两段内的扭矩，便可作出该圆轴的扭矩图，如图7-11（d）所示。

当然，本题也可以先利用静力平衡方程求出固定端 C 处的一个约束力偶 M_C，然后取截面的左段作为研究对象进行分析，所得的结果与上面是一致的。读者可自行验证，这里不再赘述。

§7.4　纯剪切与剪切胡克定律

为说明纯剪切的概念，首先要研究剪切的变形规律，从受力物体中找出截面上只有切应力而无正应力作用的情况。为此，先对薄壁圆筒受扭转时的情况进行分析。

取图7-12（a）所示的一等厚薄壁圆筒。受扭前其表面上用圆周线和纵向线画成方格。当其受扭变形后，从图7-12（b）中可以看出由于截面 $m-m$ 对截面 $n-n$ 的相对转动，使方格的左右两边发生相对错动，但两对边之间的距离保持不变，圆筒的半径长度也不变。这表明在圆筒横截面上只有剪应力，而没有正应力，在包含半径的纵向截面上也没有正应力。假想一平面沿截面 $n-n$ 将薄壁圆筒切开，在横截面上，由于筒壁的厚度很小，可以认为切应力沿壁厚均匀分布。又因为沿圆周方向各点情况相同，故沿圆周各点的应力也相同，如

图 7-12（c）所示。若薄壁圆筒的平均半径为 r，厚度为 t，则其横截面面积为 $2\pi rt$。于是，薄壁圆筒横截面上的内力系对 x 轴产生的力矩应为 $2\pi r2t\tau$。对截面 $n-n$ 以左的部分圆筒列力矩平衡方程

$$\sum M_x=0,\ M-2\pi r2t\tau=0$$

得

$$\tau=M/2\pi r^2t$$

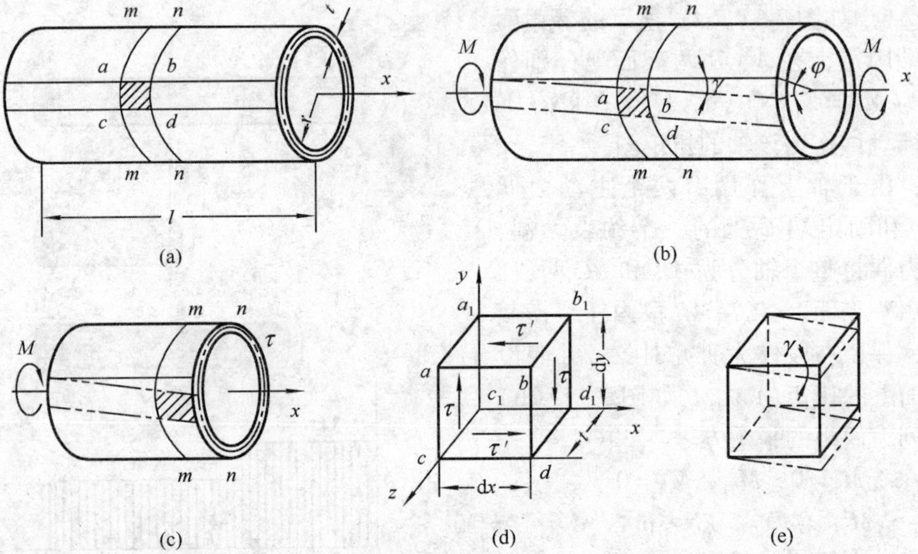

图　7-12

如果用相邻的两个横截面和两个纵截面，从图 7-12（a）中受扭转的薄壁圆筒上切出一个三个边长分别为 $\mathrm{d}x$、$\mathrm{d}y$ 及 t 的微六面体，如图 7-12（d）所示。由于圆筒横截面上有切应力，所以在六面体侧面 aa_1c_1c 和 bb_1d_1d 上作用有一对等值反向的切应力 τ，于是两反向力 $\tau t\mathrm{d}y$ 形成一个力偶矩为 $(\tau t\mathrm{d}y)\mathrm{d}x$ 的顺时针转向力偶。为保持平衡，在这个六面体的 aa_1b_1b 和 cc_1d_1d 面上必然存在一对等值反向的切应力 τ'，并由两反向力 $\tau' t\mathrm{d}x$ 形成一力偶矩为 $(\tau' t\mathrm{d}x)\mathrm{d}y$ 的逆时针转向力偶。由平衡方程 $\sum M_z=0$，可得

$$(\tau' t\mathrm{d}x)\mathrm{d}y=(\tau t\mathrm{d}y)\mathrm{d}x$$

所以

$$\tau'=\tau \tag{7-7}$$

式（7-7）表明，在相互垂直的两个平面上，切应力必然成对存在，而且数值相等；两者都垂直于两个平面的交线，方向则共同指向或共同背离这一交线。这就是切应力互等定理。这一定理具有普遍意义。在图 7-12（d）中的微六面体的上下左右四个侧面上，只有切应力而无正应力，这种情况称为纯剪切。

从以上的分析可知，受扭转的薄壁圆筒，各点都处于纯剪切状态。因此，围绕筒壁上任一点用两个横截面和两个径向截面切出的微六面体，在剪应力作用下变成了斜平行六面体，原来的直角改变了一微角 γ，如图 7-12（e）所示。在这里，γ 称为切应变。切应变是衡量剪切变形的一个量。从图 7-12（b）中可知，若 φ 为薄壁圆筒两端的相对转角，l 为圆筒的长度，则切应变 γ 应为 $\gamma=r\varphi/l$。由薄壁圆筒的扭转试验可以找到材料在纯剪切时 τ 与 γ 之

间的关系，即当外力偶矩从零逐渐增加时，相应的各截面上的扭矩 M_T 也将从零逐渐增加，记录下对应于扭矩 M_T 每一增加瞬间的 φ 角，然后根据 $\tau = M/2\pi r^2 t$ 与 $\gamma = r\varphi/l$ 两式即可找出一系列的 τ 与 γ 的对应数值，可以画出如图 7-13 所示的 $\gamma-\tau$ 曲线，这条曲线是由低碳钢受扭转变形得出的，它与低碳钢的 $\varepsilon-\sigma$ 曲线有些相似。在 $\gamma-\tau$ 曲线中 OA 为一直线，这表明切应力不超过剪切比例极限 τ_p 时，切应力 τ 与切应变 γ 成正比。这个关系称为剪切胡克定律。即

$$\tau = G\gamma \tag{7-8}$$

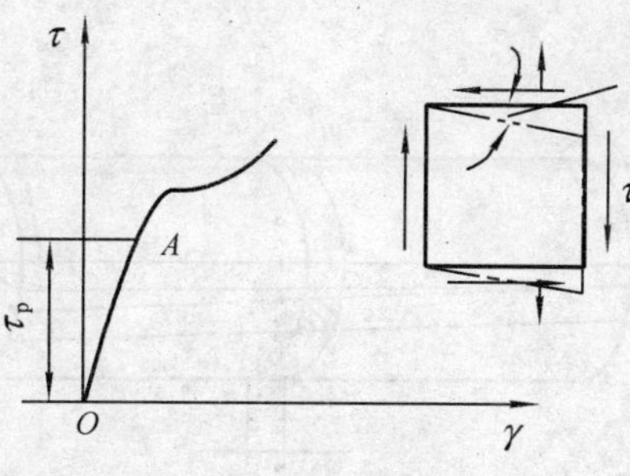

图 7-13

式中 G 为比例常数，称为材料的切变模量。因为 γ 没有量纲，所以 G 的量纲与 τ 相同，常用单位是 GPa。其数值可以通过试验测得，钢材的值约为 80 GPa。G 值越大，表示材料抵抗剪切变形的能力越大。

切变模量 G 与弹性模量 E 以及泊松比 μ 都是表示材料弹性性质的常数，由实验确实，对于各向同性材料，它们之间存在如下关系

$$G = \frac{E}{2(1+\mu)} \tag{7-9}$$

由式可知，这三个弹性常数中只要知道任意两个，另一个即可确定。

§7.5 圆轴扭转时的应力与变形

圆轴扭转时，由截面法可求出横截面上的扭矩。如果知道切应力在圆轴横截面上的分布规律，就能够确定分布内力系在各点的切应力之值。但对实心圆轴来说，不能像薄壁圆筒扭转那样，认为横截面上的应力沿壁厚均匀分布。所以只利用静力学条件（即横截面上的内力组成为扭矩）不可能找到应力分布规律。因此，研究圆轴扭转时的应力属于超静定问题，要解决这一超静定问题，须从三个方面考虑。首先，由杆的变形找出应变的变化规律，也就是研究圆轴扭转时的变形几何关系。其次，由应变规律找出应力的分布规律，也就是建立应力和应变间的物理关系。最后，根据扭矩和应力之间的静力学关系，找出剪应力的计算公式。这是分析横截面上应力的一般方法。

下面从变形几何关系、物理关系和静力学关系这三个方面进行具体讨论圆轴扭转时的切应力。

1. 变形几何关系

在圆轴的表面上作一系列纵向线与圆周线形成许多小方格，扭转后可观察到与薄壁圆筒相似的变形现象：各圆周线绕轴线相对地旋转了一个角度，但大小、形状和相邻两圆周线之间的距离不变。在小变形的情况下，各纵向线仍近似是一条直线，只是倾斜了一个微小的角度。变形前圆轴表面的方格，变形后扭歪成菱形，如图 7-14（a）所示。

可以根据圆轴表面的现象由表及里地进行推理，得出关于圆轴扭转的基本假设：圆轴扭转变形前的横截面，变形后仍保持为平面，形状和大小不变，半径仍保持为直线，且相邻两

截面间的距离不变。这就是圆轴扭转的平面假设。按照这一假设，可想象出，在扭转变形中，圆轴的横截面就像刚性平面一样，绕轴线发生了角度不同的转动。根据平面假设得到的应力和变形公式已为试验所证实，所以这一假设是正确的。

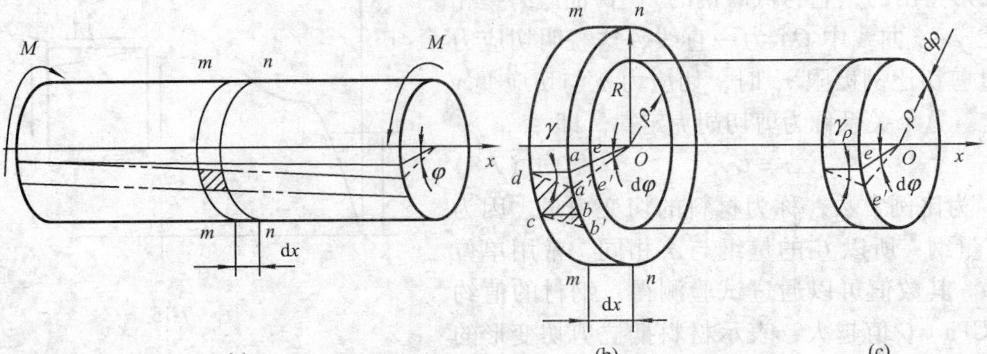

图　7-14

从圆轴中取出相距为 dx 的微段［见图 7-14（b）］，由平面假设，$m-m$ 截面相对于 $n-n$ 截面转动了角度 $d\varphi$，半径 Oa 转到 Oa'位置。因此，如将圆轴看成由无数薄壁圆筒组成的，则所有薄壁圆筒的扭转角 $d\varphi$ 都相同。从 dx 段圆轴中取出半径为 ρ，厚度为 $d\rho$ 的薄筒［见图 7-14（c）］，此薄筒的扭转角就等于 $m-m$ 截面相对于 $n-n$ 截面的扭转角 $d\varphi$，其切应变 γ_ρ 为

$$\gamma_\rho \approx \tan\gamma_\rho = \frac{ee'}{dx} = \frac{\rho d\varphi}{dx}$$

即

$$\gamma_\rho = \rho\frac{d\varphi}{dx}$$

式中，$\frac{d\varphi}{dx}$表示沿轴线方向单位长度的扭转角，对同一截面$\frac{d\varphi}{dx}$为常量。因此，切应变 γ_ρ 随薄筒半径 ρ 的增加而成比例地增大。即圆轴横截面上任一点的剪应变与该点到圆心的距离成正比，这就是切应变的变化规律。

2. 物理关系

根据剪切胡克定律，可得到横截面上任一半径处的切应力为

$$\tau_\rho = G\gamma_\rho = G\rho\frac{d\varphi}{dx} \tag{7-10}$$

式（7-10）表明圆轴扭转时，横截面上剪应力沿横截面的半径方向按线性规律分布。显然，在横截面中心处，即 $\rho=0$ 时，τ 为零；在圆轴表面，即 $\rho=D/2$ 时，τ 最大；在半径为 ρ 的圆周上，各点的剪应力值 τ_ρ 均相同，其方向垂直于半径 OA，剪应力在圆轴横截面上的分布规律如图 7-15（a）所示。

3. 静力学关系

在式（7-10）中只给出了剪应力的分布规律，还不能用它计算横截面上任一点处的应力

数值，因为其中单位长度的扭转角$\frac{d\varphi}{dx}$为未知量。因此，需要利用静力学关系来找出$\frac{d\varphi}{dx}$与扭矩 M_T 之间的关系。

如图 7-15（b）所示的圆轴横截面，设在距圆心为ρ处取一微面积 dA，其上微内力 $\tau_\rho dA$ 对 x 轴之矩为 $\rho\tau_\rho dA$。将所有微内力矩求和，即得截面上的扭矩：

$$M_T = \int_A \rho\tau_\rho dA$$

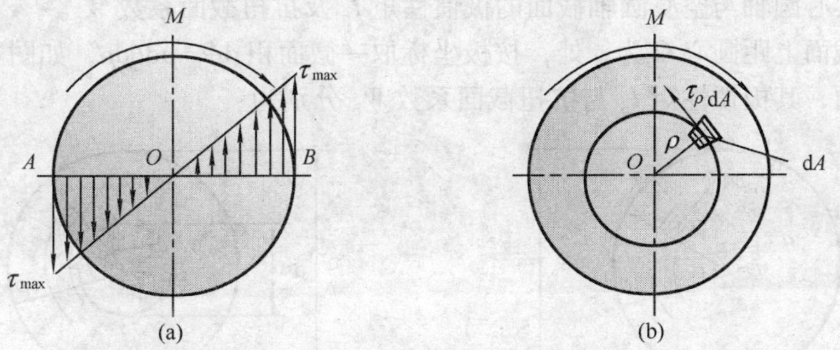

图　7-15

式中积分对整个圆形截面进行。将式（7-10）代入上式，并注意到当在某一给定的横截面上积分时，$\frac{d\varphi}{dx}$也是常量，于是有

$$M_T = \int_A \rho G\rho \frac{d\varphi}{dx} dA = G\frac{d\varphi}{dx} \cdot \int_A \rho^2 dA$$

式中，$\int_A \rho^2 dA$ 是与圆截面有关的一个几何量，用 I_p 表示，即

$$I_p = \int_A \rho^2 dA$$

I_p 称为圆截面对点 O 的极惯性矩，其单位为 m^4。于是前式可写成为

$$M_T = G\frac{d\varphi}{dx}I_p$$

由此可得单位长度扭转角为

$$\frac{d\varphi}{dx} = \frac{M_T}{GI_p} \tag{7-11}$$

式中，$\frac{d\varphi}{dx}$的单位为 rad/m。将式（7-11）代入式（7-10）得到圆轴扭转时横截面上任一点的切应力公式：

$$\tau_\rho = \frac{M_T\rho}{I_p} \tag{7-12}$$

截面上的最大切应力发生在圆轴横截面的周边上，即当 $\rho = D/2$ 时，最大值为

$$\tau_{max} = \frac{M_T \frac{D}{2}}{I_p} = \frac{M_T}{I_p\Big/\frac{D}{2}}$$

式中的直径 D 与极惯性矩 I_p 都与截面的几何尺寸有关。引入符号 W_p，使

$$W_p = I_p \bigg/ \frac{D}{2}$$

于是

$$\tau_{max} = \frac{M_T}{W_p} \tag{7-13}$$

W_p 称为抗扭截面系数（抗扭截面模量），它的单位为 m^3。

下面计算实心圆轴与空心圆轴截面的极惯性矩 I_p 及抗扭截面系数 W_p。

在圆轴横截面上距圆心 O 为 ρ 处，按极坐标取一微面积 $dA = \rho d\theta d\rho$，如图 7-16 所示。对于实心圆轴截面，其极惯性矩 I_p 与抗扭截面系数 W_p 分别为

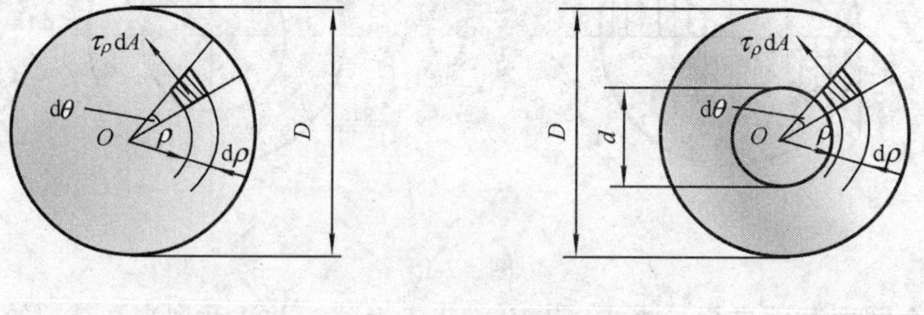

图 7-16

$$I_p = \int_A \rho^2 dA = \int_0^{2\pi}\int_0^{\frac{D}{2}} \rho^3 d\rho d\theta = \frac{\pi D^4}{32} \tag{7-14a}$$

$$W_p = I_p / \frac{D}{2} = \frac{\pi D^3}{16} \tag{7-14b}$$

式中，D 为圆轴横截面的直径。

对于空心圆轴截面，其极惯性矩 I_p 与抗扭截面系数 W_p 分别为

$$I_p = \int_A \rho^2 dA = \int_0^{2\pi}\int_{\frac{d}{2}}^{\frac{D}{2}} \rho^3 d\rho d\theta = \frac{\pi}{32}(D^4 - d^4) = \frac{\pi D^4}{32}(1 - \alpha^4) \tag{7-15a}$$

$$W_p = I_p \bigg/ \frac{D}{2} = \frac{\pi D^3}{16}(1 - \alpha^4) \tag{7-15b}$$

式中，$\alpha = \frac{d}{D}$，D 和 d 分别为空心圆轴截面的外直径与内直径。

4. 变形计算

扭转变形的标志是两个横截面间绕轴线的相对扭转角。故由式（7-11）可知，相距为 dx 微段两个截面间的相对扭转角为

$$d\varphi = \frac{M_T}{GI_p}dx$$

对上式沿 x 轴积分，即可得到相距为 l 的两个截面间的相对扭转角为

$$\varphi = \int d\varphi = \int_0^l \frac{M_T}{GI_p}dx \tag{7-16}$$

若相距为 l 的两个截面间 M_T、G、I_p 为常数，则此两个截面间的相对扭转角为

$$\varphi = \frac{M_T l}{G I_p} \tag{7-17}$$

在同样的扭矩 M_T 下，式中分母 GI_p 愈大，相对扭转角 φ 将愈小，所以 GI_p 称为圆轴的抗扭刚度，φ 的单位为弧度。

若相距为 l 的两个截面间的 M_T 值发生变化，或 I_p 值发生变化，则应分段计算各段的相对扭转角，然后相加，得到

$$\varphi = \sum_{i=1}^{n} \frac{M_{Ti} l_i}{G I_{pi}} \tag{7-18}$$

在式（7-17）中，为消除轴的长度 l 对扭转角的影响，用 θ 表示单位长度的扭转角，即

$$\theta = \frac{M_T}{G I_p} \tag{7-19}$$

θ 的单位为 rad/m。

以上就实心圆轴扭转推导出的应力及变形公式对空心圆轴也是适用的，而这些公式只在弹性范围内才适用。即 τ_{max} 不超出材料的剪切比例极限 τ_p 的情况适用。

§7.6　圆轴扭转时的强度与刚度条件

为了保证圆轴受扭转时能够正常工作，必须限制圆轴内横截面上的最大剪应力不超过材料的许用切应力[τ]，即

$$\tau_{max} = \frac{M_{Tmax}}{W_p} \leqslant [\tau] \tag{7-20}$$

对于等截面圆轴，最大剪应力 τ_{max} 发生在 M_{Tmax} 所在的截面的边缘上，对于变截面圆轴（例如阶梯轴），由于 W_p 不是常量，则 τ_{max} 不一定发生在 M_{Tmax} 所在的截面上。因此，这时应综合考虑扭矩与抗扭截面系数 W_p 两者的变化情况来确定 τ_{max}。式中的[τ]可以根据静载荷下薄壁圆筒扭转试验来确定。许用切应力[τ]与许用拉应力[σ]之间的关系如下。

对塑性材料：

$$[\tau] = (0.5 \sim 0.6)[\sigma]$$

对脆性材料：

$$[\tau] = (0.8 \sim 1.0)[\sigma]$$

对于轴类构件，由于考虑到动载荷及其他原因，所取许用切应力一般比静载荷下的许用切应力要低。

工程实际中，为了能正常工作，一些轴除了满足强度条件以外，还需要对其变形（即单位长度的扭转角 θ）加以限制，亦即还要满足刚度条件。为了确保轴的刚度，通常规定单位长度扭转角的最大值 θ_{max} 也应不超过规定的许用扭转角[θ]。因此，扭转变形的刚度条件为

$$\theta = \frac{M_{Tmax}}{G I_p} \leqslant [\theta] (\text{rad/m}) \tag{7-21a}$$

或

$$\theta = \frac{M_{Tmax}}{G I_p} \times \frac{180}{\pi} \leqslant [\theta] (°/\text{m}) \tag{7-21b}$$

式中，[θ]的值按照对机器的要求和轴的工作环境来确定，可从相关手册中查到。例如，对

精密机器的轴，$[\theta]=(0.25\sim0.50)°/m$；对一般传动轴，$[\theta]=(0.5\sim1.0)°/m$；对精度要求稍低的传动轴，$[\theta]=(1.0\sim2.5)°/m$。

例 7-7 钢质实心圆轴两端受到矩为 $M=20\ kN\cdot m$ 的力偶作用，若材料的许用切应力为 $[\tau]=50\ MPa$，单位长度的许用扭转角为 $[\theta]=0.3°/m$，材料的切变模量 $G=80\ GPa$。试设计该圆轴的直径。

解： 由于只在圆轴的两端作用力偶 M，所以该轴的扭矩 $M_T=M=20\ kN\cdot m$，故由强度条件式（7-20）及式（7-14b）得

$$D\geqslant\sqrt[3]{\frac{16M}{\pi[\tau]}}=\sqrt[3]{\frac{16\times20\times10^3\times10^3}{\pi\times50}}=127(mm)$$

再由刚度条件式（7-21b）及式（7-14a），得

$$D\geqslant\sqrt[4]{\frac{32\times180M}{G\pi^2[\theta]}}=\sqrt[4]{\frac{32\times180\times20\times10^3\times10^3}{80\times\pi^2\times0.3}}=149(mm)$$

从设计角度考虑，D 应为两个结果中较大的值，最后取该轴的直径为 150 mm。

例 7-8 一端固定的空心圆轴如图 7-17（a）所示。已知轴的外径 $D=100$ mm，内径 $d=80$ mm，$l=500$ mm，$M_1=6\ kN\cdot m$，$M_2=4\ kN\cdot m$，材料的剪变弹性模量 $G=80$ GPa，$[\tau]=40$ MPa，$[\theta]=0.5°/m$。试校核该轴的强度与刚度，并计算截面 C 对固定端截面 A 的相对扭转角。

解：（1）由题意，不难求出 AB 与 BC 两段的扭矩，其中 AB 段的扭矩为 $M_{T1}=2\ kN\cdot m$，BC 段的扭矩为 $M_{T2}=-4\ kN\cdot m$。圆轴的扭矩图如图 7-17（b）所示。可见，最大扭矩发生在 BC 段内，即 $M_{Tmax}=|M_{T2}|=4\ kN\cdot m$。因此，由扭转的强度条件，得

$$\tau_{max}=\frac{M_{Tmax}}{W_p}=\frac{4\times10^3\times10^3}{\frac{\pi}{16}\times100^3\times\left[1-\left(\frac{80}{100}\right)^4\right]}=34.5\ (MPa)\ <[\tau]$$

即圆轴满足强度条件。

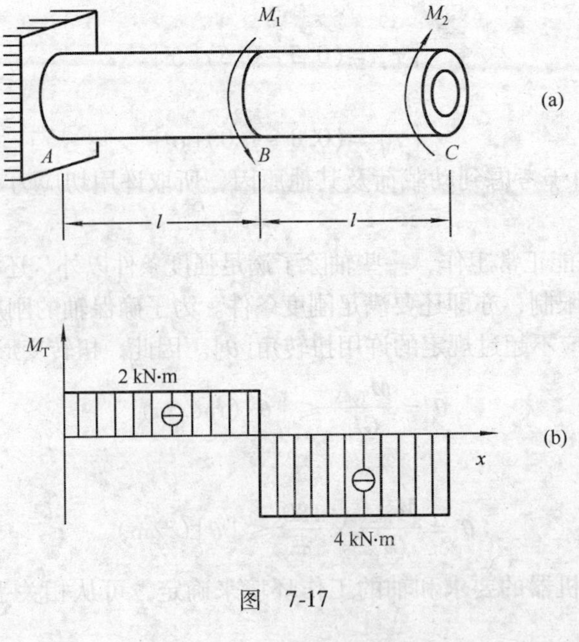

图 7-17

再由扭转的刚度条件，得

$$\theta_{\max}=\frac{M_{\mathrm{Tmax}}}{GI_{\mathrm{p}}}\times\frac{180}{\pi}=\frac{4\times10^{3}\times10^{3}}{80\times\frac{\pi}{32}\times100^{4}[1-(\frac{80}{100})^{4}]}\times\frac{180}{\pi}=0.494\ (°/\mathrm{m})<[\theta]$$

可见它也满足刚度条件。

（2）求相对扭转角 φ_{CA}。由于扭矩 M_{T} 沿 x 轴发生变化，故应按式（7-18）来计算 φ_{CA}，即

$$\varphi_{CA}=\varphi_{CB}+\varphi_{BA}=\left(\frac{M_{\mathrm{T2}}l}{GI_{\mathrm{p}}}+\frac{M_{\mathrm{T1}}l}{GI_{\mathrm{p}}}\right)\times\frac{180}{\pi}=\frac{(M_{\mathrm{T2}}+M_{\mathrm{T1}})l}{GI_{\mathrm{p}}}\times\frac{180}{\pi}$$

$$=\frac{(-4+2)\times10^{3}\times500}{80\times\frac{\pi}{32}\times100^{4}[1-(\frac{80}{100})^{4}]}\times\frac{180}{\pi}=-0.124\ (°)$$

式中，φ_{CB}与φ_{BA}的符号与各段扭矩的符号相同，即φ为正表示相邻两截面间的相对转向为逆时针方向，φ为负则表示为顺时针方向。

例 7-9　汽车的传动主轴用 40 号钢的电焊钢管制成，钢管外径 $D=76$ mm，壁厚 $t=2.5$ mm，轴传递的转矩 $M=1.98$，材料的许用剪应力$[\tau]=100$ MPa，剪变弹性模量 $G=80$GPa，轴的许可扭转角$[\theta]=2°/\mathrm{m}$。试校核轴的强度和刚度。

解：由题意可知，扭矩 $M_{\mathrm{Tmax}}=M=1.98$ kN·m，轴的内、外径之比为

$$\alpha=\frac{d}{D}=\frac{D-2t}{D}=\frac{76-2\times2.5}{76}=0.935$$

由式（7-15）得

$$I_{\mathrm{p}}=\frac{\pi D^{4}}{32}(1-\alpha^{4})=\frac{76^{4}\pi}{32}(1-0.935^{4})=7.72\times10^{5}(\mathrm{mm}^{4})$$

$$W_{\mathrm{p}}=I_{\mathrm{p}}/\frac{D}{2}=7.72\times10^{5}/\frac{76}{2}=2.03\times10^{4}(\mathrm{mm}^{3})$$

由强度条件，得

$$\tau_{\max}=\frac{M_{\mathrm{Tmax}}}{W_{\mathrm{p}}}=\frac{1.98\times10^{3}\times10^{3}}{2.03\times10^{4}}=97.5(\mathrm{MPa})<[\tau]$$

由刚度条件，得

$$\theta_{\max}=\frac{M_{\mathrm{Tmax}}}{GI_{\mathrm{p}}}\times\frac{180}{\pi}=\frac{1.98\times10^{3}\times10^{3}}{80\times7.72\times10^{5}}\times\frac{180}{\pi}=1.84(°/\mathrm{m})<[\theta]$$

故此轴的强度和刚度都满足要求。

如果将本例的空心轴改为同一材料直径为 d 的实心轴，仍然使 $\tau_{\max}=97.5$ MPa，则

$$\tau_{\max}=\frac{M_{\mathrm{Tmax}}}{W_{\mathrm{p}}}=\frac{1.98\times10^{3}\times10^{3}}{\frac{\pi}{16}d^{3}}=97.5(\mathrm{MPa})$$

由上式得实心轴的直径 $d = 46.9$ mm

其截面面积为

$$A_{实} = \frac{\pi \times 46.9^2}{4} = 1\,728(\text{mm}^2)$$

而空心轴的截面面积为

$$A_{空} = \frac{\pi \times [76^2 - (76 - 2 \times 2.5)^2]}{4} = 577(\text{mm}^2)$$

可见，实心轴的截面面积约为空心轴的三倍。也就是说，使用空心轴和使用实心轴相比，可以节省三分之二的材料。从图 7-18 所示的应力分布图可以看出，对于实心截面，当边缘处剪应力达到许可值时，靠近圆心处的切应力值很小。这部分材料就没有充分发挥作用。若把圆心部分的材料向外移，作成空心轴，这部分材料就能承受较大的压力，也明显地增大了截面的极惯性矩 I_p。这样，自然也就提高了轴的刚度。反之，如保持轴的刚度不变，亦即保持横截面的极惯性矩 I_p 不变，空心轴则可以减轻轴的重量，节约材料。所以，飞机，轮船，汽车等运输机械的一些轴，常采用空心轴以减轻轴的重量。但对一些直径较小的长轴，如加工成空心轴，因加工工艺比较复杂，反而会增加成本，并不经济。另外，有些轴轴壁太薄时还会因扭转而丧失稳定性，所以，在设计时要综合考虑。

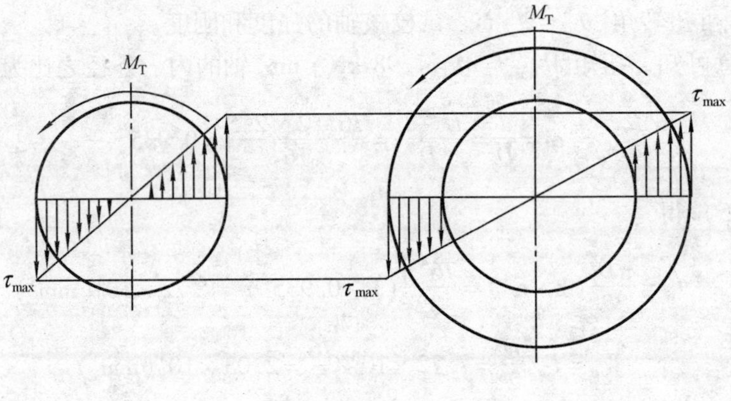

图　7-18

思　考　题

7-1　何谓剪切？剪切变形的特征是什么？

7-2　挤压与压缩有何区别？

7-3　剪切变形的切应力与扭转变形的切应力有何区别？

7-4　说明扭转应力，变形公式 $\tau_\rho = \frac{M_T \rho}{I_p}$，$\varphi = \int_0^l \frac{M_T}{GI_p} dx$ 的应用条件。应用拉、压应力变形公式时是否也有这些条件限制？

7-5　扭转切应力在圆轴横截面上是怎样分布的？指出在图 7-19 所示的应力分布图中哪些是正确的。

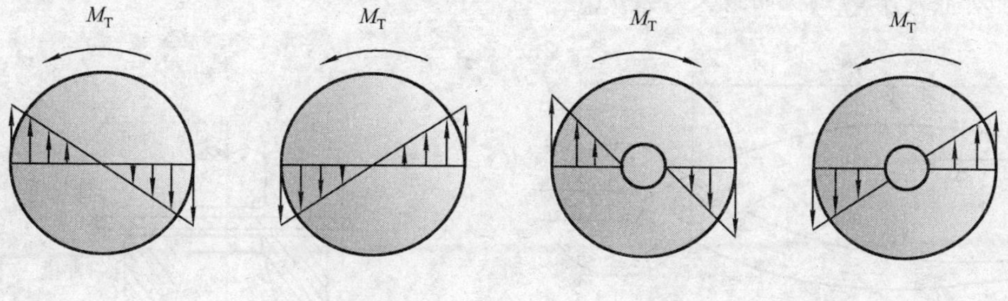

(a) (b) (c) (d)

图 7-19

7-6 若将实心轴直径增大一倍，而其他条件不变，问最大切应力，轴的扭转角将如何变化？

7-7 直径相同而材料不同的两根等长实心轴，在相同的扭矩作用下，最大切应力 τ_{max}、扭转角 φ 和极惯性矩 I_p 是否相同？

7-8 何谓纯剪切？何谓切应力互等定理？

习 题

7-1 试校核图 7-20 所示连接销钉的抗剪强度。已知 $F=100$ kN，销钉直径 $d=30$ mm，材料的许用切应力 $[\tau]=60$ MPa，若强度不够，应改用多大直径的销钉？

7-2 木榫接头如图 7-21 所示，$a=b=12$ cm，$h=35$ cm，$c=4.5$ cm，$F=40$ kN。试求接头的切应力和挤压应力。

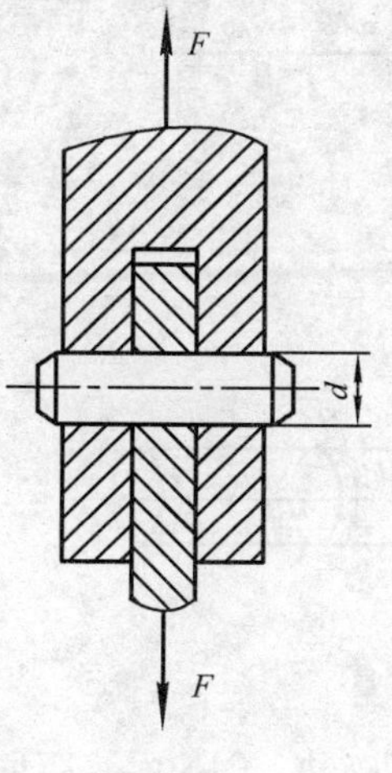

图 7-20

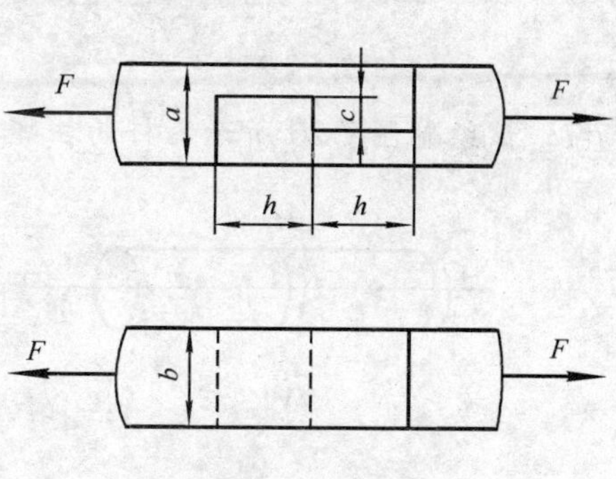

图 7-21

7-3 如图 7-22 所示，用夹剪剪断直径为 3 mm 的铅丝。若铅丝的极限切应力为 100 MPa，试问需要多大的力 F？若销钉 B 的直径为 8 mm，试求销钉的切应力？

7-4 如图 7-23 所示，冲床的最大冲压力为 400 kN，冲头材料的 $[\sigma]=440$ MPa，被冲剪钢板的极限切应力 $\tau^0=360$ MPa，求在最大冲压力作用下所能冲剪的圆孔的最小直径 d_{min}，以及这时所能冲剪的钢板的最大厚度 t_{max}。

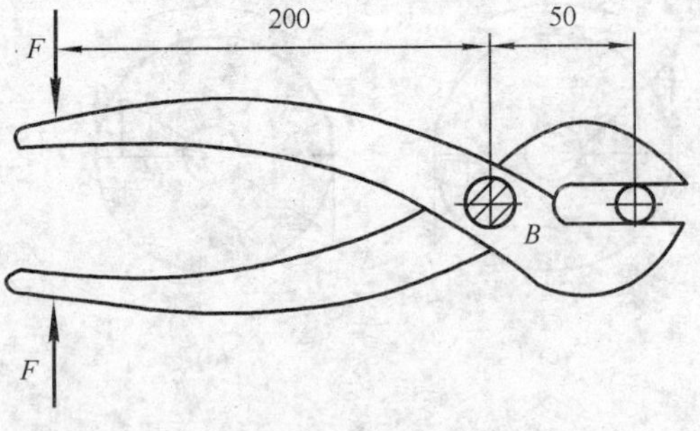

图 7-22

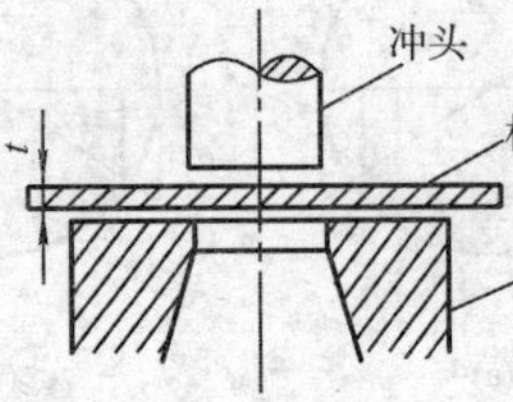

图 7-23

7-5 一铆钉接头如图 7-24 所示，板和铆钉都用同一种钢材制成，其 $[\tau]=80$ MPa，$[\sigma_{bs}]=200$ MPa，$[\sigma]=120$ MPa，并已知 $F=70$ kN，铆钉直径 $d=18$ mm 及板的几何尺寸。试校核此接头部分的强度。

7-6 图 7-25 所示承受内压的圆筒与端盖之间用角铁和铆钉相连。已知圆筒内径 $D=1\ 000$ mm，内压 $p=1$ MPa，筒壁及角铁的厚度均为 10 mm。若铆钉的直径为 20 mm，许用切应力 $[\tau]=70$ MPa，许用挤压应力 $\sigma_{bs}=160$ MPa，许用拉应力 $[\sigma]=40$ MPa，试问连接筒盖和角铁以及连接角铁和筒壁的铆钉每边各需要多少个？

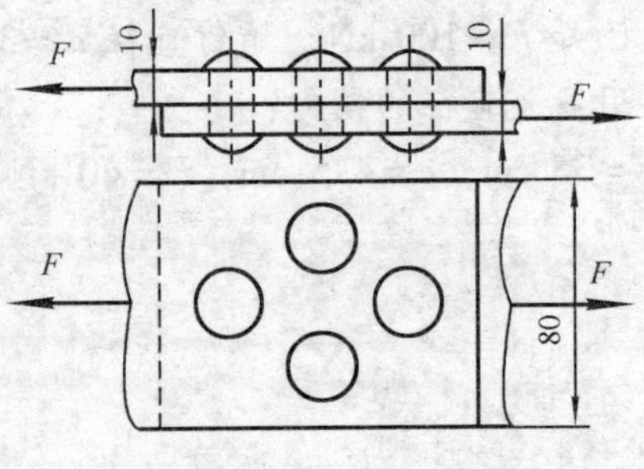

图 7-24

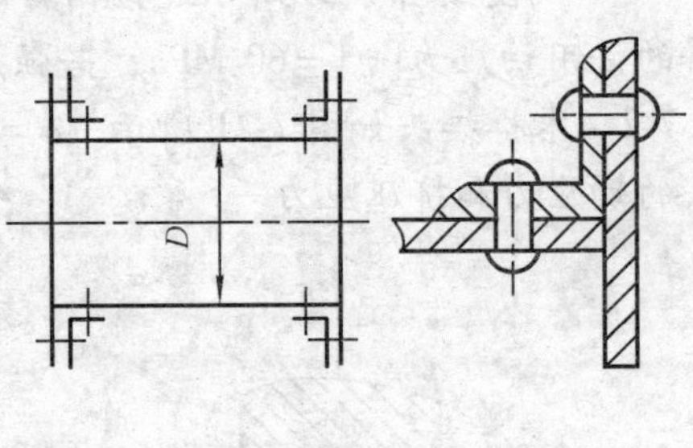

图 7-25

7-7 试绘制图 7-26 所示各杆的扭矩图。

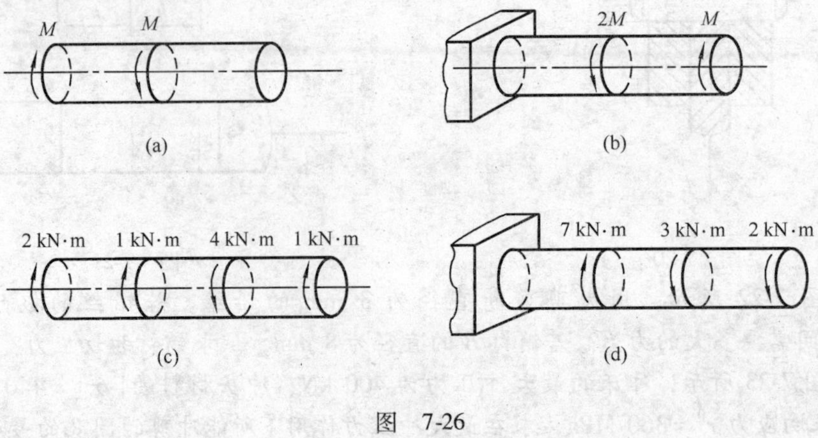

图 7-26

7-8　直径为 $D=50$ mm 的圆轴，受到扭矩 $M=2.15$ kN · m 的作用，试求在距离轴心10 mm处的切应力，并求轴截面上的最大切应力。

7-9　已知圆轴的转速 $n=300$ r/min，传递功率 330.75 kW，材料的 $[\tau]=60$ MPa，$G=82$ GPa。要求在 2 m 长度内的相对扭转角不超过 1°，试求该轴的直径。

7-10　如图 7-27 所示，已知作用在变截面钢轴上的外力偶矩 $M_1=1.8$ kN · m，$M_2=1.2$kN · m。试求最大切应力和最大相对转角。材料的 $G=80$ GPa。

7-11　图 7-28 所示一圆截面直径为 800 mm 的传动轴，上面作用的外力偶矩为 $M_1=1\,000$N · m，$M_2=600$ N · m，$M_3=200$ N · m，$M_4=200$ N · m：(1) 试作出此轴的扭矩图；(2) 试计算各段轴内的最大切应力及此轴的总扭转角（已知材料的切变模量 $G=79$ GPa）；(3) 若将外力偶矩 M_1 和 M_2 的作用位置互换一下，问圆轴的直径是否可以减小？

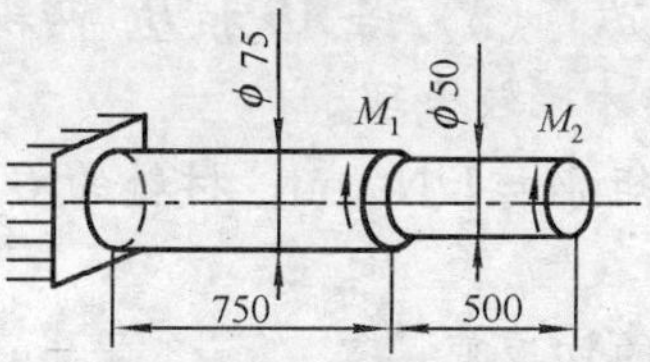

图　7-27

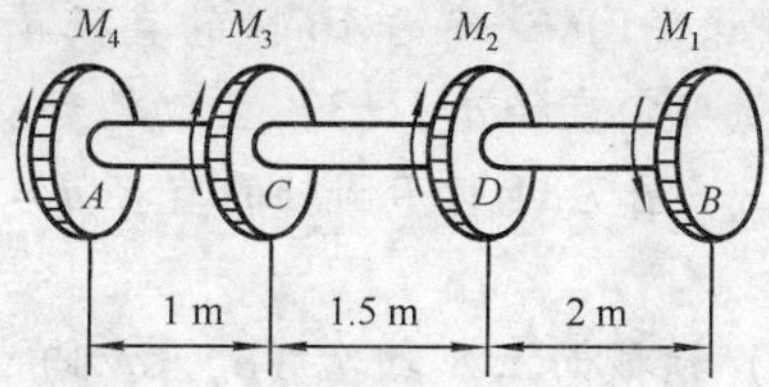

图　7-28

7-12　发电量为 15 000 kW 的水轮机主轴如图 7-29 所示，$D=550$ mm，$d=300$ mm，正常转速 $n=250$ r/min。材料的许用切应力 $[\tau]=50$ MPa。试校核水轮机主轴的强度。

7-13　图 7-30 所示 AB 轴的转速 $n=120$ r/min，从 B 轮输入功率 $P=44.15$ kW，此功率的一半通过锥齿轮传给垂直轴 C，另一半由水平轴 H 输出。已知 $D_1=600$ mm，$D_2=240$ mm，$d_1=100$ mm，$d_2=80$ mm，$d_3=60$ mm，$[\tau]=20$ MPa。试对各轴进行强度校核。

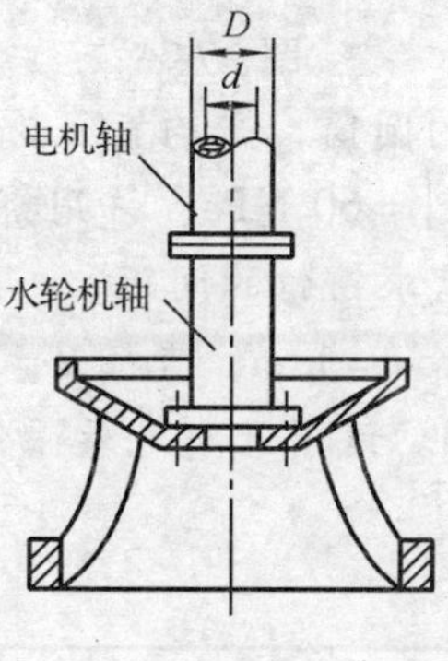

图　7-29

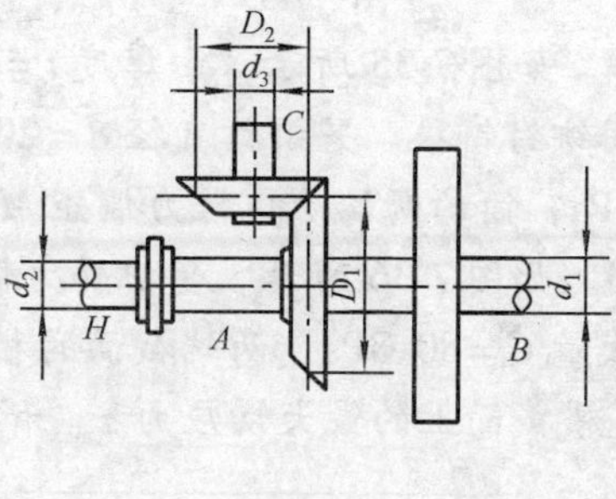

图　7-30

7-14　实心轴和空心轴通过牙嵌式离合器连接在一起，如图 7-31 所示。已知轴的转速 $n=100$ r/min，传递的功率 $P=7.5$ kW，材料的许用应力 $[\tau]=40$ MPa。试选择实心轴直径 d_1 和内外径比值为 $\frac{1}{2}$ 的空心轴的外径 D_2。

7-15　如图 7-32 所示，已知一皮带轮传动轴。主动轮 A 由电动机输入功率 $P_A=7.35$ kW，B 轮和 C 轮分别带动两台水泵，消耗功率 $P_B=4.41$ kW，$P_C=2.94$ kW，轴的转速 $n=600$ r/min，轴的材料 $[\tau]=20$ MPa，$G=80$ GPa，$[\theta]=1$ °/m，试按强度和刚度条件确定轴的直径 d。

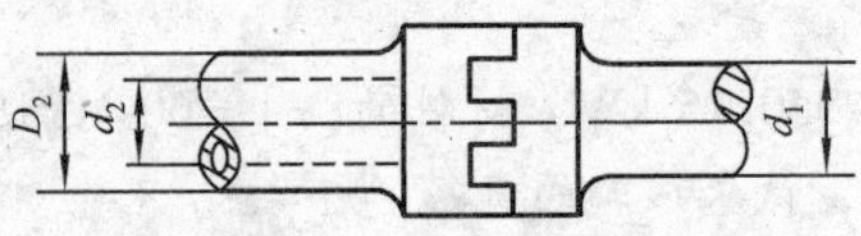

图 7-31

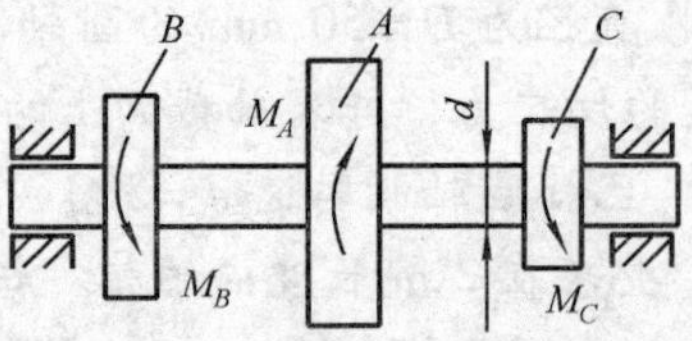

图 7-32

7-16　钢质实心轴和铝质空心轴（内外径比值 $\alpha=0.6$）的横截面面积相等。$[\tau]_{钢}=80$ MPa，$[\tau]_{铝}=50$ MPa。若仅从强度条件考虑，哪一根轴能承受较大的扭矩？

7-17　如图 7-33 所示传动轴的转速 $n=500$ r/min，主动轮输入功率 $N_1=367.5$ kW，从动轮 2、3 分别输出功率 $N_2=147$ kW，$N_3=220.5$ kW。已知 $[\tau]=70$ MPa，$[\theta]=1°/\text{m}$，$G=80$ GPa。（1）试确定 AB 段的直径 d_1 和 BC 段的直径 d_2；（2）若 AB 和 BC 两段选用同一直径，试确定直径 d；（3）主动轮和从动轮应如何安排才比较合理。

7-18　图 7-34 所示圆轴的直径 $d=50$ mm，外力偶矩 $M=1$ N · m，材料的 $G=82$ GPa。试求：

（1）横截面上 A 点处（$\rho_A=d/4$）的剪应力和相应的切应变；

（2）最大切应力和单位长度相对扭转角。

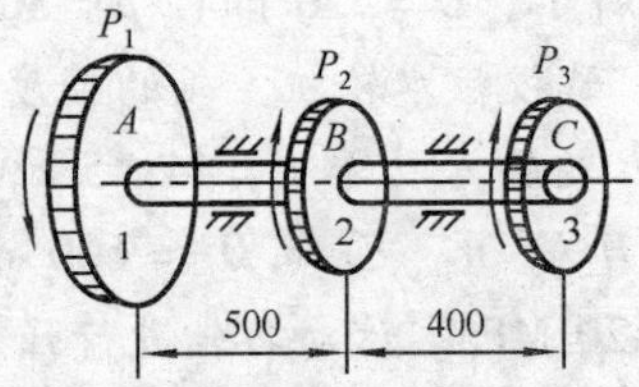

图 7-33

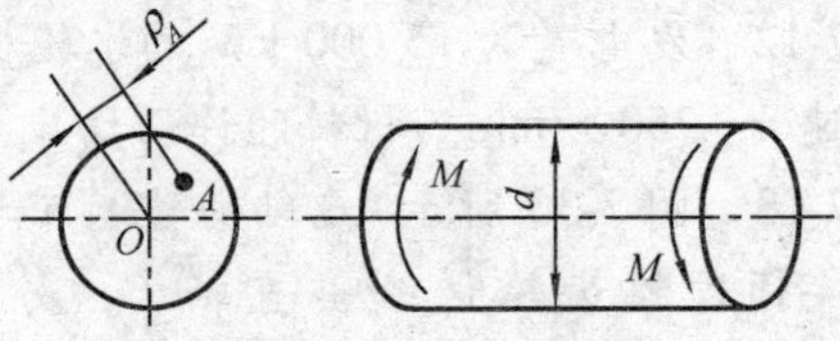

图 7-34

7-19　如图 7-35 所示，由厚度 $t=8$ mm 的钢板卷制成的圆筒，平均直径为 $D=200$ mm。接缝处用铆钉铆接。若铆钉直径 $d=20$ mm，许用切应力 $[\tau]=60$ MPa，许用挤压应力 $[\sigma_{bs}]=160$ MPa，筒的两端受扭转力偶矩 $M=30$ kN · m 作用，试求铆钉的间距 s。

7-20　如图 7-36 所示。受扭转力偶作用的圆截面杆，长 $l=1$ m，直径 $d=20$ mm，材料的切变模量 $G=80$ GPa，两端截面的相对扭转角 $\varphi=0.1$ rad。试求此杆外表面任意点处的剪应变 γ，横截面上的最大切应力 τ_{max} 和外加力偶矩 M。

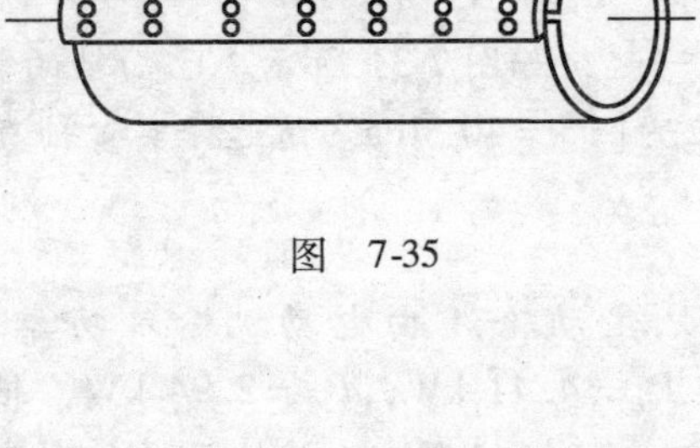

图 7-35

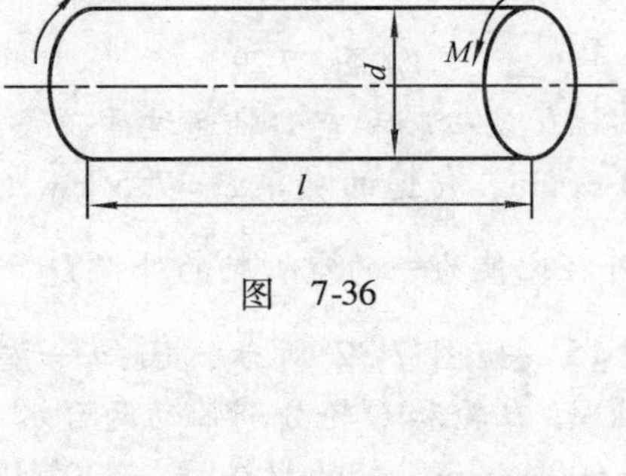

图 7-36

第 8 章　弯曲内力与强度计算

§8.1　弯曲的概念和实例

直杆在垂直于其轴线的外力或位于其轴线所在平面内的外力偶作用下，杆的轴线将由直线变成曲线，这种变形称为弯曲。承受弯曲变形为主的杆件通常称为梁。

在工程实际中，承受弯曲的杆件很多。例如有自重并承受被吊重物的重力作用的吊车梁［见图 8-1（a)］，可以简化为两端铰支的简支梁［见图 8-1（b)］，高大的塔式容器受到水平方向风荷载的作用［见图 8-2（a)］，可以简化成一端固定的悬臂梁［见图 8-2（b)］，机车轴受到一对集中力作用［见图 8-3（a)］，可以简化为一个外伸梁［见图 8-3（b)］，夹在卡盘上的被车削工件［见图 8-4（a)］也可以简化为一悬臂梁［见图 8-4（b)］等。

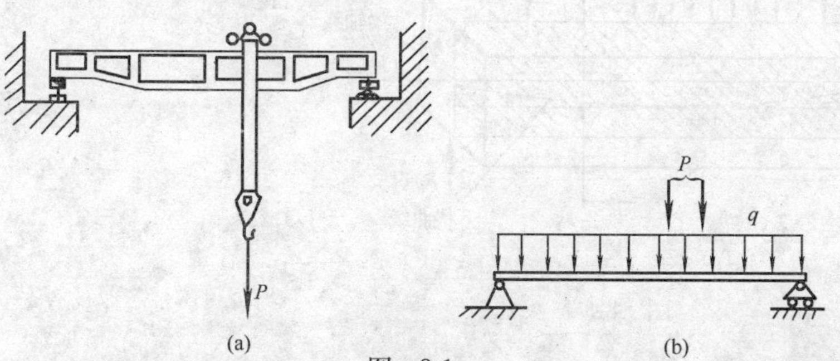

图　8-1

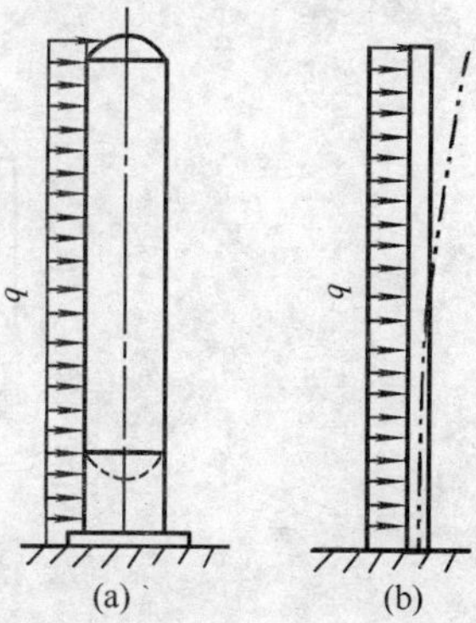

图　8-2

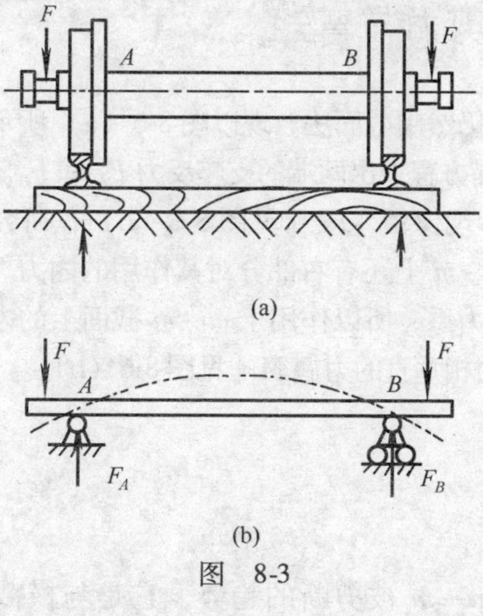

图　8-3

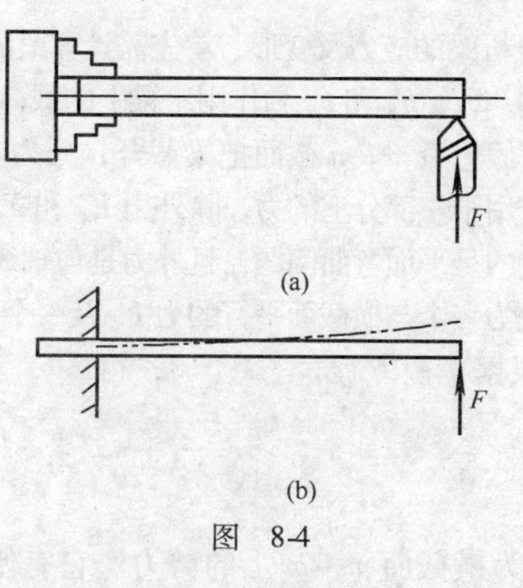

图　8-4

上述简支梁，悬臂梁及外伸梁都可以用平面力系的三个平衡方程来求出其三个未知反力，因此又统称为静定梁。

此外，装有齿轮等的轴类零件，造纸机上的压榨辊以及许多结构、设备中的骨架、机床的床身、房梁、桥梁等也都是常见梁的实例，它们在工作时都要产生弯曲变形。当所有外力（包括力偶）都作用在梁的某一平面内时，梁弯曲后的轴线也与外力在同一平面内，这种弯曲称为平面弯曲。

通常梁的横截面往往都具有对称轴［见图 8-5（a）］。各横截面的对称轴组成梁的纵向（沿其轴线方向）对称面，而外力亦作用于该纵向对称平面之内［见图 8-5（b）］。变形后梁的轴线仍为对称平面内的一条平面曲线，这样的弯曲称为对称弯曲。对称弯曲是一种平面弯曲，它是弯曲变形中最基本、最常见的情况。本章只研究直梁在平面弯曲时的内力，应力与强度计算。

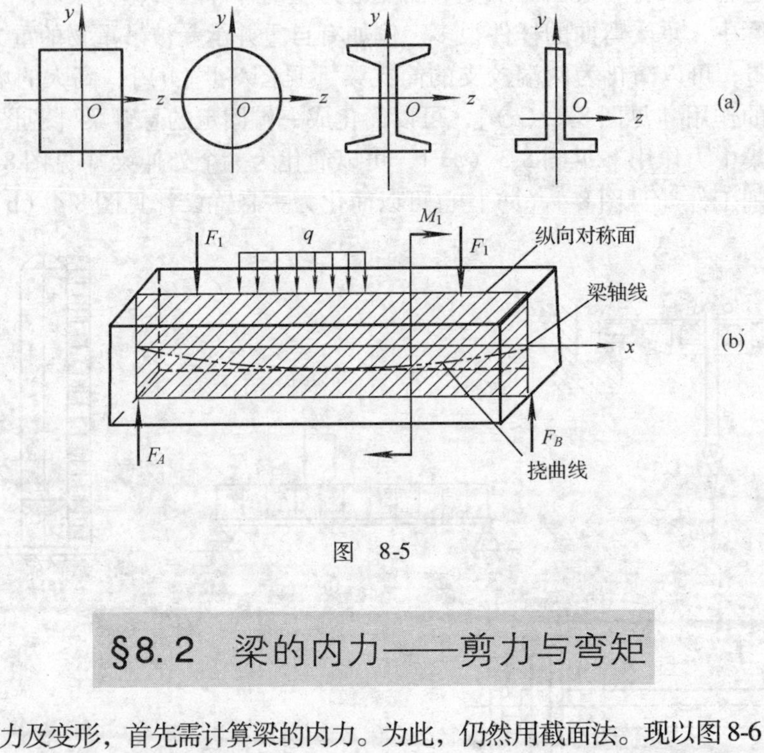

图 8-5

§8.2 梁的内力——剪力与弯矩

分析梁的应力及变形，首先需计算梁的内力。为此，仍然用截面法。现以图 8-6（a）所示简支梁为例，F_1、F_2 和 F_3 为作用于梁上的载荷，先由静力平衡方程求出两端的支座反力 F_A 和 F_B。按截面法可假想沿 $m-m$ 截面把梁截开，分为左、右两部分。现保留左段［见图 8-6（b）］，研究其平衡。作用于左部分上的力，除外力 F_A 和 F_1 外，在截面 $m-m$ 上还有右部分对其作用的内力。由于所讨论的是平面弯曲问题，且外力是与轴线相垂直的平行力系，所以作用于 $m-m$ 截面上的内力只能简化为一个与横截面平行的力 F_S 及一个作用面与横截面相垂直的力偶 M［见图 8-6（b）］。

根据平衡方程，$\sum F_y=0$，得

$$F_A-F_1-F_S=0$$

$$F_S=F_A-F_1$$

称 F_S 为横截面 $m-m$ 上的剪力。它有使梁沿横截面 $m-m$ 被剪断的趋势，它是与横截面相

切的分布内力系的合力。若把左段上的所有外力和内力对截面 $m-m$ 的形心 O 取矩，其力矩总和应等于零。

由 $\sum M_O=0$，得

$$M+F_1(x-a)-F_A x=0$$

$$M=F_A x-F_1(x-a)$$

M 称为横截面 $m-m$ 上的弯矩，它有使梁的横截面 $m-m$ 产生转动而使梁弯曲的趋势，它是与横截面垂直的分布内力系的合力偶矩。剪力 F_S 和弯矩 M 同为梁横截面上的内力。上面的讨论表明，它们都可由梁段的平衡方程来确定。

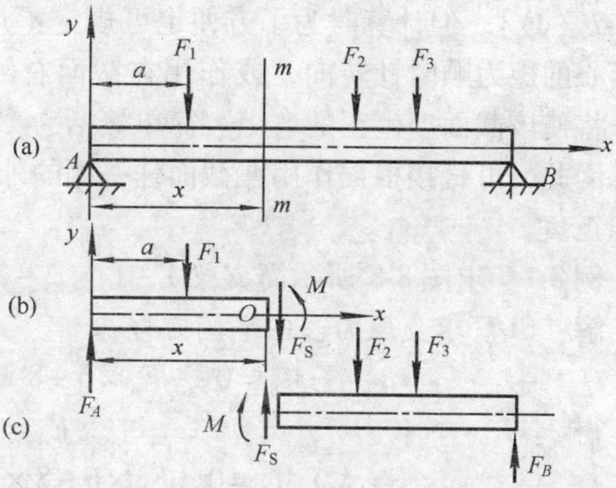

图 8-6

如以右段为研究对象［见图8-6（c）］，用相同的方法也可求得截面上 $m-m$ 的 F_S 和 M。剪力 F_S 和弯矩 M 是左段与右段在截面 $m-m$ 上相互作用的内力。因此，作用于左、右两段上的剪力 F_S 和弯矩 M，大小相等，方向相反。

从以上计算过程可知：

（1）梁的任一横截面上的剪力 F_S，其数值等于该截面任一侧所有外力的代数和。

（2）梁的任一横截面上的弯矩 M，其数值等于该截面任一侧所有外力对该截面形心取力矩的代数和。

计算剪力 F_S 和弯矩 M 时应注意其正负号规定。为使保留不同段进行内力计算所得剪力和弯矩不仅大小相等，而且符号也能相同，剪力、弯矩的正负号不能按其方向来规定，必须根据其相应的变形来确定。

剪力的正、负号规定：凡使一段梁发生左侧截面向上、右侧截面向下相对错动的剪力为正［见图8-7（a）］，反之为负［见图8-7（b）］。亦可规定：凡作用在截面左侧向上的外力或作用在截面右侧向下的外力，将使该截面产生正的剪力。简单概括为“左上或右下，剪力为正”，反之为负。

弯矩的正、负号规定：当弯矩使微段向下凹时为正［见图8-7（c）］，反之为负［见

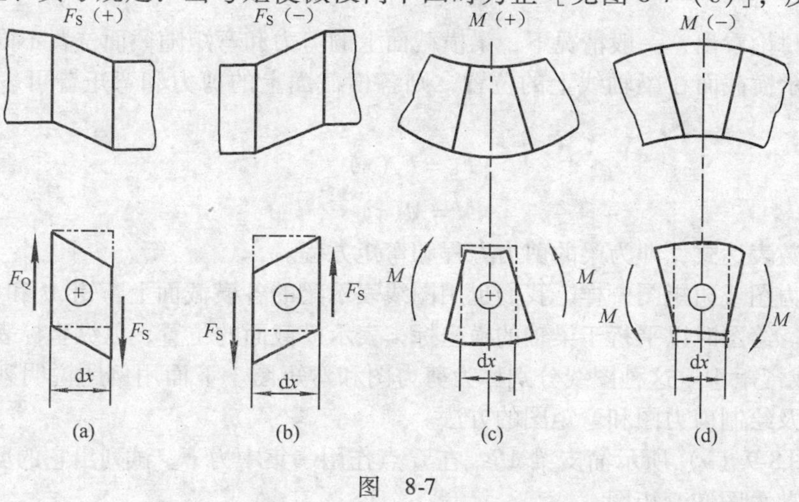

图　8-7

图 8-7（d）]。但计算时为了方便也可规定：凡作用在微段梁截面左侧的外力及外力偶对截面形心的矩为顺时针转向，或作用在截面右侧的外力及外力偶对截面形心的矩为逆时针转向，将使该截面产生正的弯矩。简单概括为“左顺或右逆，弯矩为正”，反之为负。

因此，可直接根据作用在截面任一侧的外力大小和方向，求出该截面的剪力和弯矩的数值和正负。

例 8-1　求图 8-8 所示简支梁 1－1 与 2－2 截面的剪力和弯矩。

解：（1）求支反力。由平衡方程：

$$\sum M_B=0,\ -F_A\times6+8\times4.5+(12\times3)\times1.5=0$$

得

$$F_A=15\ \text{kN}$$

$$\sum M_A=0,\ F_B\times6-8\times1.5-(12\times3)\times4.5=0$$

得

$$F_B=29\ \text{kN}$$

（2）求 1－1 截面上的剪力 F_{S1}、弯矩 M_1，根据 1－1 截面左侧的外力来计算，可得

$$F_{S1}=F_A-P=7(\text{kN})$$

$$M_1=F_A\times2-P\times(2-1.5)=26(\text{kN}\cdot\text{m})$$

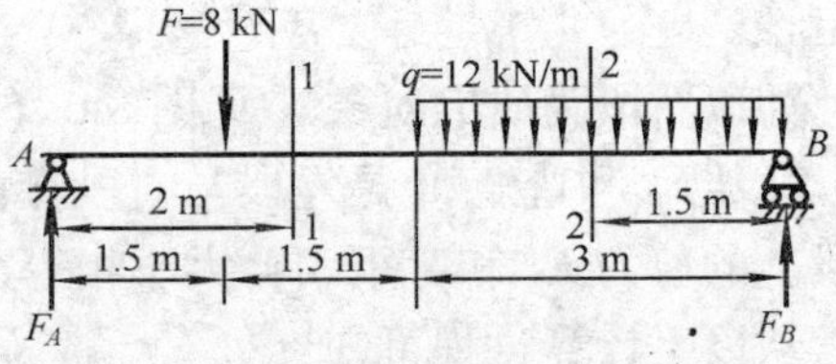

图　8-8

同样也可以从 1－1 截面右侧的外力来计算，可得

$$F_{S1}=(q\times3)-F_B=7(\text{kN})$$

$$M_1=-(q\times3)\times2.5+F_B\times4=26(\text{kN}\cdot\text{m})$$

可见，计算所得结果完全相同。

（3）求 2-2 截面上的剪力 F_{S2}、弯矩 M_2，根据 2－2 截面右侧的外力来计算，可得

$$F_{S2}=(q\times1.5)-F_B=-11(\text{kN})$$

$$M_2=-(q\times1.5)\times\frac{1.5}{2}+F_B\times1.5=30(\text{kN}\cdot\text{m})$$

§8.3　剪力图和弯矩图

从上面的讨论看出，一般情况下，梁横截面上的剪力和弯矩随截面位置不同而变化。若以横坐标 x 表示横截面在梁轴线上的位置，则各横截面上的剪力和弯矩皆可表示为 x 的函数，即

$$F_S=F_S(x)$$

$$M=M(x)$$

上面的函数表达式，即为梁的剪力方程和弯矩方程。

与绘制轴力图或扭矩图一样，我们也用图线表示梁的各横截面上弯矩 M 和剪力 F_S 沿轴线变化的情况。绘图时以平行于梁轴的横坐标 x 表示横截面的位置，以纵坐标表示相应截面上的剪力 F_S 或弯矩 M。这种图线分别称为剪力图和弯矩图。下面用例题说明列出剪力方程和弯矩方程以及绘制剪力图和弯矩图的方法。

例 8-2　图 8-9（a）所示简支梁 AB，在 C 点作用一集中力 F。试列出它的剪力方程和弯矩方程，并作剪力图和弯矩图。

解：(1) 由静力平衡方程求支反力：

$$\sum M_B = 0,\ Fb - F_A L = 0$$

$$\sum M_A = 0,\ F_B L - Fa = 0$$

可得

$$F_A = \frac{Fb}{L},\ F_B = \frac{Fa}{L}$$

(2) 列剪力方程和弯矩方程。以梁的左端为坐标原点，选取坐标系如图 8-9 (a) 所示。集中力 F 作用于 C 点，梁在 AC 和 CB 两段内的剪力或弯矩不能用同一方程式来表示，应分段考虑。

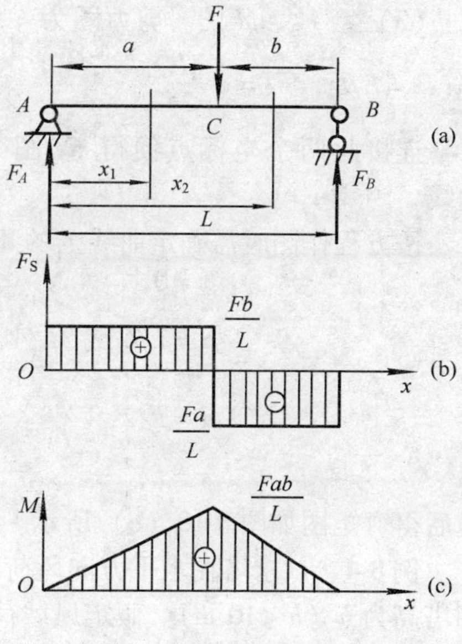

图　8-9

在 AC 段取距 A 点为 x_1 的任意截面［见图 8-9 (a)］，由截面左侧的外力写出剪力与弯矩方程：

$$F_S(x_1) = F_A = \frac{Fb}{L} \qquad (0 < x_1 < a)$$

$$M(x_1) = F_A x_1 = \frac{Fb}{L}x_1 \quad (0 \leqslant x_1 \leqslant a)$$

在 CB 段，取坐标为 x_2 的任意截面［见图 8-9 (a)］，由截面左侧的外力写出剪力与弯矩方程：

$$F_S(x_2) = F_A - F = \frac{Fb}{L} - F = \frac{Fa}{L} \qquad (a < x_1 < L)$$

$$M(x_2) = F_A x_2 - F(x_2 - a) = Fa\ (1 - \frac{x_2}{L}) \qquad (a \leqslant x_2 \leqslant L)$$

(3) 绘 F_S、M 图，根据 (1)、(2) 各式绘 F_S、M 图，如图 8-9 (b)、(c) 所示。

在 AC 段内，F_S 图是在 x 轴上方且平行于 x 轴的直线；在 CB 段内，F_S 图是在 x 轴下方且平行于 x 轴的直线，如图 8-9 (c) 所示。在集中力作用点，剪力图发生突变，其突变值即为集中力 F 的大小。

两段梁上的 M 图均为斜直线。因此可分别定出两点坐标后便可作出 M 图。

由图可见，如果 $b > a$，则最大剪力将发生在 AC 段梁的横截面上，最大弯矩发生在集中力 F 作用的 C 截面上。其值分别为 $|F_S|_{max} = \frac{Fb}{L}$，$M = \frac{Fab}{L}$如果 $a = b = L/2$，则 $M_{max} = FL/4$

例 8-3　某填料塔塔盘下的支承梁，在物料重力作用下，可以简化为一承受均布载荷的简支梁［见图 8-10 (a)］。如果已知梁所受均布载荷的集度为 q，跨长为 L，求作梁的剪力图和弯矩图。

解：(1) 求支反力。由平衡方程可求得支座反力为

$$F_A = F_B = \frac{qL}{2}$$

方向如图 8-10 (a) 所示。

(2) 列剪力方程和弯矩方程：

$$F_S(x) = \frac{qL}{2} - qx \qquad (0 < x < L) \qquad (例\ 8\text{-}3a)$$

$$M(x) = \frac{qL}{2}x - \frac{qx^2}{2} \qquad (0 \leqslant x \leqslant L) \qquad (例\ 8\text{-}3b)$$

(3) 绘 F_S、M 图。剪力图为一斜直线，只需确定其两端点的坐标，即 $x=0$ 处，$F_S=\frac{qL}{2}$；$x=L$ 处，$F_S=-\frac{qL}{2}$

连接此两个坐标点便得 F_S 图［见图 8-10（b）］。式（例 8-3b）表示弯矩图是一抛物线。

按方程作图时需确定曲线上的几个点，对应弯矩值：

$$x=0,\qquad M(0)=0$$

$$x=L/4\ 或\ 3L/4,\qquad M(L/4)=M(3L/4)=\frac{3qL^2}{32}$$

$$x=L/2,\qquad M(L/2)=\frac{qL^2}{8}$$

$$x=L,\qquad M(L)=0$$

最后得弯矩图如图 8-10（c）所示。

例 8-4　试求塔在水平方向风荷载作用下的最大剪力和最大弯矩［见图 8-11（a）］。已知塔高为 h（$h<10$ m）。假定风载荷沿塔高均匀分布，载荷集度为 q（N/m）。

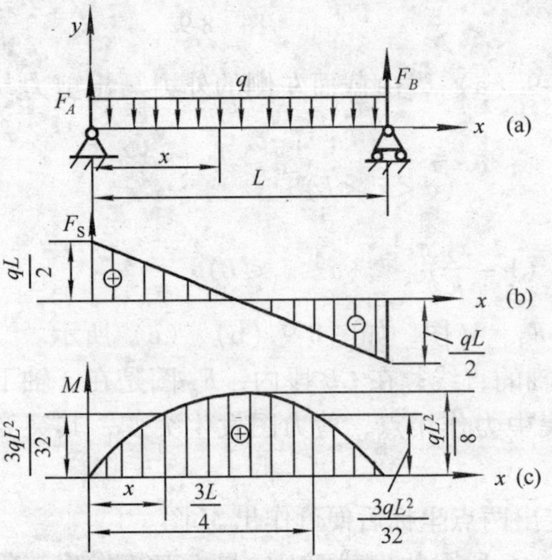

图　8-10

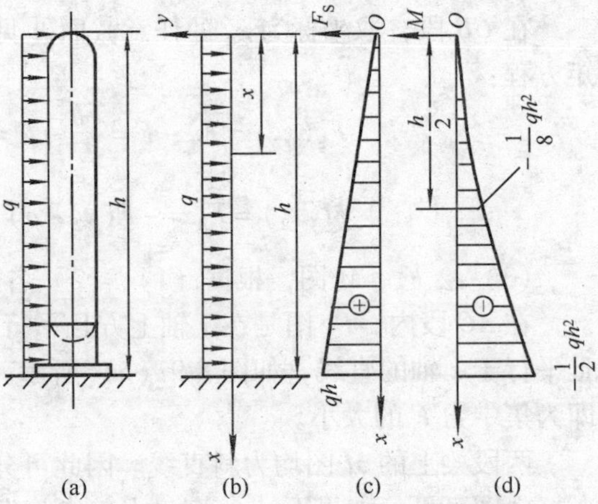

图　8-11

解：已知塔可简化为一悬臂梁［见图 8-11（b）］，求悬臂梁的内力，可不必先求支反力。只要取梁的自由端为坐标原点，距自由端为 x 的任一横截面，列出剪力方程和弯矩方程为

$$F_S=qx\qquad (0\leqslant x<h)\qquad (例 8\text{-}4a)$$

$$M=-qx\cdot\frac{x}{2}=-\frac{qx^2}{2}\qquad (0\leqslant x<h)\qquad (例 8\text{-}4b)$$

由上两式可知，剪力图是一斜直线［见图 8-11（c）］，弯矩图是一抛物线［见图 8-11（d）］。当 $x=h$（在固定端截面处）时，最大剪力和最大弯矩分别为

$$F_{S\max}=qh$$

$$|M|_{\max}=\left|-\frac{1}{2}qh^2\right|$$

如果已知 $q=480$ N/m，$h=8$ m，则

$$F_{Smax}=480\times 8=3.84(kN)$$

$$M_{max}=(-\frac{1}{2}\times 480\times 8)^2=-15.36(kN\cdot m)$$

例 8-5　图 8-12（a）所示简支梁 AB，在 C 点作用一集中力偶 M，求作梁的剪力图与弯矩图。

解：（1）由静力平衡方程求出支反力为

$$F_A=\frac{M_e}{L}\text{（方向向上）}$$

$$F_B=\frac{M_e}{L}\text{（方向向下）}$$

（2）列剪力方程和弯矩方程

$$F_S(x)=F_A=\frac{M_e}{L}\quad(0<x<L)\qquad\text{（例 8-5a）}$$

由于力偶在任何方向的投影皆等于零，所以无论在梁的哪一个横截面上，剪力总是等于支反力 F_A（或 F_B）。所以在梁的整个跨度内，只有一个剪力方程式（例 8-5a）

弯矩方程：

AC 段　$$M(x)=\frac{M_e}{L}x\quad(0\leqslant x<a)\qquad\text{（例 8-5b）}$$

CB 段　$$M(x)=\frac{M_e}{L}(x-L)\quad(a<x\leqslant L)\qquad\text{（例 8-5c）}$$

图 8-12（b）、（c）即为所得剪力图和弯矩图。若 $a>b$，则最大弯矩为

$$M_{max}=\frac{M_e a}{L}$$

由以上几个例题看出，凡是集中力（包括支反力及集中载荷）作用的截面上，剪力似乎没有确定的数值。事实上，所谓集中力不可能"集中"作用于一点，它是分布于很短一段梁内的分布力，经简化后得出的结果[见图8-13(a)]。若在Δx范围内把载荷看作均布

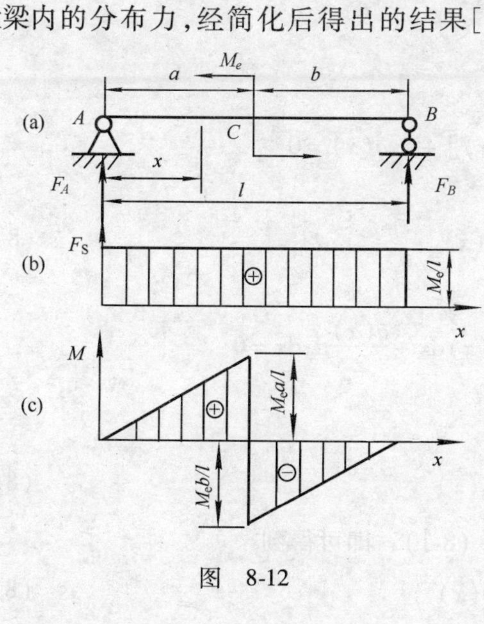

图　8-12

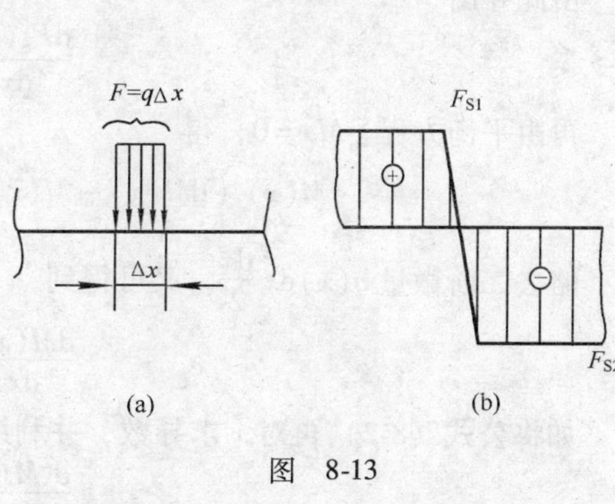

图　8-13

的，则剪力将连续地从 F_{S1} 变到 F_{S2} ［见图 8-13（b）］。在集中力偶作用的截面上，如图 8-12 所示，弯矩图也有一突然变化，也可作同样的解释。

§8.4　载荷集度、剪力和弯矩间的关系

分析上节例题所得到的剪力方程和弯矩方程，可以发现剪力、弯矩和分布载荷集度之间存在一定的关系。在例题 8-3 中，将剪力方程 $F_S(x)$ 对 x 求导数 $\frac{dF_S}{dx}=-q$，将弯矩方程 $M(x)$ 对 x 求导数 $\frac{dM}{dx}=F_S(x)$。载荷集度 $q(x)$，剪力 $F_S(x)$ 和弯矩 $M(x)$ 之间的这种微分关系不是个别现象，它具有普遍性。掌握这个关系，对于正确绘制和检查剪力、弯矩图很有用处。现讨论 $q(x)$、$F_S(x)$ 及 $M(x)$ 之间的微分关系式。

如图 8-14（a）所示，设梁上作用有任意载荷。以梁的左端为原点，选取坐标系如图 8-4（a）所示，梁上分布载荷的集度 $q(x)$ 是 x 的连续函数，以向上规定为正。现从距原点 x 截面处截取长度为 dx 的微段梁，如图 8-14（b）所示。设 x 截面上剪力为 $F_S(x)$ 弯矩为 $M(x)$，均为正号；经过 dx 后，剪力和弯矩将有一个微增量。因此，在微段梁右截面上的剪力为 $F_S(x)+dF_S(x)$，弯矩为 $M(x)+dM(x)$。

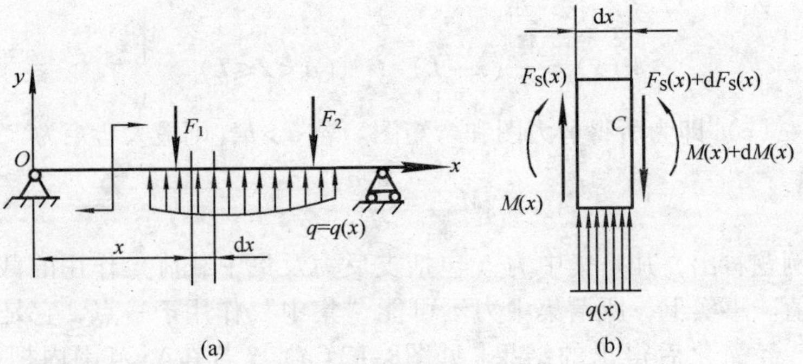

图　8-14

由微段梁的平衡方程 $\sum F_y=0$，得

$$F_S(x)-[F_S(x)+dF_S(x)]+dxq(x)=0$$

由此导出

$$\frac{dF_S(x)}{dx}=q(x) \tag{8-1}$$

再由平衡方程 $\sum M_C=0$，得

$$M(x)+dM(x)-M(x)-F_S(x)dx+\frac{q(x)}{2}dxdx=0$$

略去二阶微量 $q(x)dx\frac{dx}{2}$，又可得到

$$\frac{dM(x)}{dx}=F_S(x) \tag{8-2}$$

如将公式（8-2）再对 x 求导数，并利用公式（8-1），即可得到

$$\frac{d^2M(x)}{dx^2}=q(x) \tag{8-3}$$

上述三式都是直梁的弯矩、剪力与分布载荷集度之间普遍存在的关系。

从微分学可知以上各公式所具有的几何意义：式（8-1）说明了剪力图上某点处的切线斜率与梁上相应截面处的载荷集度相等，式（8-2）说明了弯矩图上某点处的切线斜率与梁上相应截面上的剪力相等，从式（8-3）可知，$q(x)$的正、负号与弯矩图上曲率的正、负号相同。

根据上述微分关系和§8.3中所研究过的例题，可以总结出$F_S(x)$、$M(x)$图间存在的规律如下。

（1）当$q(x)=0$时（即梁上无分布载荷），则$F_S(x)$为常量，剪力图为水平线，如图8-9（b）所示。$M(x)$为x的一次函数，弯矩图为斜直线，如图8-9（c）所示。

若$F_S>0$时，则M图斜率为正；

若$F_S<0$时，则M图斜率为负；

若$F_S=0$时，则M图斜率为零。

（2）$q(x)=$常量时，即梁上作用了均布载荷，即$F_S(x)$为x的一次函数，剪力图为斜直线；$M(x)$为x的二次函数，弯矩图为二次抛物线，如图8-10（b）、（c）所示。

若均布载荷向上作用，即$q>0$时，则F_S图斜率为正，弯矩图抛物线向下凹。

若均布载荷向下作用，即$q<0$时，则F_S图斜率为负［见图8-10（b）］，弯矩图抛物线向上凸［见图8-10（c）］。

（3）在集中力作用处，剪力图有突变，突变值等于集中力F［见图8-9（b）］，而M图的切线斜率突然改变，成一转折角，如图8-9（c）所示。

在集中力偶M_e作用处，弯矩图有突变（突变值等于力偶矩M_e）如图8-12（c）所示。

（4）在$q(x)\neq0$时，某截面$F_S=0$，则在该截面处，弯矩图有极值，从F_S图确定M图中极值点的位置。如图8-10所示，跨度中点截面上，$F_S=0$，弯矩为极值$M_{max}=\dfrac{qL^2}{8}$。

（5）全梁的最大弯矩$|M|_{max}$不但可能发生在$F_S=0$的截面上，也有可能发生在集中力作用处［见图8-9（c）］或集中力偶作用处（见图8-12）。所以求$|M|_{max}$时，应考虑上述几种可能性。

利用上述规律可使绘制剪力、弯矩图大为简化，现举例说明。

例8-6　外伸梁所受载荷如图8-15（a）所示，q、a均为已知，试作梁的剪力图和弯矩图。

解：（1）求支反力：

$$\sum M_A=0,\quad F_B\cdot4a-qa^2-4qa\cdot2a-qa\cdot5a=0$$

$$\sum M_B=0,\quad -F_A\cdot4a-qa^2+4qa\cdot2a-qa\cdot a=0$$

得

$$F_A=\frac{3}{2}qa,\quad F_B=\frac{7}{2}qa$$

（2）列剪力方程和弯矩方程：

*AB*段

$$F_S(x)=\frac{3}{2}qa-qx\qquad(0<x<4a)$$

$$M(x)=qa^2+\frac{3}{2}qax-\frac{1}{2}qx^2\qquad(0<x\leqslant4a)$$

*BC*段

$$F_S(x)=qa\qquad(4a<x<5a)$$

$$M(x)=-qa\ (5a-x)\qquad(4a\leqslant x\leqslant5a)$$

（3）绘和图先计算几个控制点处的剪力和弯矩的数值，如表8-1所示。

表 8-1

内力	x				
	0	$\frac{3}{2}a$	4a		5a
			B 点稍左	B 点稍右	
F_S	$\frac{3}{2}qa$	0	$-\frac{5}{2}qa$	qa	qa
M	qa^2	$\frac{17}{8}qa^2$	$-qa^2$	$-qa^2$	0

然后作出剪力图和弯矩图，如图 8-15（b）、（c）所示。最大弯矩发生在 $x=\frac{3}{2}a$ 处的横截面上，其值为 $M_{max}=\frac{17}{8}qa^2$。

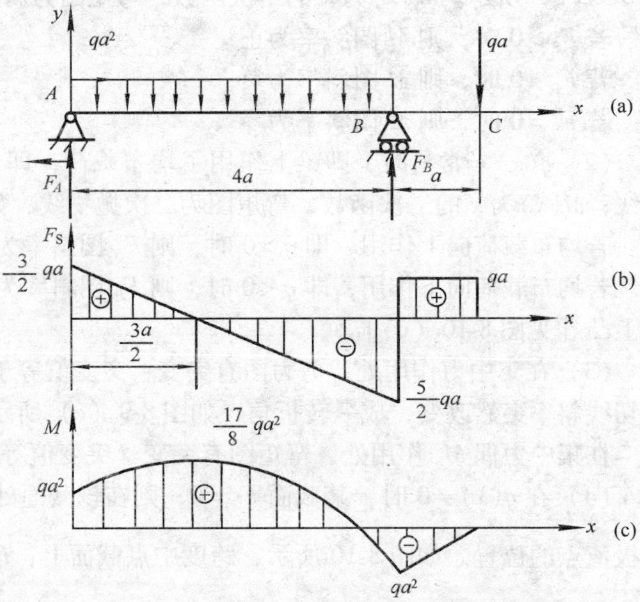

图 8-15

（4）用微分关系进行校核。在剪力图中，因 AB 段梁受有向下的均布载荷，故 F_S 图是一向右下倾斜的直线，BC 段梁上无载荷，故 F_S 图是一水平直线。在支座 B 处，因有反力作用，故 F_S 图有一突变。

在弯矩图中，在 $x=0$ 处，因有一集中力偶作用，故 M 图有 qa^2 值，AB 段梁受有向下的均布载荷，故 M 图是一向上凸的抛物线。由 $\frac{dM}{dx}=F_S=\frac{3}{2}qa-qx=0$ 得知，在 $x=\frac{3}{2}a$ 处，M 图有一极值。BC 段梁上无载荷，故 M 图是一斜直线。在 B 处因有反力作用，故 M 图有一转折角。

§8.5 纯弯曲时梁横截面上的正应力

求出梁横截面上的剪力和弯矩后，为了进行梁的强度计算，需进一步研究其横截面上各点的应力分布规律。在 §8.2 中曾指出，剪力就是切于横截面上内力系的合力，而弯矩则是垂直于横截面上内力系的合力偶矩。因此，梁横截面上有剪力 F_S 时，就必然存在剪应力；有弯矩 M 时，就必然存在正应力 σ。

图 8-16（a）所示外伸梁上的两个外力 F 对称地作用于梁的纵向对称面内。其剪力图和弯矩图分别如图 8-16（b）、（c）所示。由图可见，AB 和 BC 段梁的各横截面上同时存在有剪力和弯矩，因此这些截面上既有切应力又有正应力。该两段梁的弯曲变形称为横力弯曲或剪切弯曲。在 BC 段梁上剪力等于零，而弯矩为常量，因而横截面上就只有正应力而无切应力。这种情况称为“纯弯曲”。分析纯弯曲时梁横截面上的正应力，可采用如同研究圆轴扭转时切应力的方法，也要

综合考虑变形的几何关系、应力与应变的物理关系和静力学关系等三个方面才能解决。

1. 变形几何关系

为了研究与横截面上正应力相应的纵向线应变，首先观察梁在纯弯曲时的变形现象。为此，做纯弯曲实验。取一矩形截面梁段，在变形前的梁的侧表面画上纵向线 aa 和 bb，并作垂直于纵向线的横向线 mm 和 nn [见图 8-17 (a)]。然后在梁的两端加一对转向相反且作用在梁的纵对称面内的弯矩 M，梁发生纯弯曲变形，如图 8-17 (b) 所示。此时可以观察到如下的一些现象。

(1) 各纵向线在梁变形后都弯成了圆弧线，靠近顶面的纵向线 aa 缩短了，靠近底面的纵向线 bb 则伸长了。

(2) 横向线 mm 和 nn 仍保持为直线，且与已经变为弧线的 $\overset{\frown}{aa}$ 和 $\overset{\frown}{bb}$ 垂直，只是相对地转了一个角度 [见图 8-17 (b)]。

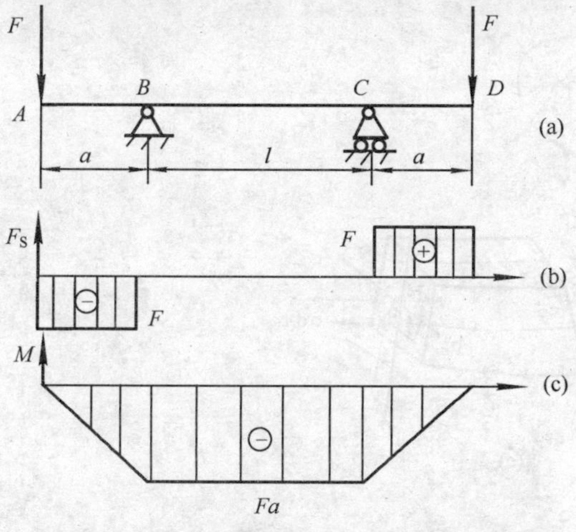

图　8-16

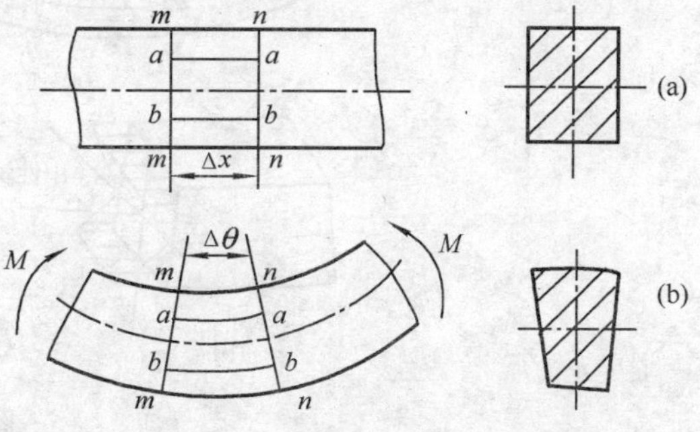

图　8-17

(3) 梁横截面的高度不变，变形后上部变宽，下部变窄。

根据上述从梁表面观察到的变形现象，可以对梁内部的变形情况作出如下两个假设。

(1) 变形前梁的横截面变形后仍保持为平面，且垂直于变形后的梁轴线，只是绕截面内的某一轴线旋转了一个角度，该假设称为平面假设。

(2) 纵向纤维之间没有相互挤压、纵向纤维只受到简单拉伸或压缩。

根据平面假设，把梁看成是由无数层纵向纤维所组成。靠近底面的纵向纤维被拉长；靠近顶面一侧的纤维缩短；由于变形是连续的，所以中间必有一层纤维长度不变，这层纤维称为中性层。中性层与横截面的交线称为中性轴（见图 8-18）。由于外力偶作用在梁的纵向对称面内，故梁在变形后的形状也应该对称于此平面，因此，中性轴必然垂直于横截面的对称轴。

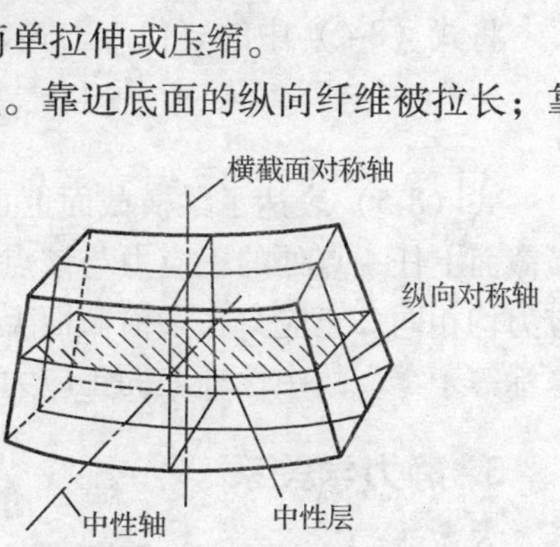

图　8-18

根据平面假设和上述分析结果，即可建立纯弯曲时梁横截面上任一点处线应变的表达式。纯弯曲时梁的纵向纤维由直线弯成圆弧，如图 8-19 (a) 所示。相距为 dx 的两相邻截面 $m-m$ 和 $n-n$ 延长交于 o 处，o 点即为中性层的曲率中心。梁轴线的曲率半径以 ρ 表示，两截面间的夹角以 dθ 表示，距中性层 y 处的纤维变形后的长度$\widehat{b'b'}$应为

$$\widehat{b'b'}=(\rho+y)\mathrm{d}\theta$$

原长$\widehat{o'o'}=\mathrm{d}x=\rho\mathrm{d}\theta$ 所以上述距中性层为 y 处的纵向纤维的线应变为

$$\varepsilon=\frac{(\rho+y)\mathrm{d}\theta-\rho\mathrm{d}\theta}{\rho\mathrm{d}\theta}=\frac{y}{\rho} \tag{8-4}$$

式（8-4）表明，线应变 ε 随 y 按线性规律变化。

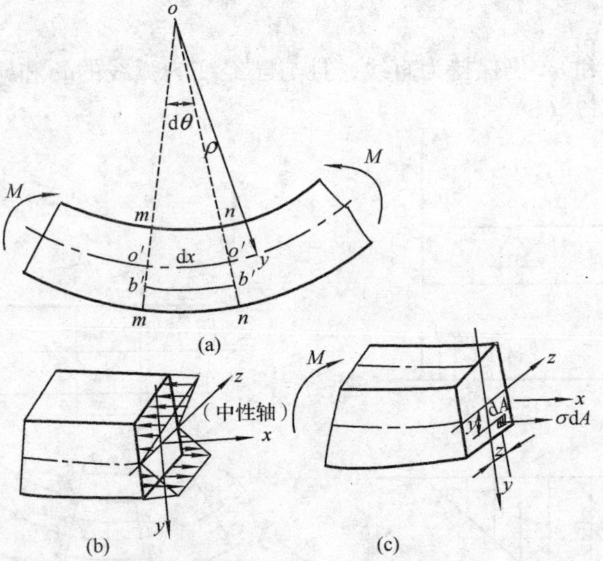

图　8-19

2. 物理关系

因假设纵向纤维之间不存在相互挤压，于是各纵向纤维只有轴向拉伸或压缩的变形。因而当应力小于比例极限时，每一纵向纤维都可应用单向拉伸（或压缩）时的胡克定律，即

$$\sigma=E\varepsilon$$

将式（8-4）中的 ε 代入上式，即得

$$\sigma=E\varepsilon=E\frac{y}{\rho} \tag{8-5}$$

式（8-5）表达了梁横截面上正应力的变化规律。由于 E 是常量，故由式（8-5）可知，横截面上任一点处的正应力与该点到中性轴的距离 y 成正比，而距中性轴等距的各点处的正应力均相同。正应力在梁横截面上的分布规律如图 8-19（b）所示。在中性轴上，各点的 y 坐标等于零，故中性轴上的正应力等于零。

3. 静力学关系

从式（8-5）还不能计算横截面上各点处的正应力，这是因为式中的中性层曲率半径 ρ 尚不知道，以及 y 值因中性轴的位置未定也不知道。这可借助于静力学方面的分析来解决。在图 8-19

(c) 中取中性轴为 z 轴，对称轴为 y 轴，过 z、y 轴的交点并沿横截面外法线方向的轴取为 x 轴，作用于微面积 dA 上的法向微内力为 σdA。整个横截面上所有这样的微内力构成一个垂直于横截面的空间平行力系。此力系只可能组成三个内力分量：一个沿轴线方向的力 F_N，一个对 y 轴的力偶矩 M_y 和一个对 z 轴的力偶矩 M_z。由从截面法可知，在纯弯曲情况下，F_N 和 M_y 都等于零，而 M_z 就是横截面上的弯矩 M。于是得

$$F_N = \int_A \sigma dA = 0 \tag{8-6}$$

$$M_y = \int_A z\sigma dA = 0 \tag{8-7}$$

$$M_z = \int_A y\sigma dA = M \tag{8-8}$$

首先，讨论式(8-6) 所表达的物理意义。将式(8-5) 代入式(8-6) 得

$$F_N = \int_A E\frac{y}{\rho}dA = \frac{E}{\rho}\int_A ydA = 0 \tag{8-9}$$

式中，因 $\frac{E}{\rho}$ 不可能等于零，故应有

$$\int_A ydA = 0$$

上式表明，整个横截面对于 z 轴(中性轴) 的静矩 S_z 等于零。按照附录 Ⅱ 中的有关结论可知，只有当 z 轴通过截面形心时，才可能有 $S_z = 0$。故式(8-9) 表明，中性轴 z 必然通过横截面的形心。这样，就确定了中性轴的位置。

其次，讨论式(8-7)。将式(8-5) 代入式(8-7)，得

$$M_y = \int_A E\frac{y}{\rho}zdA = \frac{E}{\rho}\int_A yzdA = 0 \tag{8-10}$$

式中，积分 $\int_A yzdA = I_{yz}$，称为横截面对 y 和 z 轴的惯性积。由于 y 轴是横截面的对称轴，故必然有 $I_{yz} = 0$。所以式(8-10) 是自然满足的。

最后，将式(8-5) 代入式(8-8)，得

$$M_z = \int_A E\frac{y}{\rho}ydA = M$$

即

$$\frac{E}{\rho}\int_A y^2 dA = M \tag{8-11}$$

式中，积分

$$\int_A y^2 dA = I_z$$

是横截面对 z 轴（中性轴）的惯性矩。于是式（8-11）可以写成

$$\frac{1}{\rho} = \frac{M}{EI_z} \tag{8-12}$$

此式是用曲率表示的梁轴线的弯曲变形公式，它是弯曲理论的基本公式。式中的 EI_z 称为梁的抗弯刚度，它反映了梁抵抗弯曲变形的能力。

至此，已经解决了中性层曲率半径 ρ 的计算和中性轴的位置这两个问题。将式（8-12）与式（8-5）联解，得到

$$\sigma = \frac{M \cdot y}{I_z} \tag{8-13}$$

上式即为梁在纯弯曲时横截面上任一点处的正应力计算公式。式中的 M 为梁横截面上的弯矩，可通过截面法从梁上的外力求得；y 为欲求正应力的点到中性轴的距离；I_z 为横截面对中性轴的惯性矩。

在式（8-13）中正应力是拉应力还是压应力虽可从弯矩 M 及 y 坐标的正、负号来确定，但从梁的变形情况来判断更为简便。此法即以中性层为界，梁变形后靠凸边一侧必为拉应力，靠凹边一侧则为压应力。显然用这一方法判定正应力是拉或压时，只需将 M 与 y 均以绝对值代入式（8-13）即可。

由式（8-13）可知，梁横截面上的最大拉应力和最大压应力发生在离中性轴最远处，对于中性轴为对称的截面，例如矩形、圆形和工字形等截面，最大拉应力和最大压应力相等。设 $y_{\max}$ 为截面最远点到中性轴的距离，则此最大正应力值为

$$\sigma_{\max}=\frac{M\cdot y_{\max}}{I_z}$$

若令

$$W_z=\frac{I_z}{y_{\max}} \tag{8-14}$$

则有

$$\sigma_{\max}=\frac{M}{W_z} \tag{8-15}$$

式中，W_z 称为抗弯截面系数。它是仅与截面形状及尺寸有关的几何量，量纲为 L^3（L 为长度的量纲符号）。

对于不对称中性轴的截面，例如 T 形截面，它应有两个抗弯截面系数值。在此情况下，截面上的最大拉应力与最大压应力值必不相等。

式（8-12）和式（8-13）是在平面假设和各纵向纤维间互不挤压假设的基础上得出的，它们已为实验和进一步的理论所证实。必须指出，这些公式只有当梁的材料服从胡克定律，而且在拉伸和压缩时的弹性模量相等的条件下才能应用。为了满足前一个条件，梁内的最大正应力值应不超过材料的比例极限。纯弯曲正应力计算公式还可推广用于横力弯曲时梁的正应力计算。工程实际中的梁，常见的是承受横向力作用而发生横力弯曲。在这种情况下，梁的横截面上不仅有弯矩，而且还有剪力。同时，由于横向力的作用，还使梁的纵向纤维之间发生挤压。这些都与推导公式的前提相矛盾。但是，精确的计算分析也已证明，对于横截面上有剪力作用的细长梁，例如，对于跨度与横截面高度之比 $L/h>5$ 的矩形截面梁，应用纯弯曲时的公式计算该梁横截面上的正应力，是能够满足工程精度要求的。但应注意，此时应该用相应横截面上的弯矩 $M(x)$ 代替以上公式中的 M。

§8.6　梁弯曲的正应力强度条件及其应用

一般等截面直梁在剪切弯曲时，弯矩最大（包括最大正弯矩和最大负弯矩）的横截面都是梁的危险截面。如材料的拉伸和压缩许用应力相等，则选取绝对值最大的弯矩所在的横截面为危险截面，最大弯曲正应力 $\sigma_{\max}$ 就在危险截面上、下边缘处。为了保证梁能安全工作，最大工作应力 $\sigma_{\max}$ 就不得超过材料的许用弯曲应力［σ］，于是梁弯曲正应力的强度条件为

$$\sigma_{\max}=\frac{M}{W_z}\leqslant[\sigma] \tag{8-16}$$

如果横截面不对称于中性轴，则按式（8-14），W_{z1} 和 W_{z2} 不相等，在此应取较小的抗弯

截面系数。必须说明，在有些设计中就选取材料的许用拉（压）应力近似地作为许用弯曲应力，偏于安全。但事实上，材料在弯曲时的强度与在轴向拉伸（压缩）时的强度并不相等，所以在有些设计规范中所规定的许用弯曲应力，略高于同一材料的许用拉（压）应力。具体规定可参考有关设计规范。如果梁的材料是铸铁、陶瓷等脆性材料，其拉伸和压缩许用应力不相等，则应分别求出最大正弯矩和最大负弯矩所在横截面上的最大拉应力和最大压应力，相应的抗拉强度条件和抗压强度条件为

$$\sigma_{\max 拉} = \frac{M}{W_{z1}} \leqslant [\sigma_{拉}] \tag{8-17a}$$

$$\sigma_{\max 压} = \frac{M}{W_{z2}} \leqslant [\sigma_{压}] \tag{8-17b}$$

式中，W_{z1}和W_{z2}分别是相应于最大拉应力$\sigma_{\max 拉}$和最大压应力$\sigma_{\max 压}$的抗弯截面模量，$[\sigma_{拉}]$为材料的许用拉应力，$[\sigma_{压}]$为材料的许用压应力。

按梁的正应力强度条件，可对梁进行强度校核，或选择梁的截面，或确定梁的许可载荷等计算。下面举例说明强度条件的应用。

例8-7　阶梯形圆截面轴，尺寸如图8-20所示。中点受力$F=20$ kN，已知$[\sigma]=65$ MPa，试校核轴的强度。

解： 由静力平衡方程求出梁的支座反力

$$F_A = F_B = 10 \text{ kN}$$

作弯矩图如图8-20（c）所示，横截面上最大正应力可能在E或C截面，故须分别校核。

对于截面E

$$\sigma_{\max} = \frac{M}{W_{zE}} = \frac{10\times10^6}{\frac{\pi\times120^3}{32}} = 59(\text{MPa}) < [\sigma]$$

对于截面C

$$\sigma_{\max} = \frac{M}{W_{zC}} = \frac{6\times10^6}{\frac{\pi\times100^3}{32}} = 61.1(\text{MPa}) < [\sigma]$$

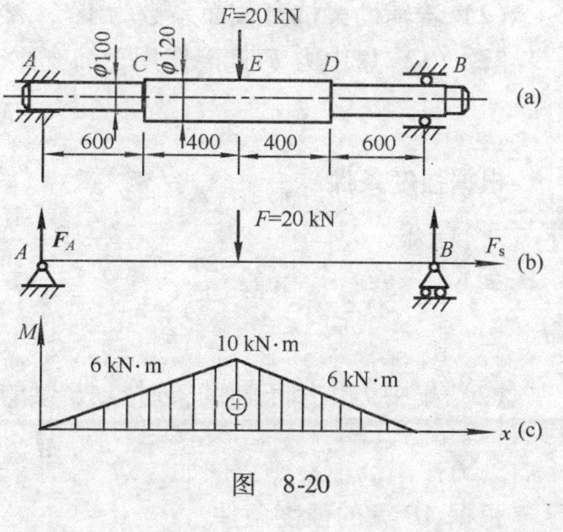

图　8-20

故轴的强度足够。

例8-8　矩形悬臂梁如图8-21所示，已知$l=4$ m，$\frac{b}{h}=\frac{2}{3}$，$q=10$ kN/m，$[\sigma]=10$ MPa。试确定此梁横截面的尺寸。

解： 显而易见，梁的最大弯矩发生在固定端截面上

$$M_{\max} = \frac{1}{2}ql^2 = \frac{1}{2}\times10\times4^2 = 80(\text{kN}\cdot\text{m})$$

梁的强度条件是

$$\sigma = \frac{M}{W} = \frac{80\times10^6}{\frac{1}{6}bh^2} \leqslant [\sigma]$$

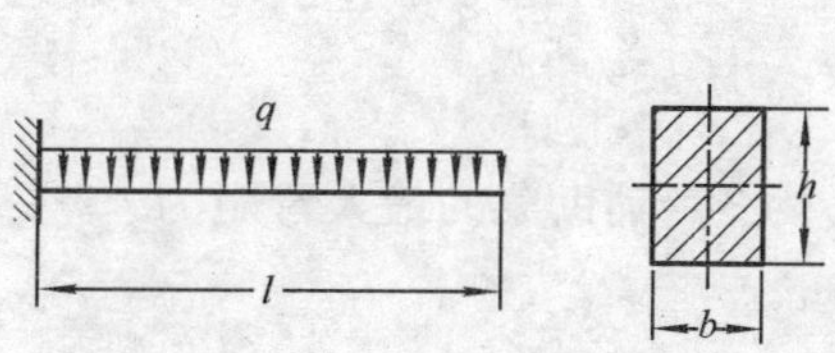

图　8-21

将 $b=\frac{2}{3}h$ 代入上式得

$$\frac{6\times80\times10^6}{\frac{2}{3}h^3}\ (\mathrm{MPa})\ \leqslant[\sigma],\ h^3\geqslant\frac{3\times6\times80\times10^6}{2\times10}(\mathrm{mm}^3)$$

所以
$$h=416\ \mathrm{mm},\ b=\frac{2}{3}h=277\ \mathrm{mm}$$

例 8-9　长为 l 抗弯截面系数为 W_1 的简支梁受力如图 8-22（a）所示。已知$[\sigma]$,求许可载荷$[F]$。

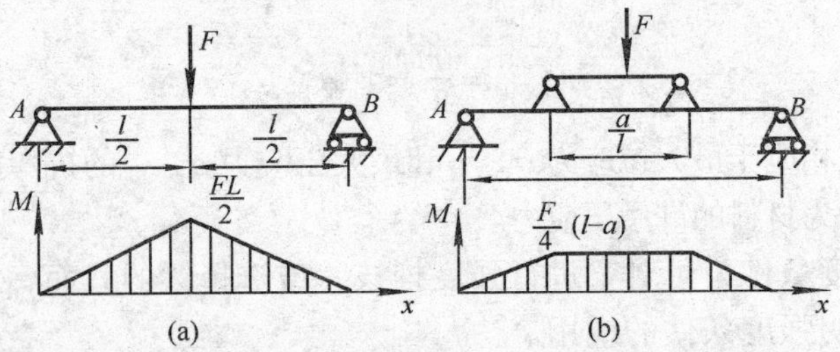

图　8-22

（1）若加一个长为 a 的辅助梁[见图 8-22(b)],求许可载荷$[F_2]$。

（2）若辅助梁抗弯截面系数为 W_2，材料与主梁相同，辅助梁最合理的长度为多少?

解:（1）集中力 F 直接作用于简支梁时，AB 梁的最大弯矩为

$$M_{\max}=\frac{Fl}{4}$$

根据强度条件

$$\sigma_{\max}=\frac{M_{\max}}{W_1}=\frac{Fl}{4W_1}\leqslant[\sigma]$$

得
$$[F_1]=\frac{4W_1[\sigma]}{l}$$

（2）集中力作用于辅助梁时，AB 梁的最大弯矩为

$$M_{\max}=\frac{F}{4}(l-a)$$

根据 AB 梁的强度条件

$$\sigma_{\max}=\frac{F(l-a)}{4W_1}\leqslant[\sigma]$$

得
$$[F_2]=\frac{4W_1[\sigma]}{(l-a)}=\frac{4W_1[\sigma]}{l(1-\frac{a}{l})}$$

故
$$\frac{[F_2]}{[F_1]}=\frac{1}{1-\frac{a}{l}}$$

（3）辅助梁的最大弯矩为

$$M_{\max}=\frac{Fa}{4}$$

根据辅助梁的强度条件

$$\sigma_{\max}=\frac{Fa}{4W_2}\leqslant[\sigma]$$

得辅助梁的许可载荷为

$$[F_3]=\frac{4W_2[\sigma]}{a}$$

最合理的情况应是，由 AB 梁和由辅助梁所确定的许可载荷相等。即

$$[F_2]=[F_3]$$

则
$$\frac{4W_1[\sigma]}{(l-a)}=\frac{4W_2[\sigma]}{a}$$

解上式得辅助梁最合理的长度为

$$a=\frac{W_2}{W_1+W_2}l$$

若辅助梁与 AB 梁截面相同，即平 $W_1=W_2$，则辅助梁最合理的长度为

$$a=\frac{l}{2}$$

例 8-10　试按弯曲正应力强度条件校核图 8-23（a）所示铸铁梁的强度。已知梁的横截面为 T 字形［见图 8-23（b）］，惯性矩 $I_z=26.1\times10^{-6}\text{m}^4$，材料的许用拉应力$[\sigma_{拉}]=40$ MPa，许用压应力$[\sigma_{压}]=110$ MPa。

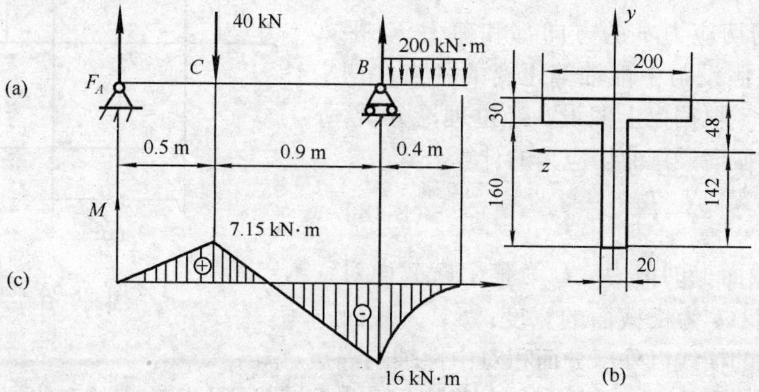

图　8-23

解：由静力平衡方程求出梁的支座反力为

$$F_A=14.3\ \text{kN}\qquad F_B=105.7\ \text{kN}$$

绘出梁的弯矩图［见图 8-23(c)］。由图可知，最大正弯矩在截面 C，即 $M_{\max C}=7.15$ kN · m；最大负弯矩在截面 B 上，即 $|M|_{\max B}=16$ kN · m。因为 T 字形不对称于中性轴 z，且材料的许用应力$[\sigma_{拉}]\neq[\sigma_{压}]$。所以对两个危险截面 C 和 B 上的最大正应力要分别校核。

在截面 C：

$$|\sigma|_{\max 压}=\frac{7.15\times10^6\times48}{26.1\times10^6}=13.15(\text{MPa})<[\sigma_{压}]=110\ \text{MPa}$$

$$\sigma_{\max 拉}=\frac{7.15\times10^6\times142}{26.1\times10^6}=38.9(\text{MPa})<[\sigma_{拉}]=40\ \text{MPa}$$

在截面 B：

$$|\sigma|_{\max 压} = \frac{16 \times 10^6 \times 142}{26.1 \times 10^6} = 87(\text{MPa}) < [\sigma_{压}] = 110\ \text{MPa}$$

$$\sigma_{\max 拉} = \frac{16 \times 10^6 \times 48}{26.1 \times 10^6} = 29.4(\text{MPa}) < [\sigma_{拉}] = 40\ \text{MPa}$$

故知铸铁梁的强度是足够的。

§8.7　弯曲切应力

横力弯曲时，梁横截面的内力既有弯矩又有剪力。因此，横截面上既有正应力又有切应力。一般情况下，正应力是引起梁破坏的主要因素。但当梁的跨度较短、截面较高，或者像工字梁腹板较窄的情况下，切应力的数值也可能相当大。这时，除了对梁的正应力进行强度计算外，还需要校核梁的抗剪强度。因此需要计算弯曲切应力。下面介绍矩形截面梁弯曲切应力计算公式和它们的分布规律，对于圆形和圆环形截面只给出最大切应力计算公式。对于这些计算公式将不予以推导。

1. 矩形截面

图 8-24（a）示一宽为 b、高为 h 的矩形截面，沿 y 轴有向下的剪力 F_S。如 $h>b$，我们可以假设截面上每一点的切应力 τ 的方向都和剪力 F_S 平行。此外，可以假设与中性轴等距离的各点，切应力 τ 大小相等。根据以上假设，经过理论分析，就可以导出矩形截面梁弯曲切应力的计算公式

$$\tau = \frac{F_S S_z^*}{bI_z} \tag{8-18}$$

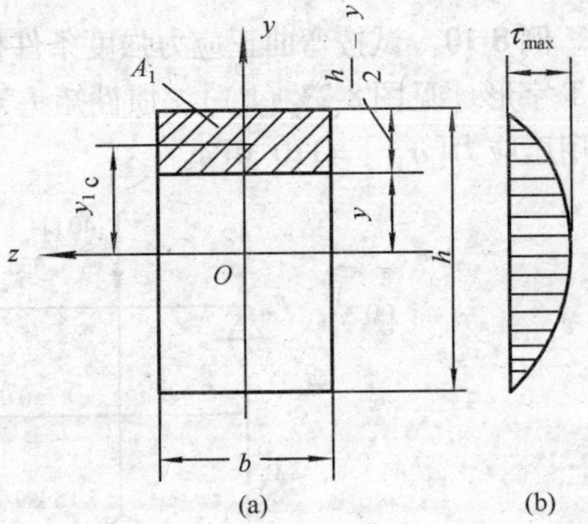

图　8-24

式中，F_S 为横截面上的剪力；I_z 为整个横截面对中性轴的惯性矩；b 为横截面的宽度；S_z^* 为截面上距中性轴为 y 的横线以外部分面积对中性轴的静矩。

切应力公式（8-18）中，F_S、I_z 为常量，因此，横截面上切应力的变化规律主要取决于静矩 S_z^* 的变化规律。例如，求距中性轴为 y 的一点的切应力时，S_z^* 就是图 8-24（a）中阴影面积对中性轴 z 的静矩。即

$$S_z^* = b\left(\frac{h}{2}-y\right)\left(y+\frac{\frac{h}{2}-y}{2}\right) = \frac{b}{2}\left(\frac{h^2}{4}-y^2\right)$$

代入式（8-18）就得离中性轴为 y 处的切应力为

$$\tau = \frac{F_S}{2I_z}\left(\frac{h^2}{4}-y^2\right) \tag{8-19a}$$

由式（8-19a）可见，矩形截面梁的切应力是沿着截面高度按抛物线规律变化的［见图 8-24（b）］。当 $y=\pm\frac{h}{2}$ 时、即在截面上下边缘处，$\tau=0$；当 $y=0$ 时，即在中性轴上，切应力最大，代入 $I_z=\frac{bh^2}{12}$ 得

$$\tau_{max} = \frac{3}{2}\frac{F_S}{bh} \tag{8-19b}$$

可见矩形截面梁的最大切应力为截面上平均切应力值的1.5倍。

2. 工字形截面

工字形截面系由腹板和翼缘组成［见图8-25（a）］。其中腹板为一狭长矩形，主要承受切应力，由式（8-18）求得沿腹板的高度是按抛物线规律分布的［见图8-25（b）］。中性层处的最大切应力及腹板与翼缘交界处的最小切应力分别为

$$\tau_{max} = \frac{F_S}{8I_z b}[BH^2 - (B-b)h^2] \tag{8-20a}$$

$$\tau_{min} = \frac{F_S}{8I_z b}[BH^2 - Bh^2] \tag{8-20b}$$

由于工字形截面的翼缘宽度 B 远大于腹板宽度 b，即 $B \gg b$。由以上两式可见，τ_{max} 及 τ_{min} 实际上相差无几，一般可近似认为腹板上的切应力是均匀分布的。计算结果表明，工字形截面梁的剪力几乎全部由腹板承受，其最大切应力近似地等于剪力除以腹板面积。至于翼缘上的切应力，因其分布较复杂，而且其数值远小于腹板上的切应力，通常不进行计算。工字形截面梁翼缘的全部面积都在离中性轴最远处，每一点的正应力都比较大，所以翼缘负担了截面上的大部分弯矩。

3. 圆截面和圆环形截面的最大切应力

计算结果表明，圆截面梁的横截面上最大切应力 τ_{max} 发生在中性轴上各点处，方向垂直于中性轴，与剪力 F_S 同向，如图8-26（a）示。最大切应力为

$$\tau_{max} = \frac{4}{3}\frac{F_S}{\pi R^2} = \frac{4}{3}\frac{F_S}{A} \tag{8-21}$$

式中，R 为圆截面的半径；A 为圆截面面积。对于壁厚 t 远小于平均半径 R 的薄壁圆环截面，最大弯曲切应力仍发生在中性轴处，其值为

$$\tau_{max} = \frac{F_S}{\pi R_0 t} = 2\frac{F_S}{A} \tag{8-22}$$

式中，R_0 为圆环的平均半径，t 为壁厚；A 为圆环横截面面积。最大切应力的方向和分布规律如图8-26（b）所示。

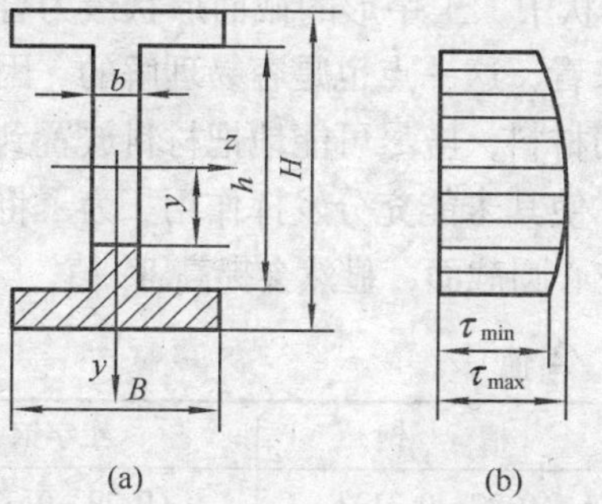

图　8-25

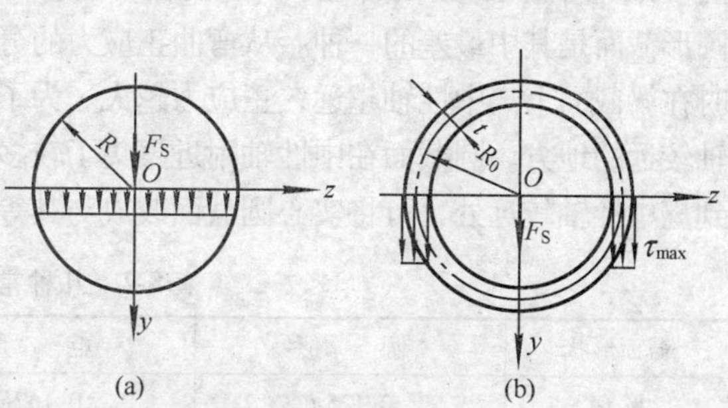

图　8-26

例8-11　若$[\sigma]=160$ MPa，$[\tau]=100$ MPa，试为图8-27（a）所示梁选择工字钢型号。

解：作图 F_S 和 M 图，如图 8-27（b），（c）所示。根据弯曲正应力强度条件选择截面：

$$\sigma_{max}=\frac{M_{max}}{W_z}\leqslant[\sigma]$$

所以

$$W_z\geqslant\frac{M_{max}}{[\sigma]}=\frac{100\times10^3}{160\times10^6}=625\times10^{-6}(m^3)=625\ cm^3$$

查型钢表（附录I），选 32a 工字钢，$W_z=692\ cm^3$。

校核切应力，由表查出 $\frac{I_z}{S_z^*}=27.5\ cm$，腹板的宽度 $b=0.95\ cm$，S_z^* 是中性轴一边的截面面积对中性轴的静矩，则有

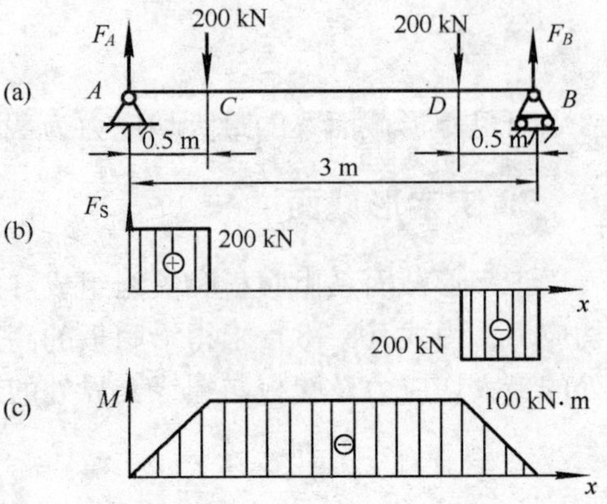

图 8-27

$$\tau_{max}=\frac{F_{Smax}S_z^*}{I_zb}=\frac{200\times10^3}{27.5\times10^{-2}\times0.95\times10^{-2}}=76.5(MPa)<[\tau]$$

因此，要同时满足正应力和切应力强度条件，应选用型号为 32a 的工字钢。

§8.8 提高梁的弯曲强度的措施

弯曲正应力是控制弯曲强度的主要因素。因此，采取各种可能措施，降低梁的横截面上的正应力，是提高梁的弯曲强度的重要途径。

1. 选择合理的截面形状

若把弯曲正应力的强度条件式（8-16）改写成

$$M_{max}\leqslant[\sigma]W_z$$

可见，梁能承受的最大弯矩 M_{max} 与抗弯截面系数 W_z 成正比。W_z 值不但和截面尺寸有关，且与截面形状有关。为了减少材料消耗、减轻自重，应选用抗弯截面系数 W_z 较大而截面面积 A 较小的截面形状，即一般所谓的合理截面形状。为了比较各种截面的合理性和经济性，可用 W_z/A 来衡量。表 8-2 给出几种常见截面的 W_z/A 值。在 $d=h$，即四种截面高度相同的条件下，工字形截面的 W_z/A 值最大，圆截面最小，这就表明在这四种截面形状中，工字形的截面形状最为合理，而圆形截面是其中最差的一种。从弯曲正应力的分布规律来看，这一点也是容易理解的。因为弯曲时在梁截面上离中性轴越远，正应力越大。为了充分利用材料，应尽可能地把材料放置到离中性轴较远的地方。圆截面在中性轴附近聚集了较多的材料，使其未能充分发挥作用。为了将材料移到离中性轴较远处，可将实心圆截面改成与其等面积的空心圆截面，显然会提高 W_z 值。

表 8-2 几种常用截面 W_z/A 值

截面形状	圆 形	矩 形	槽 钢	工字钢
W_z/A	$0.125d$	$0.167h$	$(0.27\sim0.31)h$	$(0.29\sim0.31)h$

工程中合理截面构件的实例很多。例如机车常采用空心圆轴，桥梁和房屋建筑中常用工字钢梁、钢筋混凝土圆孔板等。选用合理截面形状还应注意截面的合理安放位置。如图 8-28

中所示的尺寸及材料完全相同的两个矩形截面悬臂梁，由于安放位置不同，抗弯能力亦不相同。竖放时 $W_z=\dfrac{bh^2}{6}$，横放时 $W_z=\dfrac{hb^2}{6}$两者之比是$\dfrac{W_{z1}}{W_{z2}}=\dfrac{h}{b}>1$，所以竖放比平放有较高的抗弯强度，更为合理。选择合理截面形状时，还应考虑材料的特性。

为了充分地利用材料，最好使横截面上最大拉应力和最大压应力同时达到各自的许用应力值。据此，对于拉、压许用应力相等的材料应采用对称于中性轴的截面；对于拉、压许用应力不相等的材料（例如大多数脆性材料）宜采用中性轴偏于受拉一侧的截面形状。如图 8-29所示，它们的中性轴位置可按下列关系确定

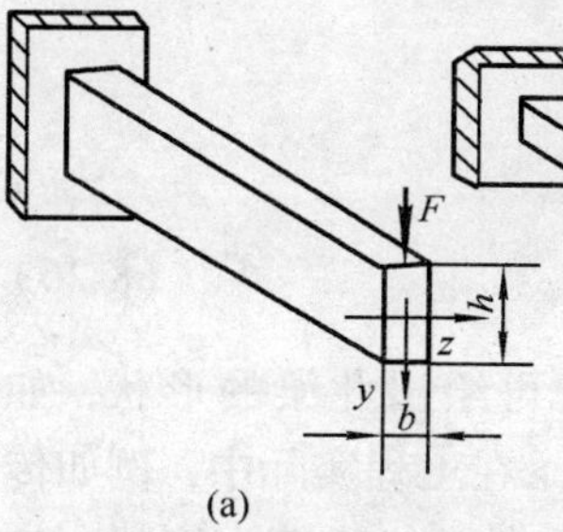

图　8-28

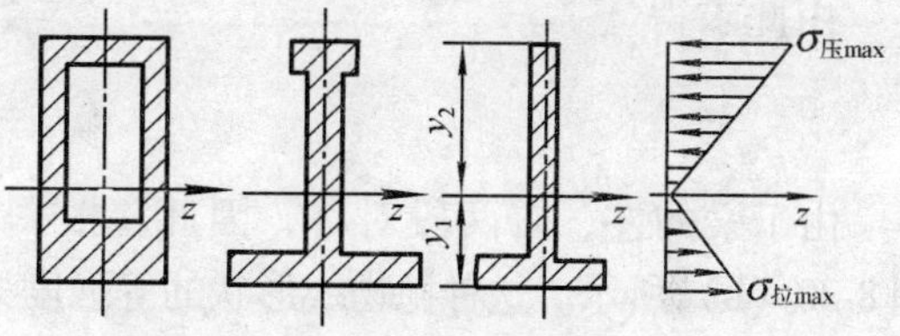

图　8-29

$$\frac{\sigma_{拉\max}}{\sigma_{压\max}}=\frac{M_{\max}y_1}{I_z}\Big/\frac{M_{\max}y_2}{I_z}=\frac{y_1}{y_2}=\frac{[\sigma_{拉}]}{[\sigma_{压}]} \tag{8-23}$$

式中，$[\sigma_{拉}]$和$[\sigma_{压}]$分别表示拉伸和压缩的弯曲许用应力。

2. 采用变截面梁

一般等截面直梁在横力弯曲时，弯矩最大（包括最大正弯矩和最大负弯矩）的横截面都是梁的危险截面。

弯曲正应力强度条件是以危险截面上的最大正应力为依据的。所以当危险截面上的最大正应力达到材料的许用应力值时，梁的其余各截面上的最大正应力尚未达到这一数值，甚至远小于这一数值。因此，为了节省材料或减轻梁的重量，常将受弯构件设计成变截面的，使截面的尺寸随弯矩值的变化而改变，这就是变截面梁。若变截面梁的截面变化比较平缓，前述弯曲正应力计算公式仍可近似使用。

为了充分地利用材料，理想的变截面梁应使其所有的截面上最大弯曲正应力相等，且等于许用应力，这样的梁称为等强度梁。即

$$\sigma_{\max}=\frac{M(x)}{W_z(x)}=[\sigma]$$

于是，可得等强度梁的抗弯截面系数随截面位置的变化规律为

$$W_z(x)=\frac{M(x)}{[\sigma]} \tag{8-24}$$

例如，图 8-30（a）所示在集中力 F 作用下的简支梁为等强度梁，横截面为圆形，先求其截面直径的变化规律。梁左右段对称于梁跨中点 C，AC 段的弯矩方程 $M(x)=\dfrac{1}{2}Fx$，由式（8-24）得

$$W_z(x)=\frac{\pi d^3(x)}{32}=\frac{\frac{1}{2}Fx}{[\sigma]}\left(0\leqslant x\leqslant\frac{L}{2}\right)$$

于是

$$d(x)=\sqrt[3]{\frac{16Fx}{\pi[\sigma]}}\tag{8-25}$$

所以，梁的横截面直径 $d(x)$ 沿轴线方向按三次抛物线规律变化。按式（8-25）当 $x=0$ 时，$d(x)=0$，显然不能满足剪切强度要求。应按弯曲剪应力强度条件确定此支承截面的直径，即

$$\tau_{\max}=\frac{4F_S}{3A}=\frac{4}{3}\times\frac{\frac{F}{2}}{\frac{\pi}{4}d^2}\leqslant[\tau]$$

由此求得

$$d_{\min}=\sqrt{\frac{8F}{3\pi[\tau]}}\tag{8-26}$$

由于梁的左、右两段对称，因此，根据式（8-25）和式（8-26）可绘出此梁的形状，如图8-30（b）所示。这种抛物线形状的等强度梁在制造上是非常困难的。在工程实际中，例如传动轴，除了考虑轴上零件定位方便外，为了便于加工，常做成阶梯轴来近似于等强度梁，如图8-30（c）示。图8-31（a）、（b）所示的车辆中用的叠板弹簧和鱼腹式吊车梁就都是按等强度梁的原理设计的，变截面梁比等直梁能节约材料和减轻自重，但梁的变形会比等直梁的大一些。

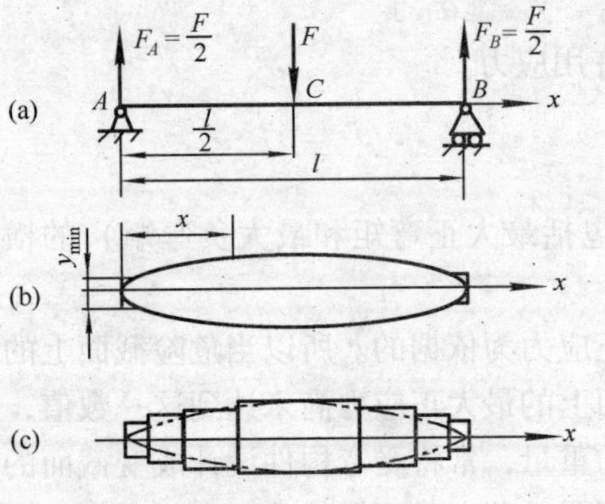

图　8-30

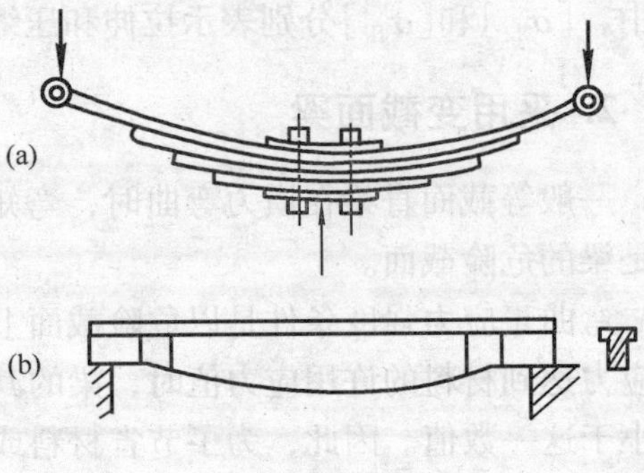

图　8-31

3. 合理地布置载荷和支座

改善梁的受力方式和约束情况，可以降低梁上的最大弯矩。梁的最大弯矩值不但与梁上的外力（载荷和支反力）的大小有关，而且和载荷与支座的相对位置有关。因此，合理地布置载荷和支座位置，可以达到降低最大弯矩值的目的。如图8-32（a）所示，跨度中点承受集中力的简支梁，其最大弯矩 $M_{\max}=\frac{1}{4}Fl$。若把载荷 F 平移至距左端1/6处，则最大弯矩 $M_{\max}=5F/36$，如图8-32（b）所示。由此可见将载荷尽量在靠近支座的位置，可显著地降低最大弯矩值。在一些机械装置中，应尽可能地将齿轮和皮带轮布置在靠近轴承的位置上，以提高轴的强度。在某些情况下，改变加载方式，例如在 AB 梁上设置一个半跨长的副梁［见图8-32（c）］，主梁上的最大弯矩变为 $M_{\max}=\frac{1}{8}Pl$，是原来的一半。由此可见，如有可能，

将载荷分散也可提高梁的承载能力。

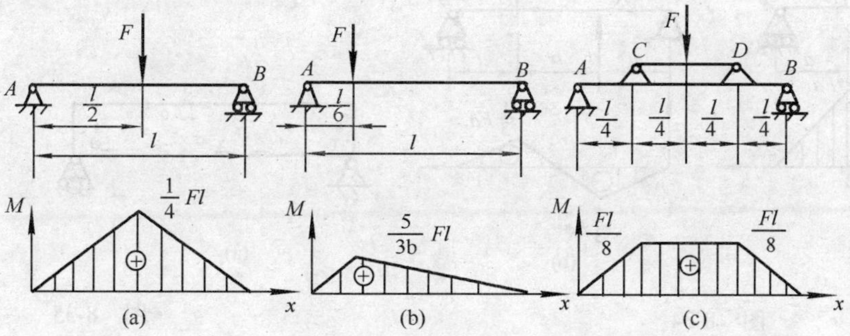

图　8-32

又如，合理布置梁的支座。如图 8-33（a）所示在均布载荷作用下的简支梁为例，由例8-3知

$$M_{\max}=\frac{ql^2}{8}=0.125ql^2$$

若将两端支承各向里移动 0.2L［见图 8-33（b）］，则最大弯矩减小为

$$M_{\max}=\frac{ql^2}{40}=0.025ql^2$$

只有前者的 1/5 大小。也就是说按图 8-33（b）的支座条件，载荷还可提高四倍。

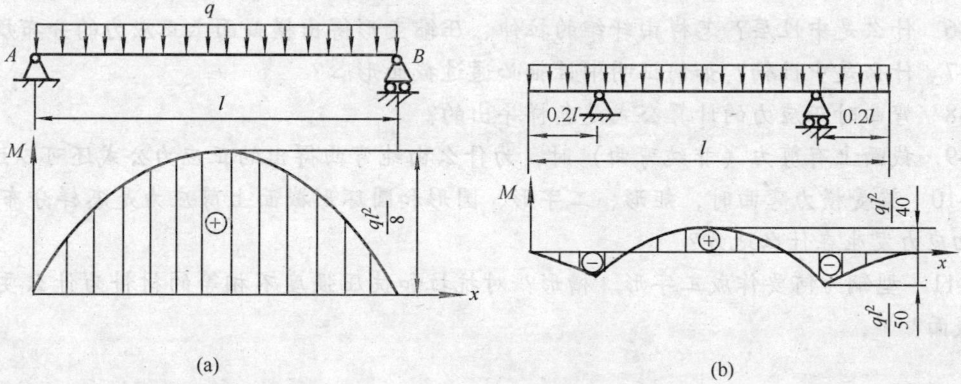

图　8-33

另外，载荷的方向对最大弯矩值也会发生影响。例如，一根轴受两个集中力，如图 8-34 示。若集中力的作用点不变，只是将其中一个力反向（相当于改变齿轮啮合点的位置），两者的最大弯矩相差两倍。

4. 合理地使用材料

不同材料的力学性能不同，应该尽量利用每一种材料的长处。例如混凝土的抗压性能较好而抗拉能力远低于它的抗压能力，在用它制造梁时，可在梁的受拉区域放置钢筋，组成钢筋混凝土梁［见图 8-35（a）］。在这种梁中，钢筋承受拉力，混凝土承受压力，它们合理地组成一个整体，共同承担了载荷的作用。又例如夹层梁，它由表层和芯子［见图 8-35（b）］所组成。芯子通常用轻质低强度的填充材料，表层则用高强度的材料。这种梁既能大大降低自重，又能有足够的强度和刚度。

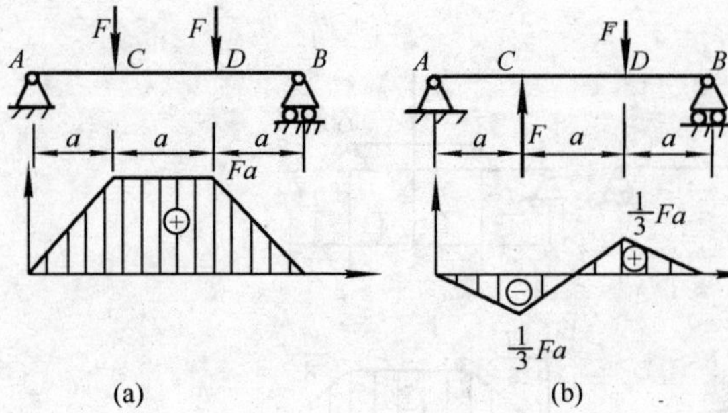

图　8-34

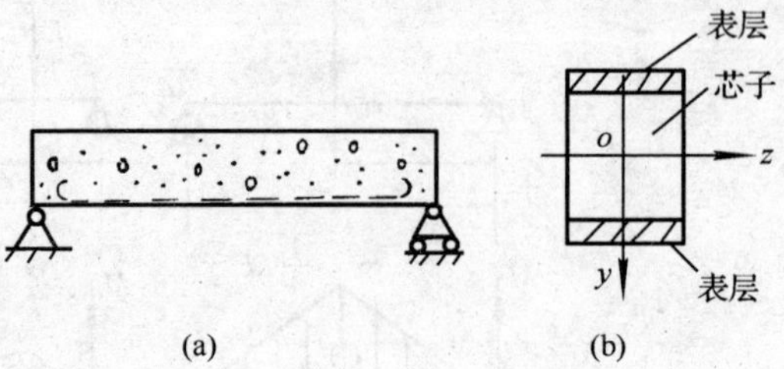

图　8-35

思　考　题

8-1　什么是平面弯曲？有纵向对称面的梁，外力怎样作用可以形成平面弯曲？

8-2　什么是梁横截面上的剪力和弯矩？如何计算？正负号怎样决定？

8-3　剪力、分布载荷集度、弯矩之间存在着什么关系？这些关系是怎样得出的？有什么用处？

8-4　梁的某一截面上的剪力如果等于零，这个截面上的弯矩有什么特点？

8-5　弯矩图有一段曲线，从对应的剪力图怎样判断这段曲线向上凸还是向下凹？

8-6　什么是中性层？怎样由纤维的拉伸、压缩变形得出横截面上正应力的分布规律？

8-7　什么是中性轴？如何证明中性轴必通过截面形心？

8-8　弯曲时正应力的计算公式是怎样导出的？

8-9　截面上有剪力（非纯弯曲）时，为什么由纯弯曲得出的正应力公式还可以适用？

8-10　梁受横力弯曲时，矩形、工字形、圆形和圆环形截面上剪应力是怎样分布的？最大的切应力发生在什么地方？

8-11　型钢为何要作成工字形、槽形？对抗拉和抗压强度不相等的材料为什么要采用T字形截面？

习　　题

8-1　如图 8-36 所示试用截面法求梁的 C 及 D 截面上的剪力和弯矩。其中在集中载荷

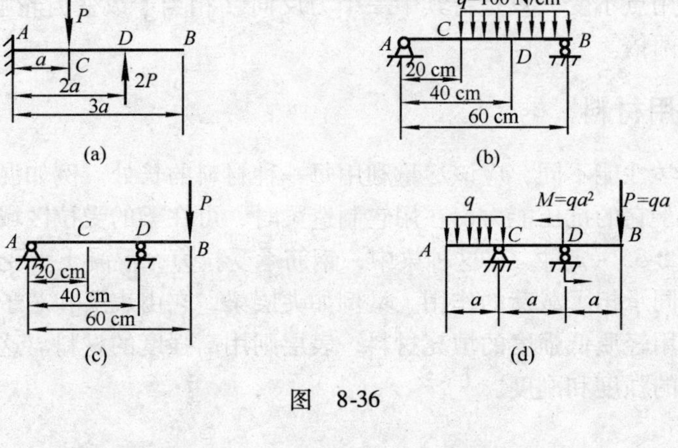

图　8-36

P，均布载荷 q 及集中力偶 M 作用点的 C、D 截面，应取在作用点的左边，并无限接近于作用点的截面。

8-2　如图 8-37 所示试列出梁中各段的剪力方程及弯矩方程，画出剪力图和弯矩图，并求出 Q_{max} 及 M_{max} 值及其所在的截面位置。

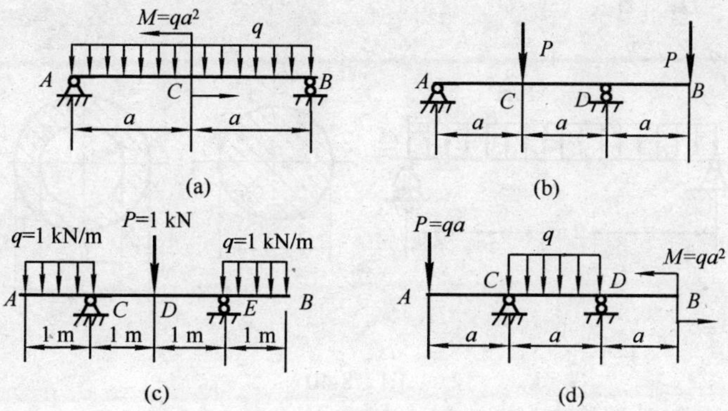

图　8-37

8-3　试利用 q、Q、M 间的微分关系绘制图 8-38 所示各梁的剪力图、弯矩图。

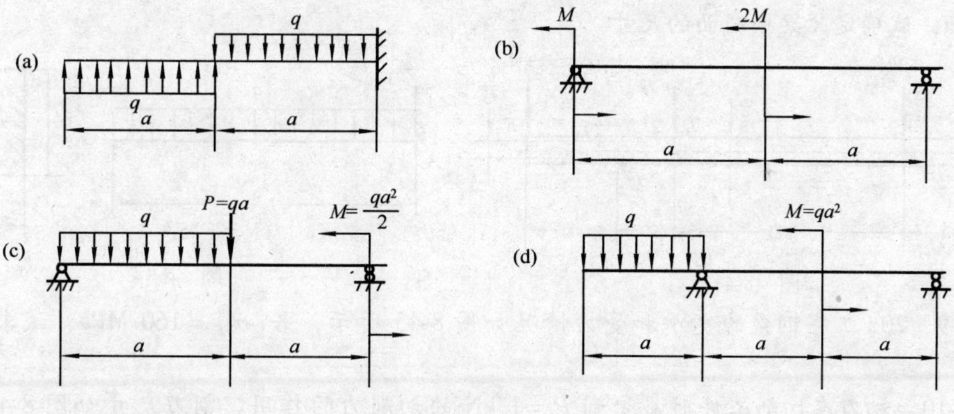

图　8-38

8-4　试用叠加法绘出图 8-39 所示各梁的弯矩图。

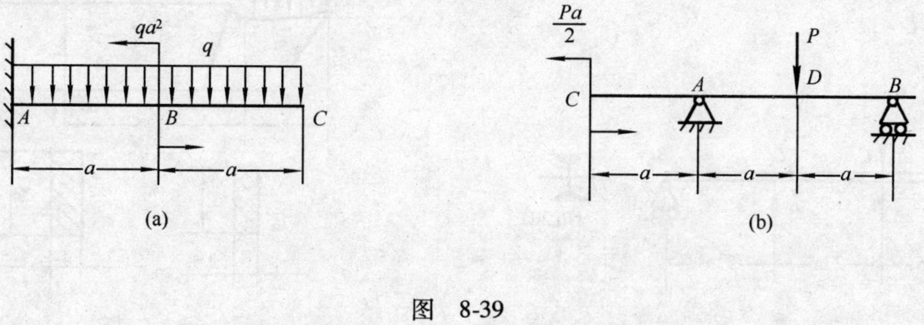

图　8-39

8-5　把直径 $d=1$ mm 的钢丝绕在直径为 2 m 的卷筒上，试计算该钢丝中产生的最大应力，设 $E=200$ GPa。

8-6　简支梁受均布载荷如图 8-40 所示。若分别采用截面面积相等的实心和空心圆截面，且 $D_1=40$ mm，$\dfrac{d_2}{D_2}=\dfrac{3}{5}$。试分别计算它们的最大正应力。并求空心截面比实心截面的最大正应力减小了百分之几?

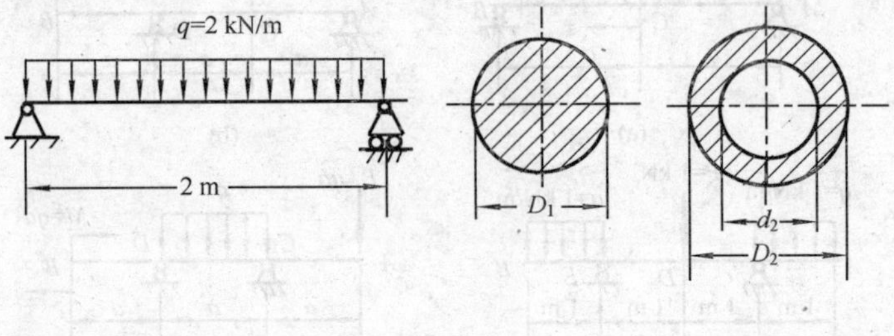

图　8-40

8-7　某圆轴的外伸部分系空心圆截面，载荷情况如图 8-41 所示。试作该轴的弯矩图，并求轴内最大正应力。

8-8　矩形截面悬臂梁如图 8-42 所示，已知 $l=4$ m，$\dfrac{b}{h}=\dfrac{2}{3}$，$q=10$ kN/m，$[\sigma]=10$ MPa，试确定此梁横截面的尺寸。

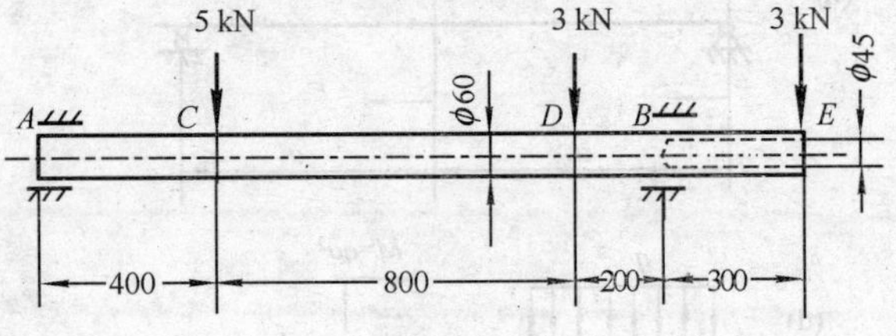

图　8-41

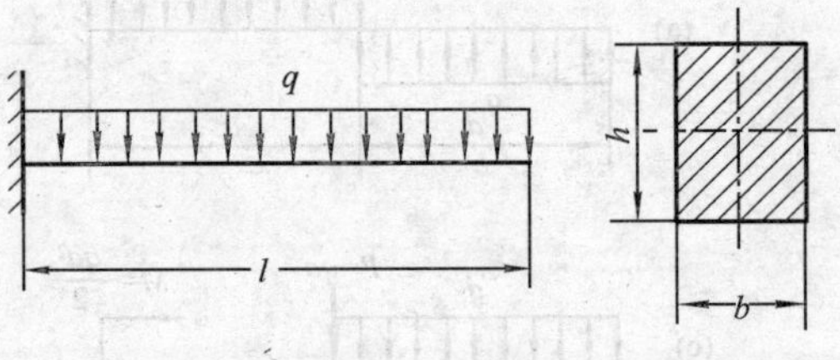

图　8-42

8-9　20a 工字钢梁的支承和受力情况如图 8-43 所示，若 $[\sigma]=160$ MPa，试求许可载荷 P。

8-10　切刀在切削工件时，受到 $P=1$ kN 的切削力的作用。割刀尺寸如图 8-44 所示。试求切刀内最大弯曲应力。

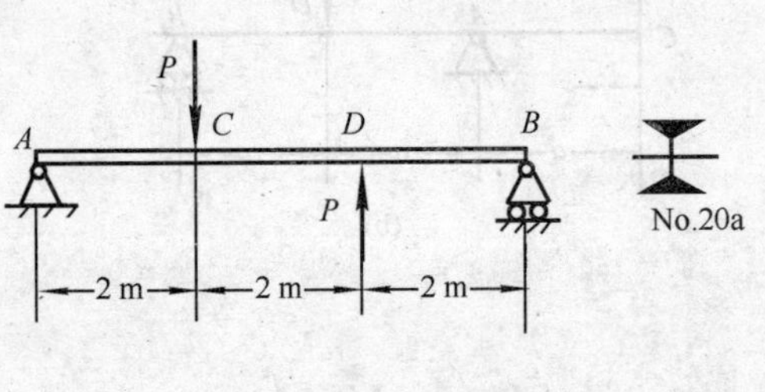

图　8-43

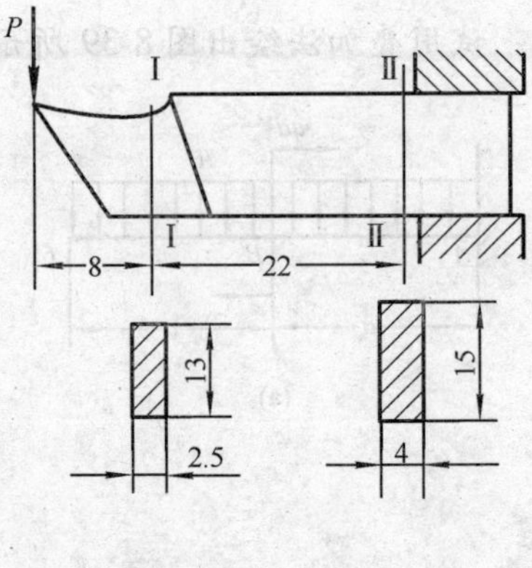

图　8-44

8-11　图8-45所示为一承受纯弯曲的铸铁梁，其上截面为⊥形，材料的拉伸和压缩的许用应力之比$[\sigma_L]/[\sigma_y]=1/4$，求水平翼板的合理宽度$b$。

8-12　如图8-46所示，利用弯曲内力的知识，说明为何将标准双杠的尺寸设计成$a=l/4$。

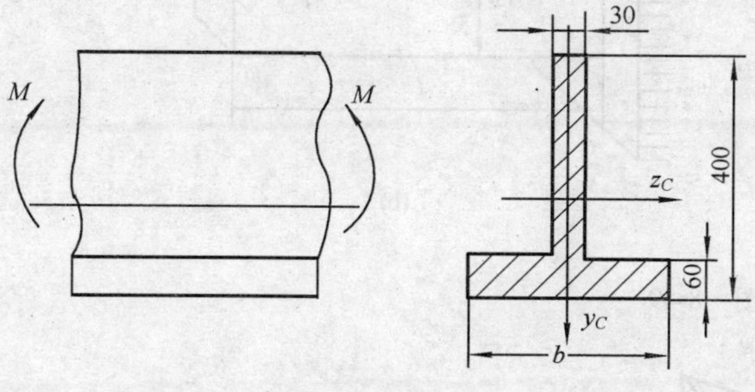

图　8-45

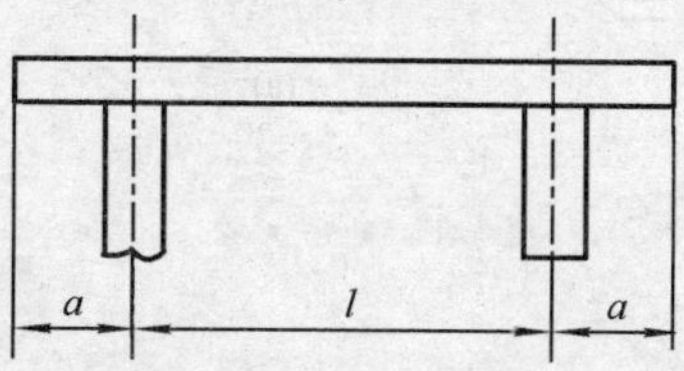

图　8-46

8-13　简支梁如图8-47所示。试求Ⅰ－Ⅰ截面A、B点处的正应力和剪应力，并画出该截面上的正应力分布图。

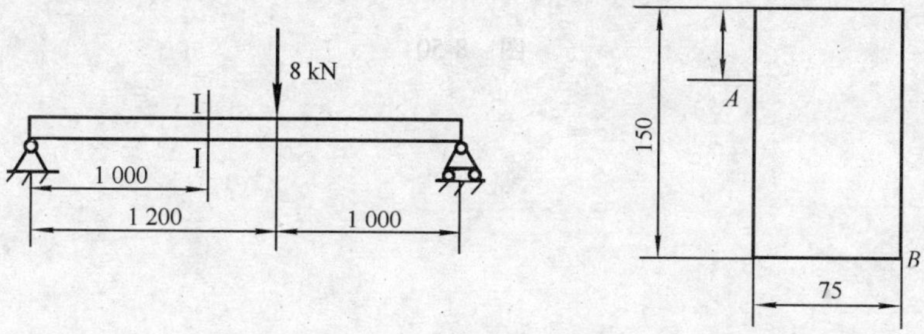

图　8-47

8-14　当力P直接作用在梁AB中点时，梁内最大应力超过许用应力值30%，为消除这一过载现象，配置辅梁CD，如图8-48所示。试求辅梁的最小跨度a。

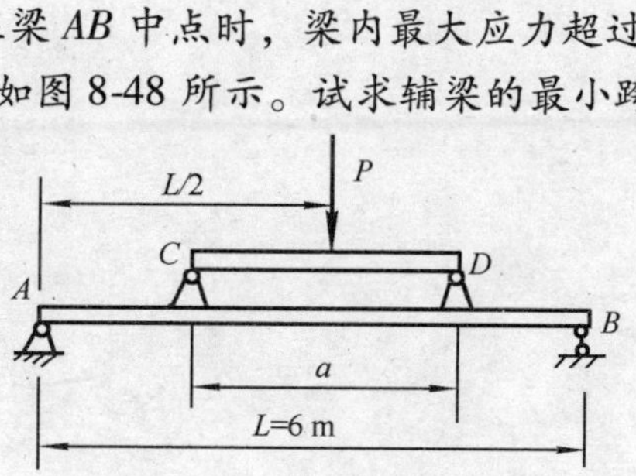

图　8-48

8-15　图8-49所示两悬臂梁的截面均为矩形（$b\times h$），但图8-49（a）所示梁为钢质，图8-49（b）所示梁为木质。试写出危险截面上的最大拉应力与最大压应力的表达式，并注明其位置。二梁的弹性模量分别为$E_{钢}$、$E_{木}$。

8-16　起重机下的梁由两根工字钢组成，如图8-50所示。起重机自重$Q=50$ kN，起重量$P=10$ kN。许用应力$[\sigma]=160$ MPa，$[\tau]=100$ MPa。若暂不考虑梁的自重，试按正应力强度条件选择工字钢型号，然后再按剪应力强度条件进行校核。

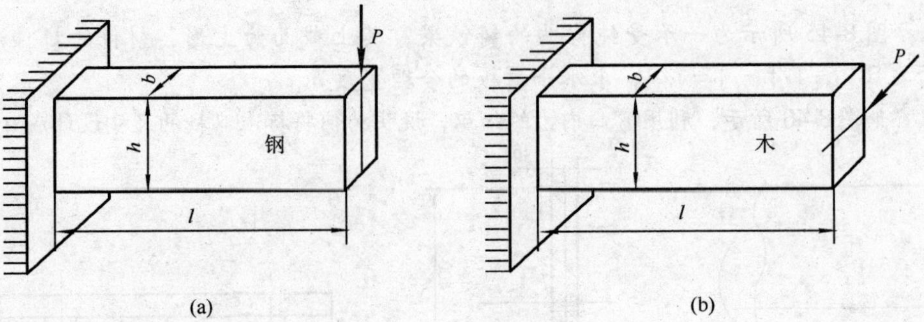

图 8-49

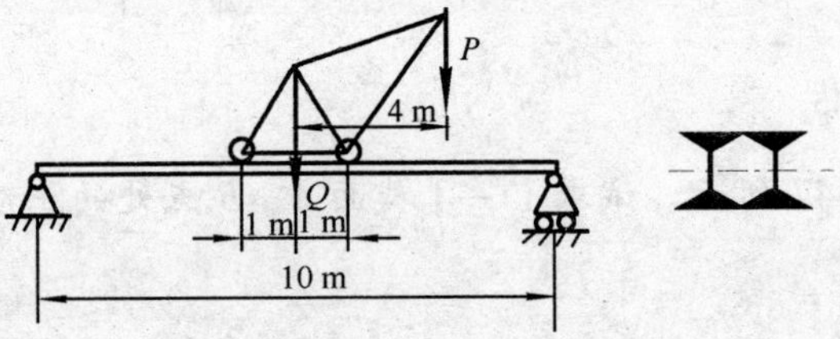

图 8-50

第 9 章　弯曲变形与刚度计算

上章研究了梁的强度计算，本章将研究梁的刚度计算，即研究直梁在平面弯曲时的变形，研究梁平面弯曲的变形主要有两个目的：对梁作刚度校核；解超静定梁。

梁的强度条件和刚度条件必须同时满足，否则会影响正常工作。

例如：在很多建筑规范中，梁的最大变形不得超过梁长的 1/300；机床的主轴如果变形过大，将影响加工精度；细纱机的罗拉，如果变形过大，将直接影响细纱质量；传动轴变形过大，使齿轮不能正常啮合，加速齿轮的磨损，并产生噪声、振动；造纸机上的轧辊，如果变形过大，就生产不出合格的纸张。

解决超静定梁的问题，首先根据梁变形的几何条件，物理条件，列出补充方程。再同静力平衡方程一起使超静定梁得到唯一的解。

§9.1　梁的挠度与转角

1. 弹性曲线

平面弯曲时，梁轴线的弯曲为一平面曲线称为弹性曲线。它是连续而又光滑的平面曲线，又称挠曲线。图 9-1 中以 $AC'B$ 表示。选取直角坐标系，挠曲线的方程式可以写成

$$y=f(x) \tag{9-1}$$

2. 挠度与转角

梁轴线上的点（即横截面形心）在垂直于 x 轴方向的线位移 y 为称为该点的挠度。用 f 表示全梁的最大挠度。横截面绕其中性轴转动的角度 θ，称为该截面的转角。如图 9-1所示，根据平面假设，梁变形后，各横截面仍垂直于梁的挠曲线，θ 同时也是挠曲线 $AC'B$ 在 C'点的切线与 x 轴之间的夹角。x 方向的线位移分量，是二阶微量，可略去不计。

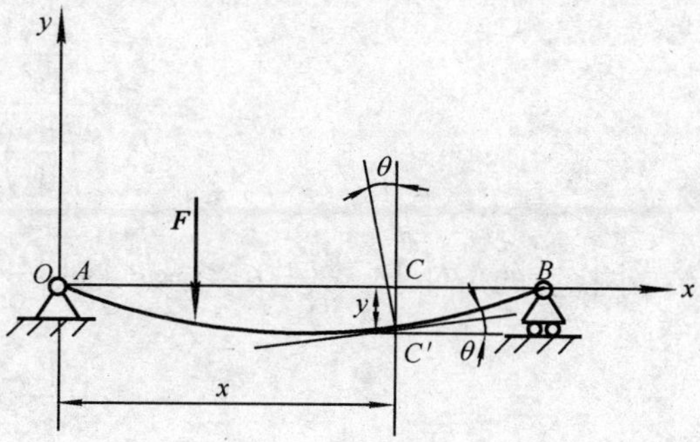

图　9-1

由式（9-1）可求转角 θ 的表达式。因为挠曲线是连续而光滑的平坦曲线，故有下述关系：

$$\theta \approx \tan\theta=\frac{dy}{dx}=f'(x) \tag{9-2}$$

挠曲线上任一点处切线的斜率 y'都可以足够精确地代表该点处横截面的转角 θ。

由此可见，只要知道挠曲线方程式（9-1），就能确定梁轴线上任一点处挠度的大小和方向，通过式（9-2）可确定任一横截面转角的大小和转向。如图 9-1 所示坐标系中，正值的挠度向上，负值的向下，正值的转角为逆时针转向（从 x 轴量起至切线的倾角），反之为负。

确定梁的位移的方法很多，木章只介绍积分法和叠加法两种。

§9.2　挠曲线的微分方程

纯弯曲的情况下，梁的曲率公式为

$$\frac{1}{\rho}=\frac{M}{EI}$$

在横力弯曲时，梁横截面上除弯矩 M 外还有剪力 F_S，但工程上常用的梁，当梁长大于横截面高度 10 倍时，F_S 对梁的位移影响很小，可略去不计，所以上式仍可应用。但此时，M 和 ρ 都是 x 的函数。即

$$\frac{1}{\rho(x)}=\frac{M(x)}{EI}$$

从高等数学可知，平面曲线的曲率可写成

$$\frac{1}{\rho(x)}=\pm\frac{\dfrac{d^2y}{dx^2}}{\left[1+\left(\dfrac{dy}{dx}\right)^2\right]^{3/2}}$$

由上列两式得梁的弹性曲线的精确微分方程为

$$\pm\frac{\dfrac{d^2y}{dx^2}}{\left[1+\left(\dfrac{dy}{dx}\right)^2\right]^{3/2}}=\frac{M(x)}{EI}$$

在小挠度的条件下，$\frac{dy}{dx}=\theta\ll 1\ \text{rad}$，故$\left(\frac{dy}{dx}\right)^2$可略去不计，于是上式可简化为

$$\pm\frac{d^2y}{dx^2}=\frac{M(x)}{EI}$$

这就是梁的挠曲线近似微分方程。

在工程实际中，应用上式所求的解，已足够精确。上式中的正负号要看弯矩的符号和 y 轴的方向而定。按图 9-1 选定的坐标系 y 轴向上为正，当曲线向下凹时，M 为正，$\frac{d^2y}{dx^2}$也为正值；当曲线向上凸时，M 为负，$\frac{d^2y}{dx^2}$也为负值（见图 9-2）。因此，上式左边取正号。

$$\frac{d^2y}{dx^2}=\frac{M(x)}{EI}\tag{9-3}$$

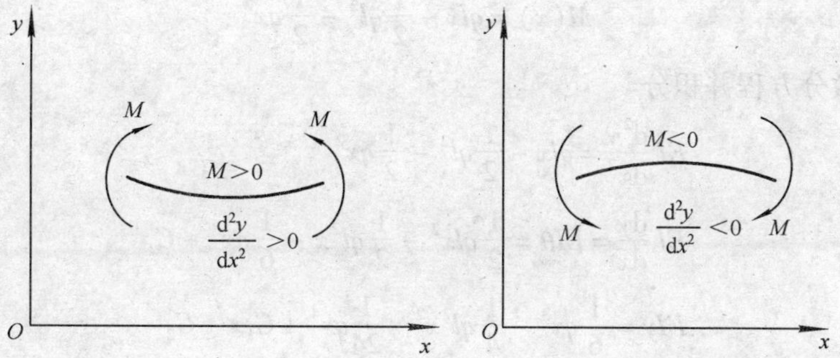

图　9-2

§9.3　用积分法求梁的变形

对于等截面直梁，EI 为常量。式（9-3）可改写成

$$EI\frac{d^2y}{dx^2}=M(x)$$

对 x 积分一次，得转角方程

$$EI\theta = EI\frac{dy}{dx} = \int M(x)\,dx + C_1$$

再对 x 积分一次，得挠曲线方程：

$$EIy = \int\left[\int M(x)\,dx\right]dx + C_1x + C_2$$

C_1、C_2 为积分常数，可由边界条件来决定。例如，固定端处的边界条件，该处的扰度 $y=0$，截面转角 $\theta=0$；铰支座处的边界条件，挠度 $y=0$。

对于梁上有集中力、集中力偶、间断的分布力等，各段梁的弯矩方程不同，梁的挠度和转角也具有不同的函数形式。对各段梁进行积分时，都出现两个积分常数。边界条件已不能定出所有常数，必须应用连续条件，即两段梁在交界处具有相等的挠度和转角。这种通过两次积分求梁变形的方法，称为积分法。

例 9-1　如图 9-3 所示，均质等截面直梁，一端固定，一端自由，已知梁的长度 l 和抗弯刚度 EI，求其在均布载荷 q 作用下，自由端 B 的转角 θ_B 和挠度 y_B。

解：支座反力为

$$M_A=\frac{1}{2}ql^2 \qquad F_{Ay}=ql$$

坐标为 x 的截面上的弯矩为

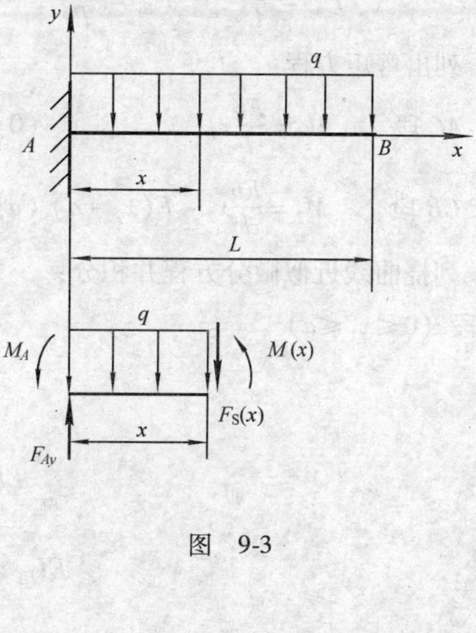

图　9-3

$$M(x) = qlx - \frac{1}{2}ql^2 - \frac{1}{2}qx^2$$

列挠曲线近似微分方程并积分

$$EI\frac{d^2y}{dx^2} = qlx - \frac{1}{2}ql^2 - \frac{1}{2}qx^2$$

$$EI\frac{dy}{dx} = EI\theta = \frac{1}{2}qlx^2 - \frac{1}{2}ql^2x - \frac{1}{6}qx^3 + C_1$$

$$EIy = \frac{1}{6}qx^3 - \frac{1}{4}ql^2x^2 - \frac{1}{24}qx^4 + C_1x + C_2$$

确定积分常数。

根据边界条件，A 为固定端，即当 $x=0$ 时，$\theta_A=0$ 代入前式得 $C_1=0$；当 $x=0$ 时，$y_A=0$代入上式得 $C_2=0$。

确定转角方程和挠曲线方程。把 C_1、C_2 代入上列两式得转角方程式为

$$EI\theta = -\frac{qx}{6}(x^2 - 3lx + 3l^2)$$

挠曲线方程为

$$EIy = -\frac{qx^2}{24}(x^2 - 4lx + 6l^2)$$

把 B 端的坐标值 $x=l$ 代入上列两公式得

$$\theta_B = -\frac{ql^3}{6EI}\ y_B = -\frac{ql^4}{8EI}$$

显然 θ_B 是最大的转角，y_B 是最大的挠度。

例 9-2　图 9-4 所示一简支梁，在 C 点处受一集中力 F 作用，已知梁的长度 l、a、b 抗弯刚度 EI，试求支座 A、B 处截面转角，C 处挠度及梁的最大挠度。

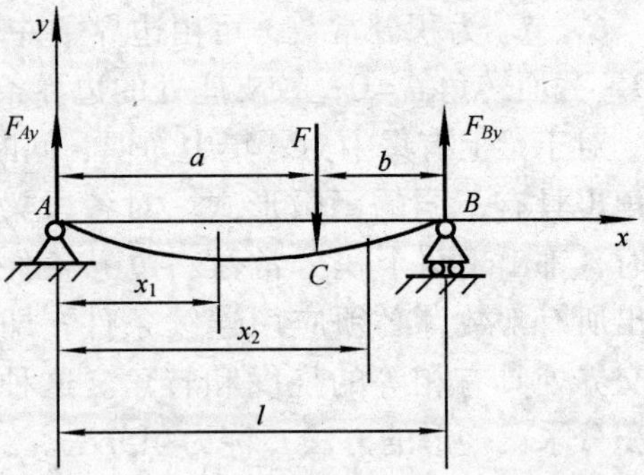

图　9-4

解： 求出梁在两端的支反力

$$F_{Ay} = \frac{Fb}{l} \qquad F_{By} = \frac{Fa}{l}$$

列出弯矩方程：

AC 段　$M_1 = \frac{Fb}{l}x_1$　　$(0 \leqslant x_1 \leqslant a)$

CB 段　$M_2 = \frac{Fb}{l}x_2 - F(x_2 - a)$　$(a \leqslant x_2 \leqslant l)$

列挠曲线近似微分方程并积分：

AC 段 $(0 \leqslant x_1 \leqslant a)$

$$EIy_1'' = \frac{Fb}{l}x_1 \qquad (例\ 9\text{-}2a_1)$$

$$EIy_1' = \frac{Fb}{l}\frac{x_1^2}{2} + C_1 \qquad (例\ 9\text{-}2b_1)$$

$$EIy_1 = \frac{Fb}{l}\frac{x_1^3}{6} + C_1x_1 + D_1 \qquad (例\ 9\text{-}2c_1)$$

CB 段（$a \leqslant x_2 \leqslant l$）

$$EIy_2'' = \frac{Fb}{l}x_2 - F(x_2 - a) \qquad (例 9\text{-}2a_2)$$

$$EIy_2' = \frac{Fb}{l}\frac{x_2^2}{2} - \frac{F}{2}(x_2 - a)^2 + C_2 \qquad (例 9\text{-}2b_2)$$

$$EIy_2 = \frac{Fb}{l}\frac{x_2^3}{6} - \frac{F}{6}(x_2 - a)^3 + C_2x_2 + D_2 \qquad (例 9\text{-}2c_2)$$

为了确定积分常数，在 CB 段内将$(x_2 - a)$作为自变量计算起来简单。

积分常数 C_1、D_1、C_2、D_2 需要四个已知条件。边界条件和连续条件可确定这四个常数。

连续条件，在 C 处：

$$当\ x_1 = x_2 = a\ 时，\ \theta_1 = \theta_2 \qquad (例 9\text{-}2d)$$

$$当\ x_1 = x_2 = a\ 时，\ y_1 = y_2 \qquad (例 9\text{-}2e)$$

把式（例 9-2b_1）和式（例 9-2b_2）代入式（例 9-2d）得

$$C_1 = C_2$$

把式（例 9-2c_1）、式（例 9-2c_2）代入式（例 9-2e）得

$$D_1 = D_2$$

再应用两个边界条件：

$$当\ x_1 = 0\ 时，\ y_A = 0$$

$$当\ x_1 = l\ 时，\ y_B = 0$$

代入式（例 9-2c_1）得 $D_1 = 0$，所以 $D_1 = D_2 = 0$。

代入式（例 9-2c_2）得

$$C_2 = -\frac{Fb}{6l}(l^2 - b^2)$$

所以

$$C_1 = C_2 = -\frac{Fb}{6l}(l^2 - b^2) = -\frac{Fab}{6l}(l + b)$$

把 C_1、C_2、D_1、D_2 代入式（例 9-2b_1）、（例 9-2c_1）、（例 9-2b_2）、（例 9-2c_2）得转角方程：

$$EI\theta_1 = \frac{Fb}{l}\frac{x_1^2}{2} - \frac{Fb}{6l}(l^2 - b^2) \qquad (例 9\text{-}2f_1)$$

$$EI\theta_2 = \frac{Fb}{l}\frac{x_2^2}{2} - \frac{F}{2}(x_2 - a)^2 - \frac{Fb}{6l}(l^2 - b^2) \qquad (例 9\text{-}2f_2)$$

挠曲线方程：

$$EIy_1 = \frac{Fb}{l}\frac{x_1^3}{6} - \frac{Fbx_1}{6l}(l^2 - b^2) \qquad (例 9\text{-}2g_1)$$

$$EIy_2 = \frac{Fb}{l}\frac{x_2^3}{6} - \frac{F}{6}(x_2 - a)^3 - \frac{Fbx_2}{6l}(l^2 - b^2) \qquad (例 9\text{-}2g_2)$$

把 $x_1 = a$ 代入式（例 9-2g_1），得 C 处挠度为

$$y_C = -\frac{Fa^2b^2}{3EIl}$$

把 $x_1 = 0$ 代入式（例 9-2f_1），得 A 截面转角为

$$\theta_A = -\frac{Fab}{6EIl}(l+b)$$

把 $x_2 = l$ 代入式（例 9-2f_2），得 B 截面转角为

$$\theta_B = \frac{Fab}{6EIl}\ (l+a)$$

求梁的最大挠度。在 $\frac{dy}{dx}=0$ 处可求得挠度的极值，先计算 $\frac{dy}{dx}=0$ 处的 x 坐标值。如果 $a>b$，最大挠度在 AC 段。令

$$\frac{dy_1}{dx_1} = \theta_1 = 0$$

$$EI\theta_1 = \frac{Fb}{l}\frac{x_1^2}{2} - \frac{Fb}{6l}(l^2-b^2) = 0$$

$$x_1 = \sqrt{\frac{l^2-b^2}{3}} \quad (a \geqslant b) \qquad \text{（例 9-2h）}$$

把 x_1 值代入式（例 9-2g_1）得

$$f = y_{max} = -\frac{\sqrt{3}Fb}{27EIl}(l^2-b^2)^{3/2} \quad (a \geqslant b)$$

讨论：从式（例 9-2h）看出，b 值愈小，x_1 值愈大。当集中力 F 从中点移到右端（$b\to 0$）则 x_1 从 $l/2$ 变化到 $l/\sqrt{3}=0.577l$，说明最大挠度总是出现在靠近 $x=\frac{l}{2}$ 处。把 $x_1=\frac{l}{2}$ 代入式（例 9-2g_1）得

$$y_{\frac{l}{2}} = \frac{Fb(3l^2-4b^2)}{48EI} \quad (a \geqslant b)$$

$y_{\frac{l}{2}}$ 和 y_{max} 两值很接近。

当 F 移到接近右端，b 很小时，b^2 相对于 l^2 可略去，得

$$y_{max} = -\frac{\sqrt{3}Fbl^2}{27EI}$$

$$y_{\frac{l}{2}} \approx -\frac{Fbl^2}{16EI}$$

用 $y_{\frac{l}{2}}$ 代替 y_{max} 的误差为

$$\frac{y_{max} - y_{\frac{l}{2}}}{y_{max}} = 2.65\%$$

在简支梁中，只要挠曲线上无拐点，可用中点挠度值代替最大值，误差不大。

用积分法求梁的变形，步骤如下：

（1）列出梁上各段的弯矩方程，并建立挠曲线近似微分方程。

（2）分段对挠曲线近似微分方程进行积分。

（3）利用边界条件和连续条件定积分常数。

（4）根据 x 坐标值，用相应段的转角方程和挠度方程，求得所求截面处的转角和挠度。

§9.4 用叠加法求梁的变形

由于梁的变形微小和材料服从胡克定律，转角和挠度都与载荷成线性关系，因此，梁上

某一载荷引起的变形，不受同时作用的其他载荷的影响，即每一个载荷对弯曲变形的影响是各自独立的。所以当梁上同时作用几个载荷时，可分别计算每个载荷单独作用时所引起的变形，然后求代数和，即为全部载荷共同作用时的变形，这就是用叠加法求梁的变形。

工程上将简单载荷作用下，均质等截面直梁的挠度和转角的计算结果列成表格，见附录Ⅲ，利用表中的结果，应用叠加原理，便可求得在复杂载荷作用下梁的变形。

例 9-3　简支梁受力如图 9-5（a）所示。试用叠加法求梁跨中点的挠度 y_C 和支座处横截面的转角 θ_A、θ_B。

解： 梁上的载荷可以分为两项简单的载荷如图 9-5（b）、（c）所示。应用附录Ⅲ查出它们分别作用时的相应位移值，然后叠加求代数和

$$y_C = y_{Cq} + y_{CM} = -\frac{5ql^4}{384EI} - \frac{M_e l^2}{16EI}$$

$$\theta_A = -\frac{ql^3}{24EI} - \frac{M_e l}{3EI},\quad \theta_B = \frac{ql^3}{24EI} + \frac{M_e l}{6EI}$$

例 9-4　悬臂梁受力如图 9-6（a）所示，EI、l、F、q 为已知。试用叠加法求 y_B 和 θ_B。

解： 将梁上载荷分解为图 9-6（b）、（c）两种受力形式的叠加，于是有 $y_B = y_{Bq} + y_{BF}$，查表得

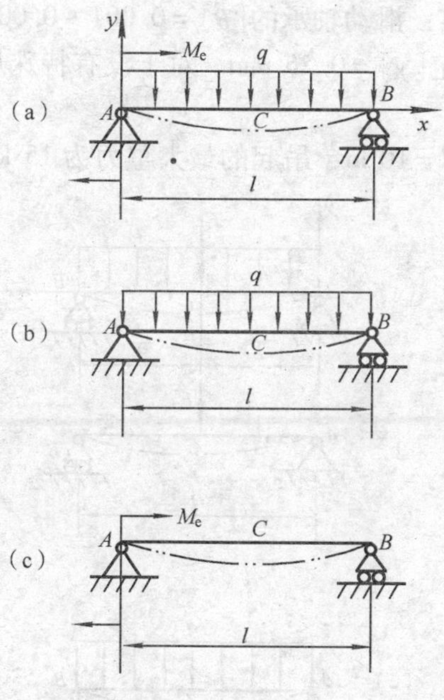

图　9-5

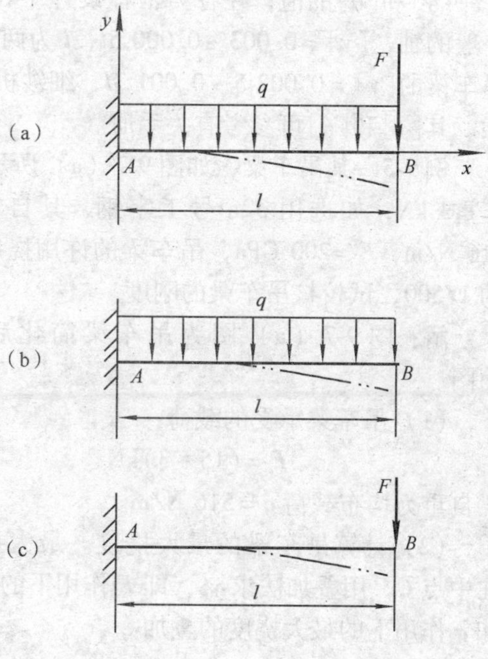

图　9-6

$$y_{Bq} = -\frac{ql^4}{8EI}$$

$$y_{BF} = -\frac{Fl^3}{3EI}$$

所以

$$y_B = -\frac{ql^4}{8EI} - \frac{Fl^3}{3EI}$$

同理

$$\theta_B = \theta_{Bq} + \theta_{BF} = -\frac{ql^3}{6EI} - \frac{Fl^2}{2EI}$$

§9.5 梁的刚度校核以及提高梁的刚度的主要措施

1. 梁的刚度校核

为了保证机器的正常工作和梁的安全，在按强度条件选择了梁的截面后，往往还要对梁进行刚度校核。需要把梁的变形限制在一定的范围内，即满足刚度条件：

$$|y_{\max}| \leqslant [y]$$

$$|\theta_{\max}| \leqslant [\theta]$$

式中，$[y]$为梁的许用挠度值；$[\theta]$为梁的许用转角值，单位为弧度。

$[y]$和$[\theta]$的值，在各类工程设计中，根据梁的工作情况，有各种不同的规定。例如：一般的轴，$[y]=0.003 \sim 0.0005l$，l为两轴承间距离；滑动轴承的$[\theta]=0.001 \sim 0.005$ rad；吊车梁的$[y]=0.0025 \sim 0.0013l$，细纱机的罗拉规定$[y]=0.25$ mm。对于没有特殊规定的梁，其$[y]$和$[\theta]$可参考有关手册。

例 9-5 某吊车梁，如图 9-7（a）所示，其跨度$l=10$ m，吊起的最大重力为 15 kN，小车重3 kN，如选用 32a 号工字钢，其自重为 $q=516$ N/m，$E=200$ GPa，吊车梁的许用挠度为跨度的 1/500，试校核吊车梁的刚度。

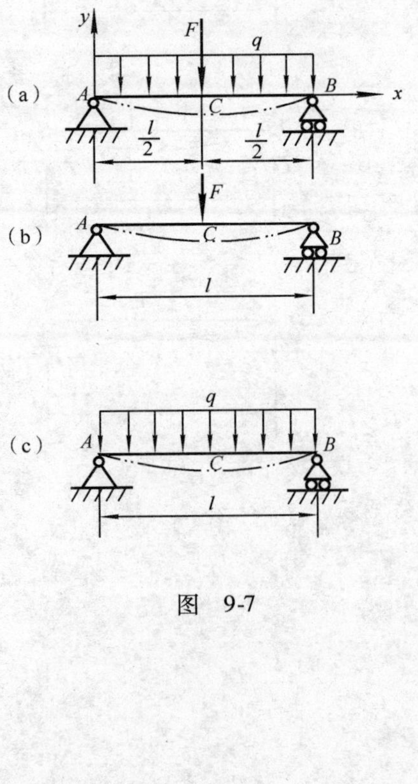

图 9-7

解：图 9-7（a）图为吊车梁简化后的计算简图。

（1）吊车梁承受的载荷：

$$F=(15+3)\text{kN}$$

梁自重为均布载荷 $q=516$ N/m。

（2）计算吊车梁的最大挠度。最大挠度发生在中点 C，用叠加法求 y_C，即 F 作用下的最大挠度和 q 作用下的最大挠度的叠加。

$$y_{\max} = y_C = y_{CF} + y_{Cq}$$

利用附录Ⅲ：

$$y_{CF} = -\frac{Fl^3}{48EI} \qquad y_{Cq} = -\frac{5ql^4}{384EI}$$

$$y_{\max} = -\frac{Fl^3}{48EI} - \frac{5ql^4}{384EI} = -\frac{l^3(8F+5ql)}{384EI}$$

查型钢表得 32a 工字钢：

$$I = 11\ 100\ \text{cm}^4$$

$$y_{\max} = -\frac{10^3 \times (8 \times 18 \times 10^3 + 5 \times 516 \times 10)}{384 \times 200 \times 10^9 \times 111 \times 10^{-6}} = 20(\text{mm})$$

（3）刚度校核：

$$[y] = \frac{l}{500} = \frac{10 \times 10^3}{500} = 20(\text{mm})$$

$|y_{\max}| = [y]$满足刚度条件。

2. 提高梁刚度的主要措施

从上一节的结果可以看出，梁的挠度与转角不仅与受力有关，而且与梁的抗弯刚度、长度以及约束条件有关。因此，采取以下措施提高梁的刚度。

（1）提高梁的抗弯刚度。由于碳钢和合金钢的弹性模量 E 很接近，当梁的承载能力由刚度条件决定时，采用高强度优质钢来代替普通钢意义不大。所以，选择合理截面形状以加大惯性矩。例如薄壁工字形和箱形以及空心轴等。

（2）尽量减小梁的跨度。因为梁的挠度和转角值与梁的跨长的 n 次幂成正比，因此，如果能设法缩短梁的跨长，将能显著地减小其挠度和转角值。这是提高梁的刚度的一个很有效的措施。

（3）增加支座。增加支座也是提高梁的刚度的有效途径。例如简支梁中间加一个或二个支座，悬臂梁在其自由端加上支座，也可以在中间某个位置加一个支座。当然，增加支座后，静定梁将变成静不定梁。

（4）改善受力情况。改善受力情况可以使弯矩值减小，从而减小梁的挠度和转角。例如，悬臂梁在其自由端受集中力 F 作用，如果有可能，将集中力 F 变成均布载荷 q，这时自由端的位移明显减小。

（5）在可能的条件下，让轴上的齿轮、皮带轮等尽可能地靠近支座，也能达到减小变形的目的。

§9.6　简单静不定梁的解法

为了减小梁的变形，提高梁的强度，常常在静定梁上增加支座，成为静不定的梁。用平衡方程无法求得唯一解。必须再应用变形的几何条件和物理条件，才能求出唯一的解。在静不定梁中，超过了维持梁的静力平衡所必需的约束，称为“多余约束”，相应的约束反力（包括反力偶），称为多余反力。

解静不定梁的方法较多，本书介绍变形比较法，其步骤如下。

（1）判断静不定次数。梁上未知约束反力的个数与独立的平衡方程数之差，称为静不定次数。

对于给定的梁，解题时首先应判断它是静定的还是静不定的。如果是静不定的，要确定静不定的次数。

（2）解除静不定梁的多余约束，并代之以多余约束反力，所得系统称为静定基。在多余约束处寻找变形协调条件。

（3）写出变形协调条件和物理条件，得补充方程。

（4）将补充方程和平衡方程联立，即可求解。

例 9-6 AB 梁一端固定［见图 9-8（a）］，一端铰支，q、EI、l 均为已知。求作 F_S、M 图。

解： 此梁比静定的悬臂梁多一个可动铰支座，在 q 作用下，共有三个未知的支反力，而平衡方程只有两个，故为一次静不定问题。需要再找一个补充方程。

在求解静不定梁时，设想 B 处的约束当作“多余”约束解除。用约束反力 F_{By} 来代替，从而得到一个静定的悬臂梁，如图 9-8（b）所示。

此悬臂梁在 B 点处的挠度等于零。在均布载荷 q 单独作用下，B 点的挠度为 y_{Bq}，如图 9-8（c）所示。在 F_{By} 单独作用下，B 点的挠度为 y_{BF}，如图 9-8（d）所示。在 q 和 F_{By} 两者共同作用下 B 点的挠度为

$$y_B = y_{Bq} + y_{BF}$$

由变形的几何条件，知

$$y_{Bq} + y_{BF} = 0$$

上式中的两挠度 y_{Bq} 和 y_{BF} 可按附录Ⅲ中公式求得

$$y_{Bq} = \frac{ql^4}{8EI}$$

$$y_{BF} = -\frac{F_{By}l^3}{3EI}$$

即

$$\frac{ql^4}{8EI} - \frac{F_{By}l^3}{3EI} = 0$$

$$F_{By} = \frac{3}{8}ql$$

再用平衡方程求出该梁固定端的两个反力为

$$F_{Ay} = \frac{5}{8}ql \quad M_A = \frac{ql^2}{8}$$

绘出其剪力图和弯矩图，如图 9-8（e）、（f）所示。这就是原静不定梁的解。

例 9-7 图 9-9（a）所示 AB 梁两端固定，F、E、I、l 均为已知。试求约束反力和最大挠度并作 F_S、M 图。

解：（1）因为每个固定端有三个约束反力，所以 A 和 B 两端共有六个约束反力，独立平衡方程只有三个，故此梁为三次静不定梁。但是，在小挠度情况下，梁的轴向位移很小，故略去不计，固定端便不产生水平约束反力。即

$$F_{Ax} = F_{Bx} = 0$$

再考虑对称性：

$$F_{Ay} = F_{By}, \quad M_A = M_B$$

由 $\sum M_A = 0$ 或 $\sum M_B = 0$ 求出

$$F_{Ay} = F_{By} = \frac{F}{2}$$

于是，原来三次静不定问题便简化为一次静不定问题。

（2）将固定端的转动约束除去，相应的多余约束力为力偶 M_A 和 M_B，静定基是一个简支梁，如图9-9（b）所示。

（3）因 A、B 为固定端，所以，$\theta_A=-\theta_B=0$。因为 $M_A=M_B$，故只需利用条件 $\theta_A=0$ 或 $\theta_B=0$。

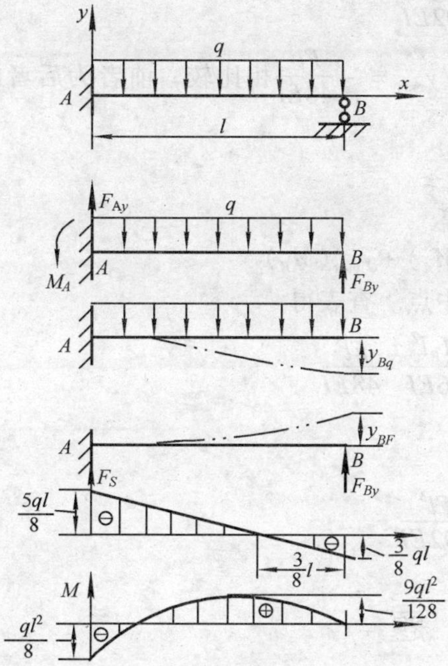

图　9-8

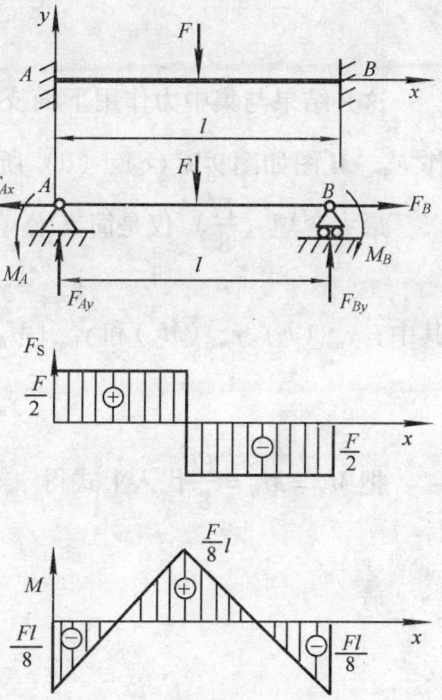

图　9-9

查表可得，M_A 单独作用时：

$$\theta_A'(M_A)=+\frac{M_A l}{3EI}\qquad\text{（逆时针）}$$

M_B 单独作用时：

$$\theta_A''(M_B)=+\frac{M_A l}{6EI}\qquad\text{（逆时针）}$$

F 单独作用时：

$$\theta_A'''(F)=-\frac{Fl^2}{16EI}\qquad\text{（顺时针）}$$

所以

$$\theta_A=\theta_A'(M_A)+\theta_A''(M_B)+\theta_A'''(F)$$

即

$$\theta_A=\frac{M_A l}{3EI}+\frac{M_A l}{6EI}-\frac{Fl^2}{16EI}=0$$

$$M_A=M_B=\frac{Fl}{8}\qquad\text{（方向如图9-9）}$$

（4）求梁的最大挠度。应用叠加法，有

$$y_{\max}=y_{\max}(F)+y_{\max}(M_A)+y_{\max}(M_B)$$

其中，$y_{\max}(F)$、$y_{\max}(M_A)$和 $y_{\max}(M_B)$均发生在梁的中点。查表得

$$y_{max} = \frac{M_A l^2}{16EI} + \frac{M_B l^2}{16EI} - \frac{Fl^3}{48EI}$$

把 $M_A = M_B = \frac{Fl}{8}$ 代入上式得

$$y_{max} = -\frac{Fl^3}{192EI}$$

这一结果与集中力作用下简支梁的最大挠度 $y_{max} = -\frac{Fl^3}{48EI}$ 相比较，前者为后者的1/4。作 F_S、M 图如图9-9（c）、（d）所示。

最大弯矩（$\frac{Fl}{8}$）仅是简支梁（$\frac{Fl}{4}$）的1/2。

$$y_{max} = y_{max}(F) + y_{max}(M_A) + y_{max}(M_B)$$

其中，$y_{max}(F)$、$y_{max}(M_A)$ 和 $y_{max}(M_B)$ 均为在梁的中点。查表得

$$y_{max} = +\frac{M_A l^2}{16EI} + \frac{M_B l^2}{16EI} - \frac{Fl^3}{48EI}$$

把 $M_A = M_B = \frac{Fl}{8}$ 代入上式得

$$y_{max} = -\frac{Fl^3}{192EI}$$

思　考　题

9-1　研究梁的变形，在工程上有什么实际意义？

9-2　什么是梁的挠曲线？什么是梁的挠度及截面转角？挠度及截面转角有什么关系？

9-3　本章所讲的求梁变形的积分法，在大变形情况下，能否应用？为什么？

9-4　用积分法求梁的变形时，x 轴向右为正与向左为正有何不同？对求得的结果有何影响？

9-5 简述叠加法求梁变形的一般步骤。

习　　题

9-1　如图9-10所示，用积分法求各梁的挠曲线方程式及 A 点的挠度和 B 点的转角（EI 为常数）。

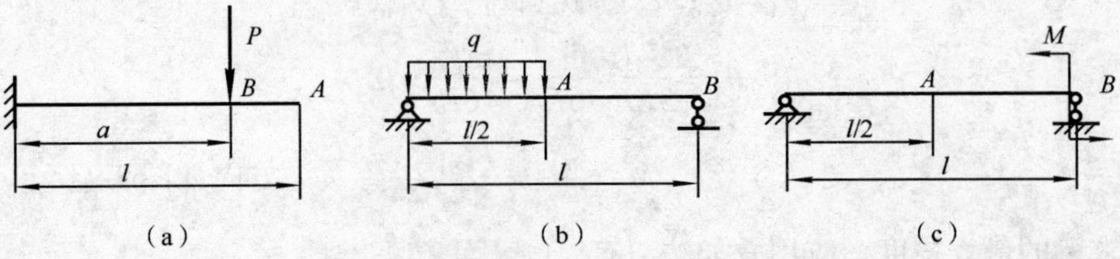

图　9-10

9-2　如图9-11所示，有一悬臂曲杆AB，承受活动载荷P的作用，为了使载荷P沿杆移动时始终能保持在同一水平，试问在载荷作用之前该杆的轴线方程应该是怎样的（EI为常数）？

9-3　如图9-12所示，试用叠加法计算梁上最大挠度及转角（EI为常数）。

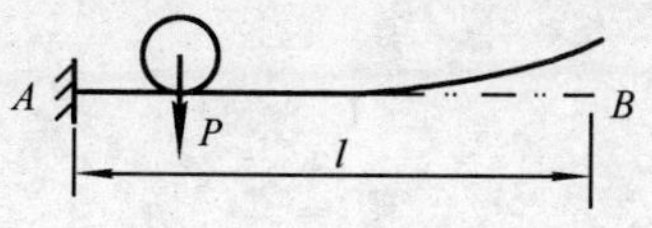

图　9-11

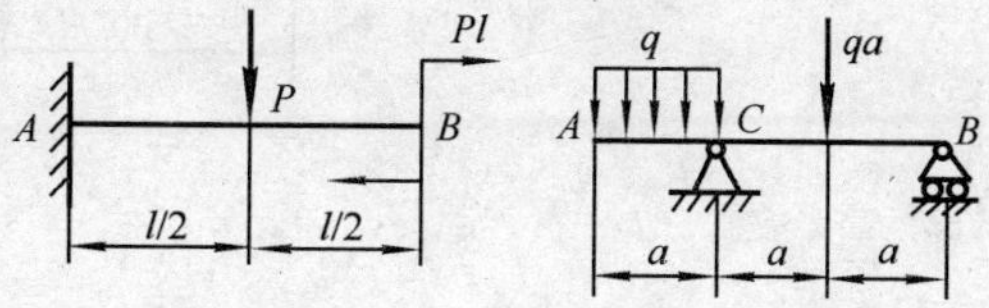

图　9-12

9-4　如图9-13所示，悬臂梁AB上有一弯架BC附于其自由端B，有一集中力P作用于弯架的端点C，试求使B点竖直挠度为零时尺寸a和l的比值a/l。

9-5　如图9-14所示，有两个相距$l/4$的轮轴载荷，缓慢地在长度为l的简支梁上移动，试确定梁中央处的最大挠度值。

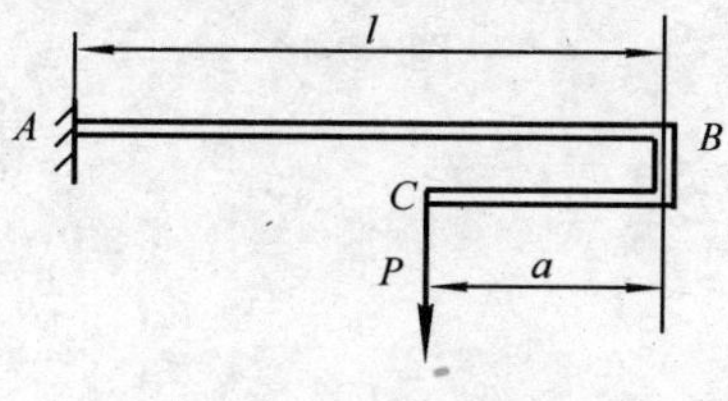

图　9-13

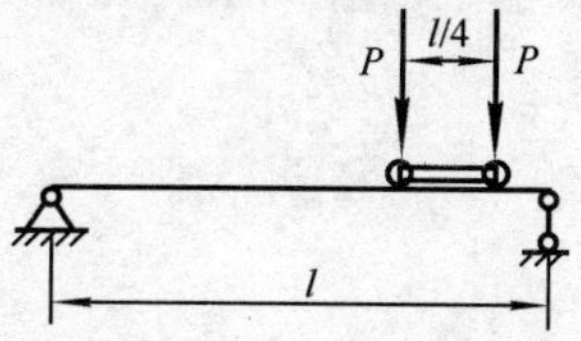

图　9-14

9-6　如图9-15所示，桥式吊车的最大载荷为$P=20$ kN，吊车大梁为32a工字钢，$E=210$ GPa，$l=8.76$ m，许可挠度［y］$=l/500$，试校核大梁的刚度。

9-7　悬臂梁AB，长度$l=3$ m，所受的载荷如图9-16所示。若许用应力［σ］$=150$ MPa，许可挠度［y］$=l/300$，试选一适当工字钢（$E=200$ GPa）。

图　9-15

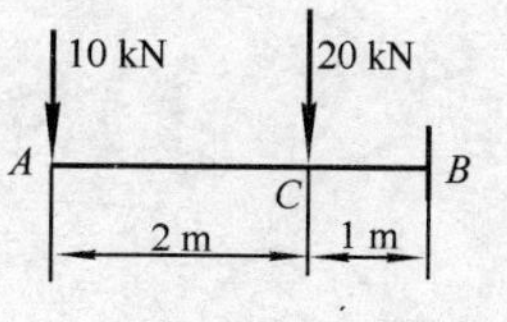

图　9-16

9-8　如图9-17所示，机床主轴受力$P_1=1$ kN，$P_2=2$ kN，主轴为空心圆截面，外径$D=80$ mm，内径$d=40$ mm，轴材料的弹性模量$E=200$ GPa。已知轴承B处的许用转角$[\theta]=\dfrac{1}{1\ 000}$ rad，截面C处的许用挠度$[y]=0.04$ mm。试校核此轴的刚度。

9-9　求图9-18所示变截面梁自由端的挠度和转角。

9-10　图9-19所示结构中，梁为16号工字钢；拉杆的截面为圆形，$d=10$ mm。两者均为A3钢，$E=200$ GPa。试求梁及拉杆内的最大正应力。

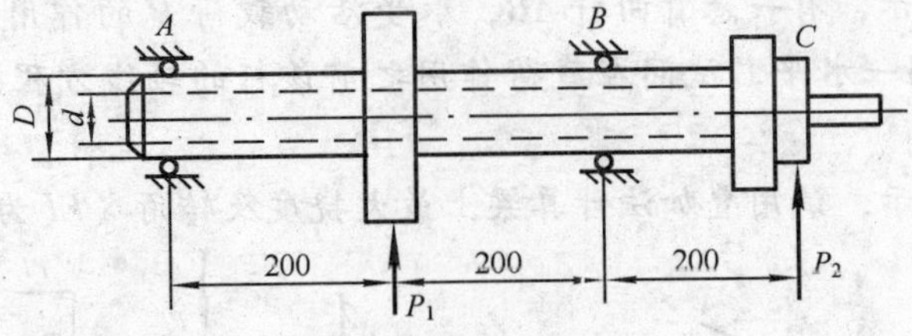

图　9-17

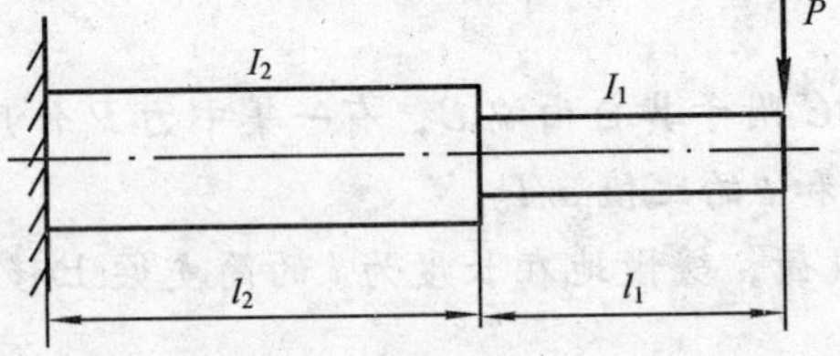

图　9-18

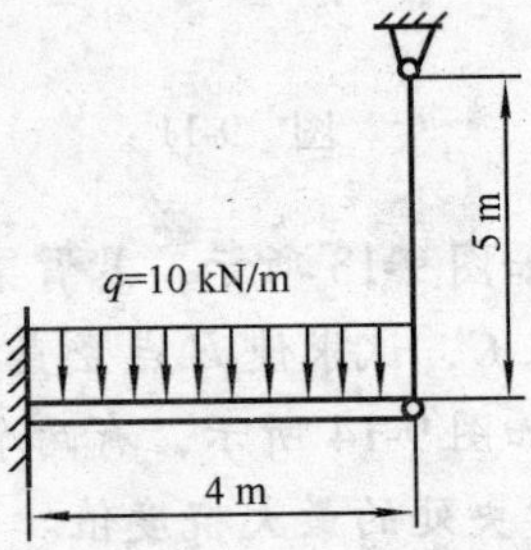

图　9-19

第 10 章　应力状态和强度理论

§10.1　一点应力状态的概念

由前几章可知，直杆拉伸或压缩时，同截面上各点的应力都相同，而过同点方位不同的截面上应力各不相同，例如扭转、弯曲时，直杆同截面上各点的应力也都不同，可见受力构件同截面上各点的应力不一定相同，而同点不同截面上的应力一般将随截面的方位变化。所以在说明应力时，必须指明是受力构件哪一点，是过该点哪一方位面的应力。知道哪一点哪一方位面的应力最大、最危险，以解决强度问题。为此，必须分析受力构件在一点处的应力状态，即通过该点各个方位面的应力情况。

在研究受力构件内某点应力时，可假想地以纵横六个截面围绕该点取出一个微小的正六面体——单元体。由于单元体取得极其微小，各边长尺寸无穷小。可认为，在它各个面上的应力都是均匀分布的，相互平行截面上的应力大小相等、方向相反。这样，单元体上六个面的应力，就代表了过该点三个相互垂直截面上的应力，于是这点的应力状态就完全确定了。

如直杆受轴向拉伸时［见图 10-1（a）］，若分析其上 A 点的应力状态，就可围绕 A 点取出一个单元体，如图 10-1（b）所示。单元体左右两个面都是横截面，其余四个面都平行于杆件的轴线。作用在单元体各个面上的应力，就表示了 A 点的应力状态。

单元体只要有一对平行平面上无应力，即可用其投影图表示。上述单元体的投影图如图 10-1（c）所示。又如圆轴受扭转时［见图 10-2（a）］，在靠近轴的表面上 A 点的单元体［见图 10-2（b）］，其投影图如图 10-2（c）所示。

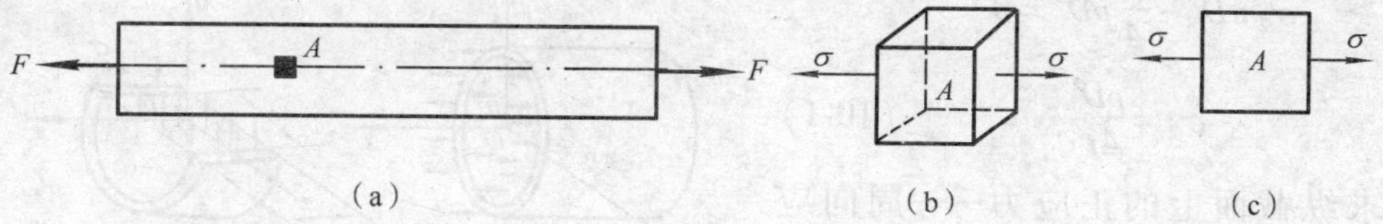

图　10-1

在图 10-1（b）中，单元体的三个相互垂直的面上均无切应力，如此切应力为零的面称为主平面。主平面上的正应力称为主应力。主应力的方向称为主方向。

一般来说，在受力构件内围绕着任意一点总可截出一个单元体，使它具有三个相互垂直的主平面，因而每一点都有三个主应力。其中有一个是通过该点所有截面上最大的正应力，还有一个是最小的正应力。三个主应力将用 σ_1、σ_2 和 σ_3 表示，并按代数值大小的顺序排列，$\sigma_1 > \sigma_2 > \sigma_3$。一点的应力状态常用该点处的三个主应力来表示（见图 10-3）。在三个主应力中，若有一个不等于零，称为单向应力状态，若有两个不等于零，称为二向应力状态或平面应力状态；若三个全不等于零，便称三向应力状态或空间应力状态。单向应力状态又称简单应力状态，二向、三向应力状态统称复杂应力状态。

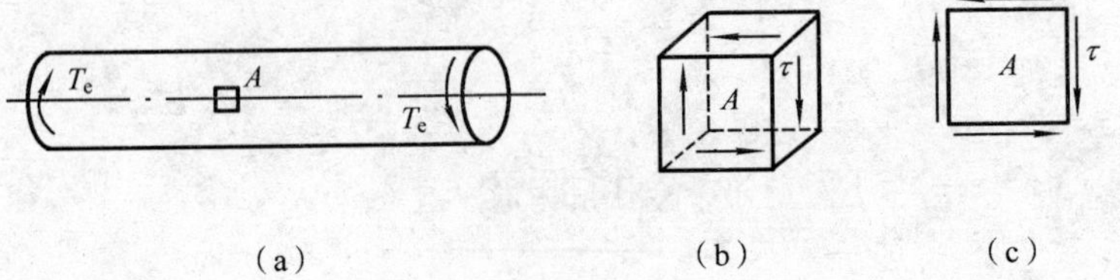

图　10-2

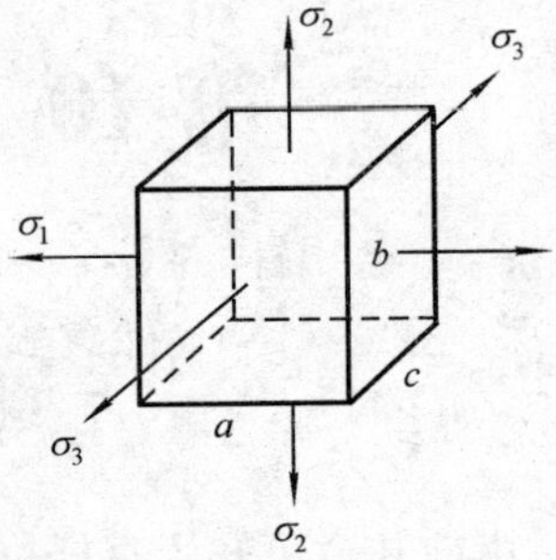

图　10-3

§10.2　复杂应力状态实例——圆筒形薄壁容器的计算

当圆筒形容器的壁厚远小于内径，即 $t \leqslant \frac{D_{内}}{20}$ 时，称它为薄壁容器。

设一圆筒形薄壁容器［见图 10-4（a）］，内装流体其压强为 p，若略去筒及流体的重量，那么在内压力的作用下，筒体会产生周向胀大和轴向伸长的变形。所以在筒壁的纵横两截面上只有正应力而无切应力。由于壁很薄，可认为壁内应力沿厚度均匀分布。

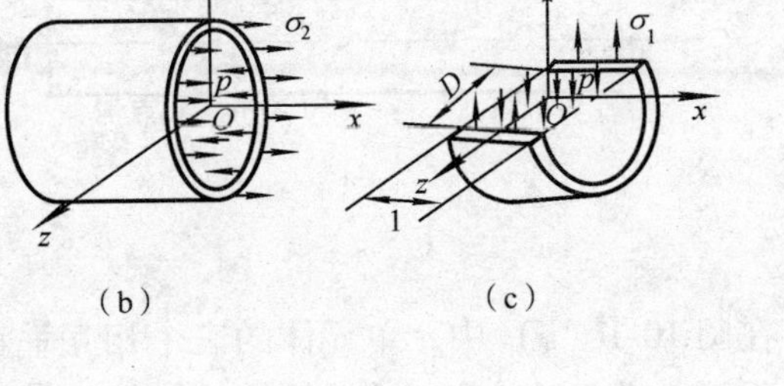

图　10-4

先求横截面上的正应力——轴向应力 σ_2。

用截面法沿横截面将筒截开，取其左部（连同内装流体）为分离体，［见图 10-4（b）］，由力平衡方程 $\sum F_x = 0$

$$\sigma_2 \pi D t - \frac{\pi}{4} p D^2 = 0$$

得

$$\sigma_2 = \frac{pD}{4t} \tag{10-1}$$

再求纵截面上的正应力——周向应力 σ_1。

从筒身中用两个相邻的横截面截取一段单位长度，再用通过筒轴线的纵截面将筒截开，取下半部（连同流体）为分离体［见图 10-4（c）］。由静力平衡方程 $\sum F_y = 0$

$$2\sigma_1 t \times 1 - pD \times 1 = 0$$

得

$$\sigma_1 = \frac{pD}{2t} \tag{10-2}$$

比较之，$\sigma_1 : \sigma_2 = 2$，可见圆筒形薄壁容器的周向应力为轴向应力的两倍，即 $\sigma_1 = 2\sigma_2$。从筒外壁上沿纵横向截面取一单元体［见图 10-4（a）］，由于容器形状和载荷都是对称的，故而其纵横截面上均无切应力，于是纵横两截面都是主平面，σ_1 和 σ_2 皆为主应力。

圆筒内壁因直接受到内压强 p 的作用，内壁一点的应力状态应是三向应力状态。现视为二向应力状态，是因内压强 $p \ll \sigma_2$（或 σ_1），于是由 p 所形成的径向应力可略而不计。

§10.3 平面应力状态分析——解析法

由上节知，圆筒形薄壁容器只在内压力作用下，围绕一点沿纵横向截面所截取的单元体上的应力都是主应力。若同时两端再受扭矩作用［见图 10-5（a）］，在筒壁上 A 点处同样用纵横两截面截出的单元体，此时其上的应力情况就不再是主应力［见图 10-5（b）］，而是既有正应力又有切应力，与筒壁表面相平行的各个面上的正应力与切应力都等于零，这是平面应力状态的一般情况。

现在研究在平面应力状态下，已知通过一点的某些截面上的应力，来确定通过这点的其他截面上的应力，从而确定该点的主应力和主平面。

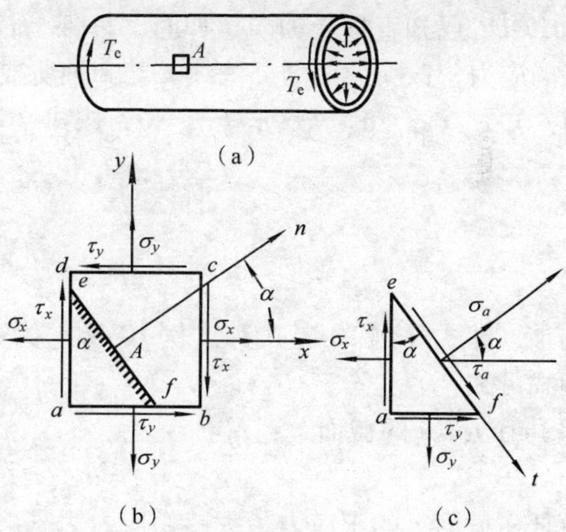

图 10-5

1. 任意斜截面上的应力

在单元体上建立一直角坐标系，已知应力分量 σ_x 和 τ_x 是法线与 x 轴平行的面上的正应力和切应力；σ_y 和 τ_y 是法线与 y 轴平行的面上的正应力和切应力，如图 10-5（b）所示。现分析与应力为零的平面（纸平面）相垂直的任意斜截面的应力。

应用截面法，假想将单元体沿所求斜截面 ef 一截为二，取分离体 aef［见图 10-5（c）］来研究。该截面的外法线 n 与 x 轴成角度为 α，并以 σ_α 及 τ_α 分别表示该斜截面上的正应力与切应力。

应力正负号规定如下：正应力以拉应力为正，压应力为负，切应力以对单元体内任意点的矩为顺时针转向者为正，反之为负；α 角是从 x 轴转到外法线 n 为逆时针转向者为正，反之为负。

设斜截面 ef 的面积为 $\mathrm{d}A$，则 ea 面和 af 面的面积分别为 $\mathrm{d}A\cos\alpha$ 和 $\mathrm{d}A\sin\alpha$。取 n 和 t 为参考轴，由棱柱体 aef 的平衡方程 $\sum F_n = 0$，得

$$\sigma_\alpha \mathrm{d}A - (\sigma_x \mathrm{d}A\cos\alpha)\cos\alpha + (\tau_x \mathrm{d}A\cos\alpha)\sin\alpha - (\sigma_y \mathrm{d}A\sin\alpha)\sin\alpha + (\tau_x \mathrm{d}A\sin\alpha)\cos\alpha = 0$$

由切应力互等定理知，$\tau_x = -\tau_y$，化简后得

$$\sigma_\alpha = \sigma_x \cos^2\alpha + \sigma_y \sin^2\alpha - 2\tau_x \sin\alpha\cos\alpha \tag{10-3a}$$

因
$$\cos^2\alpha=\frac{1+\cos 2\alpha}{2},\ \sin^2\alpha=\frac{1-\cos 2\alpha}{2}$$
$$2\sin\alpha\cos\alpha=\sin 2\alpha$$

故上式可写为

$$\sigma_\alpha=\frac{\sigma_x+\sigma_y}{2}+\frac{\sigma_x-\sigma_y}{2}\cos 2\alpha-\tau_x\sin 2\alpha \tag{10-3b}$$

同理，由$\sum F_t=0$，化简后得

$$\tau_\alpha=\frac{\sigma_x-\sigma_y}{2}\sin 2\alpha+\tau_x\cos 2\alpha \tag{10-4}$$

由式（10-3b）和（10-4），便可求出α角为任何值时斜截面上的应力。应注意式中σ_x、σ_y、τ_x、τ_y及α均为代数值。

例 10-1 已知直杆受轴向拉伸时，杆件上任一点的应力状态如图 10-6 所示。求任意斜截面上的应力，该斜截面的外法线n与x轴所成的角为α。

解： 知$\sigma_x=\sigma$，$\sigma_y=0$，$\tau_x=\tau_y=0$，按式（10-3b）及（10-4）分别得

$$\sigma_\alpha=\frac{\sigma}{2}+\frac{\sigma}{2}\cos 2\alpha=\sigma\cos^2\alpha \tag{例 10-1a}$$

$$\tau_\alpha=\frac{\sigma}{2}\sin 2\alpha \tag{例 10-1b}$$

所得结果，即式（例 10-1a）和（例 10-1b）为直杆只受轴向拉伸或压缩时斜截面上的应力。由上两式可知：

（1）在$\alpha=0$的截面上：

$$\sigma_\alpha=\sigma_{\max}=\sigma,\quad \tau_\alpha=0$$

即，直杆横截面上的正应力最大，切应力为零。

（2）在$\alpha=45^o$的截面上：

$$\tau_\alpha=\tau_{\max}=\frac{\sigma}{2}$$

即在与横截面成45°角的斜截面上切应力最大，其数值为横截面上正应力的一半。

例 10-2 已知构件内一点的平面应力状态如图 10-7 所示。求图示斜截面上的应力σ_α和τ_α。

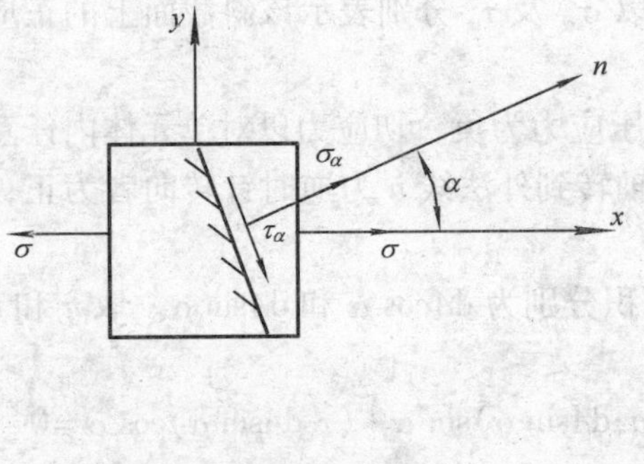

图 10-6

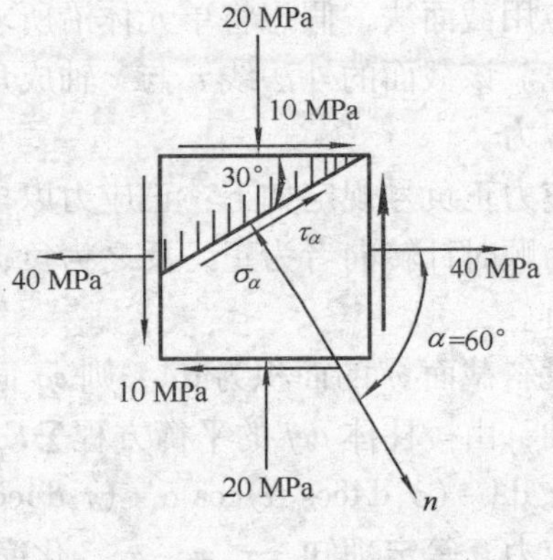

图 10-7

解：将 $\sigma_x = 40\ \text{MPa}\quad \sigma_y = -20\ \text{MPa}$，$\tau_x = -10\ \text{MPa}$

$\alpha = -60°$，代入式（10-3b）和（10-4）得

$$\sigma_\alpha = \frac{40+(-20)}{2} + \frac{40-(-20)}{2}\cos(-2\times 60°) - (-10)\sin(-2\times 60°) = -13.67(\text{MPa})$$

$$\tau_\alpha = \frac{40-(-20)}{2}\sin(-2\times 60°) + (-10)\cos(-2\times 60°) = -20.98(\text{MPa})$$

2. 主平面

式（10-3b）和式（10-4）表明，当平面应力状态已知，即 σ_x，σ_y 和 τ_x 为定值时，则任意斜截面上的应力 σ_α 及 τ_α 均为 α 角的函数。于是便可求出应力的极值及其所在平面的位置。

将式（10-3b）对 α 取导数，并令其等于零，得到

$$\frac{\mathrm{d}\sigma_\alpha}{\mathrm{d}\alpha} = \frac{\sigma_x - \sigma_y}{2}(-2\sin 2\alpha) - \tau_x(2\cos 2\alpha) = 0$$

或

$$\frac{\sigma_x - \sigma_y}{2}\sin 2\alpha + \tau_x \cos 2\alpha = 0$$

将上式与式（10-4）相比较，看出最大及最小应力所在的平面恰是切应力 τ_α 等于零的平面，即主平面。设该主平面的外法线 n 与 x 轴所成的角为 α_0，由上式得

$$\tan 2\alpha_0 = -\frac{2\tau_x}{\sigma_x - \sigma_y} \tag{10-5}$$

从式（10-5）能求出 α_0 和 $\alpha_0 + \frac{\pi}{2}$ 两个数值，确知两个主平面是互相垂直的。

主平面上的正应力就是主应力，所以主应力也就是最大或最小的正应力。

因 $\cos 2\alpha_0 = \pm \frac{1}{\sqrt{1+\tan^2 2\alpha_0}}$ 及 $\sin 2\alpha_0 = \pm \frac{\tan 2\alpha_0}{\sqrt{1+\tan^2 2\alpha_0}}$

代入式（10-5）及式（10-3b）中，即得最大或最小的正应力为

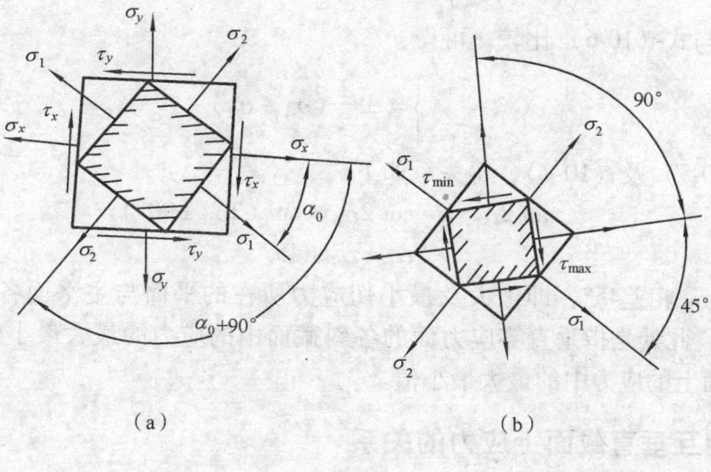

（a）　（b）

图　10-8

$$\left.\begin{array}{l}\sigma_1 = \sigma_{max}\\ \sigma_2 = \sigma_{min}\end{array}\right\} = \frac{\sigma_x + \sigma_y}{2} \pm \sqrt{\left(\frac{\sigma_x - \sigma_y}{2}\right)^2 + \tau_x^2} \tag{10-6}$$

对于一般二向应力状态，要求主平面的位置和主应力的大小可用式（10-5）和式（10-6）。图 10-8（a）表示一般二向应力状态的单元体和主应力作用的单元体间的关系。

按式（10-6）所得两个极值应力，若都为正，则用 σ_1 和 σ_2 表示，若一正一负，则用 σ_1 和 σ_3 表示，若均为负值，则用 σ_2 和 σ_3 表示。

在推导公式（10-5）和式（10-6）时，其中 σ_x、σ_y 和 τ_x，均假设为正值。在使用这些公式时，如果 $\sigma_x \geqslant \sigma_y$，由公式（10-5）确定的两个角度 α_0 中，绝对值小的一个用以确定 σ_{max}所在的平面；若 $\sigma_x < \sigma_y$ 则绝对值较大的一个确定 σ_{max}所在的主平面。

3. 最大切应力

同法可确定最大及最小切应力和其所在的平面。由式（10-4），并令$\frac{d\tau_\alpha}{d\alpha}=0$

得

$$\frac{d\tau_\alpha}{d\alpha} = (\sigma_x - \sigma_y)\cos 2\alpha - 2\tau_x \sin 2\alpha = 0$$

以 α_1 表示所求的平面外法线与 x 轴的夹角，得

$$\tan 2\alpha_1 = \frac{\sigma_x - \sigma_y}{2\tau_x} \tag{10-7}$$

由式（10-7），求出 α_1 及 $\alpha_1 + \frac{\pi}{2}$两个数值，可见最大及最小切应力所在的平面亦相互垂直。由此式同样可算出 $\sin 2\alpha_1$ 和 $\cos 2\alpha_1$，为

$$\sin 2\alpha_1 = \pm \frac{\sigma_x - \sigma_y}{\sqrt{(\sigma_x - \sigma_y)^2 + 4\tau_x^2}},\ \cos 2\alpha_1 = \pm \frac{2\tau_x}{\sqrt{(\sigma_x - \sigma_y)^2 + 4\tau_x^2}}$$

将其代入式（10-4）中，便得最大及最小切应力为

$$\left.\begin{array}{l}\tau_{max}\\ \tau_{min}\end{array}\right\} = \pm \sqrt{\left(\frac{\sigma_x - \sigma_y}{2}\right)^2 + \tau_x^2} \tag{10-8a}$$

将式（10-8a）与式（10-6）比较，可得

$$\left.\begin{array}{l}\tau_{max}\\ \tau_{min}\end{array}\right\} = \pm \frac{1}{2}(\sigma_1 - \sigma_2) \tag{10-8b}$$

又由式（10-5）及（10-7），得关系如下：

$$\tan 2\alpha_1 = -\cot 2\alpha_0 = \tan\ (2\alpha_0 \pm 90°)$$

即

$$\alpha_1 = \alpha_0 + 45°$$

说明 α_1 与 α_0 相差45°，即最大及最小切应力所在的平面与主平面各成45°［见图 10-8（b）］。须注意，此处是指垂直零应力面的各斜截面中的应力的最大最小值，而非指通过一点所有各斜截面上的应力中的最大最小值。

4. 两个相互垂直截面上应力的关系

设在单元体上任意截取两个互相垂直的截面（见图 10-9）。其外法线与 x 轴的夹角分别

为α和$\beta=\alpha+\frac{\pi}{2}$。以$\beta$代换式（10-3b）、式（10-4）中的$\alpha$，可求$\sigma_\beta$和$\tau_\beta$，化简后得

$$\sigma_\beta=\frac{\sigma_x+\sigma_y}{2}-\frac{\sigma_x-\sigma_y}{2}\cos 2\alpha+\tau_x\sin 2\alpha \quad (10\text{-}9)$$

$$\tau_\beta=\frac{\sigma_y-\sigma_x}{2}\sin 2\alpha-\tau_x\cos 2\alpha \quad (10\text{-}10)$$

将式（10-3b）与式（10-9）相加，得

$$\sigma_\alpha+\sigma_\beta=\sigma_x+\sigma_y=\sigma_{\max}+\sigma_{\min} \quad (10\text{-}11)$$

上式表示，通过受力构件内一点互相垂直的两个截面上的正应力之和为一定值，即$\sigma_{\max}+\sigma_{\min}$。又由式（10-4）及式（10-10）比较，可见

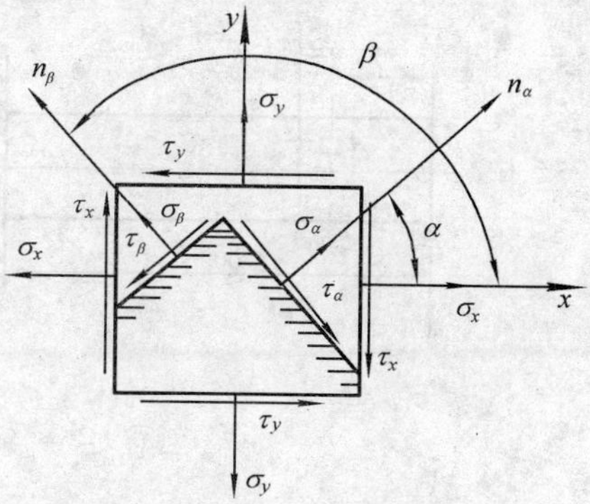

图　10-9

$$\tau_\alpha=-\tau_\beta \quad (10\text{-}12)$$

这就是切应力互等定理。

例 10-3　已知圆轴扭转时，轴表面上任一点的应力状态为纯剪切应力状态，如图 10-10 所示，求主应力的数值及其方向。

解：已知$\sigma_x=0$，$\sigma_y=0$，$\tau_x=\tau$，$\tau_y=-\tau$代入式（10-6）得

$$\left.\begin{matrix}\sigma_{\max}\\ \sigma_{\min}\end{matrix}\right\}=\pm\sqrt{\tau^2}=\pm\tau$$

由式（10-5）得

$$\tan 2\alpha_0=-\frac{2\tau}{0-0}=-\infty \text{ 即 } \alpha_0=-45^\circ\text{及}-135^\circ$$

圆轴扭转时，材料不同，其破坏形式也不同。例如塑性材料将沿着横截面被剪断［见图 10-11（a）］。而脆性材料则沿着与轴成$\sigma_1=45°$的斜截面的法线方向即主应力方向被拉断［见图 10-11（b）］。

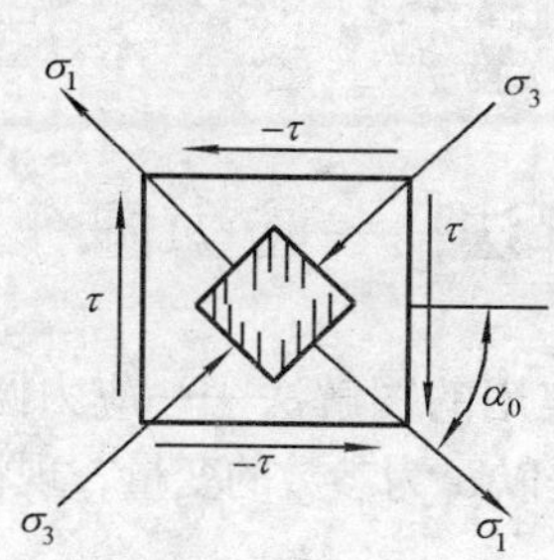

图　10-10

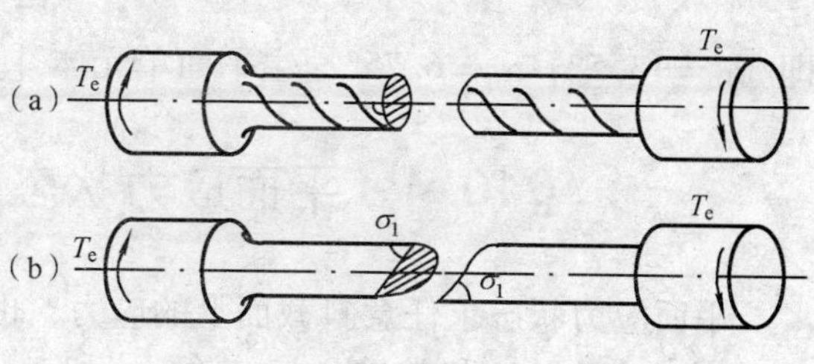

图　10-11

例 10-4　悬臂梁受力如图 10-12（a）所示。试求截面$n-n$上A点处的主应力大小和方向，并按主平面画出单元体。

解：（1）取单元体并求其上的应力。围绕A点沿梁的横截面、水平面和铅垂纵截面截出单元体［见图 10-12（b）］。

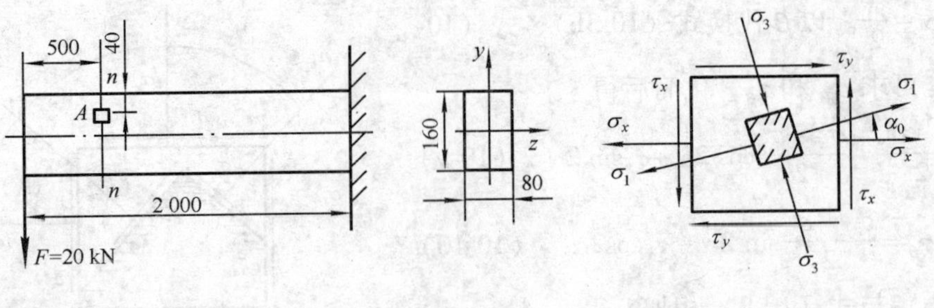

（a）（b）

图 10-12

梁弯曲时 A 点处横截面上的正应力 σ_x 和切应力 τ_x，其值分别计算得

$$\sigma_x=\frac{M\cdot y}{I_z}=\frac{(20\times10^3\times500\times10^{-3})\cdot(40\times10^{-3})}{\frac{1}{12}(80\times10^{-3})(160\times10^{-3})^3}=14.65\ (\text{MPa})$$

已知 $F_S=F$，则

$$\tau_x=\frac{F_S}{2I_z}\left(\frac{h^2}{4}-y^2\right)=\frac{-20\times10^3\left[\frac{(160\times10^{-3})^2}{4}-(40\times10^{-3})^2\right]}{2\times\frac{1}{12}(80\times10^{-3})(160\times10^{-3})^3}=-1.76(\text{MPa})$$

（切应力与剪力方向同，故为负）

（2）求主应力的大小和方向。由式（10-6）计算

$$\left.\begin{matrix}\sigma_{\max}\\ \sigma_{\min}\end{matrix}\right\}=\frac{14.65}{2}\pm\sqrt{\left(\frac{14.65}{2}\right)^2+(-1.76)^2}=7.33\pm7.53=\begin{cases}14.86(\text{MPa})\\-0.2(\text{MPa})\end{cases}$$

即 $\sigma_1=14.86$ MPa，$\sigma_2=0$，$\sigma_3=-0.2$ MPa

由式（10-5）得主方向

$$\tan 2\alpha_0=-\frac{2\times(-1.76)}{14.65-0}=0.240\ 3$$

即 $2\alpha_0=13.5°$，$\alpha_0=6.75°$，主平面单元体［见图 10-12（b）］。

§10.4 平面应力状态分析的图解法——应力圆

平面应力状态求任意斜截面上的应力，也可用简便而实用的图解法——应力圆。

用式（10-3b）和式（10-4）求解 σ_α 和 τ_α，可见二者都是以 α 为参数的变量，现将公式改写为

$$\sigma_\alpha-\frac{\sigma_x+\sigma_y}{2}=\frac{\sigma_x-\sigma_y}{2}\cos 2\alpha-\tau_x\sin 2\alpha$$

$$\tau_\alpha=\frac{\sigma_x-\sigma_y}{2}\sin 2\alpha+\tau_x\cos 2\alpha$$

对上两式等号两边各自平方后相加，便得

$$\left(\sigma_\alpha-\frac{\sigma_x+\sigma_y}{2}\right)^2+\tau_\alpha^2=\left(\frac{\sigma_x-\sigma_y}{2}\right)^2+\tau_x^2$$

因 σ_x、σ_y、τ_x 都是已知，则该式是以 σ_α 和 τ_α 为变量的圆周方程。若横坐标为 σ，纵坐标为 τ，圆心的坐标为$(\frac{\sigma_x+\sigma_y}{2},0)$，其半径为$\sqrt{(\frac{\sigma_x-\sigma_y}{2})^2+\tau_x^2}$。

现说明应力圆的具体作法，如图 10-13 所示，建立 $\sigma-\tau$ 坐标系。按一定比例，先确定 $D_1(\sigma_x,\tau_x)$点，再确定 $D_2(\sigma_y,\tau_y)$点，连接 D_1D_2 与横坐标交于 C 点，以 C 点为圆心，以 D_1D_2 为直径作圆，即是应力圆，又称莫尔圆。是德国工程师奥托·莫尔于1882 年首先提出的。应力圆上任一点的坐标对应于单元体上相应某斜截面上的应力。

(1) 求某斜截面上的应力。若由 x 轴到某斜截面的法线 n 的夹角为逆时针的 α，在应力圆上从 D_1 点沿圆周亦逆时针量取$\overset{\frown}{D_1E}$弧，弧所对的圆心角为 2α，则 E 点的横坐标和纵坐标就是该截面上相应的正应力和切应力，证明从略。

(2) 主应力和主平面主应力。应力圆上纵坐标为零的两点 A、B，其横坐标最大和最小，代表了主平面上的主应力。

主平面的位置，在应力圆上由 D_1 点沿圆周到 A 的弧，它所对的圆心角为顺时针 $2\alpha_0$，对应单元体上就由 x 轴按顺时针量取角 α_0，便确定了 σ_2 所在平面的法线。弧$\overset{\frown}{AB}$所对圆心角为180°，在单元体上 σ_1 和 σ_2 所在平面两法线间夹角为90°。

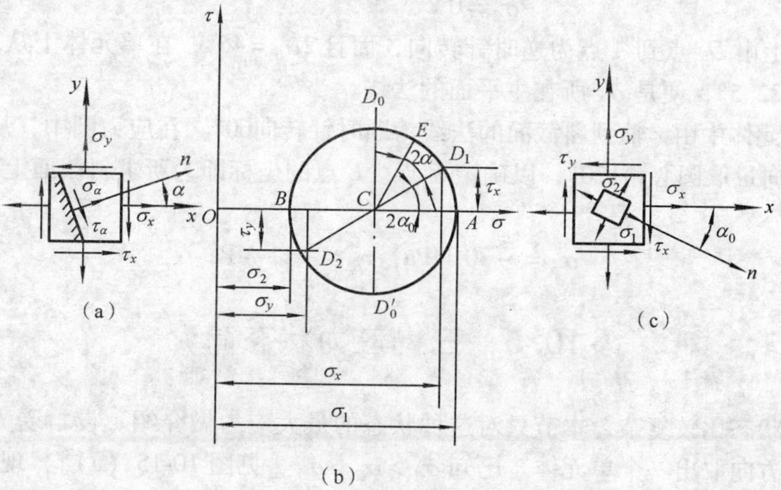

图　10-13

(3) 最大最小切应力。应力圆上的最高点 D_0 和最低点 D_0'，它们的纵坐标分别为最大及最小切应力，其绝对值就是应力圆的半径。由 A 点到 D_0 点所量弧对的圆心角为逆时针90°，在单元体上 σ_1 和 τ_{max}它们所在平面两法线间的夹角为45°。

例 10-5　已知图 10-14 (a) 所示单元体的 $\sigma_x=40$ MPa，$\sigma_y=-20$ MPa，$\tau_x=-30$ MPa。试用应力圆求：(1) 主应力及主平面的位置；(2) $\alpha=-60°$斜截面上的正应力及切应力。

解：(1) 按选定的比例，在 $\sigma-\tau$ 的坐标系中，确定 $D_1(40,-30)$点（单位：MPa），再确定 $D_2(-20,30)$点（单位：MPa），连接 D_1D_2 与横坐标交于 C 点，以 C 点为圆心，D_1D_2 为直径作应力圆如图 10-14 (b) 所示。用同一比例量得

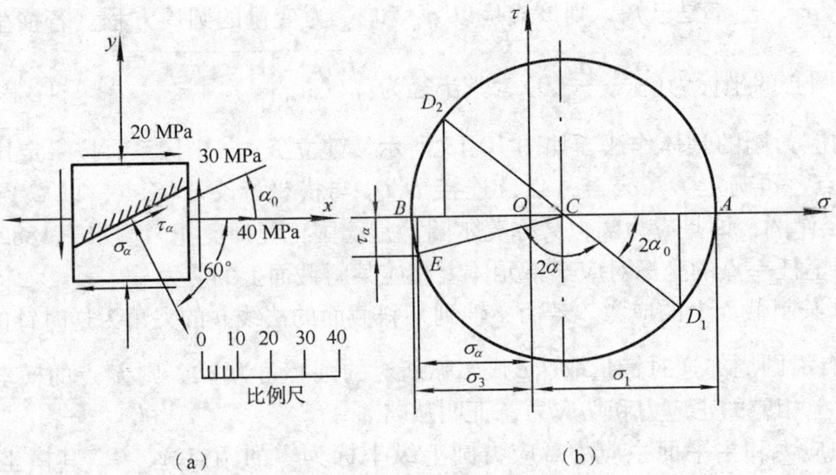

图　10-14

$$\sigma_{\max} = \overline{OA} = 53\ \text{MPa} = \sigma_1$$

$$\sigma_{\min} = \overline{OB} = -33\ \text{MPa} = \sigma_3$$

$$\sigma_2 = 0$$

在应力圆上由 D_1 点到 A 点为逆时针转向，而且 $2\alpha_0 = 45°$，在单元体上从 x 轴以逆时针转向量取 $\alpha_0 = 22.5°$，便是 σ_1 所在主平面的法线。

（2）在单元体中由 x 轴到斜截面的法线为顺时针转向60°。在应力圆中，从 D_1 点沿圆周亦按顺时针转向量取圆心角120°，以确定 E 点。E 点的坐标即为所求斜截面上的应力。用比例尺量得

$$\sigma_\alpha = -30\ \text{MPa},\ \tau_\alpha = -11\ \text{MPa}$$

§10.5　三向应力状态简介

三向应力状态比较复杂，本节只对这种状态的最大应力做介绍。设自受力构件内某点，按三个主平面方向取出一个单元体。已知 $\sigma_1 > \sigma_2 > \sigma_3$ ［见图 10-15（a）］，现来研究各斜截面上的应力。

先研究平行于任一个主应力的截面上的应力。设想以平行于主应力 σ_2 的平面，［如图 10-15（a）所示的阴影平面］，将单元体截开，任取一部分（左部）三棱柱［见图 10-15（b）］来研究。它的顶和底的面积相等，应力都是 σ_2，故在 σ_2 方向的力自行平衡，对斜截面上的应力不发生影响。该应力只决定于 σ_3 和 σ_1。这就如同已知 σ_1 和 σ_3 的平面应力状态，去求斜截面（垂直于 $\sigma_2 = 0$ 主平面的各斜截面）上的应力一样，其中最大切应力

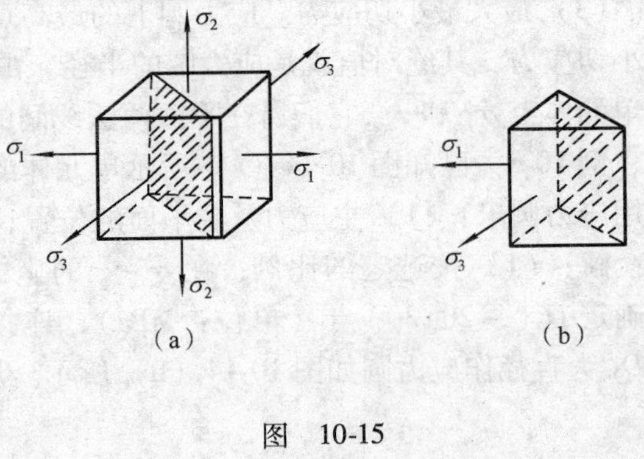

图　10-15

$$\tau_{13}=\frac{\sigma_1-\sigma_3}{2}$$

它所在的平面与 σ_1 和 σ_3 两个主平面各成45°。同样，平行于 σ_1 斜截面上的应力问题，可当作 $\sigma_1=0$ 的二向应力状态来处理，平行于 σ_3 斜截面上的应力问题，可当作 $\sigma_3=0$ 的二向应力状态来处理。在这两种截面中，最大切应力各为

$$\tau_{23}=\frac{1}{2}(\sigma_2-\sigma_3),\quad \tau_{12}=\frac{1}{2}(\sigma_1-\sigma_2)$$

其所在的平面各与其他两个主平面成45°。

至于与三个主应力不平行的一般斜截面上的应力，均可用截面法来求，其计算公式仍可由静力平衡方程求得

$$\sigma_\alpha=\sigma_1\cos^2\alpha_1+\sigma_2\cos^2\alpha_2+\sigma_3\cos^2\alpha_3 \tag{10-13}$$

$$\tau_\alpha=\sqrt{\sigma_1^2\cos^2\alpha_1+\sigma_2^2\cos^2\alpha_2+\sigma_3^2\cos^2\alpha_3-\sigma_\alpha^2} \tag{10-14}$$

式中，α_1、α_2 及 α_3 各为该斜截面的外法线与相应主应力 σ_1、σ_2 和 σ_3 方向所夹的空间角。

对于平行于 σ_1、σ_2 或 σ_3 的各斜截面上的应力，亦可分别由 σ_2、σ_3 和 σ_1、σ_3 以及 σ_1、σ_2 所画的应力圆来求得。如图10-16所示，为在 $\sigma-\tau$ 坐标系内画在一起的三个应力圆，这就是对应一点为三向应力状态的“三向应力圆”。应力圆上各点的坐标就代表这些特殊截面上的应力。至于一般斜截面上的应力，亦可用图10-16中阴影范围内一点的坐标表示。由图可见，阴影范围内任一点 G 的横坐标小于 A_1 点的横坐标，且大于 B_1 点的横坐标。而 G 点的纵坐标小于 G_1 点的纵坐标。显然，正应力和切应力的极值分别是

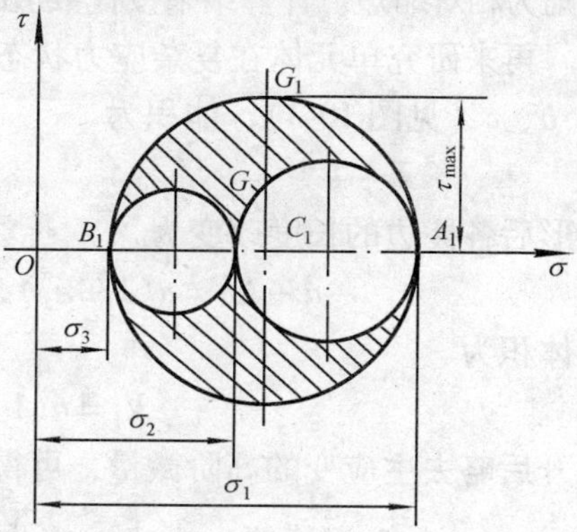

图　10-16

$$\sigma_{\max}=\sigma_1,\ \sigma_{\min}=\sigma_3,\ \tau_{\max}=\frac{1}{2}(\sigma_1-\sigma_3)$$

§10.6　广义胡克定律

现研究复杂应力状态下应力与应变的关系。从受力构件内，按三个主平面方向取一单元体（见图10-17）。在三个主应力的作用下，求沿三个主方向的线应变。在应力小于比例极限时，可根据胡克定律及横向变形的关系，分别求出每个主应力单独作用下所引起的变形，而后叠加即得。

在三个主应力共同作用下，单元体沿 σ_1 方向棱边的总线应变计算如下。

在 σ_1 单独作用下，产生纵向线应变 $\varepsilon_1'=\dfrac{\sigma_1}{E}$；在 σ_2 单独作用下，产生横向线应变 $\varepsilon_1''=-\mu\dfrac{\sigma_2}{E}$；在 σ_3 单独作用下，产生横向线应变 $\varepsilon'''_1=-\mu\dfrac{\sigma_3}{E}$。叠加后为

$$\varepsilon_1=\varepsilon_1'+\varepsilon_1''+\varepsilon'''_1=\frac{\sigma_1}{E}-\mu\frac{\sigma_2}{E}-\mu\frac{\sigma_3}{E}=\frac{1}{E}[\sigma_1-\mu(\sigma_2+\sigma_3)]$$

同理，可得出沿 σ_2、σ_3 方向棱边各自的总线应变，于是有

$$\left.\begin{aligned}\varepsilon_1 &= \frac{1}{E}\left[\sigma_1-\mu\left(\sigma_2+\sigma_3\right)\right]\\ \varepsilon_2 &= \frac{1}{E}\left[\sigma_2-\mu\left(\sigma_1+\sigma_3\right)\right]\\ \varepsilon_3 &= \frac{1}{E}\left[\sigma_3-\mu\left(\sigma_2+\sigma_1\right)\right]\end{aligned}\right\}\qquad(10\text{-}15)$$

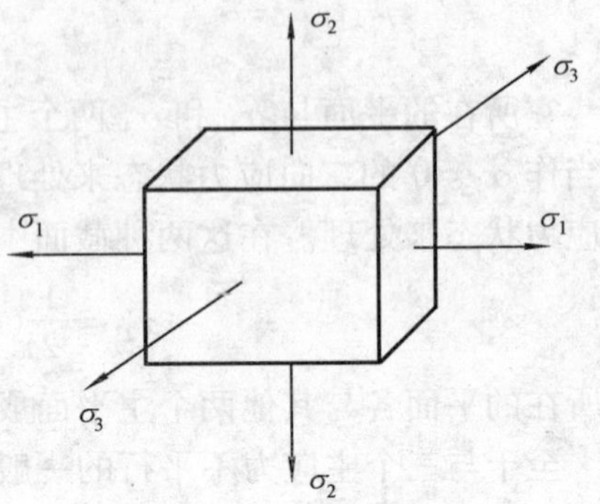

图　10-17

上式为广义胡克定律。它表示在三向应力状态下，主应力与主应变之间的关系。这个定律只适用于应力未超过比例极限和小变形的情况。公式中的主应力和主应变均为代数量。线应变为正值，表示相对伸长，负值则为相对缩短。计算结果按代数值的大小顺序排列成 $\varepsilon_1>\varepsilon_2>\varepsilon_3$，最大线应变就是 ε_1。

再来研究单元体在复杂应力状态下，体积的改变。设单元体变形前各棱边的长度分别为 a、b、c（见图 10-3），体积为

$$V=abc$$

变形后各棱边的长度改变为

$$a+\Delta a=a(1+\varepsilon_1),\ b+\Delta b=b(1+\varepsilon_2),\ c+\Delta c=c(1+\varepsilon_3)$$

则体积为

$$V_1=a(1+\varepsilon_1)\times b(1+\varepsilon_2)\times c(1+\varepsilon_3)$$

展开后略去主应变的高阶微量，可得

$$V_1=V(1+\varepsilon_1+\varepsilon_2+\varepsilon_3)$$

单位体积的改变，亦称体积应变，为

$$\theta=\frac{V_1-V}{V}=\varepsilon_1+\varepsilon_2+\varepsilon_3\qquad(10\text{-}16)$$

将式（10-15）代入上式，化简后得

$$\theta=\frac{1-2\mu}{E}(\sigma_1+\sigma_2+\sigma_3)\qquad(10\text{-}17)$$

由上式可见，体积应变只决定于三个主应力的代数和，而与各个主应力之间的比值无关。若三个主应力 σ_1、σ_2 和 σ_3 各用其平均值，即

$$\sigma_m=\frac{\sigma_1+\sigma_2+\sigma_3}{3}\qquad(10\text{-}18)$$

代替，则单元体的体积应变 θ 仍然相同，若三个主应力的代数和为零，则 $\theta=0$ 即单元体体积未变。

例 10-6　一正方形钢块，顶部受压力 $F=6$ kN 的作用，其泊松比 $\mu=0.33$，体积为 $(10\times10\times10)\ \text{mm}^3$，放入宽度、深度恰为 10 mm的刚性槽内（见图 10-18）。试求钢块内任一点的主应力。

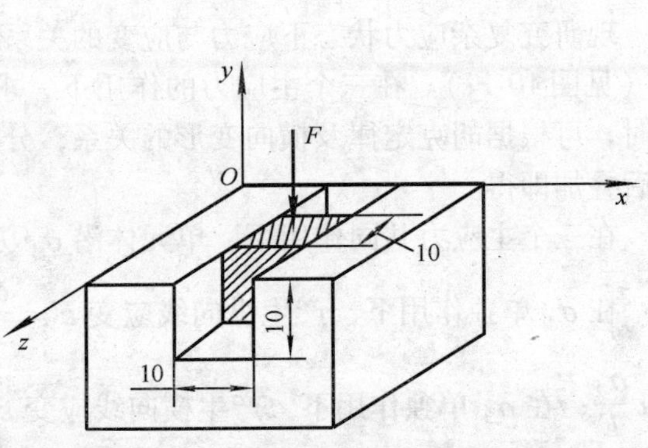

图　10-18

解：在钢块内垂直于y轴的截面上的应力为

$$\sigma_3 = -\frac{F}{A} = -\frac{6\times10^3}{(10\times10^{-3})^2} = -60(\text{MPa})$$

因z方向钢块不受约束，故$\sigma_1 = 0$

在F力作用下，钢块产生横向膨胀。由于槽为刚性的，因此在x方向应变为零，即$\varepsilon_2 = 0$，根据广义胡克定律和变形条件得

$$\varepsilon_2 = \frac{1}{E}[\sigma_2 - \mu(\sigma_3 + \sigma_1)] = \frac{1}{E}[\sigma_2 - 0.33\times(-60+0)] = 0$$

由此得

$$\sigma_2 = -19.8\ \text{MPa}$$

所以钢块内任一点的三个主应力分别为

$$\sigma_1 = 0,\quad \sigma_2 = -19.8\ \text{MPa},\quad \sigma_3 = -60\ \text{MPa}$$

§10.7　强度理论及其应用

在工程实际中，分析受力构件的强度问题时，需要确定它的危险截面上危险点的应力状态，而大多数的危险点都处于复杂应力状态。构件的破坏和该点三个主应力的不同组合有关。对于其极限应力的确定，如果也仿照单向拉（压），用实验的方法来建立强度条件，那么就得对材料在各种各样的复杂应力状态下，三个主应力比值的无穷多个组合，一一进行实验以确定相应的极限应力，然后建立强度条件，显然，这是难以实现的。因此，需寻他法。目前，在工程上是根据对材料破坏原因的考察，找出材料在各种应力状态下破坏的共同原因，再利用简单应力状态下的实验结果（破坏时的极限应力σ_s和σ_b）来建立构件的强度条件。通过长期的实践，人们对在各种不同的应力状态下，材料破坏的共同原因所提出的假说，称为强度理论。

实验表明，各种材料发生破坏的现象是不相同的，但破坏的主要形式有两种，即屈服（流动）破坏和断裂破坏。形式不同原因各异，于是提出了各不相同的强度理论。

现将各向同性材料，在常温、静载条件下，常用的四种强度理论简介如下。

1. 最大正应力理论（第一强度理论）

最大正应力理论于17世纪由伽利略提出。这个理论假设材料的破坏是由绝对值最大的正应力引起的。也就是说材料在各种应力状态下，只要三个主应力中有一个主应力的数值达到单向拉伸或压缩破坏的极值应力，材料就发生破坏。据此，材料的破坏条件为

$$\sigma_1 = \sigma_t^0 \text{ 或 } |\sigma_3| = \sigma_c^0$$

式中，σ_t^0，σ_c^0分别表示极限拉应力和极限压应力。考虑安全系数后，按最大正应力理论建立的强度条件为

$$\sigma_{r1} = \sigma_1 \leqslant [\sigma_t] \text{或} \sigma_{r1} = |\sigma_3| \leqslant [\sigma_c] \tag{10-19}$$

式中，σ_{r1}表示按第一强度理论得出的计算应力或相当应力。

实验指出，对于脆性材料，例如砖、石、铸铁等被拉断时，这个理论与试验结果大致相符，故此理论后被修正为最大拉应力理论。但对于塑性材料，例如低碳钢等的屈服破坏，铸

铁短试件受轴向压缩发生剪断破坏现象，该理论无法解释。

2. 最大线应变理论（第二强度理论）

最大线应变理论于17世纪后期由马里奥特提出的。这个理论假设材料的破坏是由最大线应变（相对伸长或缩短）引起的。也就是说，材料在各种应力状态下，只要最大线应变的绝对值达到轴向拉伸或压缩破坏的极限值时，材料就发生破坏。据此，材料的破坏条件为

$$\varepsilon_1 = \varepsilon_t^0 \text{ 或 } |\varepsilon_3| = \varepsilon_c^0$$

式中，ε_t^0，ε_c^0分别表示极限拉应变和极限压应变。考虑安全系数后，按最大线应变理论建立的强度条件为

$$\varepsilon_1 \leqslant [\varepsilon_t] \text{或} |\varepsilon_3| \leqslant [\varepsilon_c]$$

由广义胡克定律知，最大线应变为

$$\varepsilon_1 = \frac{1}{E}[\sigma_1 - \mu(\sigma_2 + \sigma_3)]$$

或

$$|\varepsilon_3| = \left|\frac{1}{E}[\sigma_3 - \mu(\sigma_2 + \sigma_1)]\right|$$

在轴向拉伸或压缩时，有

$$[\varepsilon_t] = \frac{[\sigma_t]}{E} \text{和} [\varepsilon_c] = \frac{[\sigma_c]}{E}$$

将以上两式代入该理论的强度条件，则得按最大线应变理论建立的强度条件

$$\sigma_{r2} = \sigma_1 - \mu(\sigma_2 + \sigma_3) \leqslant [\sigma_t]$$
$$\text{或 } \sigma_{r2} = |\sigma_3 - \mu(\sigma_1 + \sigma_2)| \leqslant [\sigma_c] \tag{10-20}$$

式中，σ_{r2}表示按第二强度理论得出的计算应力或相当应力。

实验指出，对少数脆性材料，例如石、混凝土等受轴向拉伸时，该理论与试验结果大致相符，但对于塑性材料该理论不能为多数实验所证实。后因实验证实，在缩短方向材料不会断裂破坏，故该理论被修正为最大伸长线应变理论。这一理论还考虑了其他两个主应力的影响。

3. 最大切应力理论（第三强度理论）

最大切应力理论于18世纪后期由库伦提出的。这个理论假设材料的破坏是由最大切应力引起的。也就是说，材料在各种应力状态下，只要最大切应力的数值达到了轴向拉伸或压缩破坏的极限切应力时，材料就发生破坏。据此，材料的破坏条件为

$$\tau_{max} = \tau^0$$

式中，τ^0 为极限切应力，由前知最大切应力为

$$\tau_{max} = \frac{\sigma_1 - \sigma_3}{2}$$

在轴向拉伸时，亦即在单向应力状态下：

$$\tau^0 = \frac{\sigma^0}{2}$$

故有

$$\sigma_1 - \sigma_3 = \sigma^0$$

考虑安全系数后，按最大切应力理论建立的强度条件为

$$\sigma_{r3}=\sigma_1-\sigma_3\leqslant[\sigma] \tag{10-21}$$

式中，σ_{r3}表示按第三强度理论得出的计算应力或相当应力。

该理论与实验结果相符合，它不但能解释塑性材料的流动，而且还能说明脆性材料的剪断。但该理论没有考虑中间的主应力 σ_2 对材料破坏的影响，它不能解释在轴向拉伸与压缩时，脆性材料的极限应力不相同的原因。在三向等值拉伸时，按此理论材料将不会发生破坏，这与实验不符。

4. 形状改变能密度理论（第四强度理论）

形状改变能密度理论于20世纪初由贝尔特拉姆提出的。这个理论假设材料的破坏是由形状改变的能密度所引起的。也就是说，材料在各种应力状态下，若形状改变能密度 u_f 达到在轴向拉伸或压缩破坏的极限值 u_f^0时，材料就会发生破坏。据此，材料的破坏条件为

$$u_f=u_f^0$$

随着物体发生弹性变形而积蓄在其体内的能量，称为变形能。物体在每单位体积内积蓄的应变能，称为能密度。

在复杂应力状态下，单元体体积不变只形状改变所积蓄的能密度，即形状改变能密度为

$$u_f=\frac{1+\mu}{3E}(\sigma_1^2+\sigma_2^2+\sigma_3^2-\sigma_1\sigma_2-\sigma_2\sigma_3-\sigma_3\sigma_1)$$

或

$$u_f=\frac{1+\mu}{6E}[(\sigma_1-\sigma_2)^2+(\sigma_2-\sigma_3)^2+(\sigma_3-\sigma_1)^2]$$

在轴向拉伸，即单向应力状态下，$\sigma_1=\sigma^0$，$\sigma_2=\sigma_3=0$ 时

$$u_f^0=\frac{1+\mu}{3E}(\sigma^0)^2$$

将 u_f^0代入前式，化简后得

$$\sqrt{\sigma_1^2+\sigma_2^2+\sigma_3^2-\sigma_1\sigma_2-\sigma_2\sigma_3-\sigma_3\sigma_1}=\sigma^0$$

考虑安全系数后，按形状改变能密度理论的强度条件为

$$\sigma_{r4}=\sqrt{\sigma_1^2+\sigma_2^2+\sigma_3^2-\sigma_1\sigma_2-\sigma_2\sigma_3-\sigma_3\sigma_1}\leqslant[\sigma] \tag{10-22a}$$

或

$$\sigma_{r4}=\sqrt{\frac{1}{2}[(\sigma_1-\sigma_2)^2+(\sigma_2-\sigma_3)^2+(\sigma_3-\sigma_1)^2]}\leqslant[\sigma] \tag{10-22b}$$

式中，σ_{r4}表示按第四强度理论得出的计算应力或相当应力。

若将　$\tau_{12}=\dfrac{\sigma_1-\sigma_2}{2}$，$\tau_{23}=\dfrac{\sigma_2-\sigma_3}{2}$，$\tau_{13}=\dfrac{\sigma_1-\sigma_3}{2}$代入式（10-22b），即得

$$\sqrt{2(\tau_{12}^2+\tau_{23}^2+\tau_{13}^2)}\leqslant[\sigma] \tag{10-23}$$

因此，第四强度理论也可看作是一种切应力强度理论。对于塑性材料，这个理论与实验结果很符合，是目前广泛采用的理论。该理论也考虑到了中间的主应力 σ_2 对材料的影响。但也有如第三强度理论所不能解释的问题。

这四个强度理论的应用范围，大致如下：

（1）不同的材料发生不同形式的破坏。脆性材料常因脆性断裂而破坏，采用第一，第二强度理论；塑性材料常因塑性流动而破坏，采用第三、第四强度理论。

（2）同一种材料，在不同的应力状态下，也可能有不同形式的破坏。例如在三向拉伸应力状态下，塑性、脆性材料都将发生脆性断裂破坏，故采用第一强度理论，在三向压缩应力状态下，塑性、脆性材料都将发生塑性流动破坏，故采用第三、第四强度理论。

例 10-7　已知一承受压强为 p 的内压力作用的圆筒形薄壁容器，它的平均直径为 D，求壁厚 t。

解： 由§10.2 知，圆筒形薄壁容器器壁上任一点都处于二向应力状态，它的三个主应力为

$$\sigma_1=\frac{pD}{2t},\ \sigma_2=\frac{pD}{4t},\ \sigma_3=0$$

由于受内压的容器通常用塑性材料制造，故采用第三强度理论，则有

$$\sigma_{r3}=\sigma_1-\sigma_3=\frac{pD}{2t}\leqslant[\sigma]$$

所以
$$t\geqslant\frac{pD}{2[\sigma]}$$

若采用第四强度理论，则有

$$\sigma_{r4}=\sqrt{\left(\frac{pD}{2t}\right)^2+\left(\frac{pD}{4t}\right)^2-\left(\frac{pD}{2t}\right)\left(\frac{pD}{4t}\right)}\leqslant[\sigma]$$

$$\sqrt{\frac{3}{16}}\left(\frac{pD}{t}\right)\leqslant[\sigma]$$

所以
$$t\approx 0.433\frac{pD}{[\sigma]}$$

例 10-8　试按强度理论，由材料的许用拉应力$[\sigma]$来确定纯剪切应力状态下的许用切应力$[\tau]$。

纯剪切应力状态是拉一压二向应力状态，且

$$\sigma_1=\tau,\ \sigma_2=0,\ \sigma_3=-\tau$$

对于脆性材料，若采用第一强度理论：

$$\sigma_{r1}=\sigma_1=\tau\leqslant[\sigma]$$

与剪切的强度条件 $\tau\leqslant[\tau]$相比较，所得许用切应力为

$$[\tau]=[\sigma] \qquad \text{（例 10-8a）}$$

若用第二强度理论：

$$\sigma_{r2}=\sigma_1-\mu(\sigma_2+\sigma_3)\leqslant[\sigma]$$

例如对铸铁取 $\mu=0.27$，则有

$$\sigma_{r2}=\tau-0.27(0-\tau)\leqslant[\sigma]$$

$$\tau\leqslant 0.787[\sigma]$$

亦与 $\tau\leqslant[\tau]$比较，则得

$$[\tau]=0.787[\sigma] \qquad \text{（例 10-8b）}$$

对于塑性材料，采用第三强度理论：

$$\sigma_{r3}=\sigma_1-\sigma_3=\tau-(-\tau)\leqslant[\sigma]$$

得
$$\tau \leqslant 0.5[\sigma]$$
与$\tau \leqslant [\tau]$相比较，则得
$$[\tau]=0.5[\sigma] \quad (例 10\text{-}8c)$$
若用第四强度理论：
$$\sigma_{r4}=\sqrt{\sigma_1^2+\sigma_3^2-\sigma_1\sigma_3}=\sqrt{\tau^2+(-\tau)^2-(-\tau)\tau}\leqslant[\sigma]$$
$$\tau \leqslant 0.577[\sigma]$$
与$\tau \leqslant [\tau]$相比较，则得
$$[\tau]=0.577[\sigma] \quad (例 10\text{-}8d)$$
对于脆性材料，由式（例10-8a）及式（例10-8b）一般规定
$$[\tau]=(0.8\sim1.0)[\sigma]$$
对于塑性材料，由式（例10-8c）及式（例10-8d）一般规定
$$[\tau]=(0.5\sim0.6)[\sigma]$$

思考题

10-1　何谓一点处的应力状态？何谓二向应力状态？如何研究一点处的应力状态？

10-2　如何用解析法确定任一斜截面的应力？应力和方位角的正负符号是怎样规定的？

10-3　如何绘制应力圆？如何利用应力圆确定任一斜截面的应力？

10-4　何谓主平面？何谓主应力？如何确定主应力的大小和方位？

10-5　何谓单向应力状态、二向应力状态和三向应力状态？何谓复杂应力状态？

10-6　在单向、二向和三向应力状态中，最大正应力和最大切应力各为何值？各位于何截面？

10-7　何谓广义胡克定律？该定律是怎样建立的？应用条件是什么？

10-8　何谓强度理论？金属材料破坏有几种主要形式？相应有几类强度理论？

10-9　目前常用的强度理论的基本观点及相应的强度条件各是什么？这些条件是如何建立的？各适用于什么范围？

10-10　如何利用强度理论确定纯剪切时的许用切应力值？

10-11　在正应力与切应力联合作用下，构件的强度条件如何建立？

习　题

10-1　单元体各面的应力如图10-19所示（应力单位为MPa），试用解析法和图解法计算指定截面上的正应力和切应力。

10-2　单元体各面的应力如图10-20所示（应力单位为MPa），试用解析法和图解法计算主应力的大小及所在截面的方位，并在单元体中画出。

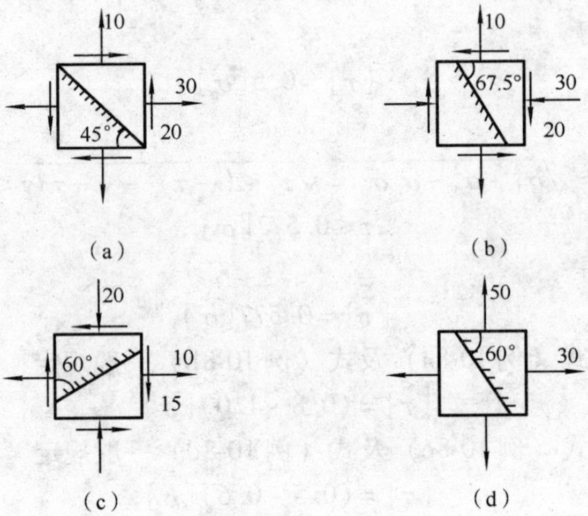

图　10-19

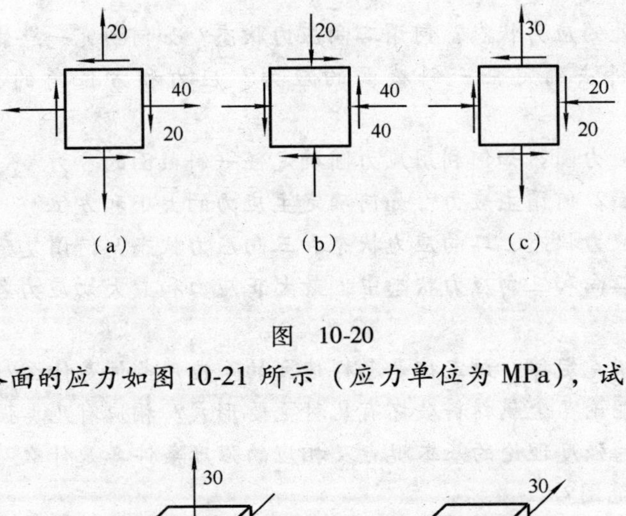

图　10-20

10-3　单元体各面的应力如图 10-21 所示（应力单位为 MPa），试求主应力、最大正应力和最大切应力。

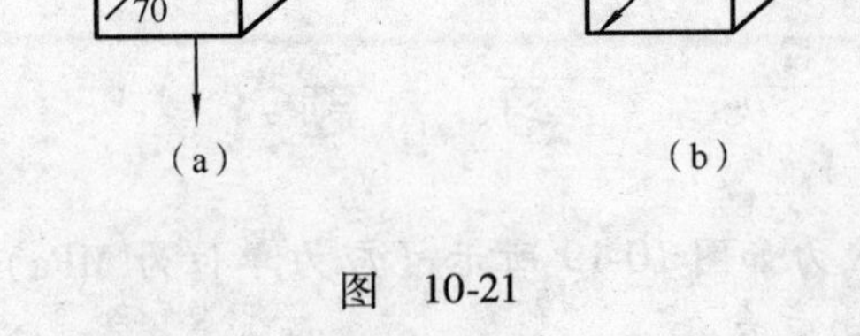

图　10-21

10-4　单元体各面的应力如图 10-22 所示，试作三向应力圆，并求主应力、最大正应力和最大切应力。

10-5　已知某点 A 处截面 AB 和 AC 的应力如图 10-23 所示，（应力单位为 MPa），试用图解法确定该点处的主应力及其所在截面的方位。

10-6　图 10-24 所示槽形刚体，在槽内放置一边长为 10 mm的立方钢块，钢块顶面受到

合力为 $P=8$ kN 的均布压力作用，试求钢块的三个主应力和最大切应力。已知材料的弹性模量 $E=200$ GPa，泊松比 $\mu=0.3$。

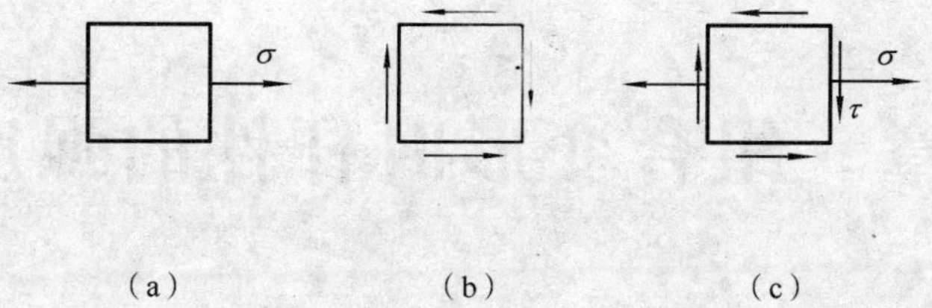

图　10-22

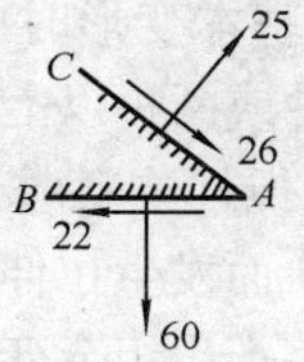

图　10-23

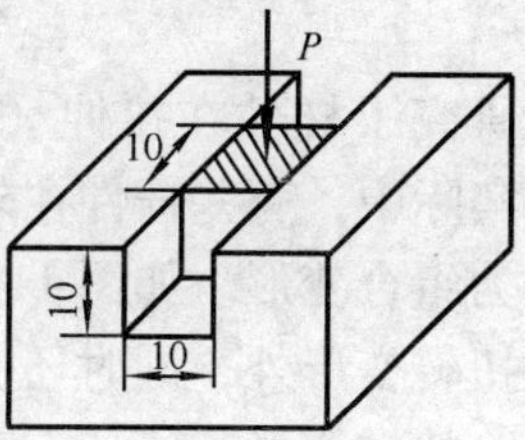

图　10-24

10-7　某铸铁构件危险点处单元体的应力情况如图 10-25 所示，试校核其强度。已知铸铁的许用拉应力 $[\sigma]=40$ MPa。

10-8　图 10-26（a）所示外伸梁，自由端受载荷 P 作用，梁用 No. 28a 工字钢做成，其截面尺寸如图（b）所示。试求截面 B 上 a、b、c 三点的主应力，并按第三强度理论校核其强度。已知 $P=130$ kN，$[\sigma]=170$ MPa。

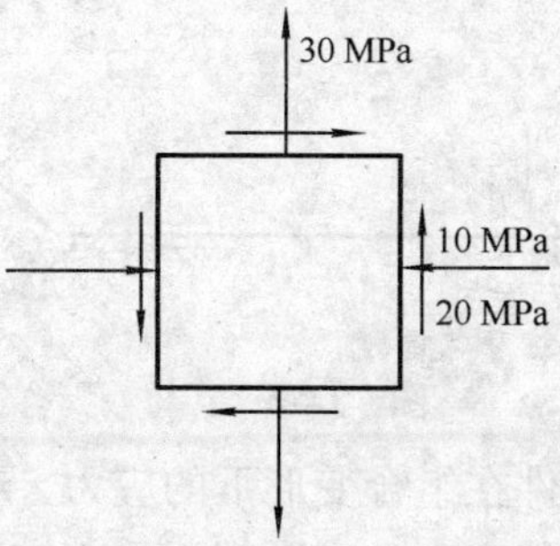

图　10-25

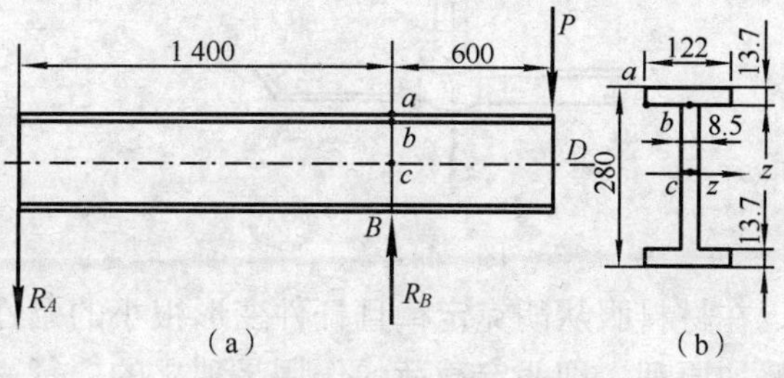

图　10-26

10-9　图 10-27 所示铸铁构件中，中段为一内径 $D=100$ mm，壁厚的圆筒，圆筒内的压强 $p=5$ MPa，两端的轴向压力 $N=100$ kN，$[\sigma]=40$ MPa，$\mu=0.25$。试校核其强度。

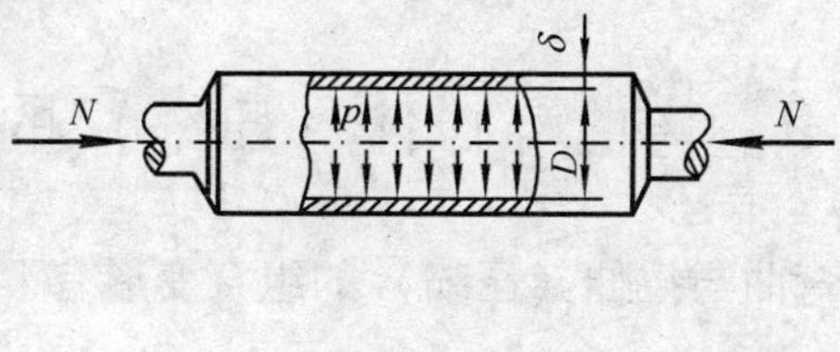

图　10-27

第 11 章　组合变形时杆件的强度计算

§11.1　组合变形的概念和实例

前几章研究了杆件在拉伸（压缩）、剪切、扭转和弯曲等基本变形时的强度和刚度计算。但工程实际中，有些杆件在外力作用下往往同时存在着两种或两种以上基本变形。这类变形形式称为组合变形。如图 11-1 所示反应釜搅拌轴，除了在搅拌物料时桨叶受到阻力的作用而发生扭转变形外，同时还受到搅拌轴和桨叶的自重作用，而发生拉伸变形。如图 11-2 所示转轴，除扭转变形外，还有弯曲变形。可见，这些杆件都将产生组合变形。

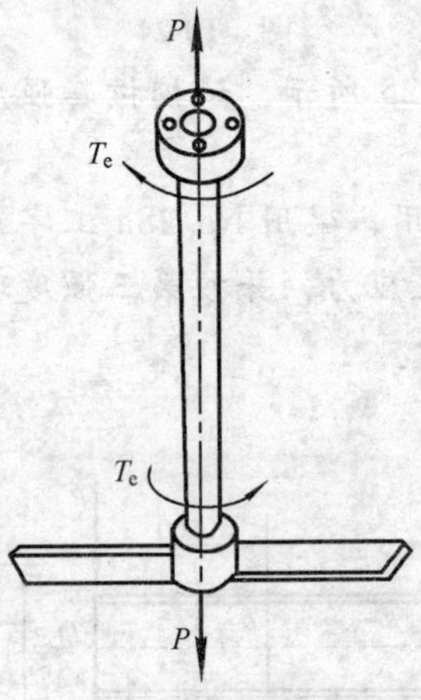

图　11-1

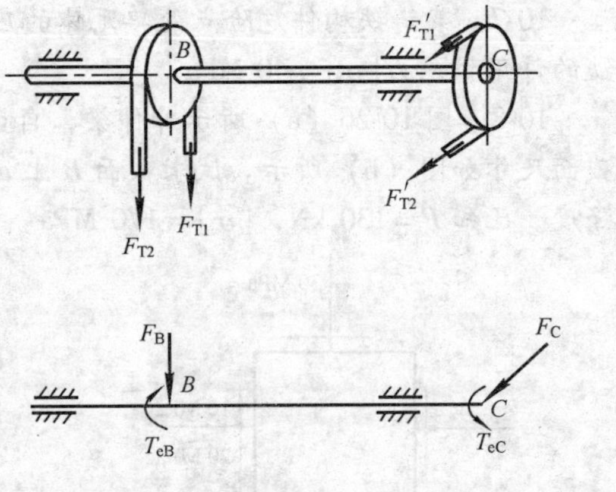

图　11-2

在材料服从胡克定律且杆件变形很小的条件下，计算杆件在组合变形下的应力，可以运用叠加原理。即假定载荷的作用是独立的，每一载荷所引起的应力和变形都不受其它载荷的影响。因此，当杆件发生组合变形时，可将外载荷适当地分解和平移而分成几组，使每一组外力只产生一种基本变形。分别计算每一种基本变形下杆件的应力，然后将每一种基本变形下横截面的应力叠加起来，就得到原来载荷所引起的应力。进而分析危险点的应力状态，建立相应的强度条件，进行强度计算。

§11.2　弯曲与拉伸（压缩）的组合

杆件在外力作用下发生弯曲与拉伸（压缩）的组合变形有下述两种情况。

1. 杆件同时受到轴向力和横向力的作用

设有一矩形截面悬臂梁［见图 11-3（a）］。在自由端的截面形心上受到一集中力 F 的作用，其作用线位于梁的纵向对称平面内，与梁轴线的夹角为 θ。因力 F 的作用线既不重合又不垂直于梁的轴线，故不符合引起基本变形的载荷情况。

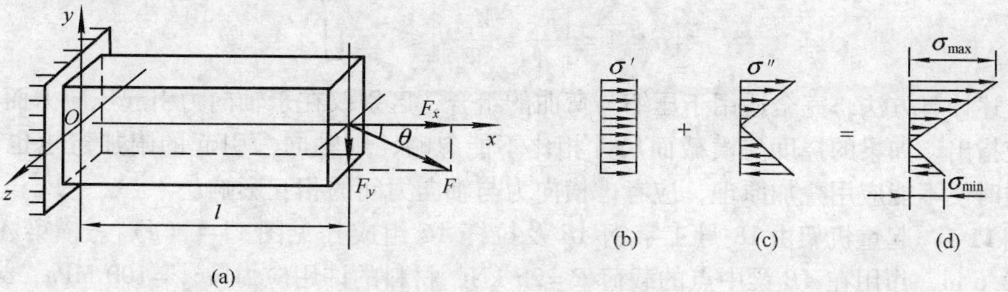

图　11-3

将力 F 沿梁的轴线及与轴线垂直的方向分解为两个分量 F_x 和 F_y，得

$$F_x = F\cos\theta,\ F_y = F\sin\theta$$

轴向力 F_x 使梁发生拉伸变形；横向力 F_y 使梁发生弯曲变形。故梁在力 F 的作用下，将产生拉伸与弯曲的组合变形。

在轴向力 F_x 作用下，梁各横截面上的内力 $F_N = F_x$，与 F_N 对应的正应力，在横截面上各点都相等，其值为

$$\sigma' = \frac{F_N}{A} = \frac{F\cos\theta}{A}$$

式中，A 为横截面的面积。拉应力沿截面高度的分布情况［见图 11-3（b）］。

在横向力 F_y 作用下，梁在固定端截面有最大弯矩，为梁的危险截面。且

$$M_{max} = F_y l = Fl\sin\theta$$

最大弯曲正应力为

$$\sigma'' = \pm\frac{M_{max}}{W_z} = \pm\frac{Fl\sin\theta}{W_z}$$

式中，W_z 为横截面的抗弯截面系数。弯曲正应力沿截面高度的分布情况［见图 11-3（c）］。

危险截面上总的正应力可由拉应力与弯曲正应力叠加而得。该截面的应力分布情况［见图 11-3（d）］。截面的上边缘各点有最大正应力，且

$$\sigma_{max} = \sigma' + \sigma'' = \frac{F_N}{A} + \frac{M_{max}}{W_z}$$

截面的下边缘各点有最小正应力，且

$$\sigma_{min} = \sigma' - \sigma'' = \frac{F_N}{A} - \frac{M_{max}}{W_z}$$

按上式所得 σ_{min} 可为拉应力，也可为压应力，视等式右边两项的数值大小而定。图 11-3（d）是根据第一项小于第二项的情况画出。

由上可见，危险截面上危险点处于单向应力状态。上边缘各点有最大拉应力，对于塑性材料，其强度条件为

$$\sigma_{max}=\frac{F_N}{A}+\frac{M_{max}}{W_z}\leqslant[\sigma] \tag{11-1}$$

对于脆性材料,如最小正应力为压应力,应分别建立强度条件

$$\left.\begin{aligned}\sigma_{max}&=\frac{F_N}{A}+\frac{M_{max}}{W_z}\leqslant[\sigma_t]\\|\sigma_{min}|&=\left|\frac{F_N}{A}-\frac{M_{max}}{W_z}\right|\leqslant[\sigma_c]\end{aligned}\right\} \tag{11-2}$$

上述计算方法，完全适用于压缩与弯曲的组合，区别仅在于轴向力引起压应力而已。

应指出，如梁的挠度与横截面尺寸相比不能忽略，则轴向力引起的附加弯矩也不能忽略。这时便不能应用叠加原理，应考虑横向力与轴向力间的相互影响。

例 11-1 起重机架由 18 号工字钢 AB 及拉杆 AC 组成［见图 11-4（a)］。横梁 AB 的跨度 $l=2.6$ m，作用在 AB 梁中点的载荷 $P=25$ kN，材料的许用应力$[\sigma]=100$ MPa，$\alpha=30°$，试校核横梁 AB 的强度（不计横梁自重）。

解： 作用于梁 AB 上的力有载荷 P，拉杆的拉力 F_A 及支座反力 F_{Bx}、F_{By}［见图 11-4 (b)］。将力 F_A 在作用点分解为 F_{Ax}、F_{Ay}。则力 P、F_{Ay}、F_{By} 使梁发生弯曲变形。力 F_{Ax} 和 F_{Bx} 使梁发生压缩变形。故横梁 AB 发生压缩与弯曲的组合变形。

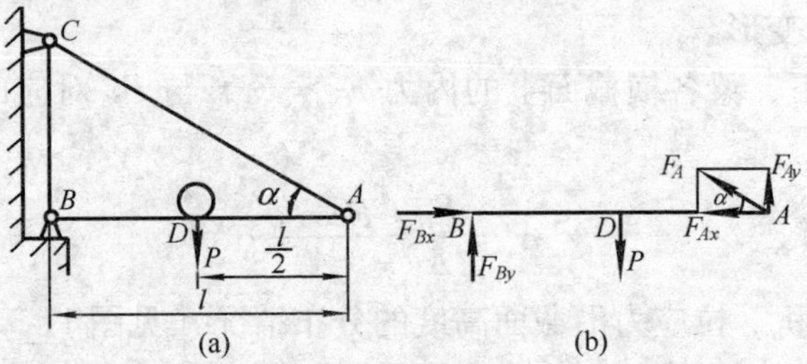

图 11-4

梁 AB 受到压缩时，轴向压力为 F_{Ax}。不难看出 $F_{Ay}=F_{By}=\dfrac{P}{2}$，所以

$$F_{Ax}=\frac{F_{Ay}}{\tan\alpha}=\frac{25}{2\tan 30°}=21.65(\text{kN})$$

梁 AB 发生弯曲时，最大弯矩在跨度中点 D，该截面为梁的危险截面。且

$$M_{max}=\frac{Pl}{4}=\frac{25\times 2.6}{4}=16.25(\text{kN}\cdot\text{m})$$

由型钢表查得 18 号工字钢横截面面积 $A=30.756\ \text{cm}^2\approx 3.08\times10^{-3}\ \text{m}^2$；抗弯截面系数 $W=185\ \text{cm}^2=185\times10^{-6}\ \text{m}^3$。

在危险截面上，由轴向力（$F_N=F_{Ax}$）引起的压应力为

$$\sigma'=\frac{F_N}{A}=-\frac{21.65}{3.08\times10^{-3}}=-7.02(\text{MPa})$$

在危险截面的上、下边缘各点，由弯矩引起的最大弯曲正应力为

$$\sigma''=\frac{M_{max}}{W}=\pm\frac{16.25}{185\times10^{-6}}=\pm 87.84(\text{MPa})$$

将正应力 σ'和 σ''叠加，可知危险截面的上边缘各点总的正应力最大，故它们均为危险

点。因危险点上总的应力为压应力，所以

$$\sigma_{\max} = \left| -\frac{F_{\mathrm{N}}}{A} - \frac{M_{\max}}{W} \right| = |-7.02 - 87.84| = 94.86(\mathrm{MPa}) < [\sigma] = 100\ \mathrm{MPa}$$

可见，横梁 AB 的强度足够。

2. 偏心拉伸或压缩

作用于直杆上的外力沿着杆件轴线时，则产生轴向拉伸或压缩。如作用于直杆上的外力平行于杆的轴线，但不通过截面形心，则将引起偏心拉伸或压缩。例如钻床的立柱和厂房立柱如图 11-5（a）、（b）所示，即分别为偏心拉伸和偏心压缩的实例。

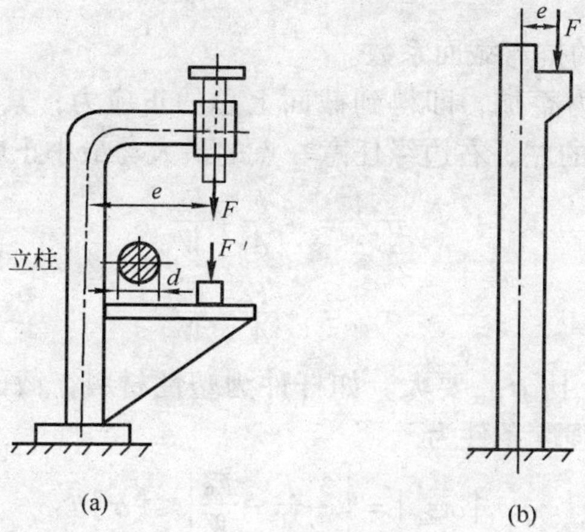

图　11-5

设有一矩形截面杆［见图 11-6（a）］，在顶端作用一偏心压力 F，其作用点 A 与横截面形心 C 的距离 AC，用 e 表示，称为偏心距。

将偏心压力 F 平移到截面形心 C，得到轴向压力 F 和矩为 Fe 的力偶［见图 11-6（b）］。

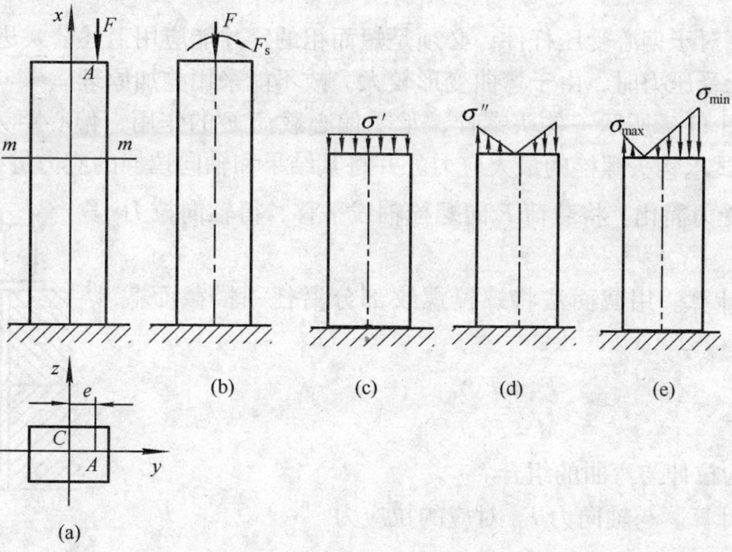

图　11-6

在轴向压力作用下，各横截面的轴向压力为 $F_N = -F$ 在力偶作用下，杆件在 xy 平面内发生纯弯曲，各横截面的弯矩为 $M = Fe$。可见，杆件在偏心压力 F 的作用下，将是压缩与弯曲的组合变形。

由轴向压力 $F_N = -F$ 所对应的压应力，沿截面宽度均匀分布［见图11-6（c）］。其值为

$$\sigma' = -\frac{F}{A}$$

式中，A 为横截面面积。由弯矩 $M = Fe$ 所对应的弯曲正应力沿截面宽度的分布规律如图11-6（d）所示。最大弯曲正应力为

$$\sigma'' = \pm\frac{M}{W} = \pm\frac{Fe}{W}$$

式中，W 为横截面对 z 轴的抗弯截面系数。

将压应力和弯曲正应力叠加，即得到截面上总的正应力，其沿截面宽度的分布规律如图11-6（e）所示。在截面的左、右边缘任意一点的最大与最小正应力分别为

$$\sigma_{max} = -\frac{F}{A} + \frac{Fe}{W}$$

$$\sigma_{min} = -\frac{F}{A} - \frac{Fe}{W}$$

可见，就绝对值而言，σ_{min} 比 σ_{max} 要大。如杆件为塑性材料，截面右边缘各点均为危险点，且处于单向应力状态，则强度条件为

$$|\sigma_{min}| = \left|-\frac{F}{A} - \frac{Fe}{W}\right| \leqslant [\sigma] \tag{11-3}$$

如杆件为脆性材料，当杆件横截面上出现拉应力时，则应分别建立强度条件

$$\left.\begin{aligned} \sigma_{max} &= -\frac{F}{A} + \frac{Fe}{W} \leqslant [\sigma_l] \\ |\sigma_{min}| &= \left|-\frac{F}{A} - \frac{Fe}{W}\right| \leqslant [\sigma_y] \end{aligned}\right\} \tag{11-4}$$

应该指出，对于偏心受压杆件，必须是短而粗的，才能应用上述公式进行强度计算。这是由于细长杆承受压力时，由于弯曲变形较大，故不能采用叠加原理。

例 11-2　图11-7所示一钩头螺栓，承受偏心载荷 F 的作用，偏心距为 e。螺纹内径为 d_1。如 $e = d_1$，试求钩头螺栓的最大应力。并将其结果和轴向拉伸的应力进行比较。

解：（1）受力简化。将载荷 F 向螺栓轴线平移，得轴向拉力 F 及力偶矩 Fe。

（2）内力计算。用截面法将螺栓螺纹部分沿任一横截面截开，有内力：

轴向力　　　　$F_N = F$

弯矩　　　　　$M = Fe$

故螺栓的变形为拉伸与弯曲的组合。

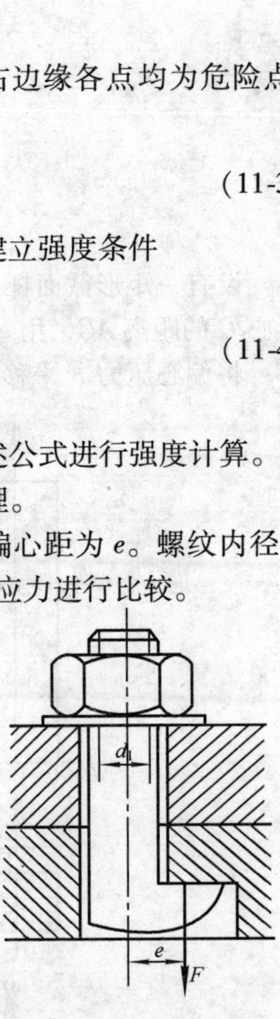

图　11-7

（3）应力计算。与轴向力 F_N 对应的拉应力

$$\sigma' = \frac{F_N}{A} = \frac{4F}{\pi d_1^2}$$

与弯矩 M 对应的弯曲正应力

$$\sigma'' = \frac{M}{W} = \frac{32Fe}{\pi d_1^3}$$

故螺栓的最大正应力为

$$\sigma_{\max} = \sigma' + \sigma'' = \frac{4F}{\pi d_1^2} + \frac{32Fe}{\pi d_1^3} = \frac{4F}{\pi d_1^2}\left(1 + \frac{8e}{d_1}\right)$$

按题给条件 $e = d_1$，则

$$\sigma_{\max} = \frac{4F}{\pi d_1^2}(1+8) = 9\sigma'$$

即螺栓受偏心拉伸的最大应力比轴向拉伸的应力大八倍。对此应引起重视，并尽量避免偏心拉伸和压缩。

§11.3　弯曲与扭转的组合

弯曲与扭转的组合变形是机器与设备中常见的情况。现以图 11-8 所示拐轴为例，来说明弯扭组合变形时强度计算的方法。

拐轴 AB 段为等直圆杆，直径为 d，A 端为固定端约束。现讨论在力 F 作用下，AB 轴的受力情况。

将力 F 向 AB 轴 B 端的形心简化，即得到一横向力 F 及作用在轴端平面内的力偶矩 $T_e = Fa$。AB 轴的受力简图如图 11-9（a）所示。横向力 F 使轴发生弯曲变形，力偶矩 T_e 使轴发生扭转变形。一般情况下，横向力引起的剪力影响根小，可忽略不计。于是，圆轴 AB 即为弯曲与扭转的组合变形。

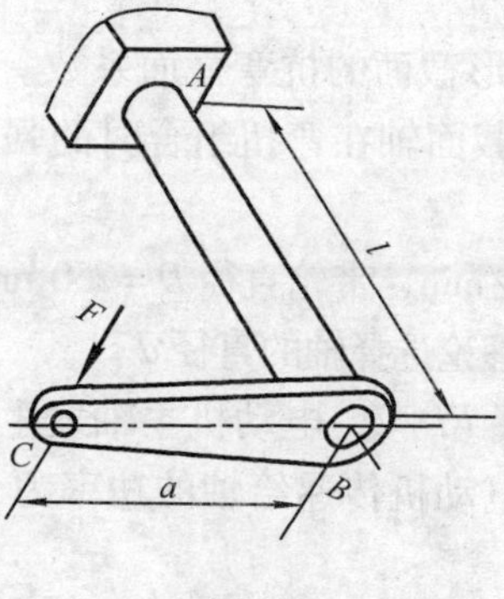

图　11-8

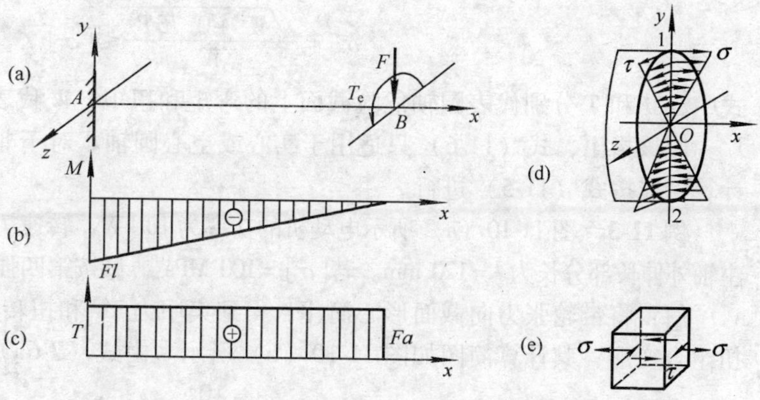

图　11-9

分别绘制轴的弯矩图和扭矩图，如图 11-9（b）、（c）所示。由图可见，各横截面上的扭矩相同，其值为 $T = Fa$，各截面上的弯矩则不同。固定端截面有最大弯矩，其值为 $M = -Fl$。显然，圆轴的危险截面为固定端截面。

在危险截面上，与弯矩所对应的正应力，沿截面高度按线性规律变化［见图 11-9（d）］。铅垂直径的两端点 1 和 2 点，正应力为最大，其值为

$$\sigma = \pm \frac{M}{W}$$

在危险截面上，与扭矩所对应的剪应力，沿半径按线性规律变化［见图 11-9（d)］。该截面周边各点的剪应力为最大，其值为

$$\tau = \frac{T}{W_P}$$

由上可见，危险截面上铅垂直径的两端点，1 和 2 两点的弯曲正应力和扭转切应力均为最大，故 1 和 2 两点均为危险点。现取 1 点来研究。在 1 点附近切取一单元体［见图 11-9（e)］。单元体左右两个侧面上，既有正应力又有剪应力，为一复杂应力状态，必须用强度理论进行强度校核。为此，求出 1 点的主应力为

$$\sigma_1 = \frac{1}{2}\left[\sigma + \sqrt{\sigma^2 + 4\tau^2}\right]$$

$$\sigma_2 = 0$$

$$\sigma_3 = \frac{1}{2}\left[\sigma - \sqrt{\sigma^2 + 4\tau^2}\right]$$

对于弯扭组合受力的圆轴，一般用塑性材料制成，应选用第三或第四强度理论建立强度条件。将上式求得的主应力，分别代入第三或第四强度理论的强度条件，化简后得

$$\sigma_{r3} = \sqrt{\sigma^2 + 4\tau^2} \leqslant [\sigma]$$
$$\sigma_{r4} = \sqrt{\sigma^2 + 3\tau^2} \leqslant [\sigma] \tag{11-5}$$

如将 $\sigma = \frac{M}{W}$ 和 $\tau = \frac{T}{W_P}$ 代入上式，并考虑到对于圆截面有 $W_P = 2W$，则强度条件可改写为

$$\sigma_{r3} = \frac{\sqrt{M^2 + T^2}}{W} \leqslant [\sigma]$$
$$\sigma_{r4} = \frac{\sqrt{M^2 + 0.75T^2}}{W} \leqslant [\sigma] \tag{11-6}$$

式中，M 和 T 分别代表圆轴危险截面上的弯矩和扭矩，W 代表圆形截面的抗弯截面系数。

应该指出，式（11-6）只适用于实心或空心圆轴。对于非圆截面轴在弯扭组合时的强度计算，应按式（11-5）进行。

例 11-3 图 11-10（a）所示电动机的功率为 10 kW，转速 715 r/min，带轮直径 $D = 250$ mm，主轴外伸长部分长为 $l = 120$ mm。若 $[\sigma] = 100$ MPa，试按第四强度理论选择轴的直径 d。

解：将带轮张力向截面形心简化，得到集中力 $3F$ 和扭转力偶 $FD/2$，电动机主轴发生弯扭组合变形，其计算简图如图 11-10（b）所示。由式（7-6a)，电动机传递给轴的功率为

$$T_e = 9\,549 \times \frac{10}{715} = 133.5(\text{N}\cdot\text{m})$$

在匀速转动时，应有 $T_e = FD/2$，解得 $F = 1\,068$ N。由此画出轴的扭矩图和平面 xOy 内的弯矩图如图 11-10（c)、(d）所示，扭矩 T 为 133.5 N · m，最大弯矩 M 为384.5 N · m。

按第四强度理论选择轴的直径，采用式(11-6)，即

$$\sigma_{r4} = \frac{1}{W}\sqrt{M^2 + 0.75T^2} \leqslant [\sigma]$$

其中抗弯截面系数 $W = \frac{\pi d^3}{32}$，并代入数据，d 的单位取 mm，得

$$\frac{32\times10^3}{\pi d^3}\sqrt{384.5^2+0.75\times133.5^2}\leqslant100$$

解得 $d\geqslant34.5$ mm，取轴的直径为 35 mm。

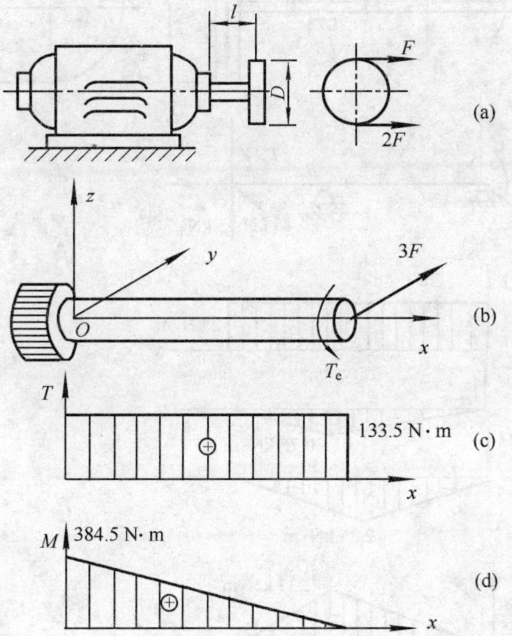

图　11-10

例 11-4　一圆轴直径为 80 mm，轴的右端装有重为 5 kN 的皮带轮［见图 11-11（a）］。皮带轮上侧受水平力 $F_T=5$ kN，下侧受水平力为 $2F_T$。轴的许用应力$[\sigma]=70$ MPa。试按第三强度理论校核轴的强度。

解：轴的计算简图如图 11-11（b）所示。作用于轴上的外力偶矩为

$$T_e=(10-5)\times0.4=2(\text{kN}\cdot\text{m})$$

于是各截面的扭矩

$$T=T_e=2\ \text{kN}\cdot\text{m}$$

扭矩图如图 11-11（c）所示。

根据铅垂力与水平力分别作出铅垂平面内的弯矩图 M_y 和水平平面内的弯矩图 M_z［见图 11-11（d）、（e）］。由图可见，铅垂平面最大弯矩为 0.75 kN · m，水平平面最大弯矩为 2.25 kN · m，均发生在 B 截面。由任一截面 M_y 和 M_z 的数值，按几何和可求得相应截面的合成弯矩 M［见图 11-11（f）］。B 截面有合成弯矩的最大值，故为危险截面。该截面的合成弯矩为

$$M_e=\sqrt{0.75^2+2.25^2}=2.37(\text{kN}\cdot\text{m})$$

此轴危险点的应力状态与图 11-9（e）同属一类，可应用式（11-6）计算相当应力。即

$$\sigma_{r3}=\frac{1}{W}\sqrt{M^2+T^2}=\frac{32}{\pi\times0.08^3}\sqrt{2.37^2+2^2}=61.7(\text{MPa})<[\sigma]$$

故圆轴满足强度条件。

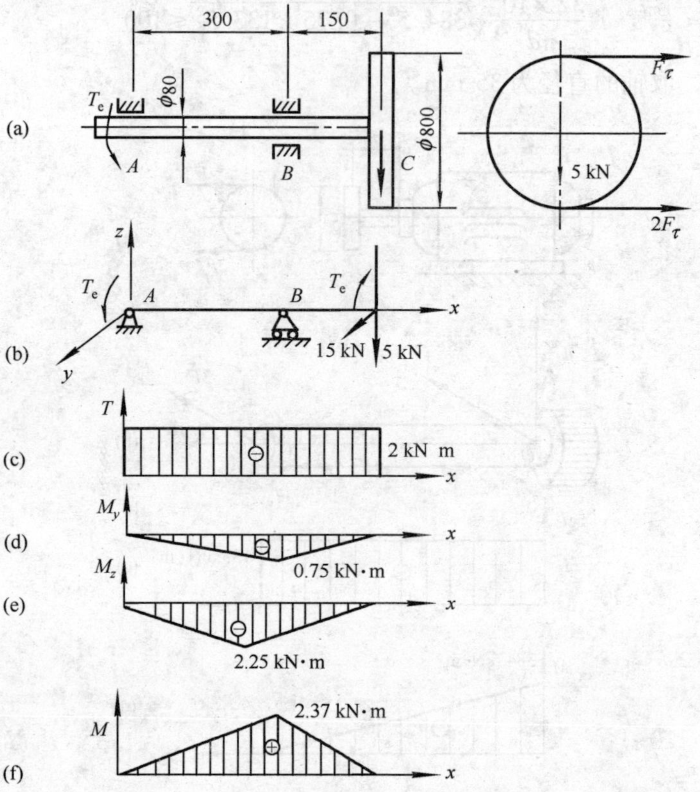

图 11-11

思 考 题

11-1 何谓组合变形？组合变形时计算强度的原理是什么？

11-2 直梁所受的作用力如果不与梁轴垂直，而是倾斜的，怎样计算梁内应力？

11-3 圆轴受到扭转与弯曲的组合时，强度的计算步骤是怎样的？为什么在这种组合变形中，计算强度要用到强度理论，而弯曲与拉伸（或压缩）组合及斜弯曲时没有用到强度理论？

11-4 梁在两个互相垂直的纵向平面内受到弯曲，怎样根据这两个平面内的弯矩图作出合成弯矩图？这样合成的各个截面的弯矩是否都作用在同一纵向平面之内？

习 题

11-1 如图 11-12 所示，单臂吊车的横梁 AB 用 32a 工字钢制成，已知 $a=2$ m，$l=5$ m，$P=20$ kN，材料的许用应力$[\sigma]=120$ MPa，试校核横梁的强度。

11-2 如图 11-13 所示，旋转式起重机的立柱为一外径 $D=130$ mm 及内径 $d=116$ mm的管子，试对危险截面 I－I 进行强度校核。起重机自重 $Q_1=15$ kN，起吊重量 $Q_2=20$ kN，许用应力$[\sigma]=120$ MPa。

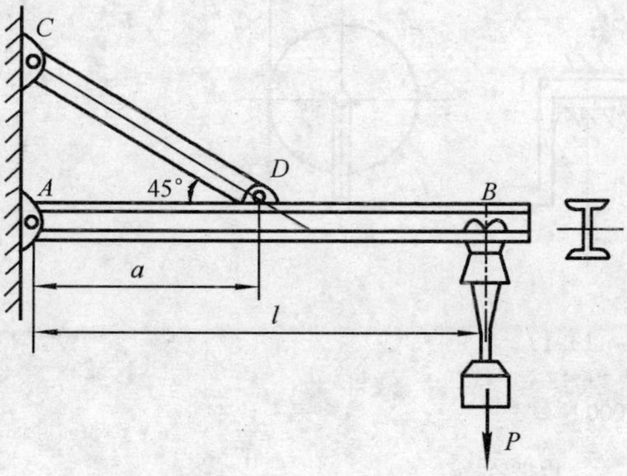

图　11-12

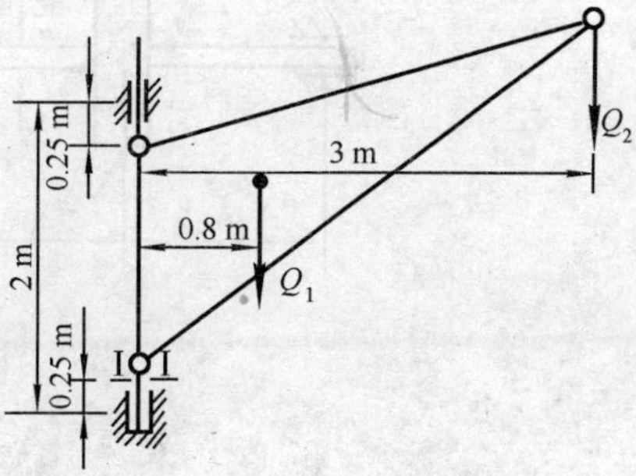

图　11-13

11-3　图 11-14 所示钢板，在一侧切去宽 40 mm的缺口，试求 $A-A$ 截面的 σ_{max}。若两侧各切去宽 40 mm 的缺口，此时 σ_{max}是多少？

11-4　图 11-15 所示工字钢梁为 16 号，$P=7$ kN，求 C 截面 1、2、3、4 四点的正应力。

11-5　悬臂梁 AC 受力如图 11-16 所示，已知 $P=10$ kN，$a=1$ m，$[\sigma]=160$ MPa，$E=200$ GPa，试按强度条件设计 b、h（设 $h=2b$）。

11-6　工字形截面（20a 工字钢）的吊车梁，跨度 4 m，在起吊时重物的位置偏了 $\varphi=5^\circ$。求此时梁内的最大正应力。已知重物的重量为 20 kN，作用在梁的中点。又问若重物的位置没有偏移时的正应力等于多少？

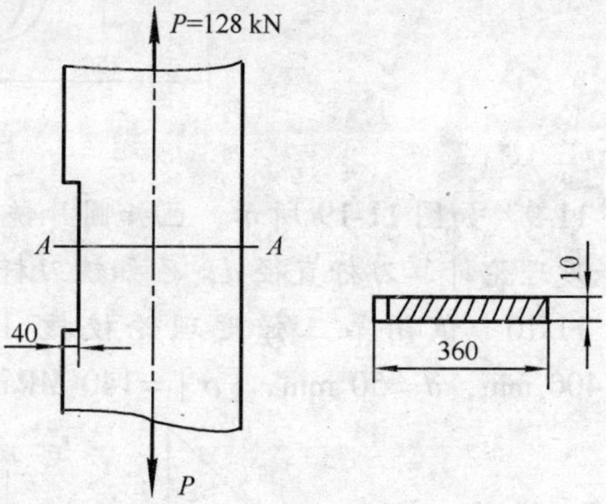

图　11-14

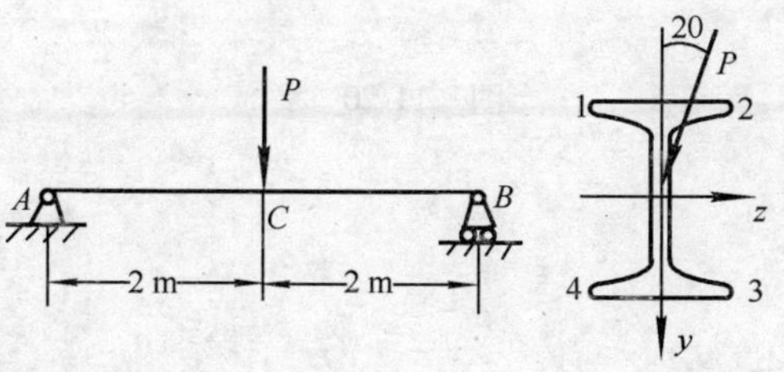

图　11-15

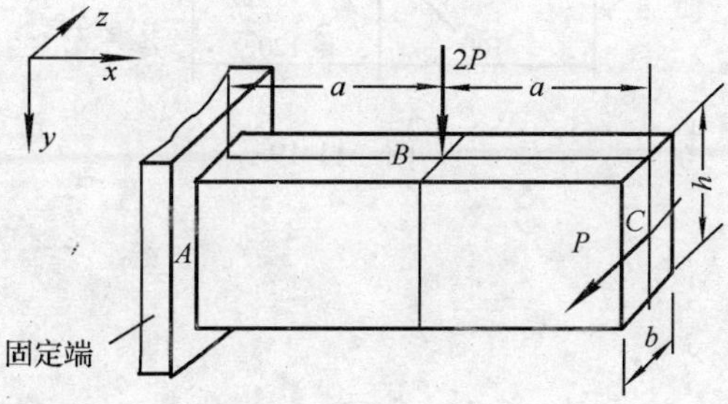

图　11-16

11-7　如图 11-17 所示，绞车轴的直径 $d=3$ cm，如许用应力$[\sigma]=80$ MPa，试按第三强度理论计算绞车所能吊起的最大许可载荷 P。

11-8　如图 11-18 所示，已知某磨米机主轴上的扭转力偶矩 $M_n=5\ 670$ N · cm，皮带拉力的合力 $P=1$ kN，轴径 $d=40$ mm，材料为 45 号钢，其许用应力$[\sigma]=55$ MPa。试对主轴进行强度校核。

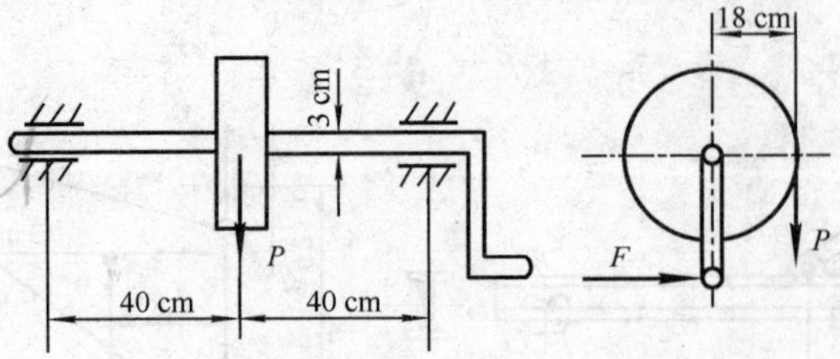

图 11-17

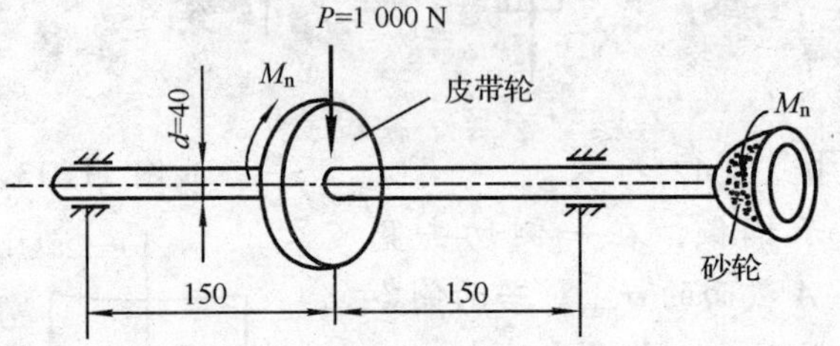

图 11-18

11-9 如图 11-19 所示，已知圆片铣刀切削力 $P_x = 2.2$ kN，径向力 $P_r = 0.7$ kN，试按第三强度理论计算刀杆直径 d，已知铣刀杆的$[\sigma] = 80$ MPa。

11-10 试用第三强度理论校核 AB 轴的强度。如图 11-20 所示，已知 $P = 2$ kN，$D = 400$ mm，$d = 50$ mm，$[\sigma] = 140$ MPa。

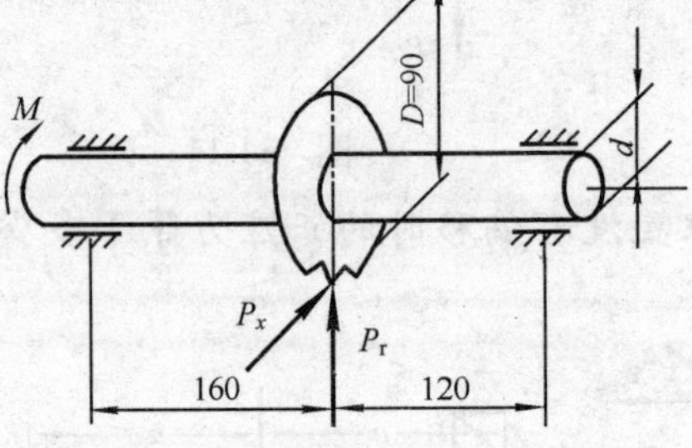

图 11-19

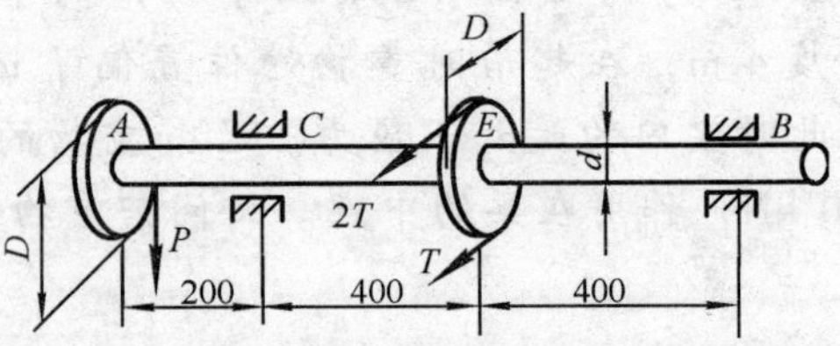

图 11-20

第 12 章　压 杆 稳 定

§12.1　压杆稳定的概念

为保证机器或设备能正常工作，则要求其构件必须具有足够的强度和刚度。在研究强度问题时，认为构件仍保持原有的平衡形态，但对某些构件却并非如此。如图 12-1（a）所示的螺旋千斤顶的螺杆，当轴向力 F 增大到某一极限值时，杆可能突然弯曲而丧失正常工作能力。这种失效现象，并非由于强度不够而产生，而是稳定问题。

现考察图 12-2 所示的两端铰支的细长直杆。设压力 F 与杆件轴线重合。当 F 力小于某一极限值 F_{cr}时，压杆能保持其直线形式的平衡［见图 12-2（a）］。若在杆的中间施加一个微小横向干扰力，杆便处于曲线形状的平衡位置。如去除干扰力，压杆会恢复到直线形式的平衡。这表明在 F 力的作用下，压杆原来直线形式的平衡是稳定的。当 F 力的数值增加到某一极限值 F_{cr}时，除去干扰力以后，压杆不能恢复到原来直线形式的平衡，而以曲线的形式平衡下来［见图 12-2（b）］。这表明，在这个 F 力的作用下，压杆原来直线形式的平衡是不稳定的。上述轴向压力的极限值，称为临界力，以 F_{cr}表示。压杆丧失其直线的平衡，这种现象称作丧失稳定，简称失稳。

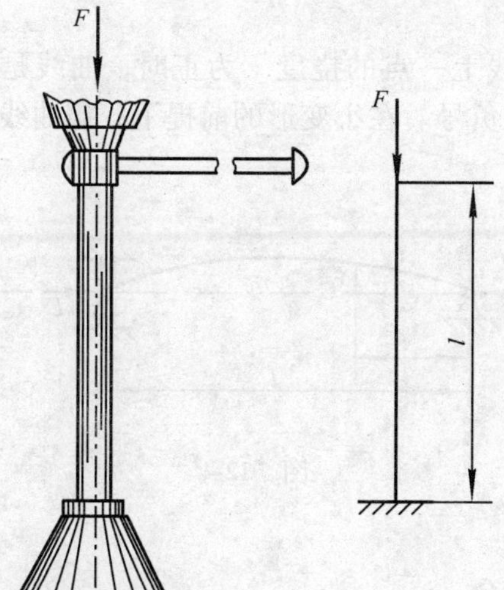

图　12-1

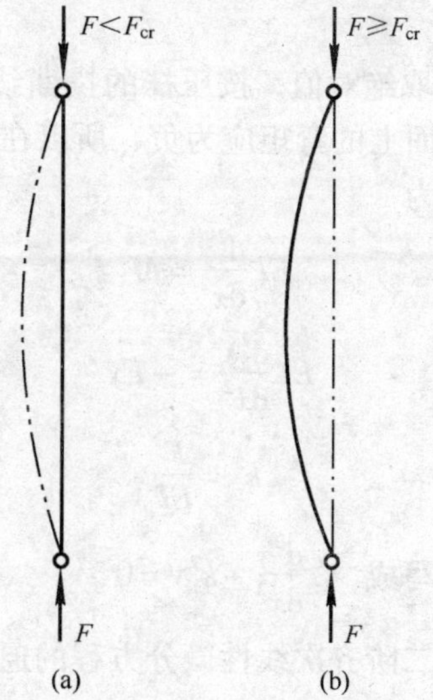

图　12-2

对于细长杆，当轴向压力达到 F_{cr}时，杆内的应力不一定高，有时竟低于比例极限。可见，压杆失稳并非强度问题，而是没有足够的稳定性的问题。

应指出，不仅压杆能产生失稳现象，其他构件当载荷超过临界值时，也会丧失稳定。如图 12-3（a）所示为受均匀外压的薄壁圆筒，因稳定性不够而变为椭圆形的情况。图 12-3（b）为工字梁因稳定性不够，而发生侧向弯曲和扭转等。本章只讨论压杆的稳定问题，这不仅能解决工程上常见的压杆的稳定计算问题，而且也是它受压构件稳定分析的基础。

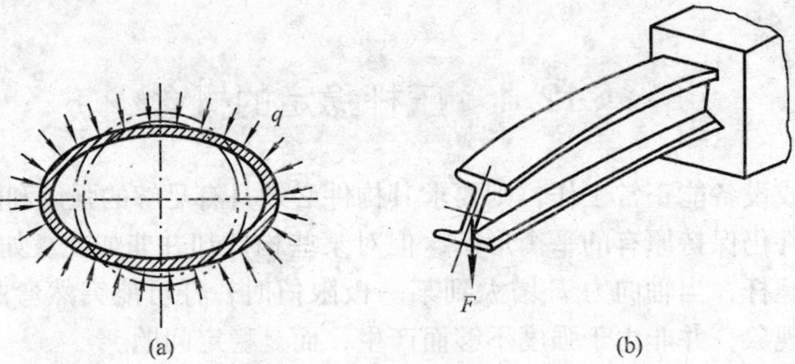

图 12-3

§12.2　两端铰支压杆的临界力

由上节的讨论可知，对于细长直杆，当压力 F 等于临界压力 F_{cr}时，压杆才能在微弯状态下保持平衡。因此，细长压杆的临界力就是压杆在微弯状态下平衡的最小压力。

取一根两端为球铰的细长压杆，使其处于微弯的平衡状态，选取如图 12-4 所示的坐标系。距原点为 x 的任意截面的挠度为 y，弯矩为

$$M = -Fy$$

若 F 取绝对值，按压杆的挠曲线形状，如杆轴线上一点的挠度 y 为正时，曲线是上凸的。该截面上的弯矩应为负，所以在上式右端加一个负号。在小变形的前提下，挠曲线近似微分方程为

$$EI\frac{d^2y}{dx^2} = M$$

于是
$$EI\frac{d^2y}{dx^2} = -Fy$$

令
$$k^2 = \frac{F}{EI}$$

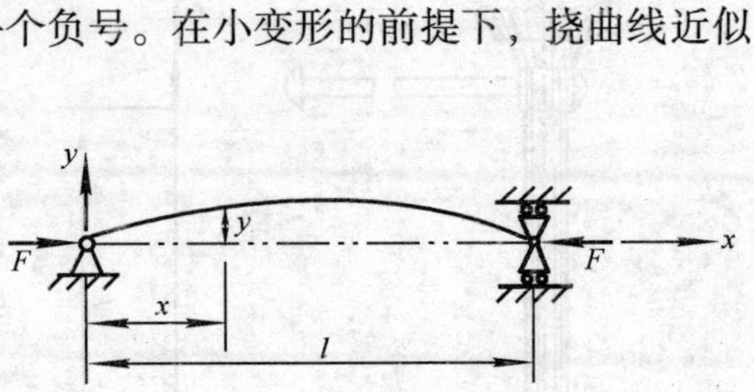

图　12-4

于是上式写成
$$\frac{d^2y}{dx^2} + k^2y = 0$$

上列二阶齐次线性微分方程的通解为

$$y = C_1\sin kx + C_2\cos kx$$

式中，C_1、C_2 为积分常数，由挠曲线的边界条件决定。在左端，即 $x=0$ 时，$y=0$。将其代入上式，得

$$C_2 = 0$$

于是前式写为

$$y = C_1 \sin kx$$

在压杆右端，即 $x = l$ 时，$y = 0$。将其代入上式，可得

$$C_1 \sin kl = 0$$

上式，$C_1 \neq 0$，若 $C_1 = 0$，由前式可知 $y \equiv 0$，杆轴为直线，这与压杆处于微弯的平衡状态相矛盾。因此，只能是

$$\sin kl = 0$$

即

$$kl = n\pi$$

或

$$k = \frac{n\pi}{l}$$

式中，n 为任意整数（$n = 0$，1，2……）。

引用前述结果可得

$$k^2 = \frac{F}{EI} = \frac{n^2\pi^2}{l^2}$$

$$F = \frac{n^2\pi^2 EI}{l^2}$$

上式表明，使压杆保持曲线形式平衡的压力，在理论上是多值的。但有实际意义的是使压杆处于微弯状态的最小压力，才是临界力 F_{cr}。若取 $n = 0$，代入上式得 $F = 0$。表明杆件上无压力，与所讨论的情况不符。因此，应取 $n = 1$，可使 F 为最小值，于是可求得临界力为

$$F_{cr} = \frac{\pi^2 EI}{l^2} \tag{12-1}$$

此即两端为球铰支承的细长压杆的临界力计算公式。此式最早是由数学家欧拉提出，故又称为欧拉公式。

压杆两端为球铰支座时，允许压杆在通过轴线的任一纵向平面内弯曲。而实际上，挠曲线将发生在抗弯刚度 EI 最小的纵向平面内。因此，在应用式（12-1）时，截面的惯性矩 I 应取其最小值。

§12.3　其他支承条件下压杆的临界力

受压杆件的支承，除前节所述两端同为铰链之外，还有其他多种形式。不同支承形式的压杆的临界力，可用与前节相同的方法导出。但已导出两端铰支压杆的临界力公式之后，便可用比较简单的方法，得到其他支承条件下压杆的临界力。

图 12-5（a）所示一两端铰支的压杆。图 12-5（b）为一端固定，一端自由的压杆，且以微弯为形状平衡。现把后者的挠曲线对称地画在下面，如图中固定端下侧的双点画线所示。对比图 12-5（a）、（b）。我们发现，一端固定，一端自由，长为 l 的压杆的挠曲线，与两端铰支长为 $2l$ 的压杆的挠曲线的上半段相同。因此，对于一端固定一端自由，长为 l 的压杆，其临界力等于两端铰支，长为 $2l$ 的压杆的临界力，即

$$F_{cr} = \frac{\pi^2 EI}{(2l)^2} \tag{12-2}$$

图 12-5（c）表示两端均为固定支座的压杆。由图可见，距两端均为 $l/4$ 的 C、D 两点为反弯点，弯矩等于零。故可将 C、D 两点视为铰链，长为 0.5l 的中间部分，可视为两端铰

支的压杆，其临界力仍可按式（12-1）计算，只要用 $l/2$ 代替式中的 l 即可。于是得到两端固定压杆的临界力公式为

$$F_{cr}=\frac{\pi^2 EI}{\left(\frac{l}{2}\right)^2} \tag{12-3}$$

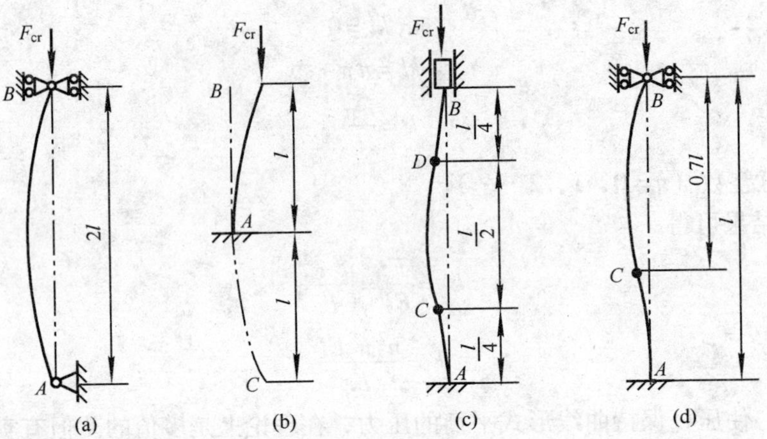

图　12-5

图 12-5（d）表示一端固定，一端铰支的压杆。由挠曲线的形状可见，距固定端约为 $0.3l$ 处为反弯点。长为 $0.7l$ 的 BC 段的挠曲线，与图 12-5（a）的挠曲线相同。因此，以 $0.7l$ 代替式（12-1）中的 l，便得到一端固定、一端铰支的压杆的临界力为

$$F_{cr}=\frac{\pi^2 EI}{(0.7l)^2} \tag{12-4}$$

将图 12-5 所示四种杆端约束情况的临界力公式统一地写成

$$F_{cr}=\frac{\pi^2 EI}{(\mu l)^2} \tag{12-5}$$

此即欧拉公式的一般形式。式中 μl 称为相当长度，μ 称为长度系数。以上四种约束情况的长度系数如表 12-1 所示。

表 12-1　压杆的长度系数

约 束 情 况	长 度 系 数
两端铰支	1
一端固定一端自由	2
两端固定	0.5
一端固定一端铰支	0.7

上述四种杆端约束是典型情况。实际问题中，压杆的约束情况往往是比较复杂的，各种不同情况的长度系数 μ 值，可从有关的设计手册或规范中查到。

§12.4　临界应力、柔度与临界应力总图

前已导出细长压杆的临界力公式（12-5）。为便于实际应用，需要引入临界应力的概念。将临界力 F_{cr}除以压杆的横截面面积 A，得到横截面上的应力，称作压杆的临界应力，以 σ_{cr}表示。即

$$\sigma_{cr}=\frac{F_{cr}}{A}=\frac{\pi^2 E}{(\mu l)^2}\times\frac{I}{A}$$

式中，I/A 为一个与横截面的形状和尺寸有关的几何量，常用 i^2 表示。即

$$i^2=\frac{I}{A}$$

式中，i 称为截面的惯性半径。于是前式可以写成

$$\sigma_{cr}=\frac{F_{cr}}{A}=\frac{\pi^2 E}{\left(\frac{\mu l}{i}\right)^2}$$

令
$$\lambda=\frac{\mu l}{i}\tag{12-6}$$

则计算临界应力的公式，可简写为

$$\sigma_{cr}=\frac{\pi^2 E}{\lambda^2}\tag{12-7}$$

这是欧拉公式的另一种表达形式。式中 λ 称作压杆的柔度，是一个没有量纲的量。它反映了压杆的截面形状和尺寸、杆件长度以及杆端约束对临界应力的综合影响。可见，压杆的稳定性与它的柔度密切相关。

欧拉公式是根据挠曲线微分方程导出的。而挠曲线微分方程又是以材料服从胡克定律为基础。所以，欧拉公式只有在压杆的临界应力不超过材料的比例极限时，才能适用。即

$$\sigma_{cr}=\frac{\pi^2 E}{\lambda^2}\leqslant\sigma_p$$

或
$$\lambda\geqslant\sqrt{\frac{\pi^2 E}{\sigma_p}}$$

令
$$\lambda_1=\sqrt{\frac{\pi^2 E}{\sigma_p}}\tag{12-8}$$

则
$$\lambda\geqslant\lambda_1\tag{12-9}$$

此即欧拉公式的适用范围。

由式（12-8）可见，λ_1 与材料性质有关。对于 A3 钢，$E=206$ GPa，$\sigma_p=200$ MPa 将其代入式（12-8），得到

$$\lambda_1=\sqrt{\frac{\pi^2\times 206\times 10^3}{200}}\approx 100$$

因此，用 A3 钢制成的压杆，只有当 $\lambda\geqslant 100$ 时，才能应用欧拉公式。

对于 $\lambda\geqslant\lambda_1$ 的压杆，通常称为大柔度杆。这类压杆，其临界应力按欧拉公式计算。对于$\lambda<\lambda_1$ 的压杆，则临界应力 σ_{cr}大于材料的比例极限 σ_p，欧拉公式已不适用。工程中对这

类压杆的计算，一般使用经验公式。常用的经验公式有直线公式和抛物线公式。计算临界应力的直线公式为

$$\sigma_{cr} = a - b\lambda \tag{12-10}$$

式中，λ 为压杆的柔度；a、b 为与材料性质有关的常数。常用材料的 a、b 值，如表 12-2 所示。

表 12-2　直线公式的常数 *a* 和 *b*

材料（σ_b、σ_s 的单位为 MPa）		a/MPa	b/MPa
A3 钢	$\sigma_b \geqslant 372$	304	1.12
	$\sigma_s = 235$		
优质碳钢	$\sigma_b \geqslant 470$	460	2.57
	$\sigma_s = 306$		
硅钢	$\sigma_b \geqslant 510$	577	3.74
	$\sigma_s = 353$		
铬钼钢		980	5.29
硬　铝		392	3.26
铸　铁		331.9	1.45
松　木		28.7	0.19

应指出，适用直线公式（12-10）的压杆，λ 应有一个最低值 λ_1。对于塑性材料制成的压杆，从所对应的应力等于屈服极限。在式（12-10）中，令 $\sigma_{cr} = \sigma_s$，得

$$\lambda_2 = \frac{a - \sigma_s}{b} \tag{12-11}$$

例如，对于 A3 钢，$a = 304$ MPa，$b = 1.12$ MPa，$\sigma_s = 235$ MPa，代入上式，得工程实际中，常用压杆的柔度，往往介于 λ_1 和 λ_2 之间，这类压杆称中柔度杆。

对于 $\lambda < \lambda_2$ 的短压杆，称为小柔度杆。这类压杆将因压缩而引起屈服或断裂破坏，存在强度问题。所以，应该把屈服极限 σ_s（塑性材料）或强度极限 σ_b（脆性材料）作为临界应力。

上面讨论了大、中、小柔度杆的临界应力计算。据此，可在直角坐标系中，作出 $\lambda - \sigma_{cr}$ 关系曲线，如图 12-6所示，称为临界应力总图。由图可见：

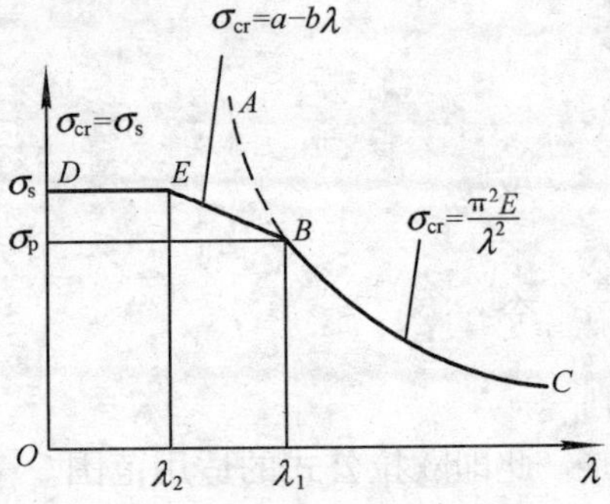

图　12-6

（1）$\lambda \geqslant \lambda_1$，大柔度杆，按欧拉公式计算临界应力。

（2）$\lambda_2 \leqslant \lambda < \lambda_1$，中柔度杆，按直线公式计算临界应力。

（3）$\lambda < \lambda_2$，小柔度杆，按强度计算临界应力。

由于临界力是由压杆的整体变形决定的，如压杆的横截面积有局部削弱，对临界力的影响很小。因而在稳定计算中，仍采用未削弱前的惯性矩 I 和横截面积 A。

例 12-1　一机器连杆如图 12-7 所示，材料为 A3 钢。连杆截面为工字形，其对 y，z 两轴的惯性矩分别为 $I_y = 1.42 \times 10^4\ \text{mm}^4$，$I_y = 7.42 \times 10^4\ \text{mm}^4$。试求连杆的临界力。

解：连杆承受轴向压力时，可能在 $x-y$ 平面内弯曲，也可能在 $x-z$ 平面内弯曲。所以，应首先计算出两个弯曲平面的柔度 λ，以确定弯曲平面，如在 $x-y$ 平面内弯曲（横截面绕 z 轴转动），两端可以认为是铰支；如在 $x-z$ 平面内弯曲（横截面绕 y 轴转动），由于连杆两端的销子不能在 $x-z$ 平面内转动，故两端可认为是固定端。

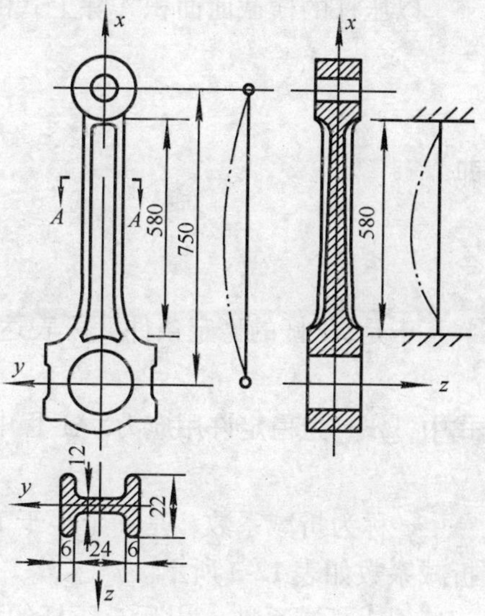

图　12-7

连杆的横截面面积为

$$A=24\times 12+2\times 6\times 22=522(\text{mm}^2)$$

在 $x-y$ 平面内弯曲的柔度为

$$\lambda_{xy}=\frac{\mu l}{i_z}=\frac{\mu l}{\sqrt{\dfrac{I_z}{A}}}=\frac{1\times 750}{\sqrt{\dfrac{7.42\times 10^4}{552}}}=64$$

在 $x-z$ 平面内弯曲的柔度为

$$\lambda_{xz}=\frac{\mu l}{i_y}=\frac{\mu l}{\sqrt{\dfrac{I_y}{A}}}=\frac{0.5\times 580}{\sqrt{\dfrac{1.42\times 10^4}{552}}}=58$$

由于在 $x-y$ 平面内弯曲的柔度大，故应该按柔度 λ_{xy}，计算临界应力。$\lambda_{xy}=64$，属中柔度杆，按直线公式计算。由表 12-2 查得，$a=304$ MPa，$b=1.12$ MPa。于是，所求连杆的临界应力为

$$\sigma_{cr}=a-b\lambda=304-1.12\times 64=232.3(\text{MPa})$$

§12.5　压杆的稳定校核

1. 安全系数法

前节讨论了压杆在各种柔度下的临界应力。临界应力乘以横截面面积，即为压杆的临界压力。临界压力 F_{cr} 与压杆的工作压力 F 之比，即为压杆的工作安全系数 n。它应该大于规定的稳定安全系数 n_w。故压杆的稳定条件为

$$n=\frac{F_{cr}}{F}\geqslant n_w \tag{12-12}$$

这种稳定计算的方法，称为安全系数法。

由于考虑到杆的初弯曲、载荷的偏心、材料的不均匀等因素对压杆的临界压力的影响较大。所以，稳定安全系数 n_w，一般规定得比强度安全系数高。通常在静荷作用下，应大于下列数值：钢 1.8～3.0；铸铁 5.0～5.5；木材 2.8～3.2。

2. 折减系数法

工程实际中，亦应用折减系数法进行稳定性计算。将式（12-12）改写为

$$F\leqslant\frac{F_{cr}}{n_w}$$

以压杆的横截面面积 A 除上式的两边，得

$$\frac{F}{A} \leqslant \frac{F_{cr}}{n_w A}$$

即

$$\sigma \leqslant \frac{\sigma_{cr}}{n_w}$$

令

$$[\sigma_w] = \frac{\sigma_{cr}}{n_w}$$

于是，压杆的稳定条件又可表达为

$$\sigma \leqslant [\sigma_w]$$

式中，$[\sigma_w]$为稳定许用应力。工程中规定，$[\sigma_w]$以强度许用应力$[\sigma]$来表示。即

$$[\sigma_w] = \varphi[\sigma]$$

φ 称为折减系数，是一个小于 1 的数，其值与压杆的材料及柔度有关。几种常用材料的折减系数如表 12-3 所示。

引入折减系数 φ 以后，压杆的稳定条件即可改写为

$$\sigma = \frac{F}{A} \leqslant \varphi[\sigma] \tag{12-13}$$

表 12-3　折减系数 φ

柔度 λ	φ 值				柔度 λ	φ 值			
	A3 钢	16 锰钢	铸铁	木材		A3 钢	16 锰钢	铸铁	木材
0	1.000	1.000	1.00	1.00	110	0.536	0.384	—	0.248
10	0.995	0.993	0.97	0.971	120	0.466	0.325	—	0.208
20	0.981	0.973	0.91	0.932	130	0.401	0.279	—	0.178
30	0.958	0.940	0.81	0.883	140	0.349	0.242	—	0.153
40	0.927	0.895	0.69	0.822	150	0.306	0.213	—	0.133
50	0.888	0.840	0.57	0.757	160	0.272	0.188	—	0.117
60	0.842	0.776	0.44	0.668	170	0.243	0.168	—	0.104
70	0.789	0.705	0.34	0.575	180	0.218	0.151	—	0.093
80	0.731	0.627	0.26	0.470	190	0.197	0.136	—	0.083
90	0.669	0.546	0.20	0.370	200	0.180	0.124	—	0.075
100	0.604	0.462	0.16	0.300	—	—	—	—	—

应用式（12-13）进行压杆的稳定计算是很方便的。它不仅可以进行稳定性校核，计算压杆的许可载荷，而且也可以设计压杆的截面尺寸，这种方法，称折减系数法。

例 12-2　设图 12-1 所示千斤顶的最大压力为 $F = 150$ kN，螺杆内径 $d = 52$ mm，$l = 500$ mm。材料为 A3 钢，$E = 200$ GPa。规定的稳定安全系数为 $n_w = 3$。试校核螺杆的稳定性。

解： 螺杆的下端可简化成固定端，因上端可与顶起的重物共同做微小的侧向位移，所以简化成自由端。于是，螺杆就成为下端固定、上端自由的压杆。如图 12-1（b）所示。长度系数 $\mu = 2$。惯性半径

$$i=\sqrt{\frac{I}{A}}=\sqrt{\frac{\frac{\pi d^4}{64}}{\frac{\pi d^2}{4}}}=\frac{d}{4}$$

其柔度为

$$\lambda=\frac{\mu l}{i}=\frac{2\times 0.5}{0.052/4}=76.9$$

该 λ 值，在 λ_1 和 λ_2 之间，属中柔度杆，应按直线公式计算临界应力。于是

$$\sigma_{cr}=a-b\lambda=304-1.12\times 76.9=218(\text{MPa})$$

临界压力为

$$F_{cr}=\sigma_{cr}A=218\times 10^6\times\frac{\pi}{4}\times 0.052^2=462(\text{kN})$$

螺杆的工作安全系数为

$$n=\frac{F_{cr}}{F}=\frac{462}{150}=3.08>3$$

该螺杆的稳定性足够。

例 12-3　在图 12-8 所示结构中，AB 为圆截面杆，直径 $d=80$ mm，BC 为正方形截面，边长 $a=70$ mm。两杆材料均为 A3 钢，弹性模量 $E=210$ GPa，它们可以各自独立发生弯曲变形。已知 A 端为固定，B、C 为球铰，$l=3$ m，规定稳定安全系数 $n_w=2.5$，试求此结构的许可载荷。

解：（1）求 AB 杆的临界力和许可载荷。对于 AB 杆，长度系数 $\mu=0.7$，$l_{AB}=1.5l=1.5\times 3=4.5(\text{m})$，惯性半径 $i=\frac{d}{4}=\frac{80}{4}=20(\text{mm})$，于是柔度为

$$\lambda_{AB}=\frac{\mu l}{i}=\frac{0.7\times 4\,500}{20}=157.5$$

可见，$\lambda_{AB}>\lambda_1=100$，为大柔度杆，故可按欧拉公式计算临界力

$$F_{cr}=\frac{\pi^2 EI}{(\mu l)^2}=\frac{\pi^2\times 210\times 10^3\times\pi\times 80^4}{(0.7\times 4.5\times 10^3)^2\times 64}=42\times 10^4=420(\text{kN})$$

AB 杆的许可载荷为

$$F_{AB}\leqslant\frac{F_{cr}}{n_w}=\frac{420}{2.5}=168(\text{kN})$$

（2）求 BC 杆的临界力和许可载荷。对于 BC 杆，$\mu=1$，$l=3$m，惯性半径

$$i=\sqrt{\frac{I}{A}}=\frac{\sqrt{\frac{1}{12}a^4}}{a^2}=\frac{a}{2\sqrt{3}}=\frac{70}{2\sqrt{3}}=20.2(\text{mm})$$

柔度为

$$\lambda_{BC}=\frac{\mu l}{i}=\frac{1\times 3\times 10^3}{20.2}=148.5$$

可见，BC 杆也是大柔度杆，其临界力为

$$F_{cr}=\frac{\pi^2\times 210\times 10^3\times 70^4}{(1\times 3\times 10^3)\times 12}=460.8(\text{kN})$$

BC 杆的许可载荷为

$$F_{BC} \leqslant \frac{F_{cr}}{n_w} = \frac{460.8}{2.5} = 184.3(\text{kN})$$

（3）结构的许可载荷。比较 AB 和 BC 两杆的许可载荷，取其小者作为结构的许可载荷。于是，该结构的许可载荷为 168 kN。

例 12-4 由两个等边角钢组成的压杆，两端铰支，长 $l = 3.5$m。由于需要铆接在一起，角钢开有钉孔，孔径 $d = 20$ mm，如图 12-9 所示。材料的许用应力 $[\sigma] = 140$ MPa。如压杆承受轴向压力 $F = 400$ kN，试选择角钢型号。

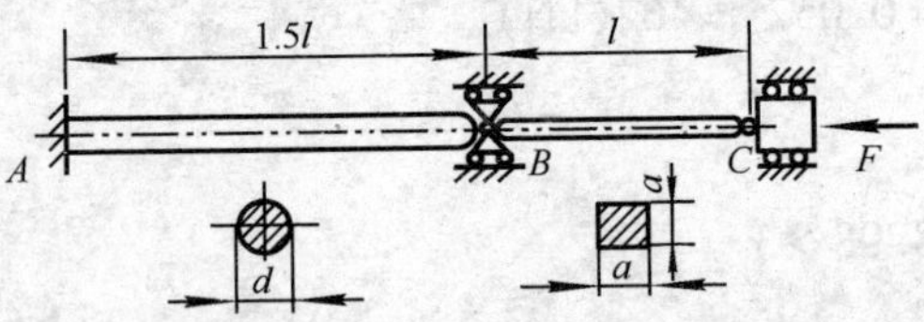

图 12-8

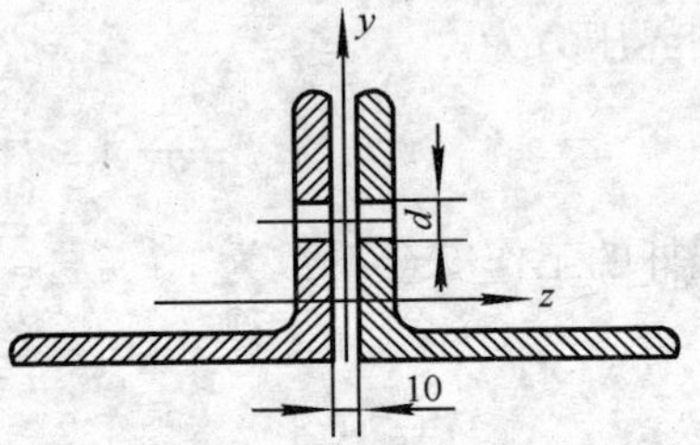

图 12-9

解： 由稳定条件式（12-13）可知，如设计截面，必须是

$$A \geqslant \frac{F}{\varphi[\sigma]}$$

由于折减系数 φ 与横截面面积 A 有关，也是个未知数。所以，在设计截面时，可用逐次逼近法。

首先设 $\varphi = 0.5$，得面积为

$$A \geqslant \frac{400 \times 10^3}{0.5 \times 140} = 5\,714(\text{mm}^4)$$

由型钢规格表，选用两个 125 × 125 × 12 的角钢，总面积 $A = 2 \times 2\,891.2 = 5\,782.4$（$\text{mm}^2$），惯性半径 $i_z = 38.3$ mm。所以，柔度

$$\lambda = \frac{\mu l}{i} = \frac{1 \times 3.5 \times 10^3}{38.3} = 91.4$$

由表 12-3，查得 $\varphi = 0.66$，计算应力

$$\sigma = \frac{F}{\varphi A} = \frac{400 \times 10^3}{0.66 \times 5782.4} = 104.8(\text{MPa}) < 140\ \text{MPa}$$

所选截面较大。再试选两个 110 × 110 × 12 的角钢，总面积：

$$A = 2 \times 2\,520 = 5\,040(\text{mm}^2),\quad i_z = 33.5\ \text{mm}$$

$$\lambda = \frac{1 \times 3.5 \times 10^3}{33.5} = 104$$

查得 $\varphi = 0.577$，计算应力：

$$\sigma = \frac{400 \times 10^3}{0.577 \times 5\,040} = 137.6(\text{MPa}) < 140\ \text{MPa}$$

因此，可选用两个 110 × 110 × 12 的角钢。

由于角钢开有钉孔，截面面积被削弱。所以还需进行强度校核。截面净面积：

$$A = 5\,040 - 2 \times 20 \times 12 = 4\,560(\mathrm{mm}^2)$$

由强度条件，得

$$\sigma = \frac{F}{A} = \frac{400 \times 10^3}{4\,560} = 87.7(\mathrm{MPa}) < [\sigma]$$

可见，也满足强度条件，所选截面是合适的。

§12.6　提高压杆稳定性的措施

为提高压杆的稳定性，应在可能的条件下，提高压杆的临界应力。为此，我们可以从压杆的约束情况、压杆的长度和截面形状以及材料性质等方面来考虑。

1. 加强约束的牢固性

压杆约束的类型，决定了长度系数 μ 的数值。杆端的固定性越强，长度系数越小。从而降低了柔度，提高了临界应力。所以，在条件允许时，应尽量使杆端不易转动。例如长为 l 两端铰支的压杆，将两端改为固定端，临界应力就变为原来的四倍。

2. 尽量减小压杆长度

压杆长度增加，柔度也随着增加，由式（12-7）和（12-10）可知，其临界应力迅速下降。所以，在结构允许的条件下，应尽量减小压杆长度。这样可明显地提高压杆的稳定性。如结构不允许减小杆长，也可采用增加支座的方法。例如两端铰支的压杆，在中点增加一铰链支座，其临界应力也变为原来的四倍。

3. 选择合理的截面形状

柔度 λ 与惯性半径 i 成反比，而 $i = \sqrt{\dfrac{I}{A}}$。所以，截面 A 为一定情况下，选择 I 值较大的截面形状，就比较合理。如图 12-10 所示，用四根等边角钢制成的组合截面压杆，显然，图 12-10（b）较图 12-10（a）更合理。许多压杆采用空心截面杆，也是基于上述考虑。

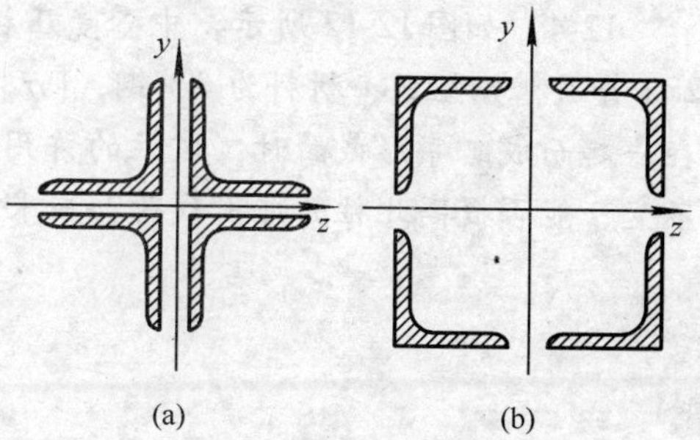

图　12-10

如压杆在各纵向截面的支承相同，则宜采用圆形或正方形截面。这些截面对任一形心轴的惯性半径 i 相等，压杆在各纵向平面内的柔度相等，致使杆在各纵向平面内的稳定性相同。如压杆在两个纵向对称平面内的支承情况不同，如图 12-7 所示的连杆，就应采用矩形、工字形一类的截面。尽量使压杆在两个纵向对称平面内的柔度相等，以使压杆在两个纵向对称平面内的稳定性相同。

4. 合理选用材料

对于大柔度杆，材料对临界应力的影响反映在弹性模量 E 上。而对各种钢材而言，E 值相差无几。所以，选用合金钢、优质钢对提高临界应力的作用不大，反而是不经济的。而对于中、小柔度杆，临界应力与材料的强度指标有关，选用高强度钢，可以提高压杆的稳定性。

思　考　题

12-1　什么叫压杆的临界状态？什么叫压杆失稳？

12-2　什么叫压杆的临界力及临界应力？欧拉公式的一般形式如何？

12-3　什么是压杆的长度系数？支承情况不同的压杆，长度系数有何不同？

12-4　为什么欧拉公式在实用上受到限制？它的适用范围如何？

12-5　什么叫折减系数？它有什么用途？它的数值与什么有关？

习　　题

12-1　直径 $d=25$ mm 的钢杆，长为 l，用作抗压构件。试求其临界力及临界应力。已知钢的弹性模量 $E=200$ GPa。(1) 两端铰支，$l=600$ mm；(2) 两端固定，$l=1\ 500$ mm：(3) 一端固定，另一端自由，$l=400$ mm：(4) 一端固定，另一端铰支，$l=1\ 000$ mm。

12-2　三根圆截面钢压杆，直径均为 $d=160$ mm，弹性模量 $E=200$ GPa，屈服极限 $\sigma_s=240$ MPa。两端均为铰支，长度分别为 l_1、l_2 和 l_3，且 $l_1=2l_2=4l_3=5$ m。求各杆的临界力。

12-3　如图 12-11 所示压缩机活塞杆受活塞传来的轴向力 $P=120$ kN 的作用，活塞杆的长度 $l=1\ 800$ mm，横截面直径 $d=75$ mm，材料 $E=210$ GPa，$\sigma_p=240$ MPa。规定 $n_w=8$，试校核活塞杆的稳定性。

12-4　如图 12-12 所示，中心受压柱的下端固定，上端铰支，柱长 $l=600$ cm，柱由两个 28a 普通槽钢组成，材料为 A3 钢，$[\sigma]=160$ MPa，试问：(1) 当两槽钢的腹板沿杆长固结在一起而成工字形截面时，该柱的许用载荷 P 为多少？(2) 若约束情况，柱长，槽钢型号不变，能否提高此柱的许用载荷？应采用什么措施？此时该柱的许用载荷又是多少？

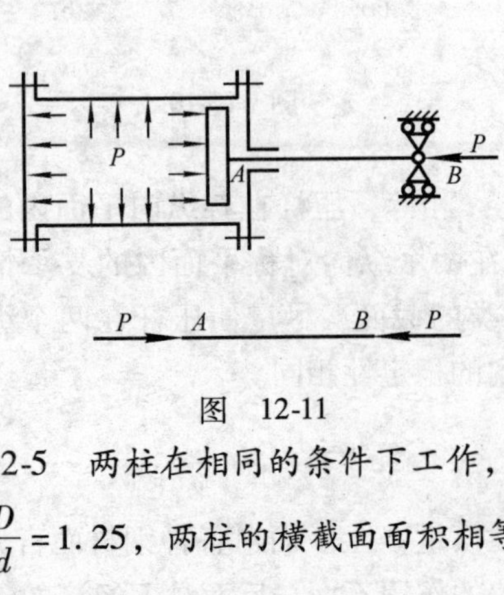

图　12-11

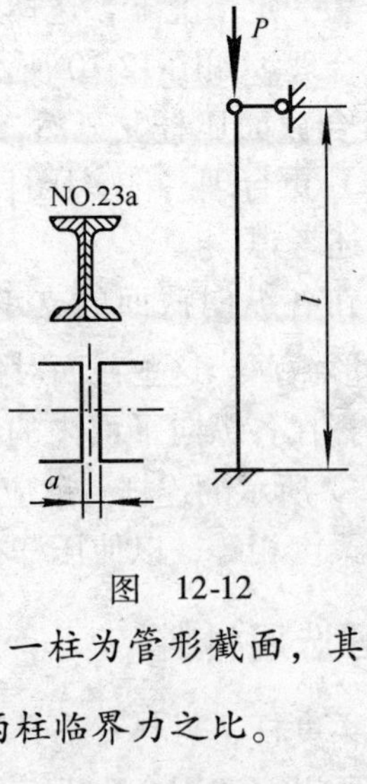

图　12-12

12-5　两柱在相同的条件下工作，一柱为圆形截面，另一柱为管形截面，其外径与内径之比 $\frac{D}{d}=1.25$，两柱的横截面面积相等，试用欧拉公式求两柱临界力之比。

12-6　一简易吊车的摇臂如图 12-13 所示，最大载重量 $G=20$ kN。已知 AB 杆的外径 $D=5$ cm，材料为 A3 钢，稳定安全系数 $n_w=2$，试选择压杆 AB 的内径 d。

12-7　一长度为 $l=3$ m 的压杆，承受压力 $P=150$ kN，设稳定安全系数 $n_w=1.8$，试从标准型钢表中选择工字型截面号数。假设在两个主惯性截面内失稳时的杆端约束都可看成是铰链。压杆材料为 A3 钢，$E=206$ GPa。

12-8　如图 12-14 所示，某结构 $ABCD$ 由三根具有相同抗弯刚度 EI 的细长杆组成，其 B 点与 D 点为铰接，而支点 A 和支点 C 为固定端，角度 $\beta=30°$，假定该结构的安全性是由稳定条件决定的，试确定作用于节点 D 的临界力 P_{cr}。

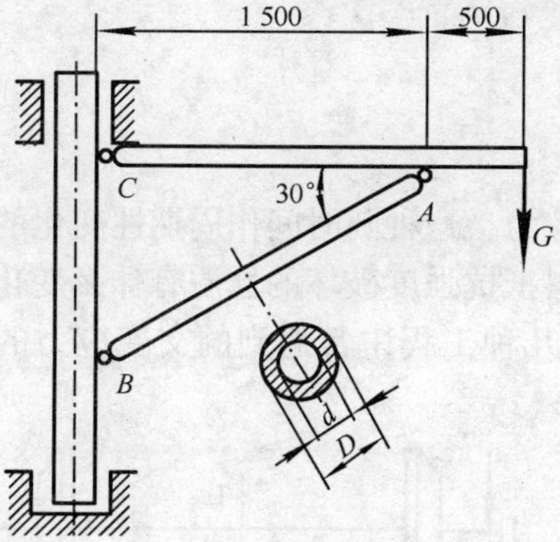

图　12-13

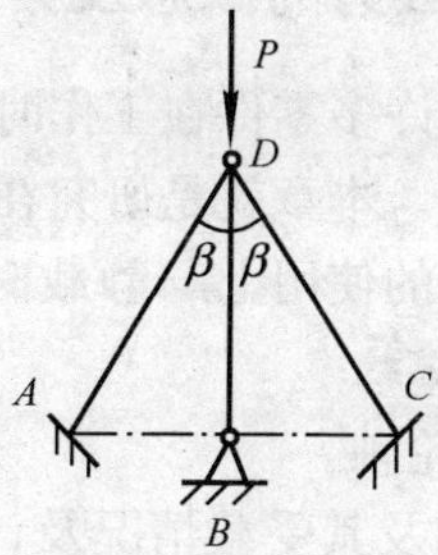

图　12-14

12-9　在图 12-15 所示铰接杆系 ABC 中，AB 和 BC 皆为细长压杆，且截面相同，材料一样。若因在 ABC 平面内失稳而破坏，并规定 $0<\theta<\pi/2$，试确定 P 为最大值时的 θ 角。

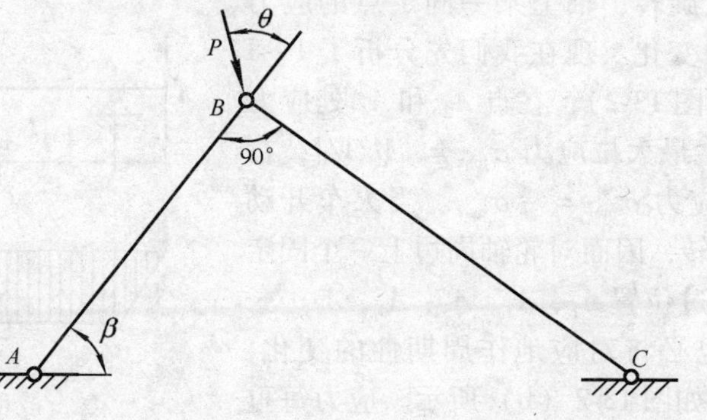

图　12-15

第 13 章　交 变 应 力

§13.1　交变应力及疲劳破坏

1. 交变应力的概念及其实例

机械上有许多零件在工作时承受着随时间变化的应力，这种随时间作周期性变化的应力称为交变应力。本章就是研究在交变应力条件下，材料抵抗强度破坏的性质有什么变化，亦即在强度条件的使用上与静载时有什么不同。下面举几种工程中常遇到的交变应力的实际例子。

1）火车轮轴

火车轮轴及其受载情况及计算简图分别如图 13-1（a）、（b）所示，从弯矩图〔见图 13-1（c）〕可看出 CD 段受纯弯作用，$M=-Pa$。在火车行驶时，外载 P 是基本不变的。

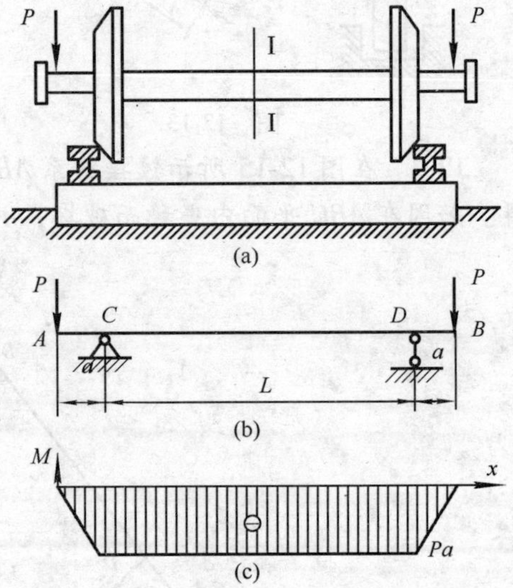

图　13-1

但由于轮轴是在旋转，轴上某一固定点的应力将随时间作周期性的变化。现在我们先分析了 I－I 截面的应力状态（见图 13-2），在点 A_2 和 A_4 处应力为零，在 A_3 位置产生最大拉应力 $\sigma_{max}=|M/W|$，在 A_1 位置则为最大压应力 $\sigma_{min}=-\sigma_{max}$。当火车开动后，轮轴随之发生旋转，因而对轮轴周边上一个固定点而言，它将依次通过位置 A_1、A_2、A_3、A_4、A_1……因此，该点的应力也必将对应地作周期性的变化，其随时间的变化规律如图 13-2（b）所示。应力每重复变化一次，就称为一个应力循环。在这个例子中，$|\sigma_{max}|=|\sigma_{min}|$，这种应力循环，称为对称循环。

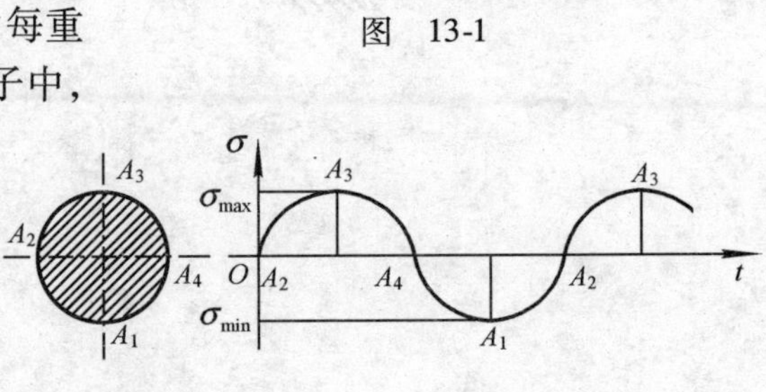

(a) I－I 截面　　(b)

图　13-2

2）齿轮轮齿

图 13-3（a）表示齿轮的轮齿。当两个齿轮互相啮合时，齿根的弯曲正应力从零开始很快上升到最大值 σ_{max}。当齿轮脱离接触后，此应力值又很快恢复到零，齿轮每旋转一周对每个齿来说只啮合一次。因此应力的循环周期与齿轮转动周期是一样的。其变化规律如图 13-3

(b) 所示。它的特点是 $\sigma_{min}=0$。这种应力循环犹如人的脉搏跳动一样，称为脉动循环，这是一种非对称循环。

3）做强迫振动的构件

图 13-4（a）为一简支梁支撑一电动机。在静载时，梁的最大拉应力点 A 在梁中点横截面的最下面一点。这时的应力记为 σ_m。当电动机开动后，梁就在静平衡位置上下振动。当振到最上位置时，该点的拉应力将减小到 σ_{min}；而振到最下位置时，该点的拉应力将增大为 σ_{max}。当梁在振动过程中，点 A 的应力便不断变化，其变化曲线如图 13-4（b）所示，属非对称循环。此时，应力的循环周期等于梁振动的周期。

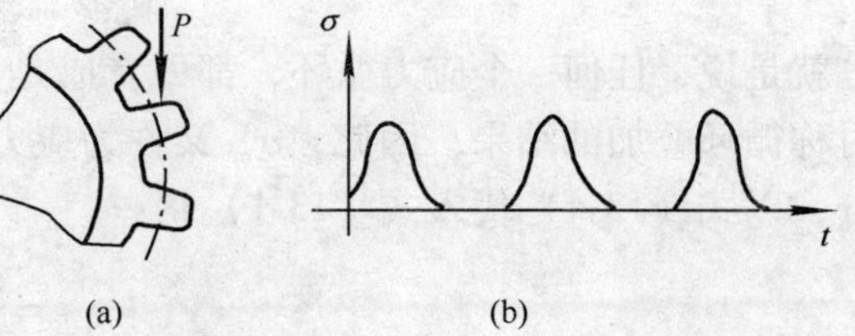

图　13-3

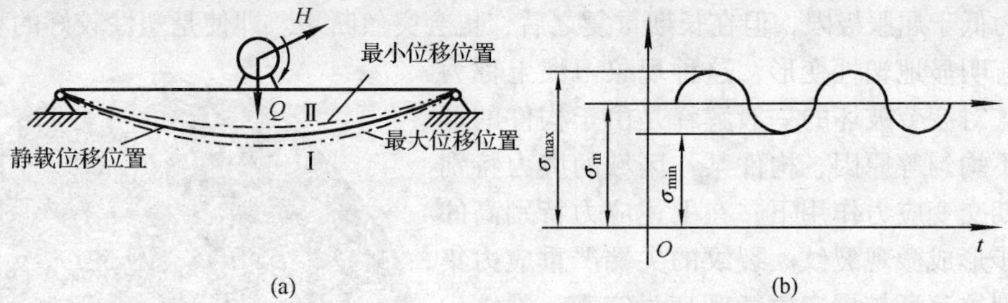

图　13-4

2. 应力循环特征

对于交变应力，通常用循环特征 r 这个量来对其进行分类。r 的定义是最小应力与最大应力之比，即

$$r=\frac{\sigma_{min}}{\sigma_{max}} \tag{13-1}$$

两种应力循环的 r 值相同，就认为这两种应力循环是相似的。

对于上面所举例子，可以看出：

对称循环　　$\sigma_{min}=-\sigma_{max}$，　$r=-1$

脉动循环　　$\sigma_{min}=0$，　$r=0$

静 载 荷　　$\sigma_{min}=\sigma_{max}$，　$r=1$

其他任意形式的非对称循环，一般都处在静载荷与对称循环之间．因此 r 的变化范围是 $-1\leqslant r\leqslant 1$，当然也可以讨论 $r<-1$ 及 $r>1$ 的情形。这相当于 $|\sigma_{min}|>|\sigma_{max}|$，即交变应力大部分处在受压状态。

最大正应力 σ_{max} 与最小正应力 σ_{min} 的平均值称为平均应力，以 σ_m 来表示。则

$$\sigma_m=\frac{\sigma_{max}+\sigma_{min}}{2} \tag{13-2}$$

最大应力与最小应力之差的一半称为应力振幅（或应力幅），以 σ_a 表示。则

$$\sigma_a=\frac{\sigma_{max}-\sigma_{min}}{2} \tag{13-3}$$

它表示应力变化的幅度，容易求得

$$\begin{aligned}\sigma_{\max} &= \sigma_m + \sigma_a \\ \sigma_{\min} &= \sigma_m - \sigma_a\end{aligned} \tag{13-4}$$

也就是说，任何一个应力循环，都可看成是由不变的平均应力 σ_m 和一个应力振幅为 σ_a 的对称循环叠加的结果．因此，σ_m 又称为应力循环中的静载应力部分，σ_a 则称为动载应力部分，以式（13-4）代入式（13-1）得

$$r = \frac{\sigma_m - \sigma_a}{\sigma_m + \sigma_a} \tag{13-5}$$

由此可知：$\sigma_m = 0$ 时，$r = -1$；$\sigma_m = \sigma_a$ 时，$r = 0$；$\sigma_a = 0$ 时，$r = 1$

3. 金属疲劳破坏

实践表明，构件在交变应力作用下的破坏形式与静载荷下全然不同。在交变应力下，虽然最大应力低于屈服极限，但在长期重复之后，也会突然断裂。即使是塑性较好的材料，断裂前也没有明显地塑性变形，这种现象习惯上称为疲劳破坏。对疲劳破坏的一般解释是由于构件的形状和材料不均匀等原因，构件某一区域的应力特别高。在长期交变应力作用下，在上述应力特别高的区域，逐步形成微观裂纹。裂纹的尖端严重应力集中，促使裂纹逐渐扩展，由微观变为宏观。裂纹尖端一般处于三向拉伸应力状态下，不易出现塑性变形。当裂纹逐步扩展到一定限度时，便可能骤然迅速扩展，使物件截面严重削弱，最后沿严重削弱了的截面发生突然脆性断裂。

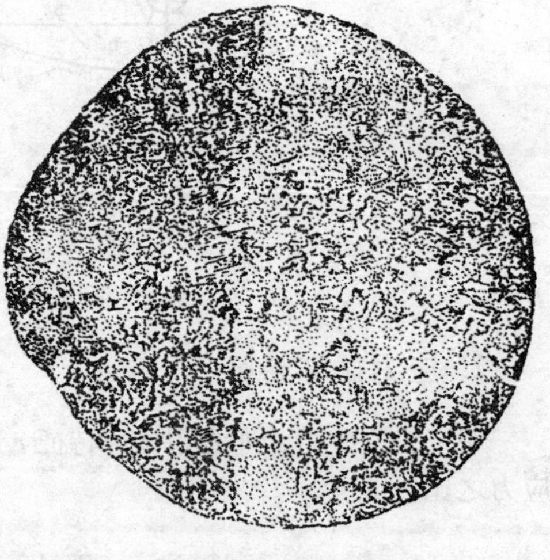

图　13-5

以上解释与典型的疲劳破坏断口比较吻合。图 13-5所示为圆轴疲劳破坏断口照片。这类破坏断口明显地分成光滑区和粗糙区。在裂纹形成后，裂纹的两个侧面在交变应力作用下时而分开时而压紧，不断反复，因而形成光滑区。至于粗糙的颗粒状区域，则是最后突然脆性断裂时形成的。

疲劳破坏往往是在没有明显预兆的情况下，突然发生的，从而造成严重事故。据统计，各种零件的破坏 80% 以上是疲劳破坏。因此，对在交变应力下工作的零件进行疲劳强度计算是非常必要的。

§13.2　材料的持久极限及其测定

上节已经提到，构件在交变应力作用下，当最大应力低于屈服极限时，就可能发生疲劳破坏。因此，屈服极限或强度极限等静强度指标已不能作为疲劳强度的指标。在交变应力作用下，材料的强度指标应重新确定。试验表明，在给定的交变应力下，必须经过一定次数的循环，才可能发生疲劳破坏。而且在同一循环特征下，交变应力的最大应力越大，破坏前经历的循环次数越少；反之，降低交变应力中的最大应力，便可使破坏前经历的循环次数增

加。在最大应力减少到某一临界值时，试件可经历无穷多次应力循环而不发生疲劳破坏，这一临界值称为材料的持久极限或疲劳极限。

在纯弯曲变形下，测定对称循环的持久极限技术上比较简单，疲劳试验是最常采用的测定持久极限的方法。测定时将材料加工成最小直径为 7 ~ 10 mm、表面磨光的试件（光滑小试件）。每组试验包括 6 ~ 10 根试件。将试件夹于疲劳试验机上。试件的受力情况与图 13-1 所示的火车轮轴受载情况相似。

实验时，使第一根试件的 σ_{max1} 约等于强度极限 σ_b 的 60%，经过一次循环次数 N_1 后，试件断裂。然后使第二根试件的 σ_{max2} 略低于第一根试件的 σ_{max1}，求出第二根试件断裂时的循环次数 N_2。这样逐步降低最大应力的数值，得出对应于每个 σ_{max} 的试件断裂时的循环次数 N。以 σ_{max} 为纵坐标，N 为横坐标，将试验结果描成一条曲线，称为疲劳曲线或 $\sigma_{max}-N$ 曲线（见图 13-6）。由疲劳曲线可以看出：试件断裂前所能经受的循环次数 N，随 σ_{max} 的减小而增大。疲劳曲线最后逐渐趋近于水平，其水平渐近线的纵坐标 σ_{-1} 就是材料的持久极限。σ_{-1} 的脚标 -1 表示对称循环的循环特征 $r=-1$。

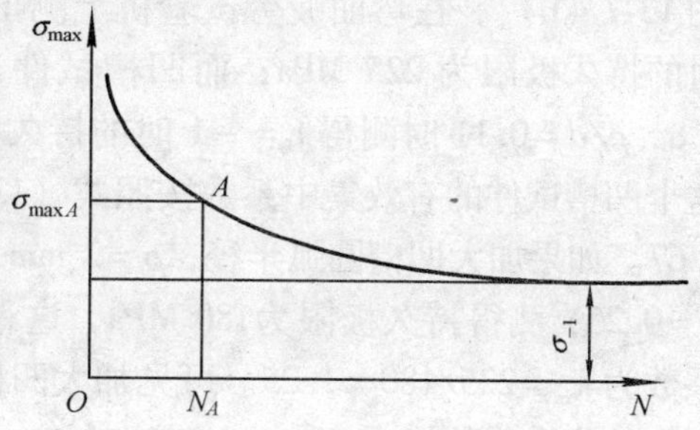

图　13-6

疲劳曲线上任一点 A 的纵横坐标分别是 σ_{maxA} 和 N_A，这表示最大应力为 $\sigma_{max\,A}$ 时，试件断裂前所能经受的应力循环次数为 N_A。N_A 称为最大应力为 $\sigma_{max\,A}$ 时的持久寿命；而 $\sigma_{max\,A}$ 称为持久寿命为 N_A 时，材料的条件持久极限，或名义持久极限，显然，持久寿命趋于无限长时，其所对应的最大应力就是材料的持久极限。实际上，试验不可能无限期的进行下去，一般规定一个循环次数 N_0 来代替无限长的持久寿命，这个规定的循环次数 N_0 称为循环基数。在疲劳曲线上与 N_0 对应的 σ_{max} 就是持久极限。

对钢和铸铁等黑色金属材料来说，试件经受10^7 次循环后，如尚未断裂，则可认为再增加循环次数，试件也不会断裂，所以通常就取 $N_0=2\times10^6\sim2\times10^7$ 次，作为循环基数。

某些有色金属的疲劳试验表明，它们的疲劳曲线并不明显地趋于水平。例如某些含铝或镁的有色金属，甚至当循环次数超过 5×10^8 次，疲劳曲线仍未趋于水平。对这类材料，通常选定一个有限次数作为循环基数，例如可选定 $N_0=10^8$ 次，把它所对应的最大应力作为持久极限。

§13.3　影响持久极限 σ_{-1} 的因素

上面所讲述的持久极限均是根据光滑小试件测出的，称为材料的持久极限。这种材料的持久极限尚不能直接用于实际构件。构件的外形、尺寸以及表面加工情况都不同于标准的光滑小试件，而这些因素对于疲劳强度都有影响。

1. 构件外形的影响

大部分机械零件的界面都是变化的，例如零件上有螺纹、键槽、轴肩（不同直径的过渡）等。这种截面尺寸的变化必然引起应力集中，即在变化处的局部出现应力突然增大。

由于疲劳破坏是在应力集中处出现细微裂纹并逐步扩展所致，所以有应力集中源的构件的持久极限比同尺寸的光滑试件有所降低。对于对称循环，若以 σ_{-1} 表示光滑试件的持久极限，$(\sigma_{-1})_k$ 表示同尺寸有应力集中试件的持久极限，则有效应力集中系数

$$k_\sigma = \frac{\sigma_{-1}}{(\sigma_{-1})_k} \tag{13-6}$$

例如用 A5 钢（$\sigma_s = 280$ MPa，$\sigma_b = 500$ MPa）制成两种试件，一为平缓过渡试件［见图 13-7（a）］，一为有凹槽试件［见图 13-7（b）］。在弯曲疲劳试验机上测出前一种试件在 $r = -1$ 时的持久极限为 225 MPa；而凹槽试件当 $\rho = 0.9$ mm，$d/D \approx 0.8$，$\rho/d = 0.11$ 时测得 $r = -1$ 时的持久极限为 135 MPa。那么这个凹槽试件的有效集中系数按照式（13-6）为 $k_\sigma = 225/135 = 1.67$。如果加大凹槽圆弧半径，$\rho = 2$ mm，$d/D = 8/10 = 0.8$，$\rho/d = 0.25$，测得持久极限为180 MPa，这种凹槽试件的有效集中系数为 $k_\sigma = 225/180 = 1.25$。可见加大凹槽处的圆弧半径，可降低有效集中系数。

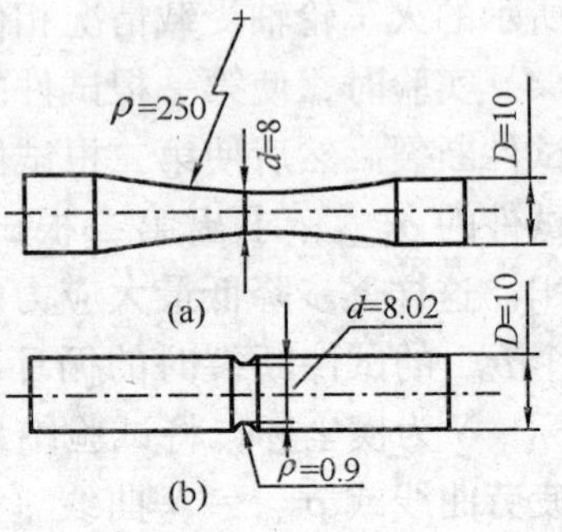

图　13-7

图 13-8 ~ 图 13-10 给出当 $D/d = 2$ 时钢阶梯轴在弯曲、扭转和拉压对称循环时的有效集中系数。如果 $D/d < 2$，则利用下列公式来求有效集中系数：

$$k_\sigma = 1 + \zeta(k'_\sigma - 1) \tag{13-7}$$

$$k_\tau = 1 + \zeta(k'_\tau - 1) \tag{13-8}$$

式中，k'_σ 和 k'_τ 是由图 13-8 ~ 图 13-10 查出的有效集中系数；ζ 是和比值 D/d 有关的修正系数，由图 13-11 查出，对于弯曲和拉压时查曲线 1，对于扭转查曲线 2。表 13-1 和表 13-2 分

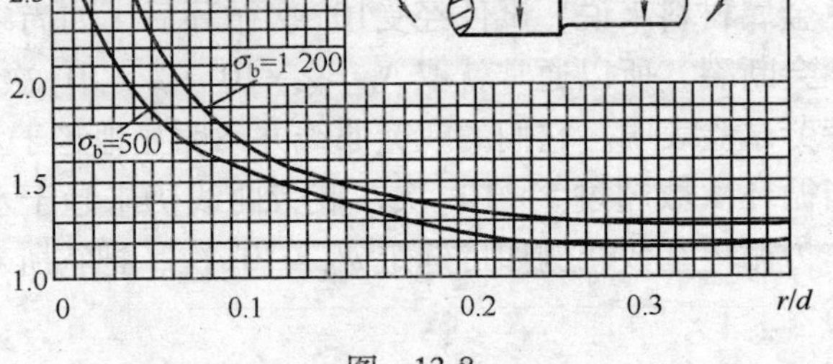

图　13-8

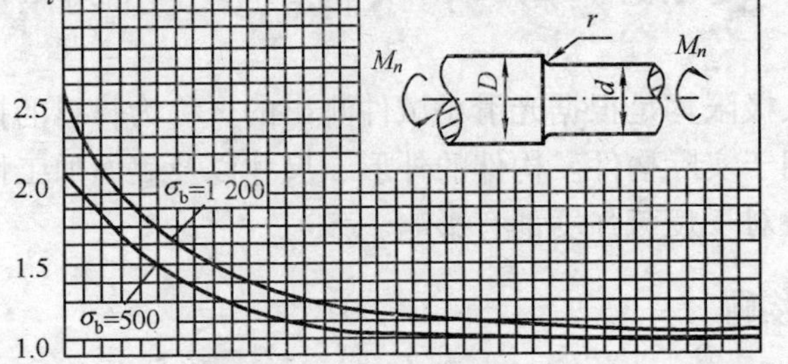

图　13-9

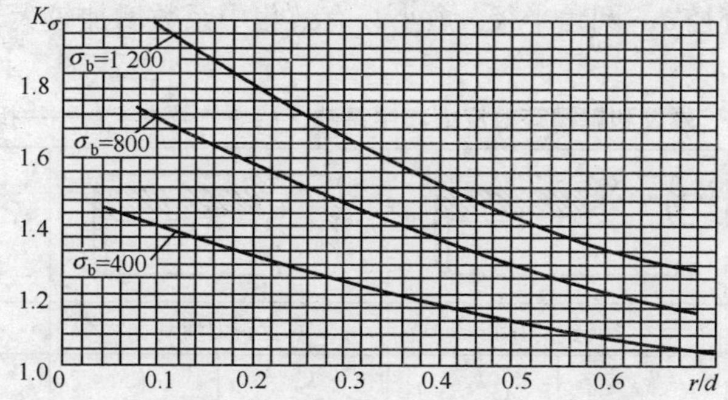

图　13-10

别给出带孔圆截面和螺纹、键槽的有效集中系数。

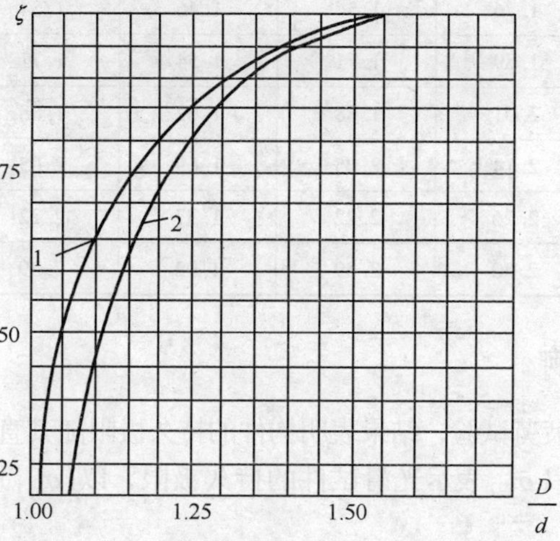

图　13-11

表 13-1　带孔圆截面的有效应力集中系数

σ_b/ MPa	K_σ		K_τ
	$d_o/d=0.05\sim0.15$	$d_o/d=0.15\sim0.25$	$d_o/d=0.05\sim0.25$
400	1.90	1.70	1.70
500	1.95	1.75	1.75
600	2.00	1.80	1.80
700	2.05	1.85	1.80
800	2.10	1.90	1.85
900	2.15	1.95	1.90
1 000	2.20	2.00	1.90
1 200	2.30	2.10	2.00

注：d_0 为孔径。

由所给图表可看出下列两点：

（1）对于强度极限 σ_b 大的钢材，其 k_σ 和 k_τ 值比较大，高强度钢的有效集中系数比低碳钢为大。这说明应力集中对高碳钢的持久极限影响比较大。

（2）对于给定的直径 d、圆角半径 r 愈小，有效集中系数增加较大，因而其持久极限的降低愈显著。

表 13-2　螺纹和键槽有效应力集中系数（k_σ——弯曲，k_τ——扭转）

材料强度 σ_b/MPa	螺纹（$k_\tau=1$）k_σ	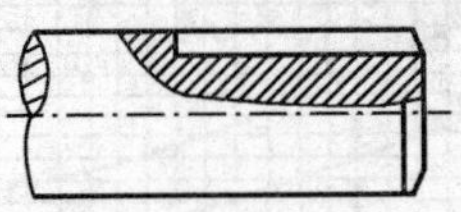 端铣刀切制		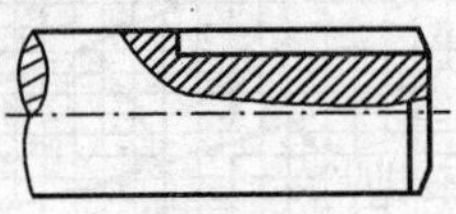 盘铣刀切制		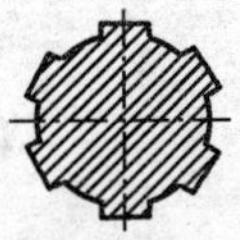 直齿花键	
		k_σ	k_τ	k_σ	k_τ	k_σ	k_τ
400	1.45	1.51	1.20	1.30	1.20	1.35	2.10
500	1.78	1.64	1.37	1.38	1.37	1.45	2.25
600	1.96	1.76	1.54	1.46	1.54	1.55	2.35
700	2.20	1.89	1.71	1.54	1.71	1.60	2.45
800	2.32	2.01	1.88	1.62	1.88	1.65	2.55
900	2.47	2.14	2.05	1.69	2.05	1.70	2.65
1000	2.61	2.26	2.22	1.77	2.22	1.72	2.70
1200	2.90	2.50	2.39	1.92	2.39	1.75	2.80

2. 构件尺寸的影响

利用大直径的试件作疲劳试验，结果表明构件的持久极限随其直径的增大而降低，其降低程度用尺寸系数 ε 表示，若以 σ_{-1} 表示光滑试件的持久极限，以 $(\sigma_{-1})_d$ 表示光滑大试件的持久极限，则

$$\varepsilon=\frac{(\sigma_{-1})_d}{\sigma_{-1}} \tag{13-9}$$

尺寸系数是一个小于 1 的数值。试验指出，同样尺寸的构件在弯曲和扭转时的尺寸系数相同，即 $\varepsilon_\sigma=\varepsilon_\tau$。此外，尺寸对于轴向拉伸、压缩的持久极限并无影响，即轴向拉压的尺寸系数 $\varepsilon_\sigma=1$。尺寸系数可由图 13-12 查出，曲线 1 用于低碳钢，$\sigma_b=500$ MPa，曲线 2 用于合金钢，$\sigma_b=1\ 200$ MPa。强度极限为其他值时可用线性插值来求。

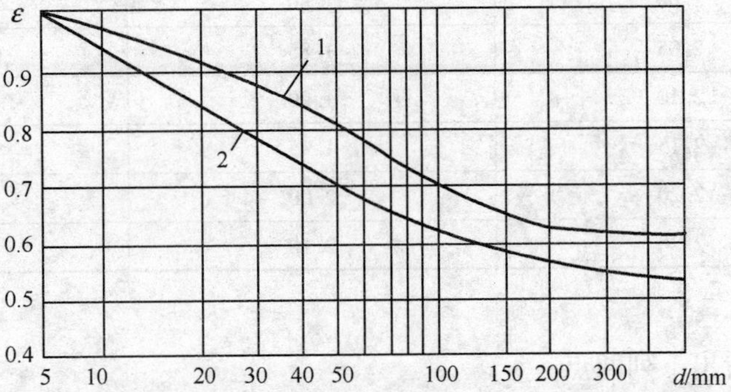

图　13-12

尺寸加大使持久极限降低，这种情况可用图13-13加以说明。图中示出承受弯曲的两个不同直径的试件，两者的最大应力相同，而大试件内处于高应力区的金属结晶颗粒数比小试件内的多，故大试件更易于形成疲劳裂纹，由图13-12可看出高强度钢的持久极限受尺寸的影响比低强度钢的严重。

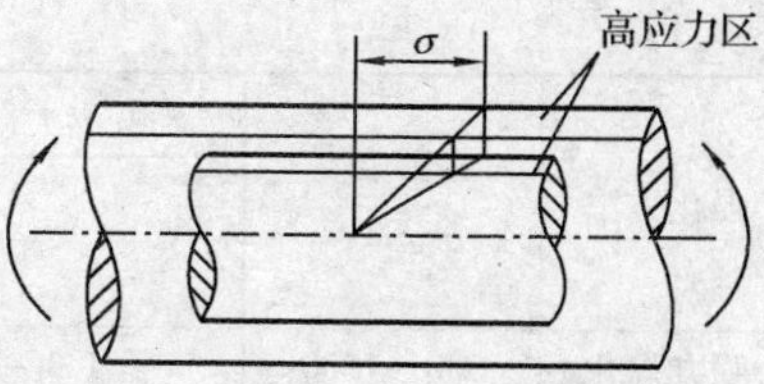

图　13-13

3. 构件表面质量的影响

构件表面加工情况例如粗车、精车、抛光等都对持久极限有程度不同的影响，这是因为不同的加工精度在表面上造成的切削痕迹有粗有细，因而也呈现出不同程度的应力集中。若以σ_{-1}表示表面磨光试件的持久极限，以$(\sigma_{-1})_{\beta}$表示其他加工情况时试件的持久极限，表面质量对持久极限的影响用表面质量系数β表示，即

$$\beta=\frac{(\sigma_{-1})_{\beta}}{\sigma_{-1}} \tag{13-10}$$

表13-3给出了不同加工方法的表面粗糙度的β。可以看出，表面质量低于磨光试样时$\beta>1$。还可以看出，表面加工质量对高强度钢的持久极限影响较显著，所以对于高强度钢，要合理加工才能充分发挥其高强度作用。

表13-3　不同表面粗糙度的表面质量系数β

加工方法	轴表面粗糙度 $Ra/\mu m$	σ_b/MPa		
		400	800	1 200
磨 削	0.4～0.2	1	1	1
车 削	3.2～0.8	0.95	0.90	0.90
粗 车	25～6.3	0.85	0.80	0.65
未加工的表面	—	0.75	0.65	0.45

另外，由于疲劳裂纹多发生于表面，如使零件表面经过淬火，渗碳等表面处理后可提高表面强度，使持久极限增加，这时$\beta>1$，这种表面强化系数可查有关机械设计手册。表13-4给出了部分强化方法的表面质量系数。

表13-4　各种强化方法的表面质量系数β

强化方法	心部强度 σ_b/MPa	β		
		光轴	低应力集中的轴 $K_\sigma\leqslant1.5$	高应力集中的轴 $K_\sigma\geqslant1.8$～2.0
高频淬火	600～800	1.5～1.7	1.6～1.7	2.4～2.8
	800～1 000	1.3～1.5		
氮 化	900～1 200	1.1～1.25	1.5～1.7	1.7～2.1
渗 碳	400～600	1.8～2.0	3	—
	700～800	1.4～1.5		
	1 000～1 200	1.2～1.3	2	

续上表

强化方法	心部强度 σ_b/MPa	β		
		光轴	低应力集中的轴 $K_\sigma \leqslant 1.5$	高应力集中的轴 $K_\sigma \geqslant 1.8 \sim 2.0$
喷丸硬化	600 ~ 1500	1.1 ~ 1.25	1.5 ~ 1.6	1.7 ~ 2.1
滚子滚压	600 ~ 1500	1.1 ~ 1.3	1.3 ~ 1.5	1.6 ~ 2.0

注：1. 高频淬火系根据直径为 10 ~ 20 mm、淬硬层厚度为$(0.05 \sim 0.20)d$ 的试样试验求得的数据，对大尺寸试样，β 值会有某些降低。
2. 氧化层厚度为 $0.01d$ 时用小值；在$(0.03 \sim 0.04)d$ 时用大值。
3. 喷丸硬化系根据直径为 8 ~ 40 mm 的试样求得的数据。喷丸速度低时用小值，速度高时用大值。
4. 滚子滚压系根据直径为 17 ~ 130 mm 的试样求得的数据。

根据式（13-6）、式（13-9）、式（13-10），把影响构件持久极限的诸因素都考虑进去，可得 $r=-1$ 时的弯曲构件的持久极限。若以$(\sigma_{-1})_d$ 表示，则

$$(\sigma_{-1})_d = \sigma_{-1} \cdot \frac{\beta \cdot \varepsilon}{k_\sigma} = \frac{\sigma_{-1}}{K_\sigma} \tag{13-11}$$

其中

$$K_\sigma = \frac{k_\sigma}{\beta\varepsilon} \tag{13-12}$$

K_σ 称为综合影响系数。

类似地，$r=-1$ 时扭转构件的持久极限是 τ_{-1}/K_τ，而综合影响系数 K_τ 为

$$K_\tau = \frac{k_\tau}{\beta\varepsilon} \tag{13-13}$$

上述应力集中、尺寸大小和表面质量在交变应力下对材料的强度有影响，但这些因素在静应力下对塑性材料基本上没有影响。所以在静应力下强度校核时都没有考虑这些因素。

§13.4　对称循环下构件的疲劳强度校核

计算对称循环下构件的疲劳强度，应以持久极限$(\sigma_{-1})_d$ 除以规定的安全系数 n 作为对称循环时的许用应力$[\sigma_{-1}]$。当构件所承受的对称循环交变应力中的最大应力 σ_{max} 不超过许用应力$[\sigma_{-1}]$时，就不会发生疲劳破坏。即

$$\sigma_{max} \leqslant [\sigma_{-1}] = \frac{(\sigma_{-1})_d}{n} = \frac{1}{n} \cdot \frac{\sigma_{-1}}{K_\sigma}$$

上式可改写为

$$n_\sigma = \frac{\sigma_{-1}/K_\sigma}{\sigma_{max}} \geqslant n \tag{13-14}$$

式中，n_σ 表示对称循环时构件的持久极限与构件在对称循环中承受的最大应力之比，n_σ 称为构件的实际安全系数或工作安全系数。式（13-14）的含义即为构件工作安全系数 n_σ 不小于规定的安全系数 n，就能保证疲劳强度。

例　图 13-14 所示机车车轴承受由车厢传来的载荷 $P=80$ kN，轴的材料为 45 号钢，$\sigma_b=500$ MPa，$\sigma_{-1}=200$ MPa，指定安全系数 n = 1.5，试校核截面 I 的疲劳强度。

解：轴在对称循环下工作。先找 I 截面的综合影响系数 K_σ。首先算出 $r/d=10/120=$

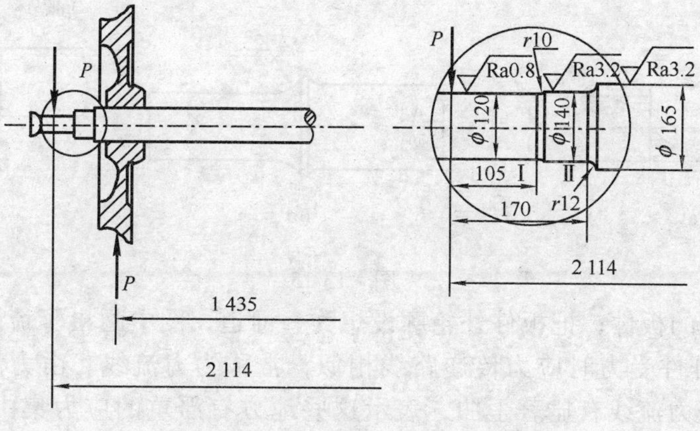

图　13-14

0.083，$D/d=140/120=1.17$。然后由图 13-8 查出 $r/d=0.083$，$D/d=2$ 时的弯曲有效集中系数 $k'_\sigma=1.65$，由图 13-11 的曲线 1 查出 $D/d=1.17$ 时的修正系数 $\zeta=0.07$。由式（13-7）知

$$k_\sigma=1+\zeta(k'_\sigma-1)=1+0.77(1.65-1)=1.50$$

由图 13-12 曲线 1 查出 $d=120$ mm 时的尺寸系数 $\varepsilon=0.68$，根据表面粗糙度 $Ra0.8$ 和 $\sigma_b=500$ MPa，由表 13-3 查出 $\beta=0.96$，由式（13-12）知

$$K_\sigma=\frac{k_\sigma}{\beta\varepsilon}=\frac{1.5}{0.96\times0.68}=2.3$$

Ⅰ截面弯矩 $M=80\times10^3\times0.105=8\,400(\mathrm{N\cdot m})$，$W=\pi\times120^3/32(\mathrm{mm}^3)$，故

$$\sigma_{\max}=\frac{32\times8\,400\times10^3}{\pi\times120^3}=49.5(\mathrm{MPa})$$

$$n_\sigma=\frac{\sigma_{-1}/K_\sigma}{\sigma_{\max}}=\frac{200}{2.3\times49.5}=1.76>n=1.5$$

故轴是安全的。

§13.5　提高构件疲劳强度的措施

构件承受交变应力时，设法提高构件疲劳极限是提高其抵抗疲劳破坏的关键。为此，可采用两方面的措施，一方面是降低应力集中的影响；一方面是改善构件的表层质量，两者均可收到明显的效果。

1. 降低应力集中的影响

因为降低应力集中可使构件的疲劳极限提高很多，因而增加了抵抗疲劳破坏的能力。在轴类零件中根据结构的可能，尽量使半径过渡缓和。避免急剧过渡，是使应力集中降低的有效措施。如图 13-15（a）、（b）所示机车车轴，图 13-15（a）采用了尖角过渡，使用寿命很短，图 13-15（b）采用了平缓过渡，在同样的工作条件下，其寿命却增大很多。有时为了加大过渡的圆角半径可采用间隔环［见图 13-15（c）］。

采用平缓过渡可降低应力集中，这点可用“力流线”这种比喻来加以说明。如图 13-

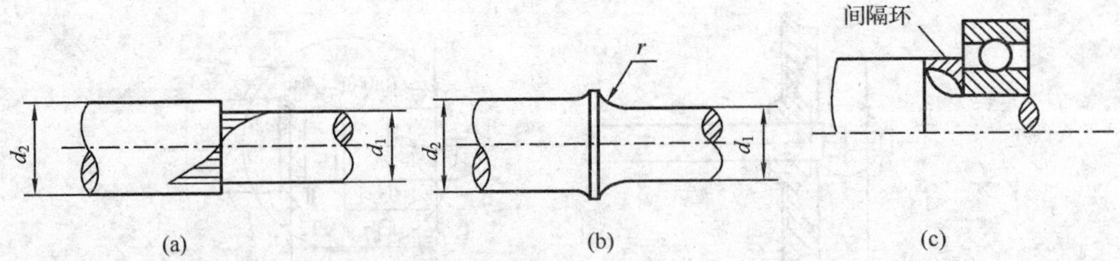

图　13-15

16（a）所示受拉的板件；把板件外轮廓设想为一河道，图中画出了流体流经此河道的流线，这种流线和杆件受力时应力传递路线相似，常称为力流线。由力流线可看出在断面突变处 m、n 点，力流线有显著歪曲，表示这些地方有严重的应力集中。如将板件的 m、n 突变处改为圆角［图 13-16（b）］，则力流线在该处的变化趋于缓和，从而使应力集中降低。力流线的变化愈平缓，局部应力也愈小。下面所采用的一些降低应力集中的方法可用力流线加以说明。

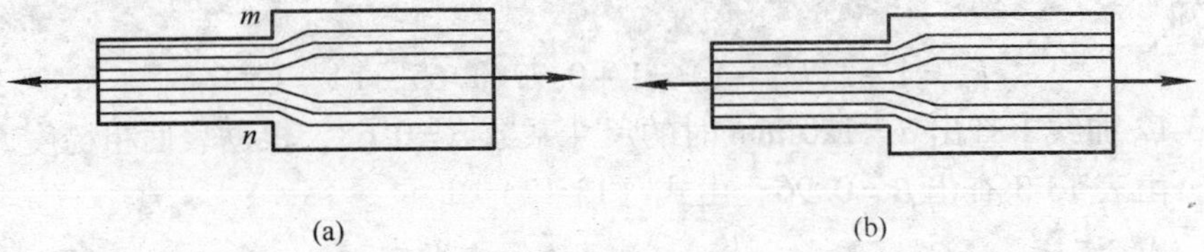

图　13-16

除了上述加大圆角半径来降低应力集中外，也可采用卸荷槽［见图 13-17（a）］或退刀槽［见图 13-17（b）］，以达到应力平缓过渡。如构件端头有螺纹，最好采用图 13-17（d）、（e）所示结构，因其应力集中程度较图 13-17（c）为缓和。

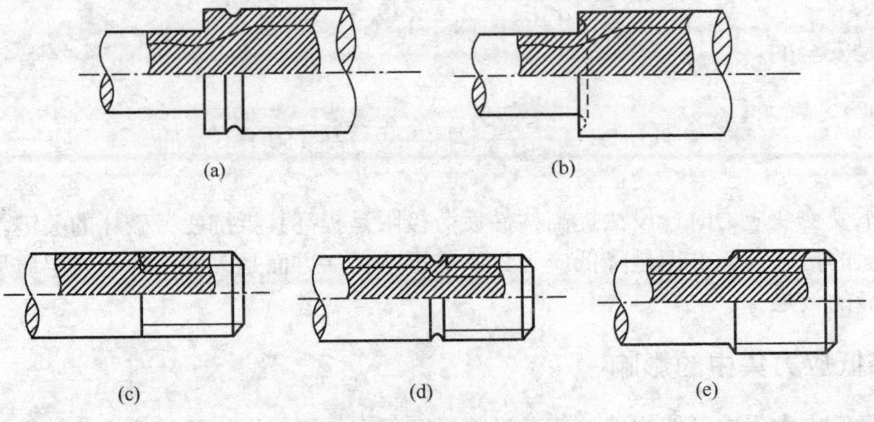

图　13-17

机械上轮毂与轴之间采取静配合时，在轴与轮毂的交界处，轴的横截面上的局部应力也比较大，如图 13-18（a）所示的配合方式，应力集中程度较大。最好采用图 13-18（b）的方式，将配合部分加粗，并引入圆角过渡。或者采用图 13-18（c），在毂上做出卸荷槽，减少其刚度，使轴与毂交界处的应力集中降低。

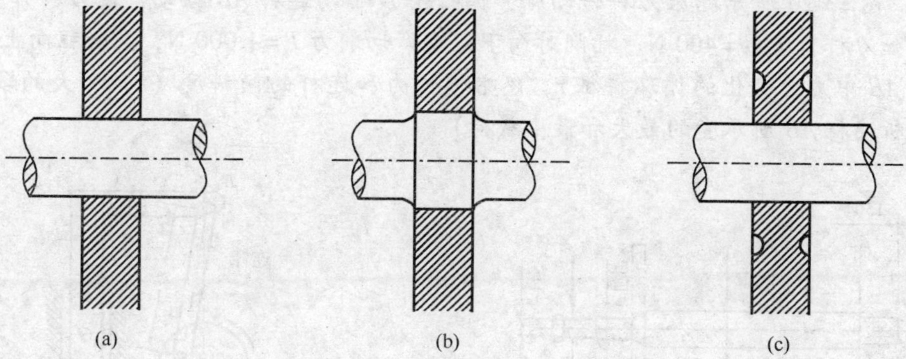

图　13-18

强度愈高的钢对于应力集中的敏感性愈大，如图 13-8 ~ 图 13-13 中 $\sigma_b = 1\ 200$ MPa 的 K_σ 曲线比 $\sigma_b = 500$ MPa 的曲线高。因此对于高强度钢（尤其是合金钢）更要注意降低应力集中的影响。此外表面加工精度对高强度钢的影响也比对一般强度钢的影响大，所以高强度钢如果表面质量不好，并不能发挥其高强度的优点。因此材料强度愈高，愈需要慎重加工。

2. 提高构件表层的强度

对于构件中最大应力所在的表面采用某些工艺措施，例如表面热处理或化学处理（高频淬火、氮化、渗碳和氰化等），或对表面层用滚压、喷弹（用高速小球冲打零件表面）等冷加工方法，均可提高构件的持久极限。这些方法的共同特点是使构件表层产生残余压应力，减少出现表面细微裂缝的机会，以达到提高疲劳极限的目的。试验结果表明，这些方法对于提高有应力集中构件的抵抗疲劳能力，效果更为明显。

思　考　题

13-1　何谓交变应力？举例说明。

13-2　在交变应力下，材料的疲劳现象是怎样解释的？

13-3　在交变应力循环中，什么叫平均应力和应力幅？什么叫对称循环和脉动循环？

13-4　何谓循环特征？对称循环和脉动循环的循环特征是什么？

13-5　何谓持久极限？怎样由试验确定持久极限？

13-6　影响持久极限的因素有哪些？简述其影响程度的表示方法。

13-7　工程实践中采取什么措施来提高构件的疲劳强度？

习　题

13-1　图 13-19 所示一机车车轴，若轴上载荷为 $P = 40$ kN，钢材的 $\sigma_b = 500$ MPa，$\sigma_{-1} = 250$ MPa。轴的外伸段表面为磨削，轴的其他段表面为粗车。安全系数取为 2.2，试校核此轴的疲劳强度。

13-2　图 13-20 所示插床刀杆传动轴，偏心轮 D 带动连杆 AB 摆动，使刀杆作直线往复运动。已知刀杆自重 $G=400$ N。插削时向下运动，切削力 $T=1\ 000$ N，空行程向上时 $T=0$，试求连杆 AB 中应力变化的循环特征 r，忽略惯性力和连杆的倾斜度（l 比 e 大的多）。（提示：先分析连杆 AB 所承受的最大和最小载荷）。

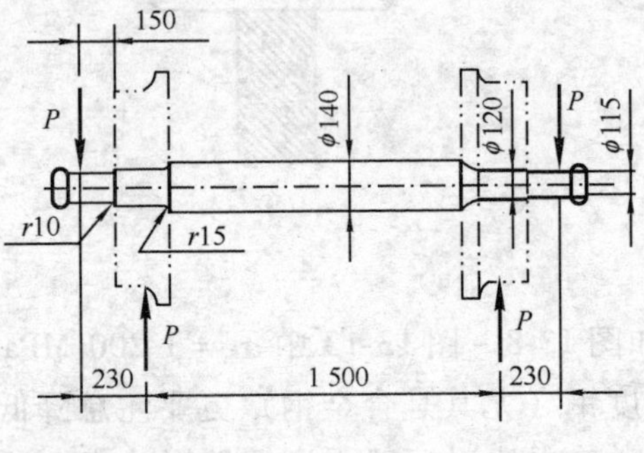

图　13-19

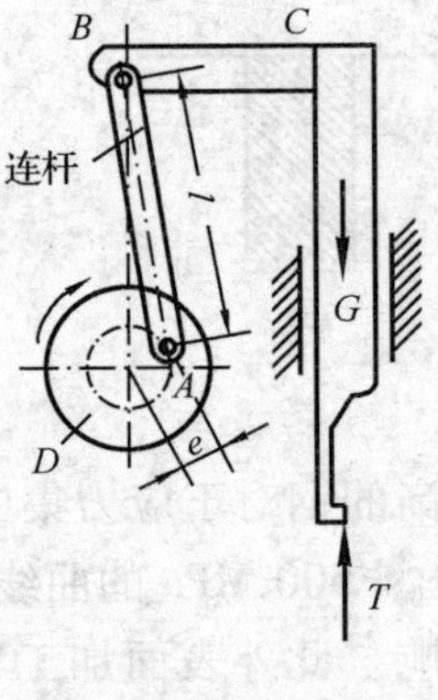

图　13-20

13-3　一阶梯圆轴，$D=50$ mm，$d=40$ mm，过渡半径 $r=5$ mm，材料的 $\sigma_b=900$ MPa，轴的表面为粗车加工，试求此轴弯曲及扭转时的综合系数 K_σ 及 K_τ。

13-4　图 13-21 所示阶梯状旋转轴，作用有不变的弯矩。轴与滚柱轴承配合。因滚柱轴承在内圈上的圆角半径很小，所以在装配时轴的圆角半径 $r=1$ mm［见图 13-21（a）］。如果加上定距环［见图 13-21（b）］，则圆角半径可增大为 $r=8$ mm。已知材料为碳钢，$\sigma_b=500$ MPa，$\sigma_s=300$ MPa，$\sigma_{-1}=220$ MPa，如果两种情况的安全系数相同，试问图 13-21（b）能承担的弯矩比图 13-21（a）提高多少？

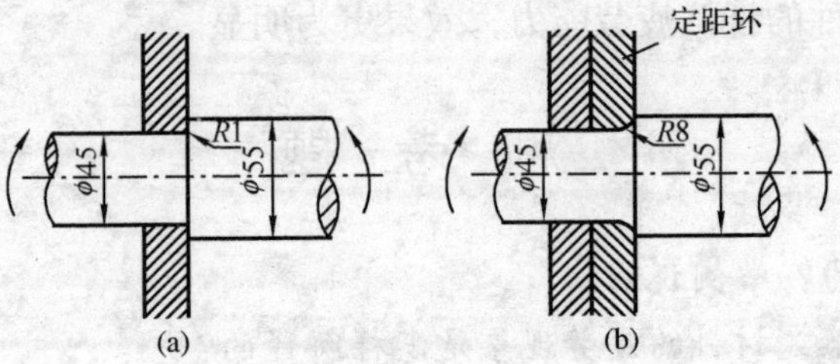

图　13-21

附　　录

附录 A　型钢表（GB/T 706—2008）

表 A-1　等边角钢

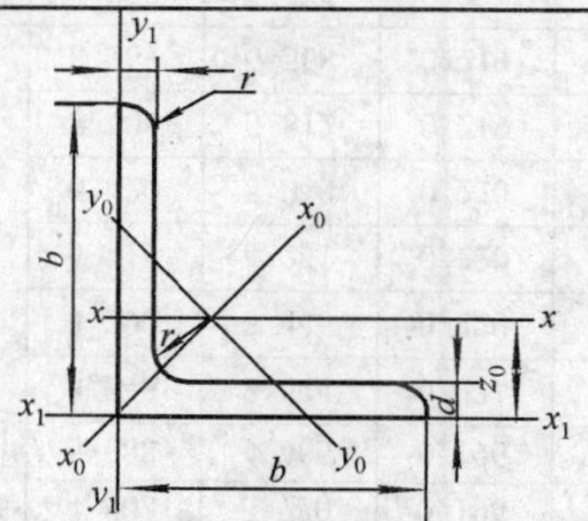

b——边宽度；
d——边厚度；
r——内圆弧半径；
r_1——边端内圆弧半径；
l——惯性矩；
i——惯性半径；
W——截面系数；
z_0——重心距离。

角钢号数	截面尺寸/mm			截面面积/mm^2	理论重量/(kg/m)	外表面积/(kg/m)	惯性矩/cm^4				惯性半径/cm			截面系数/cm^3			重心距离/cm
	b	d	r				I_x	I_{x1}	I_{x0}	I_{y0}	i_x	i_{x0}	i_{y0}	W_x	W_{x0}	W_{y0}	z_0
2	20	3	3.5	1.132	0.889	0.078	0.40	0.81	0.63	0.17	0.59	0.75	0.39	0.29	0.45	0.20	0.60
		4		1.459	1.145	0.077	0.50	1.09	0.78	0.22	0.58	0.73	0.38	0.36	0.55	0.24	0.64
2.5	25	3		1.432	1.124	0.098	0.82	1.57	1.29	0.34	0.76	0.95	0.49	0.46	0.73	0.33	0.73
		4		1.859	1.459	0.097	1.03	2.11	1.62	0.43	0.74	0.93	0.48	0.59	0.92	0.40	0.76
3.0	30	3	4.5	1.749	1.373	0.117	1.46	2.71	2.31	0.61	0.91	1.15	0.59	0.68	1.09	0.51	0.85
		4		2.276	1.786	0.117	1.84	3.63	2.92	0.77	0.90	1.13	0.58	0.87	1.37	0.62	0.89
3.6	36	3		2.109	1.656	0.141	2.58	4.68	4.09	1.07	1.11	1.39	0.71	0.99	1.61	0.76	1.00
		4		2.756	2.163	0.141	3.29	6.25	5.22	1.37	1.09	1.38	0.70	1.28	2.05	0.93	1.04
		5		3.382	2.654	0.141	3.95	7.84	6.24	1.65	1.08	1.36	0.70	1.56	2.45	1.00	1.07

续上表

角钢号数	截面尺寸/mm			截面面积/mm^2	理论重量/(kg/m)	外表面积/(kg/m)	惯性矩/cm^4				惯性半径/cm			截面系数/cm^3			重心距离/cm
	b	d	r				I_x	I_{x1}	I_{x0}	I_{y0}	i_x	i_{x0}	i_{y0}	W_x	W_{x0}	W_{y0}	z_0
4	40	3	5	2.359	1.852	0.157	3.59	6.41	5.69	1.49	1.23	1.55	0.79	1.23	2.01	0.96	1.09
		4		3.086	2.422	0.157	4.60	8.56	7.29	1.91	1.22	1.54	0.79	1.60	2.58	1.19	1.13
		5		3.791	2.976	0.156	5.53	10.74	8.76	2.30	1.21	1.52	0.78	1.96	3.10	1.36	1.17
4.5	45	3	5	2.659	2.088	0.177	5.17	9.12	8.20	2.14	1.40	1.76	0.89	1.58	2.58	1.24	1.22
		4		3.486	2.736	0.177	6.65	12.18	10.56	2.75	1.38	1.74	0.89	2.05	3.32	1.54	1.26
		5		4.292	3.369	0.177	8.04	15.20	12.74	3.33	1.37	1.72	0.88	2.51	4.00	1.81	1.30
		6		5.076	3.985	0.177	9.33	18.36	14.76	3.89	1.36	1.70	0.80	2.95	4.64	2.06	1.33
5	50	3	5.5	2.971	2.332	0.197	7.18	12.50	11.37	2.98	1.55	1.96	1.00	1.96	3.22	1.57	1.34
		4		3.897	3.059	0.197	9.26	16.69	14.70	3.82	1.54	1.94	0.99	2.56	4.16	1.96	1.38
		5		4.803	3.770	0.196	11.21	20.90	17.79	4.64	1.53	1.92	0.98	3.13	5.03	2.31	1.42
		6		5.688	4.465	0.196	13.05	25.14	20.68	5.42	1.52	1.91	0.98	3.68	5.85	2.63	1.46
5.6	56	3	6	3.343	2.624	0.221	10.19	17.56	16.14	4.24	1.75	2.20	1.13	2.48	4.08	2.02	1.48
		4		4.390	3.446	0.220	13.18	23.43	20.92	5.46	1.73	2.18	1.11	3.24	5.28	2.52	1.53
		5		5.415	4.251	0.220	16.02	29.33	25.42	6.61	1.72	2.17	1.10	3.97	6.42	2.98	1.57
		6		6.420	5.040	0.220	18.69	35.26	29.66	7.73	1.71	2.15	1.10	4.68	7.49	3.40	1.61
		7		7.404	5.812	0.219	21.23	41.23	33.63	8.82	1.69	2.13	1.09	5.36	8.49	3.80	1.64
		8		8.367	6.568	0.219	23.63	47.24	37.37	9.89	1.68	2.11	1.09	6.03	9.44	4.16	1.68
6	60	5	7	5.829	4.576	0.236	19.89	36.05	31.57	8.21	1.85	2.33	1.19	4.59	7.44	3.48	1.67
		6		6.914	5.427	0.235	23.25	43.33	36.89	9.60	1.83	2.31	1.18	5.41	8.70	3.98	1.70
		7		7.977	6.262	0.235	26.44	50.65	41.92	10.96	1.82	2.29	1.17	6.21	9.88	4.45	1.74
		8		9.020	7.081	0.235	29.47	58.02	46.66	12.28	1.81	2.27	1.17	6.98	11.00	4.88	1.78
6.3	63	4	7	4.978	3.907	0.248	19.03	33.35	30.17	7.89	1.96	2.46	1.26	4.13	6.78	3.29	1.70
		5		6.143	4.822	0.248	23.17	41.73	36.77	9.57	1.94	2.45	1.25	5.08	8.25	3.90	1.74
		6		7.288	5.721	0.247	27.12	50.14	43.03	11.20	1.93	2.43	1.24	6.00	9.66	4.46	1.78
		7		8.412	6.603	0.247	30.87	58.60	48.96	12.79	1.92	2.41	1.23	5.88	10.99	4.98	1.82
		8		9.515	7.469	0.247	34.46	67.11	54.56	14.33	1.90	2.40	1.23	7.75	12.25	5.47	1.85
		9															
		10		11.657	9.151	0.246	41.09	84.31	64.85	17.33	1.88	2.36	1.22	9.39	14.56	6.36	1.93

续上表

角钢号数	截面尺寸/mm			截面面积/mm^2	理论重量/(kg/m)	外表面积/(kg/m)	惯性矩/cm^4				惯性半径/cm			截面系数/cm^3			重心距离/cm
	b	d	r				I_x	I_{x1}	I_{x0}	I_{y0}	i_x	i_{x0}	i_{y0}	W_x	W_{x0}	W_{y0}	z_0
7	70	4	8	5.570	4.372	0.275	26.39	45.74	41.80	10.99	2.18	2.74	1.40	5.14	8.44	4.17	1.86
		5		6.875	5.397	0.275	32.21	57.21	51.08	13.31	2.16	2.73	1.39	6.32	10.32	4.95	1.91
		6		8.160	6.406	0.275	37.77	68.73	59.93	15.61	2.15	2.71	1.38	7.48	12.11	5.67	1.95
		7		9.424	7.398	0.275	43.09	80.29	68.35	17.82	2.14	2.69	1.38	8.59	13.81	6.34	1.99
		8		10.667	8.373	0.274	48.17	91.92	76.37	19.98	2.12	2.68	1.37	9.68	15.43	6.98	2.03
7.5	75	5	9	7.412	5.818	0.295	39.97	70.56	63.30	16.63	2.33	2.92	1.50	7.32	11.94	5.77	2.04
		6		8.797	6.905	0.294	46.95	84.55	74.38	19.51	2.31	2.90	1.49	8.64	14.02	6.67	2.07
		7		10.160	7.976	0.294	53.57	98.71	84.96	22.18	2.30	2.89	1.48	9.93	16.02	7.44	2.11
		8		11.503	9.030	0.294	59.96	112.97	95.07	24.86	2.28	2.88	1.47	11.20	17.93	8.19	2.15
		9		12.825	10.068	0.294	66.10	127.30	104.71	27.48	2.27	2.86	1.46	12.43	19.75	8.89	2.18
		10		14.126	11.089	0.293	71.98	141.71	113.92	30.05	2.26	2.84	1.46	13.64	21.48	9.56	2.22
8	80	6	9	7.912	6.211	0.315	48.79	85.36	77.33	20.25	2.48	3.13	1.60	8.34	13.67	6.66	2.15
		7		9.397	7.376	0.314	57.35	102.50	90.98	23.72	2.47	3.11	1.59	9.87	16.08	7.65	2.19
		8		10.860	8.525	0.314	65.58	119.70	104.07	27.09	2.46	3.10	1.58	11.37	18.40	8.58	2.23
		9		12.303	9.658	0.314	73.49	136.97	116.60	30.39	2.44	3.08	1.57	12.83	20.61	9.46	2.27
		10		13.725	10.774	0.314	81.11	154.31	128.60	33.61	2.43	3.06	1.56	14.25	22.73	10.29	2.31
		12		15.126	11.874	0.313	88.43	171.74	140.09	36.77	2.42	3.04	1.56	15.64	24.76	11.08	2.35
9	90	6	10	10.637	8.350	0.354	82.77	145.87	131.26	34.28	2.79	3.51	1.80	12.61	20.63	9.95	2.44
		7		12.301	9.656	0.354	94.83	170.30	150.47	39.18	2.78	3.50	1.78	14.54	23.64	11.19	2.48
		8		13.944	10.946	0.353	106.47	194.80	168.97	43.97	2.76	3.48	1.78	16.42	26.55	12.35	2.52
		9		15.566	12.219	0.353	117.72	219.39	186.77	48.66	2.75	3.46	1.77	18.27	29.35	13.46	2.56
		10		17.167	13.476	0.353	128.58	244.07	203.90	53.26	2.74	3.45	1.76	20.07	32.04	14.52	2.59
		12		20.306	15.940	0.352	149.22	293.76	236.21	62.22	2.71	3.41	1.75	23.57	37.12	16.49	2.67

续上表

角钢号数	截面尺寸/mm			截面面积/mm^2	理论重量/(kg/m)	外表面积/(kg/m)	惯性矩/cm^4				惯性半径/cm			截面系数/cm^3			重心距离/cm
	b	d	r				I_x	I_{x1}	I_{x0}	I_{y0}	i_x	i_{x0}	i_{y0}	W_x	W_{x0}	W_{y0}	z_0
10	100	6	10	11.932	9.366	0.393	114.95	200.07	181.98	47.92	3.10	3.90	2.00	15.68	25.74	12.69	2.67
		7		13.796	10.830	0.393	131.86	233.54	208.97	54.74	3.09	3.89	1.99	18.10	29.55	14.26	2.71
		8		15.638	12.276	0.393	148.24	267.09	235.07	61.41	3.08	3.88	1.98	20.47	33.24	15.75	2.76
		9		17.462	13.708	0.392	164.12	300.73	260.30	67.95	3./7	3.86	1.97	22.79	36.81	17.18	2.80
		10		19.261	15.120	0.392	179.51	334.48	284.68	74.35	3.05	3.84	1.96	25.06	40.26	18.54	2.84
		12		22.800	17.898	0.391	208.90	402.34	330.95	86.84	3.03	3.81	1.95	29.48	46.80	21.08	2.91
		14		26.256	20.611	0.391	236.53	470.75	374.06	99.00	3.00	3.77	1.94	33.73	52.90	23.44	2.99
		16		29.627	23.257	0.390	262.53	539.80	414.16	110.89	2.98	3.74	1.94	37.82	58.57	25.63	3.06
11	110	7	12	15.196	11.928	0.433	177.16	310.64	280.94	73.38	3.41	4.30	2.20	22.05	36.12	17.51	2.96
		8		17.238	13.535	0.433	199.46	355.20	316.49	82.42	3.40	4.28	2.19	24.95	40.69	19.39	3.01
		10		21.261	16.690	0.432	242.19	444.65	384.39	99.98	3.38	4.52	2.17	30.60	49.42	22.91	3.09
		12		25.200	19.782	0.431	282.55	534.60	448.17	116.93	3.35	4.22	2.15	36.05	57.62	26.15	3.16
		14		29.056	22.809	0.431	320.71	625.16	508.01	133.40	3.32	4.18	2.14	41.31	65.31	29.14	3.24
12.5	125	8	14	19.750	15.504	0.492	297.03	521.01	470.89	123.16	3.88	4.88	2.50	32.52	53.28	25.86	3.37
		10		24.373	19.133	0.491	361.67	651.93	573.89	149.46	3.85	4.85	2.48	39.97	64.93	30.62	3.45
		12		28.912	22.696	0.491	423.16	783.42	671.44	174.88	3.83	4.82	2.46	41.17	75.96	35.03	3.53
		14		33.367	26.193	0.490	481.65	915.61	763.73	199.57	3.80	4.78	2.45	54.16	86.41	39.13	3.61
		16		37.739	29.625	0.489	537.31	1048.62	850.98	223.65	3.77	4.75	2.43	60.93	96.28	42.96	3.68
14	140	10		27.373	21.488	0.551	514.65	915.11	817.27	212.04	4.34	5.46	2.78	50.58	82.56	39.20	3.82
		12		32.512	25.522	0.551	603.68	1 099.28	958.79	248.57	4.31	5.43	2.76	59.80	96.85	45.02	3.90
		14		37.567	29.490	0.550	688.81	1 284.22	1 093.56	284.05	4.28	5.40	2.75	68.75	110.47	50.45	3.98
		16		42.539	33.393	0.549	770.24	1 470.07	1221.81	318.67	4.26	5.36	2.74	77.46	123.42	55.55	4.06
15	150	8		23.750	21.488	0.592	521.37	899.55	827.49	215.25	4.69	5.90	3.01	47.36	78.02	38.14	3.99
		10		29.373	23.058	0.591	637.50	1 125.09	1 012.79	262.21	4.66	5.87	2.99	58.35	95.49	45.51	4.08
		12		34.912	27.406	0.591	748.85	1 351.26	1 189.97	307.73	4.63	5.84	2.97	69.04	112.19	52.38	4.15
		14		40.367	31.688	0.590	855.64	1 578.25	1 359.30	351.98	4.60	5.80	2.95	79.45	128.16	58.83	4.23
		15		43.063	33.804	0.590	907.39	1 692.10	1 441.09	373.69	4.59	5.78	2.95	84.56	135.87	61.90	4.27
		16		45.739	35.905	0.589	958.08	1 806.21	1 521.02	395.14	4.58	5.77	2.94	89.59	143.40	64.89	4.31

续上表

角钢号数	截面尺寸/mm			截面面积/mm^2	理论重量/(kg/m)	外表面积/(kg/m)	惯性矩/cm^4				惯性半径/cm			截面系数/cm^3			重心距离/cm
	b	d	r				I_x	I_{x1}	I_{x0}	I_{y0}	i_x	i_{x0}	i_{y0}	W_x	W_{x0}	W_{y0}	z_0
16	160	10	16	31.502	24.729	0.630	779.53	1 365.33	1 237.30	321.76	4.98	6.27	3.20	66.70	109.36	52.76	4.31
		12		37.441	29.391	0.630	916.58	1 639.57	1 455.68	377.49	4.95	6.24	3.18	78.98	128.67	60.74	4.39
		14		43.296	33.987	0.629	1 048.36	1 914.68	1 665.02	431.70	4.92	6.20	3.16	90.95	147.17	68.24	4.47
		16		49.067	38.518	0.629	1 175.08	2 196.82	1 865.57	484.59	4.89	6.17	3.14	102.63	164.89	75.31	4.55
18	180	12		42.241	33.159	0.710	1 321.35	2 332.80	2 100.10	542.61	5.59	7.05	3.58	100.82	165.00	78.41	4.89
		14		48.896	38.383	0.709	1 514.48	2 723.48	2 407.42	621.53	5.56	7.02	3.56	116.25	189.14	88.38	4.97
		16		55.467	43.542	0.709	1 700.99	3 115.29	2 703.37	698.60	5.54	6.98	3.55	131.13	212.40	97.83	5.06
		18		61.055	48.634	0.708	1 875.12	3 502.43	2 988.24	762.01	5.50	6.94	3.51	145.64	234.78	105.14	5.13
20	200	14	18	54.642	42.894	0.788	2 103.55	3 734.10	3 343.26	863.83	6.20	7.82	3.98	144.70	236.40	111.82	5.46
		16		62.013	48.680	0.788	2 366.15	4 270.39	3 760.89	971.41	6.18	7.79	3.96	163.65	265.93	123.96	5.54
		18		69.301	54.401	0.787	2 620.64	4 808.13	4 164.54	1 076.74	6.15	7.75	3.94	182.22	294.48	135.52	5.62
		20		76.505	60.056	0.787	2 867.30	5 347.51	4 554.55	1 180.04	6.12	7.72	3.93	200.42	322.06	146.55	5.69
		24		90.661	71.168	0.785	3 338.25	6 457.16	5 294.97	1 381.53	6.07	7.64	3.90	236.17	374.41	166.65	5.87
22	220	16	21	68.664	53.901	0.866	3 187.36	5 681.62	5 063.73	1 310.99	6.81	8.59	4.37	199.55	325.51	153.81	6.03
		18		76.752	60.250	0.866	3 534.30	6 395.93	5 615.32	1 453.27	6.79	8.55	4.35	222.37	360.97	168.29	6.11
		20		84.756	66.533	0.865	3 871.49	7 112.04	6 150.08	1 592.90	6.76	8.52	4.34	244.77	395.34	182.16	6.18
		22		92.676	72.751	0.865	4 199.23	7 830.19	6 668.37	1 730.10	6.73	8.48	4.32	266.78	428.66	195.45	6.26
		24		100.512	78.902	0.864	4 517.83	8 550.57	7 570.55	1 865.11	6.70	8.45	4.31	288.39	460.94	208.21	6.33
		26		108.264	84.987	0.864	4 827.58	9 273.39	7 656.98	1 998.17	6.68	8.41	4.30	309.62	492.21	220.49	6.41
25	250	18	24	87.842	68.956	0.985	5 268.22	9 379.11	8 369.04	2 167.41	7.74	9.76	4.97	290.12	473.42	224.03	6.84
		20		97.045	76.180	0.984	5 779.34	10 426.97	9 181.94	2 376.74	7.72	9.73	4.95	319.66	519.41	242.85	6.92
		24		115.201	90.433	0.983	6 763.93	12 529.74	10 742.67	2 785.19	7.66	9.66	4.92	377.34	607.70	278.38	7.07
		26		124.154	97.461	0.982	7 238.08	13 585.18	11 491.33	2 984.84	7.63	9.62	4.90	406.50	650.05	295.19	7.15
		28		133.022	104.422	0.982	7 700.60	14 643.62	12 219.39	3 181.81	7.61	9.58	4.89	433.22	691.23	311.42	7.22
		30		141.807	111.318	0.981	8 151.80	15 705.30	12 927.26	3 376.34	7.58	9.55	4.88	460.51	731.28	327.12	7.30
		32		150.508	118.149	0.981	8 592.01	16 770.41	13 615.32	3 568.71	7.56	9.51	4.87	487.39	770.20	342.33	7.37
		35		163.402	128.271	0.980	9 232.44	18 374.95	14 611.16	3 853.72	7.52	9.46	4.86	526.97	826.53	364.30	7.48

注:截面图中的 $r_1=1/3$ 及表中 r 值的数据用于孔型设计。

表 A-2　工字钢

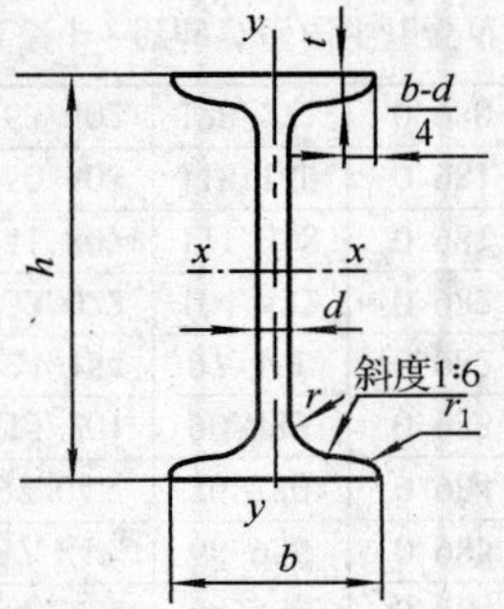

h——高度；　　r_1——腿端圆弧半径；
b——腿宽度；　　I——惯性矩；
d——腰厚度；　　W——截面系数；
t——平均腿厚度；　　i——惯性半径；
r——内圆弧半径；　　S——半截面的静力矩

型　号	截面尺寸/mm						截面面积/cm^2	理论重量/(kg/m)	惯性矩/cm^4		惯性半径/cm		截面系数/cm^3	
	h	b	d	t	r	r_1			I_x	I_y	i_x	i_y	W_x	W_y
10	100	68	4.5	7.6	6.5	3.3	14.345	11.261	245	33.0	4.14	1.52	49.0	9.72
12	120	74	5.0	8.4	7.0	3.5	17.818	13.987	436	46.9	4.95	1.62	72.7	12.7
12.6	126	74	5.0	8.4	7.0	3.5	18.118	14.223	488	46.9	5.20	1.61	77.5	12.7
14	140	80	5.5	9.1	7.5	3.8	21.516	16.890	712	64.4	5.76	1.73	102	16.1
16	160	88	6.0	9.9	8.0	4.0	26.131	20.513	1130	93.1	6.58	1.89	141	21.2
18	180	94	6.5	10.7	8.5	4.3	30.756	24.143	1660	122	7.36	2.00	185	26.0
20a	200	100	7.0	11.4	9.0	4.5	35.578	27.929	2370	158	8.15	2.12	237	31.5
20b		102	9.0				39.578	31.069	2500	169	7.96	2.06	250	33.1
22a	220	110	7.5	12.3	9.5	4.8	42.128	33.070	3400	225	8.99	2.31	309	40.9
22b		112	9.5				46.528	36.524	3570	239	8.78	2.27	325	42.7
24a	240	116	8.0	13.0	10.0	5.0	47.741	37.477	4570	280	9.77	2.42	381	48.4
24b		118	10.0				52.541	41.245	4800	297	9.57	2.38	400	50.4
25a	250	116	8.0				48.541	38.105	5020	280	10.2	2.40	402	48.3
25b		118	10.0				53.541	42.030	5280	309	9.94	2.40	423	52.4

续上表

型号	截面尺寸/mm						截面面积/cm^2	理论重量/(kg/m)	惯性矩/cm^4		惯性半径/cm		截面系数/cm^3	
	h	b	d	t	r	r_1			I_x	I_y	i_x	i_y	W_x	W_y
27a	270	122	8.5	13.7	10.5	5.3	54.554	42.825	6550	345	10.9	2.51	485	56.6
27b		124	10.0				59.954	47.064	6870	366	10.7	2.47	509	58.9
28a	280	122	8.5				55.404	43.492	7110	345	11.3	2.50	508	56.6
28b		124	10.0				61.004	47.888	7480	379	11.1	2.49	534	61.2
30a	300	126	9.0	14.4	11.0	5.5	61.254	48.084	8950	400	12.1	2.55	597	63.5
30b		128	11.0				67.254	52.794	9400	422	11.8	2.50	627	65.9
30c		130	13.0				73.254	57.504	9850	445	11.6	2.46	657	68.5
32a	320	130	9.5	15.0	11.5	5.8	67.156	52.717	11 100	460	12.8	2.62	692	70.8
32b		132	11.5				73.556	57.741	11 600	502	12.6	2.61	726	76.0
32c		134	13.5				79.956	62.765	12 200	544	12.3	2.61	760	81.2
36a	360	136	10.0	15.8	12.0	6.0	76.480	60.037	15 800	552	14.4	2.69	875	81.2
36b		138	12.0				83.680	65.689	16 500	582	14.1	2.64	919	84.3
36c		140	14.0				90.880	71.341	17 300	612	13.8	2.60	962	87.4
40a	400	142	10.5	16.5	12.5	6.3	86.112	67.598	21 700	660	15.9	2.77	1 090	93.2
40b		144	12.5				94.112	73.878	22 800	692	15.6	2.71	1 140	96.2
40c		146	14.5				102.112	80.158	23 900	727	15.2	2.65	1 190	99.6
45a	450	150	11.5	18.0	13.5	6.8	102.446	80.420	32 200	855	17.7	2.89	1 430	114
45b		152	13.5				111.446	87.485	33 800	894	17.4	2.84	1 500	118
45c		154	15.5				120.446	94.550	35 300	938	17.1	2.79	1 570	122
50a	500	158	12.0	20.0	14.0	7.0	119.304	93.654	46 500	1 120	19.7	3.07	1 860	142
50b		160	14.0				129.304	101.504	48 600	1 170	19.4	3.01	1 940	146
50c		162	16.0				139.304	109.354	50 600	1 220	19.0	2.96	2 080	151

续上表

型号	截面尺寸/mm						截面面积/cm^2	理论重量/(kg/m)	惯性矩/cm^4		惯性半径/cm		截面系数/cm^3	
	h	b	d	t	r	r_1			I_x	I_y	i_x	i_y	W_x	W_y
55a	550	166	12.5	21.0	14.5	7.3	134.185	105.335	62 900	1 370	21.6	3.19	2 290	164
55b		168	14.5				145.185	113.970	65 600	1 420	21.2	3.14	2 390	170
55c		170	16.5				156.185	122.605	68 400	1 480	20.9	3.08	2 490	175
56a	560	166	12.5	21.0	14.5	7.3	135.435	106.316	65 600	1 370	22.0	3.18	2 340	165
56b		168	14.5				146.635	115.108	68 500	1 490	21.6	3.16	2 450	174
56c		170	16.5				157.835	123.900	71 400	1 560	21.3	3.16	2 550	183
63a	630	176	13.0	22.0	15.0	7.5	154.658	121.407	93 900	1 700	24.5	3.31	2 980	193
63b		178	15.0				167.258	131.298	98 100	1 810	24.2	3.29	3 160	204
63c		180	17.0				179.858	141.189	102 000	1 920	23.8	3.27	3 300	214

注:表中 r、r_1 的数据用于孔型设计。

表 A-3 槽 钢

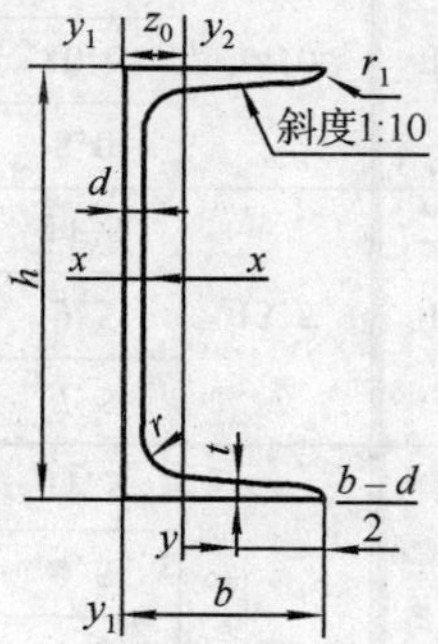

符号意义：

h——高度；

b——腿宽度；

d——腰厚度；

t——平均腿厚度；

r——内圆弧半径；

r_1——腿端圆弧半径；

I——惯性矩；

W——截面系数；

i——惯性半径；

z_0——$y-y$ 轴与 y_1-y_2 轴间距。

型号	截面尺寸/mm						截面面积/cm²	理论重量/(kg/m)	惯性矩/cm⁴			惯性半径/cm		截面系数/cm³		重心距离/cm
	h	b	d	t	r	r_1			I_x	I_y	I_{y1} i_x	i_y	W_x	W_y	Z_0	
5	50	37	4.5	7.0	7.0	3.5	6.928	5.438	26.0	8.30	20.9	1.94	1.10	10.4	3.55	1.35
6.3	63	40	4.8	7.5	7.5	3.8	8.451	6.634	50.8	11.9	28.4	2.45	1.19	16.1	4.50	1.36
6.5	65	40	4.3	7.5	7.5	3.8	8.547	6.709	55.2	12.0	28.3	2.54	1.19	17.0	4.59	1.38
8	80	43	5	8.0	8.0	4.0	10.248	8.045	101	16.6	37.4	3.15	1.27	25.3	5.79	1.43
10	100	48	5.3	8.5	8.5	4.2	12.748	10.007	198	25.4	54.9	3.95	1.41	39.7	7.80	1.52
12	120	53	5.5	9.0	9.0	4.5	15.362	12.059	346	37.4	77.7	4.75	1.56	57.7	10.2	1.62
12.6	126	53	5.5	9.0	9.0	4.5	15.692	12.318	391	38.0	77.1	4.95	1.57	62.1	10.2	1.59
14a	140	58	6.0	9.5	9.5	4.8	18.516	14.535	564	53.2	107	5.52	1.70	80.5	13.0	1.71
14b		60	8.0				21.316	16.733	609	61.1	121	5.35	1.69	87.1	14.1	1.67
16a	160	63	6.5	10.0	10.0	5.0	21.962	17.24	866	73.3	144	6.28	1.83	108	16.3	1.80
16b		65	8.5				25.162	19.752	935	83.4	161	6.10	1.82	117	17.6	1.75
18a	180	68	7.0	10.5	10.5	5.2	25.699	20.174	1270	98.6	190	7.04	1.96	141	20.0	1.88
18b		70	9.0				29.299	23.000	1370	111	210	6.84	1.95	152	21.5	1.84

续上表

型号	截面尺寸/mm						截面面积/cm^2	理论重量/(kg/m)	惯性矩/cm^4			惯性半径/cm		截面系数/cm^3		重心距离/cm
	h	b	d	t	r	r_1			I_x	I_y	I_{y1} i_x	i_y	W_x	W_y	Z_0	
20a	200	73	7.0	11.0	11.0	5.5	28.837	22.637	1 780	128	244	7.86	2.11	178	24.2	2.01
20b		75	9.0				32.837	25.222	1 910	144	268	7.64	2.09	191	25.9	1.95
22a	220	77	7.0	11.5	11.5	5.8	31.846	24.999	2 390	158	298	8.67	2.23	218	28.2	2.10
22b		79	9.0				36.246	28.453	2 570	176	326	8.42	2.21	234	30.1	2.03
24a	240	78	7.0	12.0	12.0	6.0	34.217	26.860	3 050	174	325	9.45	2.25	254	30.5	2.10
24b		80	9.0				39.017	30.628	3 280	194	355	9.17	2.23	274	32.5	2.03
24c		82	11.0				43.817	34.396	3 510	213	388	8.96	2.21	293	34.4	2.00
25a	250	78	7.0				34.917	27.410	3 370	176	322	9.82	2.24	270	30.6	2.07
25b		80	9.0				39.917	31.335	3 530	196	353	9.41	2.22	282	32.7	1.98
25c		82	11.0				44.917	35.260	3 690	218	384	9.07	2.21	295	35.9	1.92
27a	270	82	7.5	12.5	12.5	6.2	39.284	30.838	4 360	216	393	10.5	2.34	323	35.5	2.13
27b		84	9.5				44.684	35.077	4 690	239	428	10.3	2.31	347	37.7	2.06
27c		86	11.5				50.084	39.316	5 020	261	467	10.1	2.28	372	39.8	2.03
28a	280	82	7.5				40.034	31.427	4 760	218	388	10.9	2.33	340	35.7	2.10
28b		84	9.5				45.634	35.823	5 130	242	428	10.6	2.30	366	37.9	2.02
28c		86	11.5				51.234	40.219	5 500	268	463	10.4	2.29	393	40.3	1.95
30a	300	85	7.5	13.5	13.5	6.5	43.902	34.463	6 050	260	467	11.7	2.43	403	41.1	2.17
30b		87	9.5				49.902	39.173	6 500	289	515	11.4	2.41	433	44.0	2.13
30c		89	11.5				55.902	43.883	6 950	316	560	11.2	2.38	463	46.4	2.09
32a	320	88	8.0	14.0	14.0	7.0	48.513	38.083	7 600	305	552	12.5	2.50	475	46.5	2.24
32b		90	10.0				54.913	43.107	8 140	336	593	12.2	2.47	509	49.2	2.16
32c		92	12.0				61.313	48.131	8 690	374	643	11.9	2.47	543	52.6	2.09

续上表

型 号	截面尺寸/mm						截面面积/cm^2	理论重量/(kg/m)	惯性矩/cm^4			惯性半径/cm		截面系数/cm^3		重心距离/cm
	h	b	d	t	r	r_1			I_x	I_y	I_{y1} i_x	i_y	W_x	W_y	Z_0	
36a		96	9.0				60.910	47.814	11 900	455	818	14.0	2.73	660	63.5	2.44
36b	360	98	11.0	16.0	16.0	8.0	68.110	53.466	12 700	497	880	13.6	2.70	703	66.9	2.37
36c		100	13.0				75.310	59.118	13 400	536	948	13.4	2.67	746	70.0	2.34
40a		100	10.5				75.068	58.928	17 600	592	1070	15.3	2.81	879	78.8	2.49
40b	400	102	12.5	18.0	18.0	9.0	83.068	65.208	18 600	640	114	15.0	2.78	932	82.5	2.44
40c		104	14.5				91.068	71.488	19 700	688	1220	14.7	2.75	986	86.2	2.42

注:表中 r、r_1 的数据用于孔型设计。

附录B 平面图形的几何性质

材料力学中所讨论的各种构件，其横截面是具有一定几何形状的平面图形。例如圆形、矩形等。构件的强度、刚度与图形的一些几何性质有关。例如计算轴向拉、压杆件的应力和变形时用到杆件的横截面面积。又如弯曲和扭矩，在计算其强度、刚度时要用到横截面的惯性矩、极惯性矩等。下面讲述这些几何量。

1. 形心和静矩

1）形心与静矩的概念

在静力学中已建立了重心的概念。例如对图B-1所示厚度 t 极小的薄片，其重心的纵坐标 y_C 的计算公式为

$$y_C = \frac{\int_A y(t\mathrm{d}A)\gamma}{G} \tag{B-1}$$

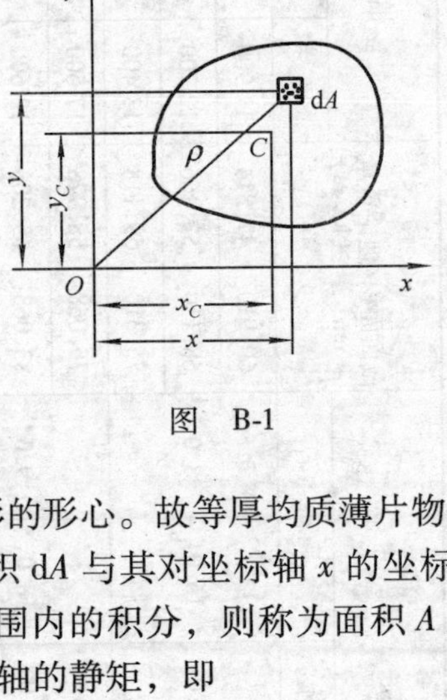

图 B-1

式中，$\mathrm{d}A$ 为微面积；γ 为重度；G 为整个薄片的重量。对于等厚度的均质薄片，$G=tA\gamma$，代入式（B-1）得到

$$\left.\begin{aligned} y_C &= \frac{\int_A y\mathrm{d}A}{A} \\ \text{同理可得}\quad x_C &= \frac{\int_A x\mathrm{d}A}{A} \end{aligned}\right\} \tag{B-2}$$

由式（B-2）定出坐标值 x_C、y_C 的 C 点，称为此薄片图形的形心。故等厚均质薄片物体的重心，即为此薄片图形（平面图形）的形心。上式中微面积 $\mathrm{d}A$ 与其对坐标轴 x 的坐标 y 的乘积 $y\mathrm{d}A$ 称为微面积 $\mathrm{d}A$ 对 x 轴的静矩。$y\mathrm{d}A$ 在整个图形范围内的积分，则称为面积 A 对坐标轴 x 的静矩或一次矩，用 S_x 表示，同理，用 S_y 表示对 y 轴的静矩，即

$$\left.\begin{aligned} S_x &= \int_A y\mathrm{d}A \\ S_y &= \int_A x\mathrm{d}A \end{aligned}\right\} \tag{B-3}$$

由式（B-3）可看出，静矩不仅与图形有关，而且与参考轴的位置有关。静矩可以是正值、负值，也可能得零，静矩的常用单位为 m^3 或 mm^3。

将式（B-3）代入式（B-2），得

$$y_C = \frac{S_x}{A} \qquad x_C = \frac{S_y}{A} \tag{B-4a}$$

或

$$S_x = y_C \cdot A \qquad S_y = x_C \cdot A \tag{B-4b}$$

式（B-4a）表示平面图形的形心坐标 y_C、x_C，分别等于此图形对坐标轴 x、y 的静矩

S_x、S_y 被图形面积 A 除时所得的商。式（B-4b）所示平面图形对参考轴 x、y 的静矩 S_x、S_y，分别等于此图形面积 A 与其形心坐标 y_C、x_C 的乘积。

如果参考轴通过图形的形心，则 $x_C=0$，$y_C=0$，由式（B-4b）此时静矩 S_y 和 S_x 也等于零。即图形对通过形心的坐标轴的静矩等于零。反过来，当图形对某参考轴的静矩为零，则此参考轴必通过图形的形心。例如对于图 B-2 所示平面图形，它们都具有铅垂对称轴 y，y 轴左、右两边的面积对 y 的静矩数值相等而符号相反，故整个面积对 y 轴的静矩等于零，形心必在此 y 轴上。因此，当图形有对称轴时，形心必在此对称轴上。

如果图形有两个对称轴 x 和 y，如图 B-2（a）、（b）、（c）所示，则形心必在此两对称轴的交点上。

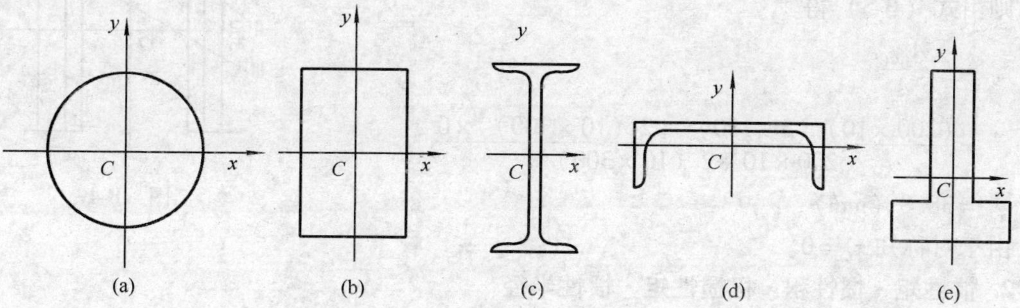

图 B-2

例 B-1 求半径为 r 的半圆形对其直径轴 x 的静矩及其形心坐标 y_C（见图 B-3）。

解： $dA=2\sqrt{r^2-y^2}dy$

故 $S_x=\int_A y dA=\int_0^r y(2\sqrt{r^2-y^2})dy$

$=-\int_0^r (r^2-y^2)^{1/2}d(r^2-y^2)$

$=\dfrac{2}{3}r^3$

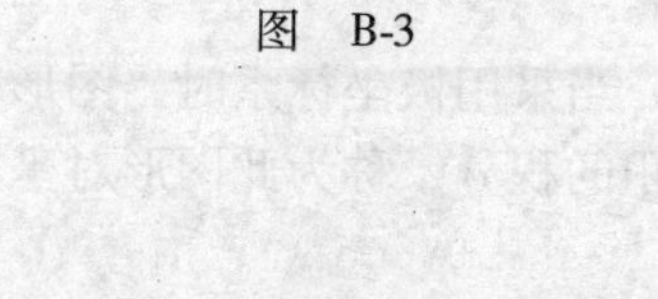

图 B-3

代入式（B-4d）得

$$y_C=\frac{S_x}{A}=\frac{2r^3/3}{\pi r^3/2}=\frac{4r}{3\pi}$$

2）组合图形的形心和静矩

有些复杂图形可以看成是由简单图形（如矩形、圆形）组合而成，故常称为组合图形。组合图形的静矩，根据分块积分原理，等于其各部分图形的静矩之和。例如当 $A=A_{\mathrm{I}}+A_{\mathrm{II}}$ 时，则

$$S_x=\int_A y dA=\int_{A_{\mathrm{I}}} y dA+\int_{A_{\mathrm{II}}} y dA=S_{x\mathrm{I}}+S_{x\mathrm{II}}$$

式中，$S_{x\mathrm{I}}$、$S_{x\mathrm{II}}$ 分别为第Ⅰ、Ⅱ块面积 A_{I}、A_{II} 对轴的静矩。注意到式（B-4a）和式（B-4b），则有

$$y_C=\frac{A_{\mathrm{I}}\cdot y_{C\mathrm{I}}+A_{\mathrm{II}}\cdot y_{C\mathrm{II}}}{A_{\mathrm{I}}+A_{\mathrm{II}}}$$

写成通式，则为

$$\left.\begin{aligned} y_C &= \frac{\sum A_i y_{Ci}}{\sum A_i} \\ x_C &= \frac{\sum A_i x_{Ci}}{\sum A_i} \end{aligned}\right\} \tag{B-5}$$

式中，A_i、y_{Ci}、x_{Ci}分别为各部分图形的面积及其形心坐标。根据式（B-5），利用简单图形的结果，可使确定复杂图形形心的计算简化。

例 B-2　求图 B-4 所示图形的形心。

解：将此图形分割为Ⅰ、Ⅱ、Ⅲ三部分，以图形的铅垂对称轴为 y 轴，过Ⅱ、Ⅲ的形心且与 y 轴垂直的轴线取为 x 轴，则由式（B-5）得

$$\begin{aligned} y_C &= \frac{\sum A_i y_{Ci}}{\sum A_i} \\ &= \frac{(200\times10)\ (5+150)\ +2\ (10\times300)\ \times0}{200\times10+2\ (10\times300)} \\ &= 38.8\ (\mathrm{mm}) \end{aligned}$$

由于对称知 $x_C=0$。

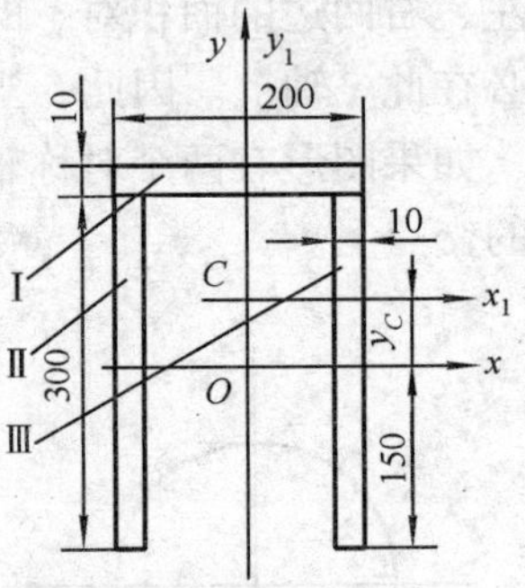

图　B-4

2. 惯性矩 · 惯性积 · 极惯性矩 · 惯性半径

对于图 B-1 的平面图形，取微面积 dA 与其对 x 轴坐标 y 的平方的乘积，对全面积求积分，称为此图形对 x 轴的惯性矩，也称为对 x 轴的二次矩，同理，有对 y 轴的惯性矩，则表示为

$$\left.\begin{aligned} I_x &= \int_A y^2 \mathrm{d}A \\ I_y &= \int_A x^2 \mathrm{d}A \end{aligned}\right\} \tag{B-6}$$

如果取图形微面积 dA 与其两个坐标（x、y）乘积的积分，则称为此图形对 x、y 轴的惯性积，即

$$I_{xy} = \int_A xy\mathrm{d}A \tag{B-7}$$

当采用极坐标系时，图形微面积 dA 与其距极坐标原点 O 的距离 ρ（见图 B-1）的平方乘积的积分，称为此图形对坐标原点 O 的极惯性矩或截面的二次极矩

$$I_{\mathrm{P}} = \int_A \rho^2 \mathrm{d}A \tag{B-8}$$

由图 B-1 可看出 $\rho^2=x^2+y^2$，将此式代入式（B-8），得

$$I_{\mathrm{P}} = \int_A \rho^2 \mathrm{d}A = \int_A (x^2+y^2)\mathrm{d}A = \int_A x^2\mathrm{d}A + \int_A y^2\mathrm{d}A$$

即

$$I_{\mathrm{P}} = I_y + I_x \tag{B-9}$$

式（B-9）表明：图形对其所在平面内任一点的极惯性矩 I_{P}，等于此图形对过此点的一对正交轴 x、y 的惯性矩 I_x、I_y之和。因此，尽管过任一点可以作出无限多对正交轴，但图形对过该点任一对正交轴的惯性矩之和始终不变，其值皆等于图形对该点的极惯性矩。

由式（B-6）、式（B-7）、式（B-8）可得出下列结果：

（1）惯性矩和极惯性矩恒为正值，而惯性积可能得正值、负值，也可能等于零。三者

单位均为 m^4 或 mm^4。

（2）如果图形有一个（或一个以上）对称轴，则图形对包含此对称轴的正交轴系的惯性积必为零。如图 B-5 所示的图形对 y 轴对称，图中左方的 $xydA$ 与右方的 $xydA$，其数值相同，而符号相反。由于所有的 $xydA$ 都成对存在，故其总和为零。

例 B-3 求矩形对通过其形心且与边平行的 x、y 轴的惯性矩 I_x、I_y 和惯性积 I_{xy}（见图 B-6）。

解： 平行 x 轴取一窄长条，其面积为 $dA=bdy$，代入式（B-6）得

$$I_x = \int_A y^2 dA = \int_{-h/2}^{h/2} y^2 b dy = [\frac{b}{3}\cdot y^3]_{-h/2}^{h/2} = \frac{bh^3}{12} \tag{B-10a}$$

同理可得

$$I_x = \frac{hb^3}{12} \tag{B-10b}$$

又因为 x、y 轴皆为对称轴，故 $I_{xy}=0$。

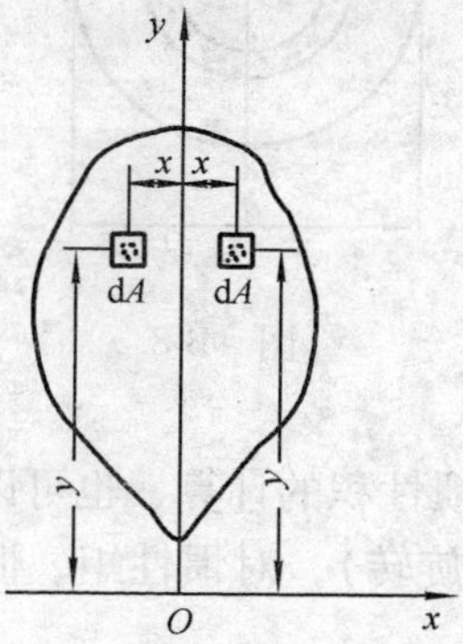

图 B-5

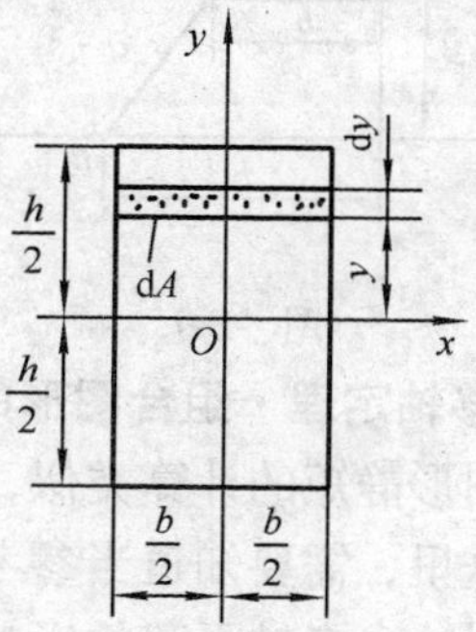

图 B-6

例 B-4 求图B-7所示三角形对 x 轴的惯性矩 I_x 和对 x、y 轴的惯性积 I_{xy}。

解： 在距 x 轴为 y 处取平行 x 轴的小窄条，其面积

$$dA = b_x \cdot d_y = \frac{b\ (h-y)}{h}dy$$

则

$$I_x = \int_A y^2 dA = \int_0^h y^2 \frac{b(h-y)}{h}dy = \frac{bh^3}{12} \tag{B-11}$$

$$I_{xy} = \int_A xydA = \int_0^h \frac{b(h-y)}{2h}\cdot y\cdot\frac{b(h-y)}{h}dy = \frac{b^2h^2}{24} \tag{B-12}$$

例 B-5 求直径为 d 的圆对过圆心任一轴（直径轴）的惯性矩 I_x、I_y 及对圆心的极惯性矩 I_P（见图 B-8）。

解： 首先求对圆心的极惯性矩。在离圆心 O 为 ρ 处作宽度为 $d\rho$ 的薄圆环，其面积 $dA=2\pi\rho d\rho$，代入式（B-8）得

$$I_P = \int_A \rho^2 dA = \int_0^{d/2} \rho^2(2\pi\rho d\rho) = [2\pi\cdot\frac{\rho^4}{4}]_0^{d/2} = \frac{\pi d^4}{32} \tag{B-13}$$

由于圆形对任意直径轴都是对称的，故 $I_x=I_y$。注意到式（B-9），$I_P=I_x+I_y$，并利用式（B-13）结果，得到

$$I_x = I_y = \frac{1}{2} \cdot I_P = \frac{\pi d^4}{64} \tag{B-14}$$

某图形的惯性矩可以写成该图形面积与某一长度 i 的平方的乘积的形式，即

$$\left.\begin{aligned} I_x &= i_x^2 \cdot A \\ I_y &= i_y^2 \cdot A \end{aligned}\right\} \tag{B-15}$$

式（B-15）可得出惯性半径的计算式

$$i_x = \sqrt{\frac{I_x}{A}},\quad i_y = \sqrt{\frac{I_y}{A}} \tag{B-16}$$

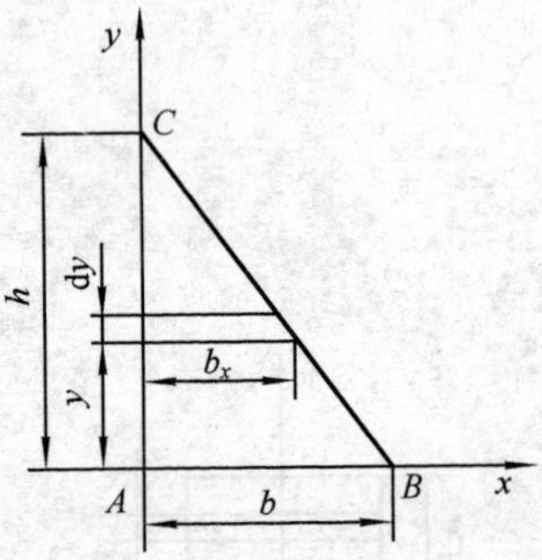

图　B-7

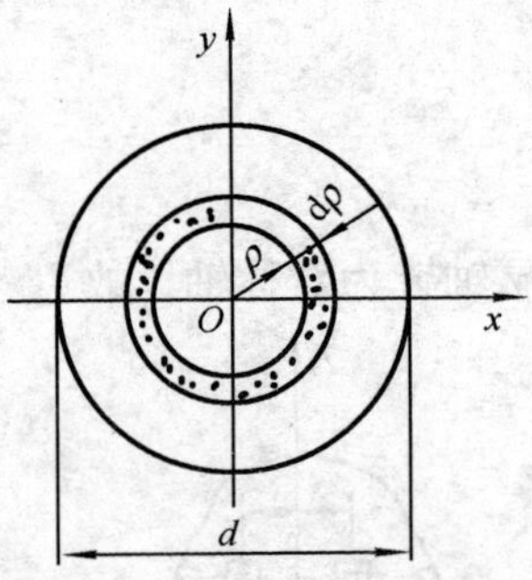

图　B-8

3. 平行移轴定理 · 组合图形的惯性矩与惯性积

与组合图形静矩的计算类似，对组合图形的惯性矩和惯性积的计算，也可以利用简单图形的结果。这里，需要知道当参考轴变换时（包括平移和旋转），对惯性矩、惯性积有何影响。本节只讨论参考轴平移的影响。

图 B-9 表示一任意图形，x_C、y_C 轴为过形心 C 的一对正交轴（形心轴）；x、y 轴分别与 x_C、y_C 轴平行，C 点在 x、y 坐标系中的坐标为（b，a），则由惯性矩定义得

$$\begin{aligned} I_x &= \int_A y^2 \mathrm{d}A = \int_A (a + y_C)^2 \mathrm{d}A \\ &= \int_A (a^2 + 2ay_C + y_C^2)\mathrm{d}A \\ &= a^2\int_A \mathrm{d}A + 2a\int_A y_C \mathrm{d}A + \int_A y_C^2 \mathrm{d}A \end{aligned}$$

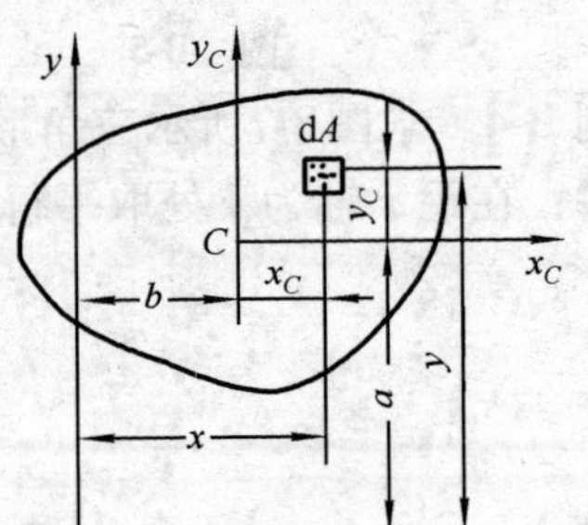

图　B-9

而 $\int_A \mathrm{d}A = A, \int_A y_C dA = 0$（因为 x_C 轴通过形心），$\int_A y_C^2 dA = I_{xC}$

故

$$I_x = I_{xC} + a^2 A$$

同理

$$\begin{aligned} I_y &= I_{yC} + b^2 A \\ I_{xy} &= I_{xCyC} + abA \end{aligned} \tag{B-17}$$

式（B-17）称为平行移轴公式，或平行轴定理：平面图形对某轴的惯性矩，等于对与此轴平行的形心轴的惯性矩，再加上此两轴距离的平方与图形面积的乘积；平面图形对某正

交轴系 x、y 的惯性积，等于对与之相平行的一对正交形心轴 x_C、y_C 的惯性积，再加上形心 C 的坐标（b，a）与面积三者的乘积。

例 B-6 求 B-4 图形对过形心的 x_1、y_1 轴的惯性矩及惯性积。

解：仍将图形分割为Ⅰ、Ⅱ、Ⅲ三部分，由式（B-10）先写出每一部分对通过其本身的形心轴惯性矩：

$$I_{\text{I}x_0}=\frac{bh^3}{12}=\frac{200\times10^3}{12}=1.667\times10^4(\text{mm}^4)$$

$$I_{\text{II}x_0}=I_{\text{III}x_0}=\frac{10\times300^3}{12}=2.250\times10^7(\text{mm}^4)$$

然后利用移轴公式计算每一部分对整个图形的形心轴 x_1 的惯性矩，再相加即得组合图形对 x_1 轴的惯性矩：

$$\begin{aligned}I_{x_1}&=I_{\text{I}x_1}+2I_{\text{II}x_1}\\&=1.667\times10^4+(5+150-38.8)^2(200\times10)+2\times[2.25\times10^7+38.8^2(300\times10)]\\&=8.10\times10^7(\text{mm}^4)\end{aligned}$$

同理：

$$I_{y_1}=I_{\text{I}y_1}+I_{\text{II}y_1}+I_{\text{III}y_1}=\frac{10\times200^3}{12}+2\left[\frac{300\times10^3}{12}+(100-5)^2(300\times10)\right]=6.09\times10^7(\text{mm}^4)$$

由于截面对 y_1 轴对称，故惯性积 $I_{x_1y_1}=0$。

4. 转轴公式和主惯性矩

本节讨论参考轴绕坐标原点旋转时，平面图形惯性矩和惯性积的变化。

1）转轴公式

设一任意图形对以 O 为原点的 x、y 轴的惯性矩与惯性积为

$$I_x=\int_A y^2\mathrm{d}A\qquad I_y=\int_A x^2\mathrm{d}A\qquad I_{xy}=\int_A xy\mathrm{d}A$$

现 x、y 轴绕 O 点旋转 α（规定逆时针旋转时为正向），转到 x_1、y_1 轴位置（见图 B-10），则由图可知微面积 $\mathrm{d}A$ 的坐标

$$x_1=OC=OE+BD=x\cos\alpha+y\sin\alpha$$

$$y_1=AC=AD-EB=y\cos\alpha-x\sin\alpha$$

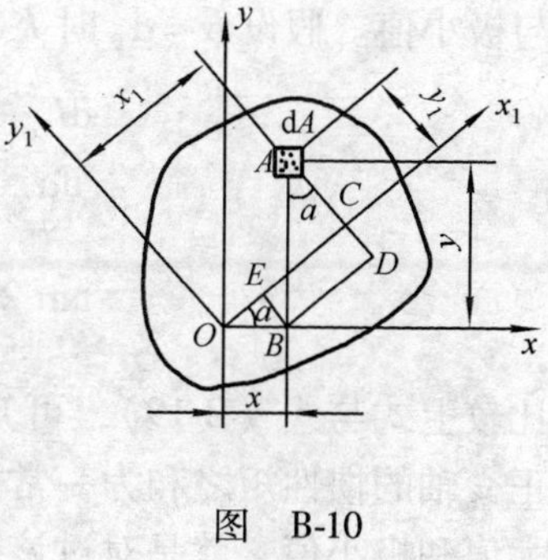

图 B-10

所以

$$\begin{aligned}I_{x_1}&=\int_A y_1^2\mathrm{d}A\\&=\int_A(y^2\cos^2\alpha-2xy\sin\alpha\cdot\cos\alpha+x^2\sin^2\alpha)\mathrm{d}A\\&=I_x\cos^2\alpha-2I_{xy}\sin\alpha\cdot\cos\alpha+I_y\sin^2\alpha\end{aligned}$$

注意到三角函数关系 $\sin2\alpha=2\sin\alpha\cdot\cos\alpha$，$\cos^2\alpha=\frac{1+\cos2\alpha}{2}$，$\sin^2\alpha=\frac{1-\cos2\alpha}{2}$，代入上式，可得

$$I_{x1}=\frac{I_x+I_y}{2}+\frac{I_x-I_y}{2}\cos2\alpha-I_{xy}\sin2\alpha\qquad\text{(B-18a)}$$

同理可得

$$I_{y_1} = \frac{I_x + I_y}{2} - \frac{I_x - I_y}{2}\cos 2\alpha + I_{xy}\sin 2\alpha \tag{B-18b}$$

$$I_{x_1y_1} = \frac{I_x - I_y}{2}\sin 2\alpha + I_{xy}\cos 2\alpha \tag{B-18c}$$

式（B-18a）~式（B-18c）称为转轴公式，表示当坐标轴绕原点 O 旋转 α 角后，惯性矩与惯性积的变化。

2）主轴、主惯性矩

由式（B-18c）可看出，惯性积 $I_{x_1y_1}$ 是转角 α 的函数，当 α 范围为 $0° \sim 360°$ 时，$I_{x_1y_1}$ 也在正值和负值之间变化（经过零）。因此，通过原点 O 必可找到一对特殊的 x_1、y_1 轴，其惯性积 $I_{x_1y_1}=0$，相应的转角 $\alpha=\alpha_0$，这对特殊轴以 x_0、y_0 表示，称为图形通过 O 点的主轴，即平面图形对主轴的惯性积 $I_{x_0y_0}$ 等于零。图形对主轴的惯性矩称为主惯性矩 I_{x_0}、I_{y_0}。如果开始时把坐标原点选在图形的形心，那么通过形心也能找到一对主轴。这对主轴称为形心主轴，图形对形心主轴的惯性矩称为形心主惯性矩，这是弯曲计算时常用的几何性质。

显然，有对称轴的平面图形，其对称轴就是形心主轴，故图形对于对称轴的惯性矩，就是形心主惯性矩。

为了确定主轴的位置，可将 $\alpha=\alpha_0$ 时 $I_{x_1y_1}=0$ 代入式（B-17c）得

$$\frac{I_x - I_y}{2}\sin 2\alpha + I_{xy}\cos 2\alpha = 0$$

$$\tan 2\alpha_0 = -\frac{2I_{xy}}{I_x - I_y} \tag{B-19}$$

将式（B-19）求得的 α_0 值代入式（B-18a）和（B-18b），便可求得主惯性矩 I_{x_0}、I_{y_0}。

再由式（B-18a）和式（B-18b）看出，I_{x_1}、I_{y_1} 的值是随 α 角而连续变化的，故必有极大值与极小值。假设 $\alpha=\alpha_1$ 时 I_{x_1} 有极值，那么

$$\frac{\mathrm{d}I_{x_1}}{\mathrm{d}\alpha} = -(I_x - I_y)\sin 2\alpha - 2I_{xy}\cos 2\alpha_1 = 0$$

$$\tan 2\alpha_1 = -\frac{2I_{xy}}{I_x - I_y}$$

比较上式与式（B-19），可知 $\alpha_1=\alpha_0$。此外，由式（B-9）知，图形对于过某点的任何一对正交轴的惯性矩之和为一常数，所以可得到以下结论：图形对过某点所有轴的惯性矩中的极大值和极小值，就是对过该点主轴的两个主惯性矩。

为了计算方便，现导出直接由 I_x、I_y 和 I_{xy} 来计算主惯性矩的公式。由式（B-19）算出

$$\cos 2\alpha = \frac{1}{\sqrt{1+\tan^2 2\alpha}} = \frac{I_x - I_y}{\sqrt{(I_x - I_y)^2 + 4I_{xy}^2}}$$

$$\sin 2\alpha = \frac{\tan 2\alpha}{\sqrt{1+\tan^2 2\alpha}} = \frac{-2I_{xy}}{\sqrt{(I_x - I_y)^2 + 4I_{xy}^2}}$$

代入式（B-18a）和（B-18b），经过化简可得

$$\left.\begin{aligned} I_{max} &= \frac{I_x + I_y}{2} + \frac{1}{2}\sqrt{(I_x - I_y)^2 + 4I_{xy}^2} \\ I_{min} &= \frac{I_x + I_y}{2} - \frac{1}{2}\sqrt{(I_x - I_y)^2 + 4I_{xy}^2} \end{aligned}\right\} \quad \text{(B-20)}$$

可以证明，由式（B-19）求 α_0 时只取主值（$|2\alpha_0| \leqslant \pi/2$）的条件下，若 $I_x > I_y$，则由 x 轴转过 α_0 到达 x_0 轴时，有 $I_{x_0} = I_{max}$，若 $I_x < I_y$，则 $I_{x_0} = I_{min}$。注意，α_0 为正值时应逆时针旋转。

例 B-7 试求图B-11所示图形的形心主轴及其主惯性矩。

解：因图形是反对称的，故形心在对称中心 O 点，过 O 作 x、y 轴，并将图形用虚线分割为三个矩形，则整个图形对 x 轴的惯性矩为

$$\begin{aligned} I_x &= I_{\mathrm{I}x} + I_{\mathrm{II}x} + I_{\mathrm{III}x} \\ &= \frac{10 \times 120^3}{12} + \left[\frac{60 \times 10^3}{12} + (60-5)^2(60 \times 10)\right] \times 2 \\ &= 5.08 \times 10^6 (\mathrm{mm}^4) \\ I_y &= I_{\mathrm{I}y} + 2I_{\mathrm{II}y} \\ &= \frac{120 \times 10^3}{12} + 2 \times \left[\frac{10 \times 60^3}{12} + 35^2 \times 60 \times 10\right] \\ &= 1.84 \times 10^6 (\mathrm{mm}^4) \\ I_{xy} &= I_{\mathrm{I}xy} + I_{\mathrm{II}xy} + I_{\mathrm{III}xy} \\ &= 0 + (-35) \times 55 \times (60 \times 10) + 35 \times (-55) \times (60 \times 10) \\ &= -2.31 \times 10^6 (\mathrm{mm}^4) \end{aligned}$$

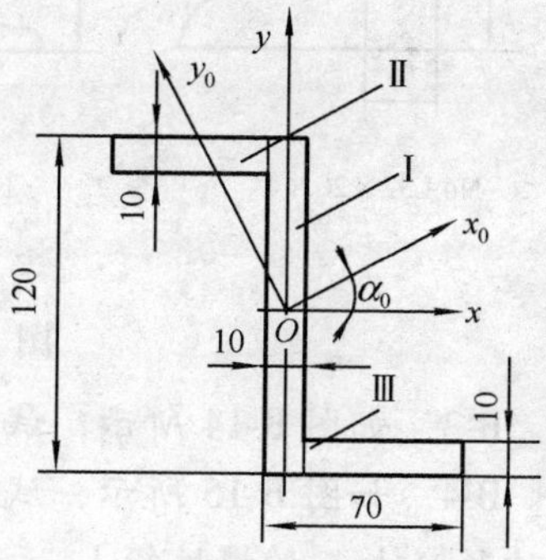

图 B-11

由式（B-19）

$$\tan 2\alpha_0 = -\frac{2I_{xy}}{I_x - I_y} = -\frac{2 \times (-2.31)}{5.08 - 1.84} = 1.426$$

$$\alpha_0 = 27°28'44''$$

解得 α_0 为正值，故自 x 轴逆时针转 27°28′44″即转到主轴 x_0。由于 $I_x > I_y$，$\alpha_0 < \pi/4$，故可判断 $I_{x_0} = I_{max}$，$I_{y_0} = I_{min}$。最后由式（B-20）：

$$\left.\begin{matrix} I_{max} \\ I_{min} \end{matrix}\right\} = \frac{I_x + I_y}{2} \pm \sqrt{(I_x - I_y)^2 + 4I_{xy}^2}$$

$$= \left[\frac{5.08 + 1.84}{2} \pm \frac{1}{2}\sqrt{(5.08 - 1.84)^2 + 4 \times (2.31)^2}\right] \times 10^6$$

$$= \begin{cases} 6.28 \times 10^6 (\mathrm{mm}^4) \\ 0.64 \times 10^6 (\mathrm{mm}^4) \end{cases}$$

由图 B-11 可看出 x_0 轴离上、下翼缘较远，而 y_0 轴通过上、下翼缘，所以也可直观判断 $I_{x_0} = I_{max}$，$I_{y_0} = I_{min}$。

习　题

B-1　如图 B-12 所示，练习从型钢表（见附录 A）中查出本题所示型钢的形心坐标

(x_C、y_C)，截面面积 A 和形心轴的 I_x、I_y。

B-2　如图 B-13 所示，试求：(1) 两槽钢组合截面的 I_x、I_y，设 $a = 180$ mm；(2) a 应为多少，才能满足 $I_x = I_y$。

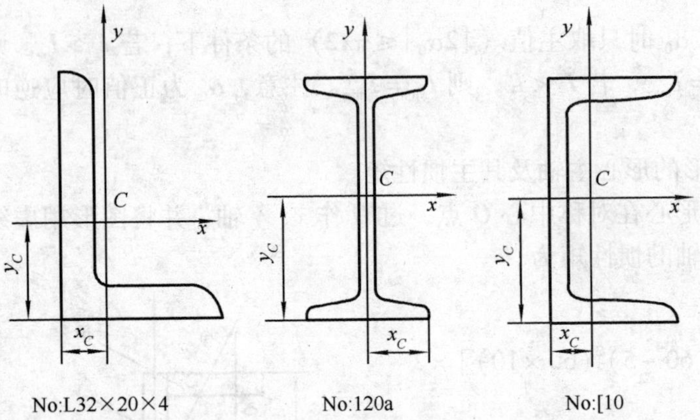

图　B-12

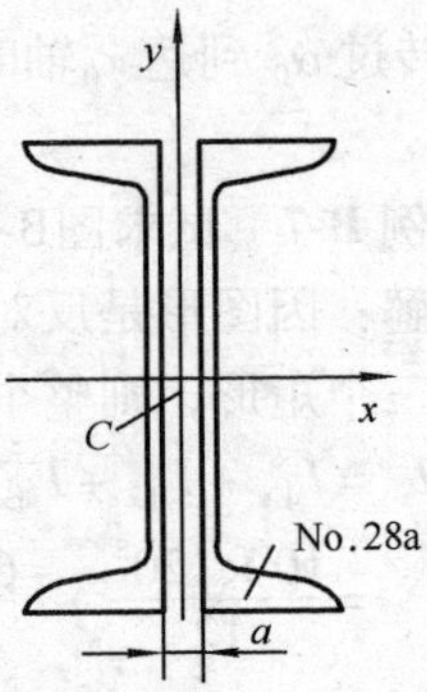

图　B-13

B-3　如图 B-14 所示，试求图示图形对水平形心轴 x 的惯性矩 I_x 及惯性积 I_{xy}。

B-4　如图 B-15 所示，试求三角形 ABC 对过顶点 A 且平行底边 BC 的轴的惯性矩 I_x，以及对形心轴 x_0 的惯性矩 I_{x_0}。

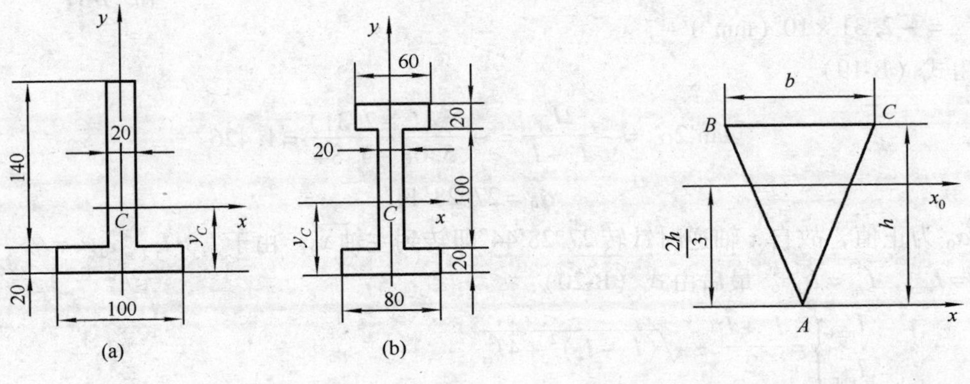

图　B-14　　　　图　B-15

B-5　图 B-16 所示一矩形，$b = 2h/3$，从左右两侧切去半圆形 ($d = h/2$)。试求：(1) 切去部分面积占原面积的百分比；(2) 切后惯性矩 I'_x 对原矩形惯性矩 I_x 之比。

B-6　如图 B-17 所示，求开键槽 $b \times a$ 后的圆轴截面对直径轴 x、y 的惯性矩。

B-7　如图 B-18 所示，试求 I_x、I_y、I_{xy}，并求过 A 点的主轴及主惯性矩。

B-8　如图 B-19 所示，试求工字钢与槽钢组合截面的形心坐标 y_C 及对形心轴 x 的惯性矩 I_x。

B-9　如图 B-20 所示，试利用对称条件和转轴公式证明，以下图形过形心 C 的主轴有无限多时，它们的惯性矩都相同。

B-10 如图 B-21 所示，试求两槽钢构成的组合截面形心主惯性矩。

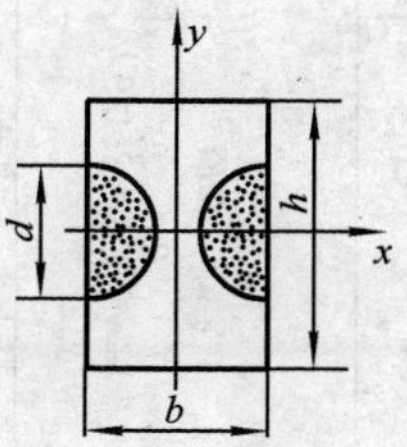

图 B-16

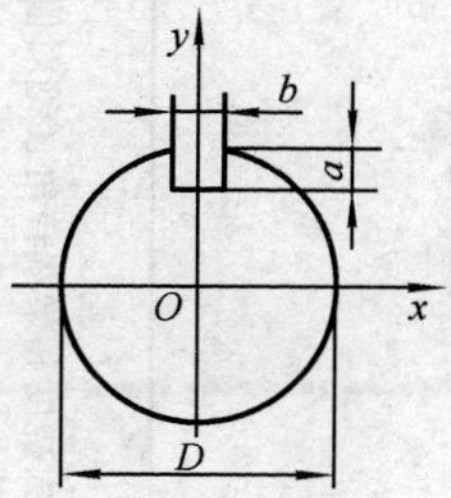

图 B-17

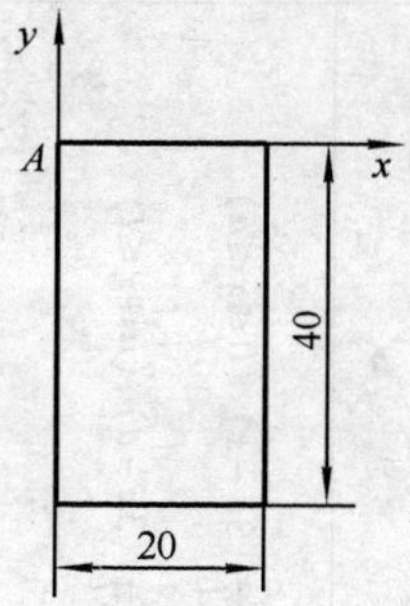

图 B-18

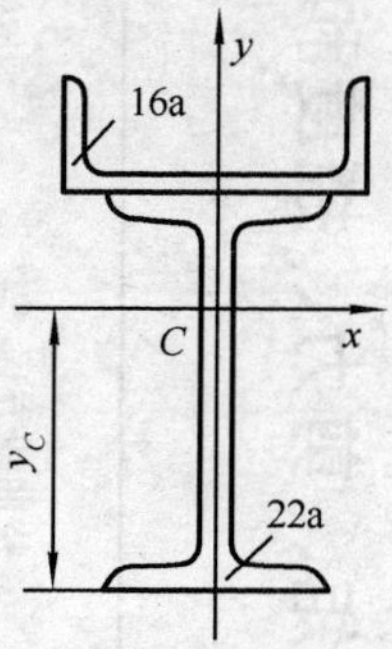

图 B-19

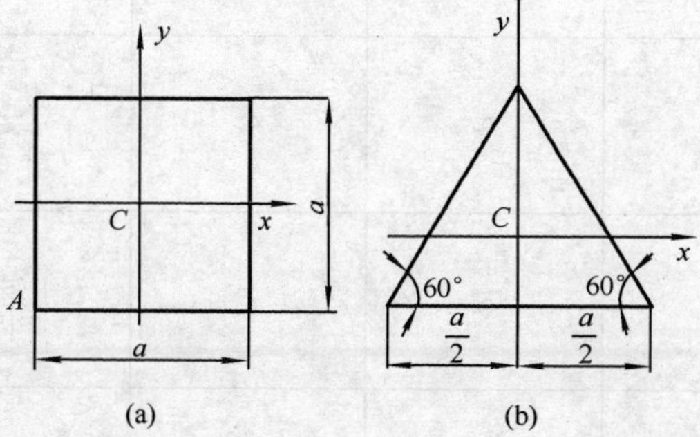

图 B-20

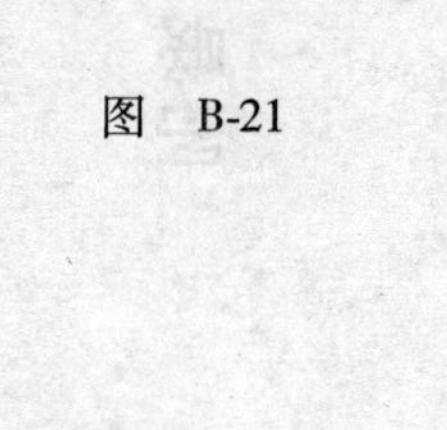

图 B-21

附录 C　简单载荷下梁的弯矩、剪力、挠度和转角

梁的形式及其载荷	最大弯矩 M_{max}（绝对值）	最大剪力 Q_{max}（绝对值）	挠曲线方程	最大挠度和梁端转角（绝对值）
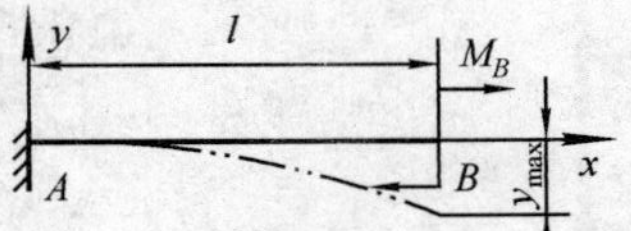 (1)	M_B	0	$y=-\frac{M_Bx^2}{2EI}$	$\theta_B=\frac{M_Bl}{EI}$ $y_{max}=\frac{M_Bl^2}{2EI}$
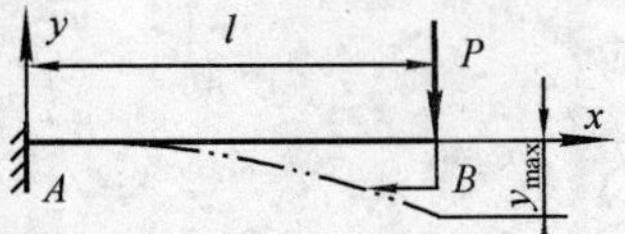 (2)	Pl	P	$y=-\frac{Px^2}{6EI}(3L-x)$	$\theta_B=\frac{Pl^2}{2EI}$ $y_{max}=\frac{Pl^3}{3EI}$
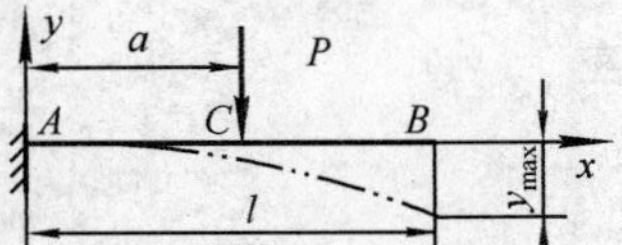 (3)	Pa	P	$y=-\frac{Px^2}{6EI}(3a-x)\ (0\leqslant x\leqslant a)$ $y=-\frac{Pa^2}{6EI}(3x-a)\ (a\leqslant x\leqslant l)$	$\theta_B=\frac{Pa^2}{2EI}$ $y_{max}=\frac{Pa^2}{6EI}(3l-a)$
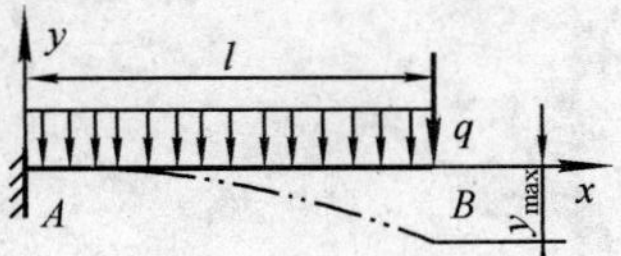 (4)	$\frac{1}{2}ql^2$	ql	$y=-\frac{qx^2}{24EI}(x^2+6l^2-4lx)$	$\theta_{max}=\frac{ql^3}{6EI}$ $y_{max}=\frac{ql^4}{8EI}$

续上表

梁的形式及其载荷	最大弯矩 $M_{\max}$（绝对值）	最大剪力 $Q_{\max}$（绝对值）	挠曲线方程	最大挠度和梁端转角（绝对值）
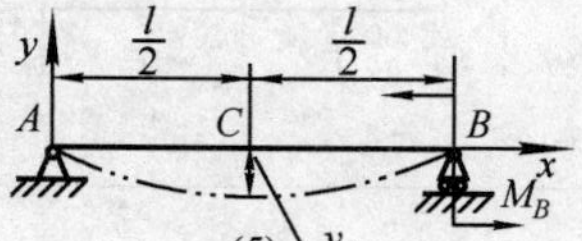 (5)	M_B	$\frac{M_B}{l}$	$y=\frac{M_B lx}{6EI}\left(1-\frac{x^2}{l^2}\right)$	$\theta_A=\frac{M_B l}{6EI}$ $\theta_B=\frac{M_B l}{3EI}$ $y_C=\frac{M_B l^2}{16EI}$ $y_{\max}=\frac{M_B l^2}{9\sqrt{3}EI}$在 $x=\frac{l}{\sqrt{3}}$处
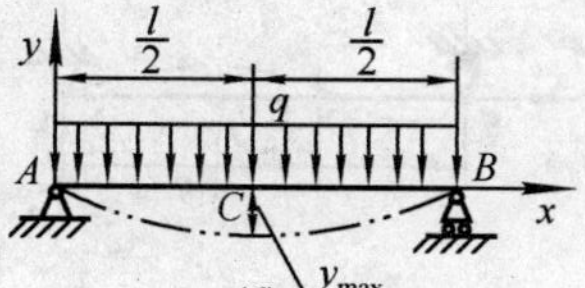 (6)	$\frac{ql^2}{8}$	$\frac{ql}{2}$	$y=-\frac{qx}{24EI}(l^3-2lx^2+x^3)$	$\theta_A=\frac{ql^3}{24EI}$ $\theta_B=\frac{ql^3}{24EI}$ $y_{\max}=\frac{5ql^4}{384EI}$
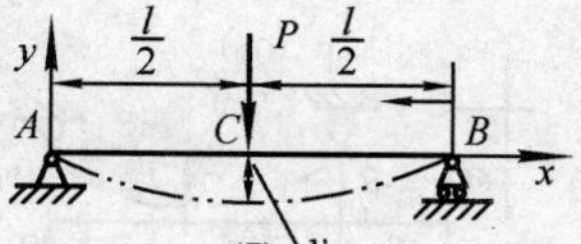 (7)	$\frac{Pl}{4}$	$\frac{P}{2}$	$y=-\frac{Px}{12EI}\left(\frac{3}{4}l^2-x^2\right)$ $(0\leqslant x\leqslant l)$	$\theta_A=\frac{Pl^2}{16EI}$ $\theta_B=\frac{Pl^2}{16EI}$ $y_{\max}=\frac{Pl^3}{48EI}$
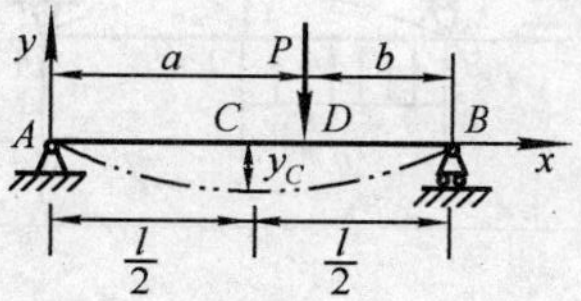 (8)	$\frac{Pab}{l}$	$\frac{Pa}{l}$ $(a>b)$	$y=-\frac{Pbx}{6EIl}(l^2-x^2-b^2)$ $(0\leqslant x\leqslant a)$ $y=-\frac{Pb}{6EIl}\left[\frac{l}{b}(x-a)^3+(l^2-b^2)x-x^3\right]$ $(a\leqslant x\leqslant l)$	$\theta_A=\frac{Pab(l+b)}{6EIl}$ $\theta_B=\frac{Pab(l+a)}{6EIl}$ $y_C=\frac{Pb}{48EI}(3l^2-4b^2)$ $(a>b)$. $y_{\max}=\frac{Pb\sqrt{(l^2-b^2)^3}}{9\sqrt{3}EIl}$ 在 $x=\sqrt{\frac{l^2-b^2}{3}}$ $y_D=\frac{Pa^2b^2}{3EIl}$

续上表

梁的形式及其载荷	最大弯矩 $M_{\max}$ （绝对值）	最大剪力 $Q_{\max}$ （绝对值）	挠曲线方程	最大挠度和梁端转角（绝对值）
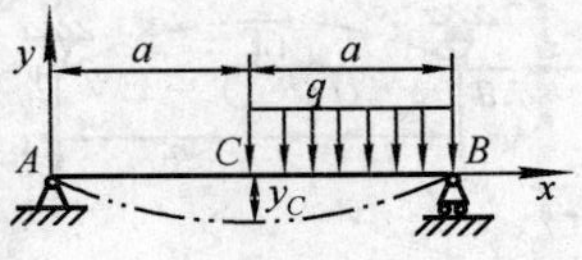 (9)	$\frac{9}{32}qa^2$	$\frac{3}{4}qa$	$y=-\frac{qa}{24EI}\left(\frac{7}{2}a^2x-x^3\right)$ $(0\leqslant x\leqslant a)$ $y=-\frac{q}{24EI}\left[\frac{7}{2}a^3x+(x-a)^4-ax^3\right]$ $(a\leqslant x\leqslant 2a)$	$\theta_A=\frac{7qa^3}{48EI}$　$\theta_B=\frac{3qa^3}{16EI}$ $y_{\max}\approx y_C=\frac{5qa^4}{48EI}$
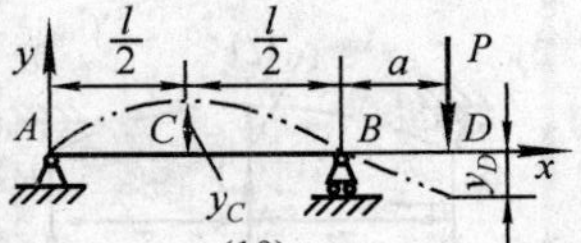 (10)	Pa	P $(l>a)$	$y=-\frac{P}{EI}\cdot\frac{l^2a}{6}\left(\frac{x^3}{l^3}-\frac{x}{l}\right)$ $(0\leqslant x\leqslant l)$ $y=-\frac{P}{6EI}(x-l)\left[2al+3a(x-l)-(x-l)^2\right]$ $(l\leqslant x\leqslant l+a)$	$\theta_A=\frac{Pla}{6EI}$　$\theta_B=\frac{Pla}{3EI}$ $\theta_D=\frac{Pa}{6EI}(2l+3a)$　$y_C=\frac{Pl^2a}{16EI}$ $y_D=\frac{Pa^2}{3EI}(l+a)$
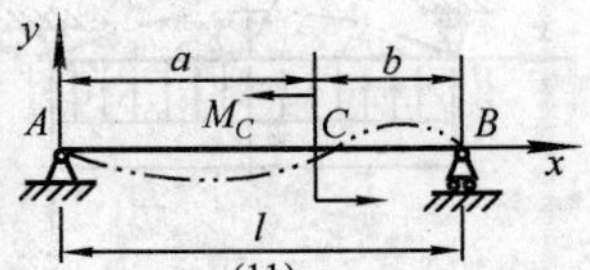 (11)	$\frac{M_Ca}{l}$ $(a>b)$	$\frac{M_C}{l}$	$y=\frac{M_C}{6EIl}\left[x^3-x(l^2-3b^2)\right]$ $(0\leqslant x\leqslant a)$ $y=\frac{M_C}{6EIl}\left[x^3-3(x-a)^2l-x(l^2-3b^2)\right]$ $(a\leqslant x\leqslant l)$	$\theta_A=\frac{M_C}{2EIl}\left(\frac{l^2}{3}-b^2\right)$ $\theta_B=\frac{M_C}{2EIl}\left(\frac{l^2}{3}-a^2\right)$ $\theta_C=\frac{M_C}{2EIl}(l^2-2la+3a^2)$ 如 $\theta_C>0$ 则为反时针 $y_C=\frac{M_C}{2EIl}\frac{a}{l}(l-a)(l-2a)$
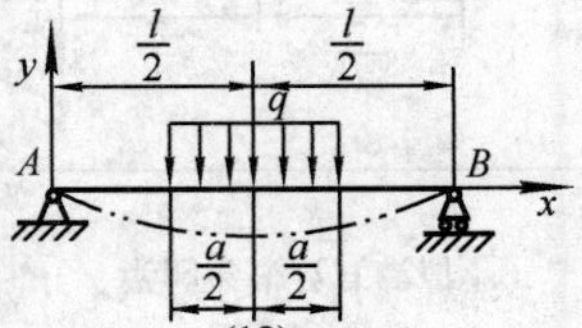 (12)	$\frac{qa}{4}\left(l-\frac{a}{2}\right)$	$\frac{qa}{2}$	$y=\frac{qa}{48EI}\left[4x^3-(3l^2-a^2)x\right]$ $\left(0\leqslant x\leqslant\frac{l-a}{2}\right)$ $y=\frac{q}{48EI}\left[4ax^3-2\left(x-\frac{l-a}{2}\right)^4\right.$ $\left.-ax(3l^2-a^2)\right]$ $\left(\frac{l-a}{2}\leqslant x\leqslant\frac{l+a}{2}\right)$	$\theta_A=\frac{qa}{48EI}(3l^2-a^2)$ $\theta_B=\frac{qa}{48EI}(3l^2-a^2)$ $y_{\max}=\frac{qa}{48EI}\left(l^3-\frac{a^2l}{2}+\frac{a^3}{8}\right)$ 在梁中央

附录 D　主要材料的力学性能表

表 D-1　在常温、静载荷及一般工作条件下几种常用材料的基本许用应力约值

材　料	许用应力［σ］/MPa	
	拉　伸	压　缩
灰铸铁	31.4～78.4	118～147
Q215A 钢	137	
Q235A 钢	157	
16Mn 钢	235	
45 钢	186	
钢	29.4～118	
强铝	78.4～147	
木材（顺纹）	6.86～11.8	9.8～11.8
混凝土	0.098～0.686	0.98～8.82

表 D-2　材料的拉压弹性模量 E、剪变弹性模量 G 及泊松比 μ

材　料	E/GPa	G/GPa	μ
碳　钢	196～206	78.4～79.4	0.24～0.28
合 金 钢	186～216	79.4	0.24～0.33
铸　铁	113～157	44.1	0.23～0.27
球墨铸铁	157	60.8～62.7	0.25～0.29
铜及其合金	73～157	39.2～45.1	0.31～0.42
铝及其合金	71	25.5～26.5	0.33
木材：顺纹	9.8～11.8	0.539	—
横纹	0.49	—	—
混凝土	14～35	—	0.16～0.18
橡胶	0.078	—	0.47

表 D-3　几种常用材料在常温、静载荷下拉伸和压缩时的力学性能

材料名称	牌号	σ_s/MPa	σ_b/MPa	δ_5/%
普通碳素钢	Q235	216～235	373～461	25～27
	Q255	255～275	490～608	19～21
优质碳素结构钢	40	333	569	19
	45	353	598	16

续上表

材料名称	牌号	σ_s/MPa	σ_b/MPa	δ_5/%
普通低合金结构钢	Q345	274 ~ 343	471 ~ 510	19 ~ 21
	Q390	333 ~ 412	490 ~ 549	17 ~ 19
合金结构钢	20Cr	540	835	10
	40 Cr	785	980	9
碳素铸钢	ZG270 - 500	270	500	18
可锻铸铁	KTZ450 - 06	—	450	6（δ3）
球墨铸铁	QT450 - 10	—	450	10（δ3）
灰铸铁	HT150	—	120 ~ 175	—

注：表中 δ_5 是指 $l=5d$ 的标准试样的断后伸长率。

习 题 答 案

第 2 章

2-1 (a) $F_R = 1.03$ kN，$\alpha = -131°$；

(b) $F_R = 664.7$ N，$\alpha = -150.2°$

2-2 $\theta = 2\arcsin \dfrac{Q}{W}$

2-3 $F = 5$ N，$M = 3$ N·m

2-4 $F_N = 100$ N

2-5 (a) FL；(b) 0；(c) $FL\sin\alpha$；

(d) Fa；(e) $F(L+r)$；(f) Fd

2-6 $F_{NA} = F_{NB} = 750$ N

2-7 $Q = 751$ kN

2-8 $F_{NB} = 116.74$ kN，$F_O = 2\,091$ kN，

$M = 189.49$ kN·m

2-9 $F_{BC} = 5$ kN

2-10 82 kN

2-11 $F_N = FL/2h$

2-12 $F_1/F_2 = 0.644$

2-13 247 N·m

2-14 $F = M/(a\tan 2\theta)$

第 3 章

3-1 $F'_R = 8\,027$ kN，$M_O = 6\,121$ kN·m

3-2 $F = 10$ kN，$\angle(\boldsymbol{F}, \overrightarrow{CB}) = 60°$，

$BC = 2.31$ m

3-3 $F_A = 15$ kN，$F_B = 21$ kN

3-4 $F_{Ax} = 0$，$F_{Ay} = 6$ kN，$M_A = 12$ kN·m

3-5 $P \geqslant 4Q$

3-6 $F_{Ax} = 0$，$F_{Ay} = F + ql$，$M_A = l(F + ql/2)$

3-7 (a) $F_{Ax} = 0$，$F_{Ay} = qa$，$M_A = \dfrac{1}{2}qa^2$，

$F_{Bx} = 0$，$F_{By} = 0$，$F_{NC} = 0$；

(b) $F_{Ax} = \dfrac{qa}{2}\tan\alpha$，$F_{Ay} = \dfrac{1}{2}qa$，

$M_A = \dfrac{1}{2}qa^2$，$F_{Bx} = \dfrac{qa}{2}\tan\alpha$，

$F_{By} = \dfrac{1}{2}qa$，$F_{NC} = \dfrac{qa}{2\cos\alpha}$；

(c) $F_{Ax} = \dfrac{M}{a}\tan\alpha$，$F_{Ay} = -\dfrac{M}{a}$，

$M_A = -M$，$F_{NB} = F_{NC} = \dfrac{M}{a\cos\alpha}$；

(d) $F_{Ax} = 0$，$F_{Ay} = 0$，$M_A = M$，

$F_{Bx} = F_{By} = N_C = 0$

3-8 $F_{Ax} = F_{Bx} = 120$ kN，$F_{Ay} = F_{By} = 300$ kN

3-9 $F_{Ax} = 0$，$F_{Ay} = -15$ kN，$F_{NB} = 40$ kN，

$F_{Cx} = 0$，$F_{Cy} = -5$ kN，$F_{ND} = 15$ kN

3-10 $F_{BC} = 848.5$ N，$F_{Ax} = 2\,400$ N，

$F_{Ay} = 1\,200$ N

3-11 $F_{Ax} = 0$，$F_{Ay} = -\dfrac{M}{2a}$，$F_{Dx} = 0$，

$F_{Dy} = \dfrac{a}{M}$，$F_{Bx} = 0$，$F_{By} = -\dfrac{M}{2a}$

3-12 $F_1 = 2F$(拉)，$F_2 = F_6 = -2.24F$(压)，$F_3 = F$(拉)，$F_4 = -2F$(压)，$F_5 = 0$

3-13 $F_{AB} = 0.43F$(拉)

3-14 $F_{CD} = -0.866F$(压)

3-15 $F_6 = -4.33$ kN(压)，$F_7 = -6.77$ kN(压)，

$F_8 = 8.67$ kN(拉)

3-16 答案如下：

杆号	1	2	3	4
受力(kN)	11.55(拉)	−5.78(压)	−11.55(压)	11.55(拉)
杆号	5	6	7	8
受力(kN)	−17.35(压)	−11.55(压)	11.55(拉)	23.10(拉)

第 4 章

4-1 $F'_{Rx} = F'_{Ry} = F'_{Rz} = 0$，$M_{Ox} = -3Fa$，$M_{Oy} = -Fa$，$M_{Oz} = -3Fa$

4-2 $F_R = 20$ N 与 z 轴同向，且作用线的位置由坐标 $x_C = 60$ mm，$y_C = 32.5$ mm 所决定。

4-3 $P_x = -200\sqrt{5}$ N，$M_x(\boldsymbol{P}) = 0$，$P_y = 0$，

$M_y(\boldsymbol{P}) = -200\sqrt{5}$ N，$P_z = 100\sqrt{5}$ N，

$M_z(\boldsymbol{P}) = 0$；

$Q_x = -100\sqrt{14}$ N，$M_x(\boldsymbol{Q}) = 150\sqrt{14}$ N，

$Q_y = -150\sqrt{14}$ N，$M_y(\boldsymbol{Q}) = -100\sqrt{14}$ N，

$Q_z = 50\sqrt{14}$ N，$M_z(\boldsymbol{Q}) = 0$

4-4　$F_{NA} = 1\,237.5$ N，$F_{NB} = 637.5$ N，

$F_{ND} = 1\,125$ N

4-5　$F_1 = F_2 = 707$ N，$F_3 = 1\,414$ N

4-6　$F_A = F_B = -26.39$ kN(压)，

$F_C = 33.46$ kN(拉)

4-7　$M = 7.71$ kN · m，$F_{Ay} = F_{By} = 2.6$ kN，

$F_{Az} = F_{Bz} = -14.8$ kN

4-8　$F_{T2} = 4$ kN，$F_{t2} = 2$ kN，$F_{Ax} = -6.375$ kN，

$F_{Az} = -1.296$ kN，$F_{Bx} = -4.125$ kN，

$F_{Bz} = 3.9$ kN

4-9　$F_1 = 11.3$ kN · m，$F_{Ax} = 12.9$ kN，

$F_{Az} = 7.2$ kN，$F_{Bx} = 5.5$ kN，

$F_{Bz} = 10.6$ kN

4-10　$F_1 = F_5 = -F$(压)，$F_3 = F$(拉)，

$F_2 = F_4 = F_6 = 0$

4-11　$F_t = 2M/d$，$F_a = (2M/d) \cdot \tan\beta$，

$F_r = (2M/d\cos\beta) \cdot \tan\alpha$，

$F_n = 2M/d\cos\beta\cos\alpha$

4-12　$F_{Ax} = 86.6$ N，$F_{Ay} = 150$ N，

$F_{Az} = 100$ N，$F_{Bx} = F_{Bz} = 0$，$F_{Cy} = -5$ kN，

$F_{ND} = 15$ kN

4-13　$x_C = 90$ mm

第　5　章

5-1　AB 杆属于弯曲弯形，$F_s = 1$ kN，$M = 1$ kN · m；

BC 杆属于拉伸变形，$F_N = 2$ kN

5-2　$\varepsilon_m = 4.5 \times 10^{-4}$

5-3　$\varepsilon_m = 2.5 \times 10^{-4}$；$\gamma = 2.5 \times 10^{-4}$ rad

5-4　$\varepsilon_{周} = \varepsilon_{径} = 3.75 \times 10^{-5}$

第　6　章

6-1　(a)$F_1 = -30$ kN，$F_2 = 0$，

$F_3 = 60$ kN；

(b)$F_1 = -20$ kN，$F_2 = 0$，

$F_3 = 20$ kN；

(c)$F_1 = 20$ kN，$F_2 = -20$ kN，

$F_3 = 40$ kN；

(d)$F_1 = -25$ kN，$F_2 = 15$ kN，

$F_3 = 25$ kN

6-2　$\sigma_1 = 2$ MPa，$\sigma_2 = 6$ MPa，

$\sigma_3 = 10$ MPa

6-3　$\sigma_{max} = 67.86$ MPa

6-4　$\sigma = 35.1$ MPa

6-5　$E = 204$ GPa，$\sigma_s = 216$ MPa，

$\sigma_b = 408$ MPa，$\delta = 24\%$，$\psi = 52\%$

6-6　$\sigma = 37.1$ MPa $< [\sigma]$安全

6-7　$\sigma = 32.7$ MPa $< [\sigma]$安全

6-8　$d = 26.6$ mm

6-9　$\theta = 54.8°$

6-10　$d_{BC} = d_{BD} = d_{AB} \geqslant 17.2$ mm

6-11　$F = 20$ kN，$\sigma_{max} = 15.9$ MPa

6-12　$[F] = 38.64$ kN

6-13　$p = 6.5$ MPa

6-14　$\Delta l_a = 0$，$\Delta l_c = 0.5$ mm

6-15　$\Delta d = 0.008\,57$ mm

6-16　$F_{N1} = F/3$，$F_{N2} = 2F/3$，$\sigma_1 = 16.7$ MPa，

$\sigma_2 = 33.3$ MPa

6-17　$\sigma_1 = 75$ MPa $< [\sigma]$，$\sigma_2 = 150$ MPa $= [\sigma]$，

故安全

6-18　$F_{N1} = 32$ kN，$F_{N2} = 60$ kN，$A = 600\text{mm}^2$，可以，

$A_1 = 300\text{mm}^2$ $A_2 = 600$ mm^2

6-19　$F_{N1} = F_{N2} = F/(2\sin\alpha)$，$F_{N2} = 0$

6-20　$P = 40.4$ kN

第　7　章

7-1　$\tau = 70.7$ MPa $> [\tau]$，销钉强度不够，应改用

$d \geqslant 32.6$ mm 的销钉

7-2　$\tau = 0.952$ MPa，$\sigma_{bs} = 7.41$ MPa

7-3　$P \geqslant 177$ N，$\tau = 17.6$ MPa

7-4　$d_{min} = 34$ mm；$t_{max} = 10.4$ mm

7-5　$\tau = 68.8$ MPa $< [\tau]$，$\sigma_{bs} = 97.2$ MPa $< [\sigma_{bs}]$，

$\sigma_{max} = 119$ MPa $< [\sigma]$，安全

7-6　筒盖每边 64 个，筒壁每边 36 个

7-7　(略)

7-8　$\tau_\rho = 35$ MPa，$\tau_{max} = 87.6$ MPa

7-9　$d = 111$ mm

7-10　$\tau_{max} = 48.89$ MPa，$\varphi_{max} = 1.4°$

7-11　AC：$M_{T1} = 200$ N · m；CD：

$M_{T2} = 400$ N · m；DB：$M_{T3} = 1\,000$ N · m

$\tau_{max} = 1.99$ MPa；$\tau_{max} = 3.98$ MPa；

$\tau_{max}=9.95$ MPa；$\varphi=0.505°$

7-12 $\tau_{max}=19.2$ MPa $<[\tau]$，安全

7-13 $\tau_{max}=17.9$ MPa $<[\tau]$，$\tau_{Hmax}=17.5$ MPa，$\tau_{Cmax}=16.6$ MPa $<[\tau]$，安全

7-14 $d_1\geqslant 45$ mm，$D_2\geqslant 46$ mm

7-15 $d=26.9$ mm

7-16 $M_{T铝}/M_{T钢}=1.06$

7-17 (1)$d_1\geqslant 84.6$ mm，$d_2\geqslant 74.5$ mm；

(2)$d\geqslant 84.6$ mm；

(3)主动轮1放在从动轮2、3之间比较合理

7-18 (1)$\tau_A=20.4$ MPa，

$\gamma_A=0.248\times10^{-3}$；

(2)$\tau_{max}=40.7$ MPa，

$\theta=1.14°/m$

7-19 $s\leqslant 39.5$ mm

7-20 $\gamma=0.001$ rad，$\tau=80$ MPa，$M=125.6$ N·m

第 8 章

8-1 (a) $Q_C=-P$，$Q_D=-2P$，

$M_C=2Pa$，$M_D=0$；

(b) $Q_C=1\ 333$ N，$Q_D=-667\ N$，

$M_C=26\ 660$ N·cm，$M_D=33\ 330$ N·cm；

(c) $Q_C=Q_D=-0.5P$，

$M_C=-10P$，$M_D=-20P$；

(d) $Q_C=-qa$，

$Q_D=0.5qa$，$M_C=-\dfrac{qa^2}{2}$，

$M_D=0$

8-2 (a) $Q_{max}=\dfrac{3}{2}qa$(A截面右侧)，

$M_{max}=qa^2$(C截面左侧)；

(b) $Q_{max}=P$(CD段与DB段)，

$M_{max}=Pa$(D截面)；

(c) $Q_{max}=1$ kN(位于C截面左或E截面左)，

$M_{max}=\dfrac{1}{2}$ kN·m (位于C、E截面)；

(d) $Q_{max}=qa$在(AC段)，

$M_{max}=\dfrac{9}{8}qa^2$(在CD截面中间的$x=\dfrac{3}{2}a$处)

8-5 $\sigma_{max}=100$ MPa

8-6 $\sigma_{实}=159$ MPa；$\sigma_{空}=93.67$ MPa；41.1%

8-7 $\sigma=63.4$ MPa；

8-8 $h\geqslant 416$ mm；$b\geqslant 277$ mm

8-9 $P\leqslant 56.88$ kN

8-10 $\sigma=200$ MPa

8-11 $b=510$ mm

8-13 $\sigma_A=-6.04$MPa，$\sigma_B=12.94$ MPa；$\tau_A=0.38$ MPa，$\tau_B=0$

8-14 $a=1.386\ m$

8-16 NO.28a工字钢；$\tau_{max}=13.9$ MPa $<[\tau]$，安全

第 9 章

9-1 (a) $y_A=\dfrac{Pa^2}{6EI}(3l-a)$，$\theta_B=-\dfrac{\mathrm{Pa}^2}{2\mathrm{EI}}$；

(b) $y_A=-\dfrac{5ql^4}{768EI}$，$\theta_B=\dfrac{7ql^3}{384EI}$

9-3 $y_B=-\dfrac{29Pl^3}{48EI}$，$\theta_B=-\dfrac{9Pl^2}{8EI}$；

$\theta_A=\dfrac{qa^3}{4EI}$ $y_A=-\dfrac{5qa^4}{24EI}$

9-4 $\dfrac{a}{l}=\dfrac{2}{3}$

9-6 $|y_D|_{max}=12.13$ mm

9-7 28a工字钢

9-9 $f=-\dfrac{P}{3E}\left(\dfrac{l_1^3}{I_1}+\dfrac{l_2^3}{I_2}\right)-\dfrac{Pl_1l_2}{EI_2}(l_1+l_2)$；

$\theta=-\dfrac{Pl_1^2}{2EI_1}-\dfrac{Pl_2}{EI_2}\left(\dfrac{l_2}{2}+l_1\right)$

9-10 梁内最大正应力$\sigma_{max}=156$ MPa；拉杆的正应力$\sigma_{max}=185$ MPa

第 10 章

10-3 (a) $\sigma_1=60$ MPa，$\sigma_2=30$ MPa，

$\sigma_3=-70$ MPa，$\tau_{max}=65$ MPa

(b) $\sigma_1=50$ MPa，$\sigma_2=30$ MPa，

$\sigma_3=-50$ MPa，$\tau_{max}=50$ MPa

10-4 (a) $\sigma_1=\sigma$，$\sigma_2=\sigma_3=0$，

$\sigma_{max}=\sigma_1=\sigma$，$\tau_{max}=\dfrac{\sigma}{2}$

(b) $\sigma_1=\tau$，$\sigma_2=0$，$\sigma_3=-\tau$，

$\tau_{max}=\dfrac{\tau}{2}$

(c) $\sigma_1=\dfrac{\sigma}{2}+\sqrt{\left(\dfrac{\sigma}{2}\right)^2+\tau^2}$，

$\sigma_2=0,\sigma_3=\dfrac{\sigma}{2}-\sqrt{\left(\dfrac{\sigma}{2}\right)^2+\tau^2}$，

$\tau_{max}=\sqrt{\left(\dfrac{\sigma}{2}\right)^2+\tau^2}$

10-6 $\sigma_1=0$，$\sigma_2=-24$ MPa，

$\sigma_3 = -80$ MPa,

$\tau_{max} = 40$ MPa

10-7　$\sigma_{max} = 38.28$ MPa

10-8　(a) $\sigma_1 = 153$ MPa，$\sigma_2 = \sigma_3 = 0$，

$\sigma_{xd_3} = 153$ MPa;

(b) $\sigma_1 = 153$ MPa，$\sigma_2 = 0$，

$\sigma_3 = -149$ MPa，$\sigma_{xd_3} = 167.9$ MPa;

(c) $\sigma_1 = 62$ MPa，$\sigma_2 = 0$，

$\sigma_3 = -62$ MPa，$\sigma_{xd_3} = 124$ MPa

第 11 章

11-1　$\sigma = 94.2$ MPa

11-2　$\sigma = 127$ MPa

11-3　$\sigma_{\max AB} = 55$ MPa，$\sigma_{max} = 45.7$ MPa

11-4　$\sigma_1 = 66.2$ MPa，$\sigma_2 = -159.62$ MPa，

$\sigma_3 = 159.6$ MPa，$\sigma_4 = -66.2$ MPa

11-5　$b = 82.5$ mm，$h = 165$ mm

11-6　$\sigma_{max} = -84.4$ MPa，$\sigma_{max} = 95$ MPa

11-7　$P = 788$ N

11-8　$\sigma = 15$ MPa $< [\sigma] = 55$ MPa

11-9　$d \geqslant 28.75$ mm

11-10　$\sigma_{xd_3} = 104.4$ MPa

第 12 章

12-1　$P_{cr} = 98$ kN，$\sigma_{cr} = 200$ MPa;

$P_{cr2} = 67.18$ N，　$\sigma_{cr2} = 140$ MPa;

$P_{cr3} = 59$N，$\sigma_{cr3} = 120$ MPa，

$P_{cr4} = 77$ N，

$\sigma_{cr4} = 160$ MPa

12-2　$P_{cr1} = 2\ 540$ kN；$P_{cr2} = 4\ 798$ kN;

$P_{cr3} = 4\ 823$ kN

12-3　$n = 8.25 > n_w$

12-4　$[P] = 885.7$KN；$a = 17$ cm;

$P_{cr} = 1\ 280$ kN

12-5　$\dfrac{P_{实}}{P_{空}} = 0.219\ 5$

12-6　$d \geqslant 41.8$ cm

12-7　工字钢型号 18

12-8　$P_{cr} = 36.1\ \dfrac{EI}{l^2}$

12-9　$\theta = \arctan(\cot^2\beta)$

第 13 章

（略）

参 考 文 献

[1] 哈尔滨工业大学理论力学教研室．理论力学：上册．7 版．北京：高等教育出版社，2009.

[2] 刘鸿文．材料力学 Ⅰ．5 版．北京：高等教育出版社，2011.

[3] 范钦珊，施燮琴，孙汝劼．工程力学．北京：高等教育出版社，1989.

[4] 上海化工学院，无锡轻工业学院．工程力学：上册．北京：高等教育出版社，1979.

[5] 谭立英，董秀石，林巍．工程力学．北京：机械工业出版社，1992.